多人在线游戏架构实战

基于C++的分布式

U0171804

彭 放 编著

```
if (pRolesMap != nullptr)
{
    Proto::EnterWorld protoEnterWorld;
    protoEnterWorld.set_world_id(pRolesMap->GetId());
    MessageSystemHelp::SendPacket(Proto::MsgId::S2C_EnterWorld, protoEnt
}
else
{
    LOG_ERROR("config error. not roles map.");
}

if (rsCode == Proto::AccountCheckReturnCode::ARC_OK)
{
    Proto::QueryPlayerList protoQuery;
    protoQuery.set_account(pPlayer->GetAccount().c_str
    MessageSystemHelp::SendPacket(Proto::MsgId::C2L_QueryPlayerList, pr
}
else
{
    Proto::AccountCheckRs protoResult;
```

机械工业出版社
China Machine Press

图书在版编目（CIP）数据

多人在线游戏架构实战：基于C++的分布式游戏编程/彭放编著. —北京：
机械工业出版社，2020.11

ISBN 978-7-111-66792-6

Ⅰ.①多… Ⅱ.①彭… Ⅲ.①网络游戏－游戏程序－程序设计 Ⅳ.①TP317.63

中国版本图书馆CIP数据核字（2020）第199850号

　　本书主要讲述大型多人在线游戏开发的框架与编程实践，以实际例子来介绍从无到有地制作网络游戏框架的完整过程，让读者了解网络游戏制作中的所有细节。

　　全书共 12 章，从网络游戏的底层网络编程开始，逐步引导读者学习网络游戏开发的各个步骤。本书通过近 50 个真实示例、近 80 个流程图，以直观的方式阐述和还原游戏制作的全过程，涵盖了网络游戏设计的核心概念和实现，包括游戏主循环、线程、Actor 模式、定时器、对象池、组件编码、架构层的解耦等。

　　本书既可以作为大学计算机相关专业网络游戏开发课程的参考书，又可以作为网络游戏行业从业人员的编程指南。

多人在线游戏架构实战：基于 C++的分布式游戏编程

出版发行：机械工业出版社（北京市西城区百万庄大街 22 号　邮政编码：100037）			
责任编辑：迟振春		责任校对：王　叶	
印　　刷：中国电影出版社印刷厂		版　　次：2021 年 1 月第 1 版第 1 次印刷	
开　　本：188mm×260mm　1/16		印　　张：25.75	
书　　号：ISBN 978-7-111-66792-6		定　　价：109.00 元	

客服电话：（010）88361066　88379833　68326294　　　　　投稿热线：（010）88379604
华章网站：www.hzbook.com　　　　　　　　　　　　　　　读者信箱：hzit@hzbook.com

前　　言

本书主要讲述大型多人在线游戏开发的框架与编程实践,以实际例子来介绍从无到有地制作网络游戏框架的完整过程,让读者了解网络游戏制作中的所有细节,最终我们会得到一个完整的、基于ECS（Entity Component System，实体组件系统）模式的、高效的分布式服务端框架,一个可以登录的客户端,以及一个用于测试的机器人工程。本书为读者呈现了近50个真实示例,提供了近80个流程图,以直观的方式还原游戏制作的过程,同时阐述在这些示例中运用的编程技巧、数据结构以及所采用的主流设计模式。

笔者从事游戏开发工作十余年,经历了从 PC 端游、网页游戏到手机游戏 3 个重要的游戏发展阶段。从行业知名大公司到创业团队,笔者曾就职于数个多元化的游戏制作团队,参与研发过多种类型的游戏,其间积累了相当丰富的游戏编程经验,本书就是总结这些经验编写而成的。

不同于其他的游戏编程图书,本书不使用伪代码,而是给出游戏制作中的具体实现。

本书致力于向游戏开发编程人员、学生或对游戏编程有兴趣的读者提供一整套游戏开发的基础框架——一种多进程、多线程、高效的分布式服务端解决方案,在这个基础框架之上,我们可以快速开发游戏业务逻辑。同时,本书的源代码库中提供了一套易于开发的、少耦合的客户端框架,用于验证分布式框架的功能。

本书讲解的是网络游戏框架,定位为多人在线游戏体系,这类游戏的特点是数以万计的玩家同时在游戏世界中,游戏互动性很高。对多人在线游戏进行细分,其中两个大的分类为 MMO（Massively Multiplayer Online，大型多人在线）游戏和 MOBA（Multiplayer Online Battle Arena，多人在线竞技类）游戏。如今,MMO 和 MOBA 游戏基本占据了游戏市场的半壁江山。

常见的 MMO 游戏是 MMORPG（Massively Multiplayer Online Role-Playing Game，大型多人在线角色扮演游戏）,代表作有《魔兽世界》,其玩法是玩家登录一个虚拟的游戏世界,进行任务、道具、交易等一系列交互操作。

大家熟悉的 MOBA 游戏有《英雄联盟》《王者荣耀》等,其玩法是玩家之间的竞技操作。

这两类游戏都是游戏中比较复杂的类型,也是本书中框架设计的目标类型。但不要被吓到,本书不但适合有经验的游戏行业从业人员学习,同样适合新手学习。如果读者有游戏行业从业的经验,那么应该了解游戏工作室的法则,即为了加快开发进度,游戏从业人员总是被固定在某一个领域或者某一系统开发中，例如游戏技能开发、AI 功能开发。越是大公司，越遵循这条法则，因此游戏从业人员不得不根据策划提出来的需求，花大量的时间在某一区域中增加功能、修改 Bug，从而忽视了游戏的整体框架。又或许出于代码安全考虑，公司不得不对一些员工屏蔽核心的功能，使得一线的游戏编程人员在整体框架上的知识储备总是缺少一环。

本书通过实战的方式向读者展示如何搭建一个既适合 MMO 又适合 MOBA 的基本游戏框架。虽然这两类游戏在逻辑上大相径庭，但在架构的时候仍有相通之处。

如果读者要了解本书最终的成果，可以预览介绍视频，笔者将介绍视频的地址放在了源代码目录中。

本书组织结构

本书共 12 章，各章内容介绍如下：

第 1、2 章主要介绍网络编程。网络编程是网络游戏的核心，毫不夸张地说，网络游戏是一种建立在协议之上的软件。由于系统底层不同，因此示例中会同时介绍基于 Windows 系统与基于 Linux 系统的不同网络编程模型。第 2 章会引入 Google 公司开发的第三方 protobuf 库来定义网络协议的内容，该库是目前常用的协议工具。

第 3 章讲解进程和线程，它们是构成后续逻辑的基础知识。同时，引入 Actor 模型并介绍该模型的使用方法。为了充分了解这些知识点，第 4 章给出了一个登录示例。在这一章中，我们的高性能服务框架会有一个基本雏形——由几个多线程的进程组成，可以自由地扩展进程，能均衡服务端的性能。这里需要澄清一个概念，本书所说的服务端并不一定是指物理机，可能是几台物理机，也可能是一台物理机上的几个进程相互协作的系统。

第 5 章讲解性能优化与对象池。在开始更复杂的编码之前，有必要对框架的性能做一次检查。在这一章中介绍 Windows 和 Linux 下的性能检查工具。在检查的过程中会引入一些提升性能的常用缓存数据结构和对象池来提升整体框架的效率。

第 6 章搭建 ECS 框架。我们要在旧的框架体系上做一些改动，引入 ECS 模式。在这一章中将详细介绍什么是 ECS、它有什么特点以及如何让它在多线程上无冲突地运行。在此基础之上，第 7 章引入 MySQL 数据库，存储功能是游戏中的基础功能之一。

第 8 章深入学习组件式编程，基于 ECS 的思路，将抛弃面向对象的编程，真正转向组件式编程。为了便于读者理解，在这一章中制作了非常多的流程图，以梳理组件与框架是如何配合工作的。ECS 和 Actor 模型的结合会让框架变得异常灵活。其表现在于，框架可以随时合并成一个进程以方便在开发阶段进行测试，也可以随着发布的需求变更为无数个进程，以便在必要时部署到多个物理机上。

基本框架搭建完成之后，第 9～12 章都是上层应用。在这几章中给出了分布式登录方案、跳转方案，还引入了内存数据库 Redis。第 9～11 章将深入使用框架，让本书中的框架实现更多的功能，使之与真正意义上的游戏接近。最后一章将学习如何在框架的基础上创建一个自己的系统——移动系统，以及游戏人物是如何行走的。

正文虽然只有 12 章，但作为实战类图书，每章示例工程中的代码量都相当大，限于篇幅，本书只讨论重点代码与逻辑。游戏制作是一个非常复杂的过程，但是如果了解了基本思路，这又是一个极为简单的过程。

除了正文之外，笔者还准备了一个附录（见下载资源）。附录在源代码目录下，用于介绍 Linux 基础，包括如何在 Windows 上安装一个 Linux 虚拟机，如何在其上搭建环境、编译代码，以及如何安装需要的工具与数据库。附录的内容与编码没有任何关系，但是如果不熟悉的话，那么很有可能运行不了本书提供的代码，建议开始学习正文内容之前阅读一下附录内容。当然，如果读者已经掌握了这些知识点，那么可以跳过。

本书重点放在服务端的框架上，每一章都会给出机器人工程对代码进行验证，在这个过程中，我们逐步使代码趋近于最终的框架。本书编写了很多示例，这些示例的一次又一次优化就是编程思路的一次又一次明晰，在这个过程中读者可以更加深入地了解编码背后的逻辑。

本书有近 50 个示例，前面的示例相对简单，后面的示例会越来越复杂，通过慢慢地增加功能，让读者能跟得上进度。为了突出重点，不会讲解每一行代码的作用，只挑出一些重要功能进行详细的代码解析和流程分析。

最后要说明的是，复制代码是编程学习中很大的弊病，虽然解决了学习者暂时的困难，但是编程思想是无法复制的，所以本书希望达到这样一个目的——告诉读者为什么这样编写代码。

学习是为了找到答案，更是为了学到思维方式。

本书涉及的编程语言

在游戏制作中，我们常用的编程语言是 C++、C#和 Java，脚本语言是 Lua 和 Python。当然，这不是定式，用什么语言来制作游戏是根据当下的需求来确定的，有时可能不得不用两种或者两种以上的语言来完成整个游戏的制作。

客户端的常用引擎是 Unity 和 UE。Unity 的脚本语言为 JavaScript 和 C#，UE 采用了 C++。值得一提的是，Unity 和 UE 都具有跨平台性，也就是说，引擎已经为我们做好了输出不同平台的不同文件的准备，编程人员只需要专注于游戏实现。

为了提高效率，在服务端选择了 C++这样重量级的语言，它既有高级语言的特性，又可以实现一些底层功能。对于游戏服务端，C++依然是主流选择。虽然比起 Go 和 C#等相对容易的高级语言 C++更难一些，指针使用不当会不够安全，但是 C++有一个特性——灵活，灵活即自由。

在使用 C++的时候，我们并不像传统那样需要造轮子，Linux 开源社区有很多开源的库，需要时可以随时下载使用。不要被 C++吓到，可以将重点放在思维上，而语言不过是我们使用的手段。

本书编写的服务端程序对于 Windows 系统与 Linux 系统是兼容的，虽然使用了 Linux 的开源库，但是也提供了跨平台编译它们的方案，在使用时相关章节给出了教程。

一般来说，最终的服务端程序会在 Linux 机器上运行，但对于不熟悉 Linux 的编程人员来说，Windows 系统的界面以及 Visual Studio 工具可能更让人觉得亲切，鉴于此，本书中所有的工程都做了系统的兼容，以方便读者学习。

本书采用了 C++ 14 标准。虽然本书不会重点讲解语言特性，但 C++ 14 部分的代码不会成为读者阅读的障碍，在有特别语义的地方都会做出解释。我们将重点放在框架、编程思想和数据结构上，只是采用 C++来实现这些思想与数据结构。

客户端选择容易上手的 Unity，它的跨平台性以及可视化的综合开发环境使其在图形引擎中脱颖而出，成为近几年游戏客户端的主流开发工具。在本书的示例代码中，选择 C#作为脚本语言。出于篇幅和侧重点的考虑，本书不会对客户端的编程思路做出阐述，但依然给出完整的客户端源代码。

客户端的资源（如场景地图、人物、动作）都来自九众互动公司，本书已获得该公司的授权，在此表示感谢。读者可以自由下载使用，但不可用于商业用途。

游戏的编码过程很复杂，涉及的功能和外围系统也很多，可能会同时使用多种语言。掌握了编程思想之后，语言之间是有共性的，学起来也很快，所以，即使本书涉及两种语言，也不必过于担心。

我们在选择框架或者学习语言的时候，总是很纠结该选什么样的语言。语言的选择一直是编程社区讨论的重点。对于游戏服务器实现语言的选择来说，有的采用 C++、Java、C#、Go，也有完全基于 Python 的。每种语言各有利弊，但如果认真分析过这些代码，那么可以发现它们的逻辑与数据结构是大同小异的。真正重要的不是语言本身，我们遇到的每一个问题，采用任何一种框架、任何一种语言都有解决方案，可见重点在于编程思想与数据结构。

源代码与工程目录结构

本书有两个源代码下载地址：

（1）服务器：https://github.com/setuppf/GameBookServer.git。
（2）客户端：https://github.com/setuppf/GameBookClient.git。

可以使用 SVN 或 Git 方式获取。如果是在 Windows 系统下，那么可以使用 Git 或者 SVN 工具获取源代码，使用 Visual Studio 打开工程；如果是在 Linux 系统下，那么可以直接使用 Git 或者 SVN 命令行获取源代码。

另外，还可以登录机械工业出版社华章公司的网站（www.hzbook.com）下载，首先搜索到本书，然后在页面上的"资源下载"模块下载即可。如果在下载过程中遇到问题，请发送电子邮件到 booksaga@126.com，邮件主题为"多人在线游戏架构实战：基于 C++ 的分布式游戏编程"。

本书所有源代码在 CentOS 7 上的 GCC 9.1.0 版本下测试通过。在 Windows 系统下，采用 Visual Studio 2019，在 Debug x86 下测试通过，Windows 系统下的 Release 版本没有进行相应配置，读者可根据 Debug 参数自行配置。注意，在 Windows 系统下只能编译为 x86，原因是我们使用的 Redis 第三方库 hiredis 目前不支持 64 位 Windows。但这无伤大雅，因为最终的代码是运行在 Linux 上的。

本书的每一个示例代码都经过了调试，消除了基本可见的 Bug，但仍免不了有未知 Bug，敬请谅解。

为了便于理解，所有的工程采用了相同的目录结构，清晰的目录结构能够使读者对于架构有更清晰的认识。我们为所有的工程标记了编号，目录对应的功能说明如下：

（1）一般示例目录，例如 01_01_network_first 表示第 1 章的第 1 个工程例子。
（2）include 目录，该目录是所有工程需要的头文件目录。因为不同操作系统要求包含的头文件不同，所以分成了 common 目录和 windows 目录。common 目录是两个操作系统共用的头文件目录。现在不必困扰这些头文件有什么作用、什么时候使用，在相关的章节会一一说明。
（3）libs 目录，该目录是所有工程需要的库目录，区分了 Windows 和 Linux 版本。本书预先将所有需要的第三方都编译好了。Windows 版本是由 Visual Studio 2019 Debug 版本编译出来的，如果读者使用的不是这个版本，那么可能需要重新编译。Linux 版本则是由 CentOS 7 下的 GCC 9.1 版本编译出来的。如果读者使用的编译工具与本书的工具不同，也不需要太担心，在使用这些库的时候会给出编译步骤。
（4）linux 目录，该目录中的内容是 Linux 系统下需要的一些脚本。
（5）tools 目录，该目录中的内容是需要用到的工具，是 Windows 系统下编译出来的 protoc.exe 文件和一些数据库脚本。

以上是对源代码目录的说明。对每个工程而言，目录结构都是固定的。在 Linux 系统下，进入目录，执行 tree 命令，就可以看到目录结构。如果没有 tree 工具，就执行安装命令"yum install -y tree"。进入最后一个示例目录，执行"tree -d"命令，目录结构如下。

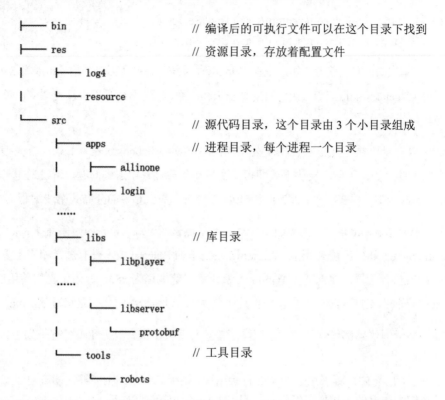

```
├── bin              // 编译后的可执行文件可以在这个目录下找到
├── res              // 资源目录，存放着配置文件
│   ├── log4
│   └── resource
└── src              // 源代码目录，这个目录由 3 个小目录组成
    ├── apps         // 进程目录，每个进程一个目录
    │   ├── allinone
    │   ├── login
    ......
    ├── libs         // 库目录
    │   ├── libplayer
    ......
    │   └── libserver
    │       └── protobuf
    └── tools        // 工具目录
        └── robots
```

将这个工程与第 2 章中的工程对比，会发现其目录结构是一致的，只是复杂度不同。

目　　录

第1章

网络编程基础

本章主要介绍网络编程的基础知识，单机游戏与网络游戏的本质区别在于有了网络层的介入，有了异步。本章的重点在于网络编程的基本概念和网络底层函数的使用。本章包括以下内容：

- 介绍网络编程的基本概念。
- 给出一个阻塞式的网络示例。
- 给出一个非阻塞式的网络示例。

1.1 单机游戏与网络游戏的区别

要了解网络游戏，需要先从单机游戏出发，这里讨论的单机游戏是指 PC 端的游戏，而非 XBOX 这类游戏机上的游戏。

就国产游戏来说，1995 年推出《仙剑奇侠传》之后，随后的几年，《仙剑奇侠传》系列、《轩辕剑》系列一度盛行，在 2000 年左右，单机游戏发展至巅峰。2001 年 1 月，华义推出了网络游戏《石器时代》，直到 2006 年左右，巨人网络推出《征途》，第九城市代理的《魔兽世界》公测，将网络游戏推至巅峰，单机游戏才慢慢淡出市场。这一系列的单机游戏都有一个特点：没有服务器的概念，玩家不需要与别的玩家进行交互，所有数据、算法、存储都在本地完成。所以，在单机游戏的早期，很多游戏修改器应运而生，这些游戏修改器要么修改本地的存储文件，要么修改内存数据，以达到"无限金币""超强武力值"等目的。

作为玩家，我们可以体验游戏、打开游戏界面、点击操作、得到反馈、继续游戏。下面从编程的角度来看看单机游戏的设计流程。

单机游戏的设计思路如图 1-1 所示。在游戏开始时，需要加载一些资源，这些资源包括地图信息、基本的图素、用户界面（UI）等。加载完成之后，用账号登录游戏，每个账号都有其数据，选择角色真正进入游戏。

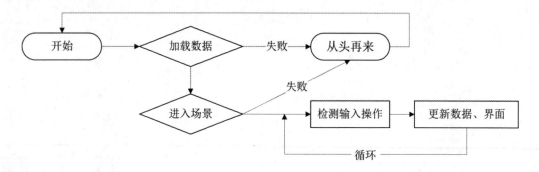

图 1-1　单机游戏逻辑

从编码的角度来说，游戏一旦开始，运行的就是一个无限循环（Loop），我们可以认为它是一个 while(true) { … }，除非离开游戏，否则这个循环会一直执行下去。循环的每一次执行称为一帧。在一帧中包括 3 个主要操作：

（1）检测玩家输入。

（2）根据输入更新内存数据，刷新场景、人物模型和界面。

（3）捕捉退出请求，如果有退出请求，这个循环就会被打破，游戏结束。

理论上来讲，一秒能产生的循环数越大，程序的反应就越灵敏。举例说明，假如输入够快，在 0.3 秒和 0.6 秒产生了两个输入，例如触发了两个执行技能请求，如果执行一帧需要 0.5 秒，在 0 秒进入第一帧，0.5 秒之后才会发现 0.3 秒的输入，而 0.6 秒的输入则要等到执行第三帧，也就是 1 秒的时候才会被发现。假如执行一帧只需要 0.1 秒，则 0.3 秒和 0.6 秒的操作会很快被触发。

单机游戏不需要异步的过程，所有操作可以马上得到答案，不需要等待结果，类似于调用函数的过程。调用之后，函数必定马上会有一个返回值。数据都在本地内存中，方便读取，也方便判断。单机游戏创建角色是在本地进行的，不需要向外部请求数据。加载角色选择界面也不需要谁许可，只要能从本地文件中读到角色，就可以马上进入角色选择界面。而网络游戏在这一点上与单机游戏有很大的区别。

了解了单机游戏的流程之后，再来看看网络游戏。

网络游戏和单机游戏一样也有一个循环，只是多了一个网络层的处理。实际上因为异步的关系，逻辑会变得更为复杂，图 1-2 充分展示了这种不同。下面以登录为例来展示一下具体的不同之处，流程如图 1-3 所示。

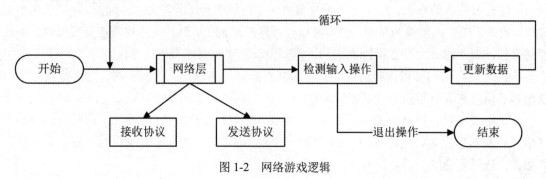

图 1-2　网络游戏逻辑

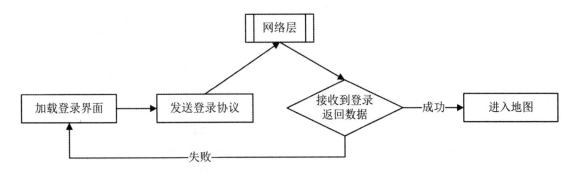

图 1-3 客户端登录逻辑

在登录界面输入账号和密码之后，要经历一个异步的操作，客户端向服务端发送协议，等待服务端返回数据，由此来判断登录成功或者失败。网络游戏的客户端发出命令，只有等到服务端给它结果，它才会做出反应。客户端向服务端请求账号验证，这个请求数据不是一个函数可以完成的，这就是一个异步的过程。

第一个需要了解的概念是"异步"。与"异步"一起出现的概念有"同步""并行"（并发）等，这几个概念往往比较容易混淆。

举一个加载的例子，如果需要加载几个不同的资源，先加载 A，等到 A 加载完成后再加载 B，加载完 B，再加载 C，直到所有资源加载完成，这就是同步操作。以同步方式实现加载，加载者必须等到加载完成之后才能继续后续的加载。

如果用 3 个线程同时加载 A、B、C 资源，由于线程之间是不会相互影响的，加载 A 的同时另外两个线程在加载 B 和 C，这就是并行操作。但这种情况不能算是异步，因为在加载 A 时，要等待 A 加载完成之后退出线程。这个等待产生了阻塞。

那么，什么是异步呢？异步不会等待，也不会阻塞。

假设加载一个资源需要 10 秒，加载 3 个资源，在串行时需要 30 秒，在并行时需要 10 秒，异步也需要 10 秒。那么，异步与并行的差别在哪里呢？

以图 1-4 为例来看一下异步的流程。在第 N 帧发出了加载 A 命令，这一帧会马上结束，不需要等待 10 秒，直接进入下一帧，不关心 A 是否加载成功，当它加载成功之后，会在某一帧收到加载成功的回调。因为是异步，同时加载 A、B 时，得到结果的顺序可能是不一样的，可能 A 先发出加载命令，但是 B 的回调却先发生。

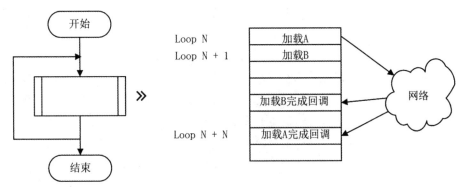

图 1-4 异步加载

那么，程序是如何知道回调完成的呢？一般来说，有两种方式可以知道 A 是否加载成功：

（1）主动询问，每间隔一段时间询问 A 是否加载完成。

（2）被动接收，一般在启动事件时会要求注册一个回调函数，事件完成时会主动调用回调函数，以标记事件完成。

所谓异步，简而言之，就是在不阻塞进程的情况下完成操作。

网络游戏大部分情况下都是异步的操作。例如，要分解背包中的一个道具。首先要发起一个分解道具的请求，这个请求从客户端发送到服务端，再把结果从服务端传回到客户端。假设它需要 0.5 秒，采用非异步的方式需要在发起请求之后等 0.5 秒，等收到服务端的结果再进行后续操作。

如果按这种方式编写游戏代码，效率是非常低下的。在这 0.5 秒内，进程将暂停在此处，图形引擎得不到刷新，输入操作在这 0.5 秒内暂停了，也得不到响应。

为了解决这个问题，需要将功能在这里中断。这意味着向服务端发起请求时，这个分解功能就中断了。当分解道具的协议从服务端传回到客户端时，再进行后续的处理。这就是一个异步的操作。

对于编码来说，单机游戏在一个函数中可以完成的操作需要拆分成两步或者更多步。简而言之，单机游戏和网络游戏的一个根本不同就是后者因为网络层介入而产生的异步。接下来将研究网络，包括数据是如何发送的，又是如何接收的。

1.2　理解 IP 地址

在开始真正的网络编程之前，需要理解一些基本概念，IP 地址就是其中之一。

在工作和生活中安装和使用 WiFi 时，经常听人说起 IP 地址，相信大家一定不会陌生。但它究竟是什么，可能有些读者还不太清楚。IP 地址对大众而言就是类似于 127.0.0.1 这种字符串，但对于编程者来说，我们必须了解这个字符串的本质是一个 32 位的整数。IP 地址具体地确定了一台计算机，它是这台计算机在整个网络中的 ID，就像人们使用的身份证一样。

我们看到的 IP 地址通常是 4 个十进制数，以"."隔开，每个十进制数不超过 255。

读者想过为什么它不能超过 255 吗？之前讲过 IP 地址的本质是一个 32 位的整数，也就是 4 字节。为了便于记忆，把每个字节用数字的方式呈现出来，以"."分隔来显示。也就是说，在 127.0.0.1 这个串中，每个数值都表示一个字节，一个字节当然不可能超过 255。

在使用网络通信的时候，除了 IP 之外，还需要一个端口。例如，常用的 HTTP 的默认端口就是 80。当我们访问网站的时候，其实就是通过 80 端口与主机进行通信的。有了 IP 地址和端口，就可以指定一个确定且唯一的通信链路。

随着互联网的发展，网络变得越来越庞大，之前定义的 32 位 IP 地址已经不够用了，所以新的长达 128 位的 IP 地址出现了，即 IPv6，而旧的 32 位地址称为 IPv4。

1.3　理解 TCP/IP

在互联网上，任意两台计算机都必须通过网络协议进行通信。游戏中常用的网络通信协议为 TCP/IP（Transmission Control Protocol/Internet Protocol）。

协议是什么呢？简单来说就是有格式的数据。A 机向 B 机发送一串字符，这串字符经过层层包装发送到 B 机，B 机根据约定的格式一步步分解成最初的字符串。使用网络通信工具进行网络通信或者浏览网络视频时，通信信息或视频数据从 A 机到 B 机，大部分人理解的情况可能如图 1-5 左侧所示，但实际上复杂度远远超过我们的想象，真实情况更趋近于图 1-5 右侧所示。

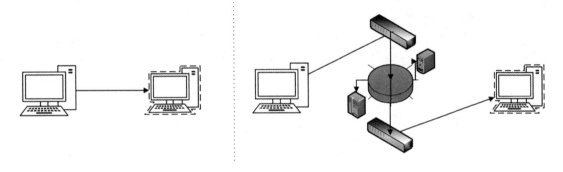

图 1-5　网络拓扑

数据通过层层局域网或者交换机才能到达目标机器。这么长的传输距离，为了保证数据有效地传送到目标机器，设计出了网络通信协议。

常用的网络通信协议有 TCP、UDP 两种。TCP 用于可靠的长连接，UDP 一般用于速度比可靠性更重要的情况，例如传输视频流时，直播一般采用的也是 UDP。UDP 允许有数据的丢失，TCP 则不允许。本书主要讲解的是 TCP/IP，因为游戏数据是要基于数据稳定性的，TCP 对于没有发送成功的包会重复发送，UDP 则会直接丢弃。试想一下，看视频时，画面卡顿几秒不会有什么感觉，但在竞技游戏中，少发送一个技能则可能使我们输掉整场比赛。

理论上，开放系统互连参考模型（Open System Interconnection Reference Model，OSI 参考模型）为 7 层。TCP/IP 并不完全匹配这 7 层，它有 4 层协议。

图 1-6 简洁地说明了 TCP/IP 四层协议中的基本结构。链路层囊括网络层的数据，而网络层又囊括传输层的数据。像洋葱一样，数据发送时一层一层被包裹起来，到了发送目的地，像剥洋葱一样，又一层一层剥离，最终得到应用层需要的数据。在这个过程中，首先需要理解"层"的概念，表 1-1 详细说明了每个协议层级的作用。

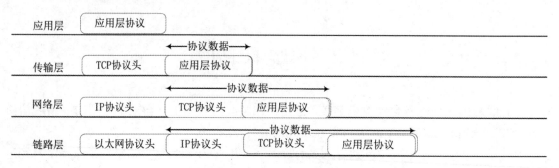

图 1-6　网络通信协议层级

表 1-1　协议层级说明表

层　级	说　明
应用层	应用协议包括 HTTP、FTP、自定义协议等。例如，我们浏览一个网站，输入网站地址并按回车键后，就会生成 HTTP 请求协议。对于游戏应用来说，应用层协议就是自定义的协议数据格式
传输层	主要负责数据在两台机器上传递的可靠性。常用的传输协议为 TCP（Transmission Control Protocol，传输控制协议）和 UDP（User Datagram Protocol，用户数据报协议），协议的数据标识存储在协议头中。传输层将应用层的协议加上 TCP 或 UDP 协议头，组织成了新的传输层协议
网络层	在网络层有 3 个重要的协议，分别是 IP、ARP 和路由协议。其中 IP 实现两个基本功能：寻址和分段。ARP 即地址解析协议，简单来说，它发挥了一个重要的作用：IP 与物理地址的转换。在使用计算机时，接触比较多的是 IP 地址（例如 192.168.0.1），但是在物理设备传输时，真正用到的却是 MAC 物理地址。这就是 ARP 存在的原因，它将两个地址进行了关联。数据到了网络层之后，在传输层协议的基础上又增加了网络层的协议头
链路层	以太网协议，实现物理设备之间的数据传递。在这一层中，物理设备之间传递的数据增加了以太网协议头

简单理解这几个层级之后，下面从应用与操作系统的层面来看协议在这几个层级的处理。发送数据时，如图 1-7 所示，数据从左侧自上而下叠加，而到了目标主机，数据是自下而上剥离的，最终到了应用层面，就变成了当初发送的数据。因为本书偏重于游戏编程，所以对于TCP/IP 的底层协议不进行过多解释。如果读者对网络协议感兴趣，可以阅读一些相关的图书。

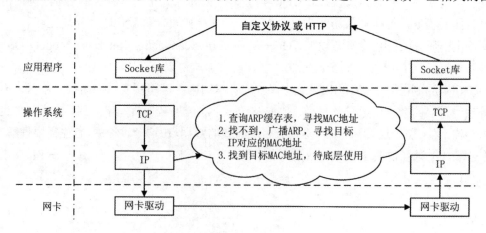

图 1-7　操作系统与网络

作为一本编程图书，我们重点关心的是自定义协议与 Socket 库的相关操作，将目光锁定在数据应用层，而对于整个 TCP/IP 只需要有大概的了解即可。后续章节将由浅入深地介绍几个经典的网络编程模型。对于网络游戏来说，网络编程属于系统底层逻辑的部分，因此本书会花费一整章来细细讲解，以便读者充分了解并在以后好好使用，为上层逻辑打好基础。

1.4　阻塞式网络编程

下面就从简单的网络模型入手来实现一个简单的网络程序。要达到的目的如下：

（1）客户端与服务端建立网络通信。

（2）完成通信之后，客户端向服务端发起一条协议。

（3）服务端收到协议，并转发给客户端。

（4）客户端收到协议，打印出来。

在这个例子中，将展示网络编程的基本功能——接收和发送，处理服务端与客户端对于 Socket 的不同表现，实现服务端与客户端的收发协议流程。

1.4.1　工程源代码

该工程的源代码在本书源代码库的 01_01_network_first 目录下。先来执行工程，看看结果如何（注：在不少中文版的集成开发环境中把英文版中的"Project"翻译成"项目"，因此工程和项目在这种语境下指同一个概念，例如工程文件就是指项目文件）。工程中提供了两种打开方式，一种是在 Windows 系统下的 Visual Studio 工程文件，另一种是在 Linux 系统下的 CMake 文件。如果读者还不了解 CMakeLists.txt 文件的定义，那么建议先阅读附录中的 CMake 部分。本书提供的所有源代码均有这两种打开方式。

如果在使用 Windows 编译源代码时出现 SDK 版本不一致的问题，那么右击"解决方案"，选择"重定解决方案目标"。产生这个问题的原因是工程原来指定的 SDK 与本地环境中的 SDK 版本不一致。再次提醒，编译目标为"debug，x86"。

现在看看在 Linux 上如何执行本例。进入工程目录，执行脚本 make-all.sh，编译的步骤已经在这个脚本中写好了，本书所有的工程都采用该方式编译。

```
[root@localhost 01_01_network_first]# ./make-all.sh
```

执行 make-all 脚本时，它会将该工程上的所有可执行程序都进行编译，本例中生成了两个文件：clientd 和 serverd。为了便于调试，所有的库文件源代码都是直接编译到执行文件中的，不再生成中间的静态库文件。

这是我们第一次使用 make-all.sh 脚本，每个工程都会有该脚本，用于批量编译。读者可使用"vim ./make-all.sh"命令查看该脚本。

这里做一个简短的说明，在 make-all.sh 脚本中提供了两个参数，默认情况下，采用 Debug 模式编译代码，如果执行命令"./make-all.sh release"，就编译 Release 版本。除此之外，还可给定 clean 参数，即执行"./make-all.sh clean"，目的是清除 CMake 生成的临时文件，重新生成 Makefile 文件。

在脚本中提供了一个 build 函数，该函数的目的是对给定目录下的所有工程进行编译。以 src/libs 目录为例，函数 build 对 libs 目录下的 src/libs/network/目录进行了编译。这个目录是网络库工程，其下有一个已经写好的 CMakeLists.txt 文件。该文件与附录中讨论的文件格式大同小异，有 3 个地方值得注意。

（1）编译文件名

```
set(MyProjectName networkd)
```

指定一个编译文件名。当属性 CMAKE_BUILD_TYPE 为 Debug 时，输出文件加了 d 字符，以方便区分 Debug 和 Release 版本。CMake 提供的 STREQUAL 函数用于字符串比较。

（2）输出目录

```
set(CMAKE_ARCHIVE_OUTPUT_DIRECTORY "../../../libs")
```

设置属性 CMAKE_ARCHIVE_OUTPUT_DIRECTORY。该属性指定了静态库生成的目录。工程生成的可执行文件放在工程目录下的 bin 目录中，库文件放在工程目录下的 lib 目录中。不论是 Windows 系统还是 Linux 系统都遵从该规则。

（3）生成文件

在 CMakeLists.txt 文件的最后使用了 add_library 指令，而不是 add_executable 指令。

```
add_library(${MyProjectName} STATIC ${SRCS})
```

add_executable 生成可执行文件，add_library 则生成一个库。关键字 STATIC 表示要生成一个静态库，需要生成动态库时，关键字改为 SHARED 即可。

下面看看第一个例子的执行结果，执行 make-all.sh 编译完成之后，进入 bin 目录。

```
[root@localhost 01_01_network_first]# cd bin/
[root@localhost bin]# ls
clientd serverd
```

在 bin 目录下生成了 serverd 和 clientd 两个可执行文件。先运行 serverd，再运行 clientd。

在表 1-2 中展示了服务端和客户端的打印数据。进程 serverd 开始运行之后，就会进入网络监听状态，当 clientd 启动后，serverd 收到一个连接请求，打印"accept one connection"，双方连接成功之后，clientd 首先发出数据"ping"，serverd 收到之后返回一条相同的数据，最后 clientd 收到 serverd 发出的数据。这个简单的例子完成了一个来回的数据发送与处理。看看流程图可能会更容易厘清思路，如图 1-8 所示，图中标注了数据流转的 4 个步骤。

表 1-2 阻塞式网络通信运行结果

服 务 端	客 户 端

`[root@localhost bin]# ./serverd`
`accept one connection`
`::recv.ping`
`::send.ping`
	`[root@localhost bin]# ./clientd`
	`::send.ping`
	`::recv.ping`

① 客户端发送 ping 数据。

② 服务端收到 ping 数据。

③ 服务端收到 ping 数据的同时返回一个 ping 给客户端。

④ 客户端收到 ping 数据。

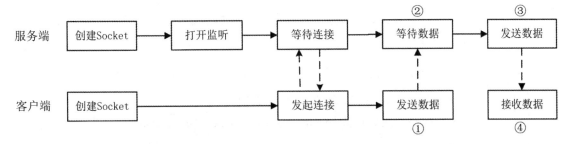

图 1-8　阻塞式网络通信流程

网络监听和连接是如何实现的呢？无论是服务端还是客户端，首先要做的事情都是创建一个 Socket（套接字）。那么 Socket 是什么呢？下面通过代码分析来简要说明。

1.4.2　服务端代码分析

服务端的主要代码在 server.cpp 文件中。对比源代码进行查看，需要掌握以下几个关键点。

关键点 1：Socket 初始化

代码的第一行为创建 Socket 做初始化准备：

```
_sock_init( );
```

首先要了解什么是 Socket。简单来说，Socket 定义了 IP 地址上的一个通信连接。例如，同一台计算机向同一个服务端发起两个网络连接，这就是两个通信连接，不论在客户端还是服务端都会产生两个不同的 Socket。Socket 实际上就是一个 ID，也可以用通道来理解这种通信。打个比方，你有一个手机号码，当你打电话给别人的时候，你与对方建立了一个通信通道。Socket 也是类似的，每次通信开始，通信双方建立了 Socket，这个 Socket 被分配了一个 ID，一个固定的 ID 固定了通道，避免收到错误消息。

_sock_init( ) 定义在 network 工程的 network.h 文件中。在 Windows 系统下的宏定义为：

```
#define _sock_init( ) { WSADATA wsaData; WSAStartup( MAKEWORD(2, 2),
&wsaData ); }
```

在 Windows 系统下，需要初始化执行 WSAStartup 函数。在 Linux 系统下，调用::socket 函数之前不需要执行任何操作，所以定义了一个空宏。

关键点 2：创建 Socket

初始化操作完成之后需要创建一个 Socket。创建失败会调用宏_sock_err 来显示其错误。创建代码如下：

```
SOCKET socket = ::socket(AF_INET, SOCK_STREAM, IPPROTO_TCP);
if (socket == INVALID_SOCKET) {
    std::cout << "::socket failed. err:" << _sock_err() << std::endl;
    return 1;
}
```

函数::socket 是底层函数，这个函数调用的细节放在后面来讲解。它在两个系统下略有不同。在 Linux 系统下，位于/usr/include/sys/socket.h 文件中，其定义如下：

```
extern int socket (int __domain, int __type, int __protocol) __THROW;
```

从函数返回值可以看出，生成的 Socket 为 int 类型。

而在 Windows 系统下，返回值为 SOCKET 类型。socket()函数定义如下：

```
SOCKET WSAAPI socket(_In_ int af, _In_ int type, _In_ int protocol);
typedef UINT_PTR SOCKET;
```

在 Windows 系统下，SOCKET 类型被重定义为一个 UINT 类型，也就是说，如果编译的版本为 32 位，SOCKET 类型就为 unsigned int，64 位则为 unsigned __int64，总之，SOCKET 本身也是一个数值类型。

为了兼容 Linux 和 Windows 这两个系统，工程中在 Linux 下定义了两个宏：SOCKET 和 INVALID_SOCKET。

```
#define SOCKET int
#define INVALID_SOCKET -1
```

虽然两个系统中的定义略有不同，但::socket 函数的表现却是相同的。如果调用::socket 函数失败，在 Linux 系统下的返回值为–1，在 Windows 系统下返回一个宏定义 INVALID_SOCKET。

除了定义不同之外，两个系统显示出错信息的函数也有差别，工程中定义了_sock_err 宏来处理。关于这个宏，在 Windows 系统和 Linux 系统下的定义不同，其定义如下：

```
#ifndef WIN32
#define _sock_err( ) WSAGetLastError()
#else
#define _sock_err( ) errno
#endif
```

关键点 3：绑定 IP 与端口

创建 Socket 之后需要指定 IP 地址和端口实现绑定操作，本例中指向了本机 127.0.0.1 的 2233 端口。

```
sockaddr_in addr;
memset(&addr, 0, sizeof(sockaddr_in));
addr.sin_family = AF_INET;
addr.sin_port = htons(2233);
::inet_pton(AF_INET, "127.0.0.1", &addr.sin_addr.s_addr);
```

```
if (::bind(socket, reinterpret_cast<sockaddr *>(&addr), sizeof(addr)) < 0) {
    std::cout << "::bind failed. err:" << _sock_err() << std::endl;
    return 1;
}
```

在绑定过程中使用了 sockaddr_in 结构，该结构中指定了协议族、IP 地址和端口。

之前讨论过 IP 地址可以唯一标识一台计算机，但一台计算机可能有多个 IP 地址，至少可以有一个对外的地址和一个对内的地址。日常中，设置 IP 地址为 192.168.0.120，这是一个内网地址，127.0.0.1 是一个特定的描述，指向本机，也是一个内网地址。在本例中，打开 127.0.0.1 的 2233 端口，开放的范围只是本机，也就是说这个服务端只能由本机上执行的 clientd 对它进行连接。如果这里填写的 IP 地址是 192.168.0.120，那么开放的范围是整个局域网，离开了局域网就不能访问了。如果计算机还有一个公网 IP 地址，调用::bind 函数绑定的是一个公网 IP 地址，那么在任何地方、任何计算机上都可以访问这个 IP 地址开放的端口。

特别说明： 如果在 Linux 下反复测试时遇到了错误"::bind failed. Err:98"，则是因为之前绑定的端口没有被释放，系统有一定的回收时间。为了快速释放，我们可以输入"ss -lnpt"命令找到端口对应的 PID，使用 kill 指令杀掉进程。

```
[root@localhost bin]# ss -lnpt
State     Recv-Q Send-Q Local Address:Port     Peer Address:Port
LISTEN    0      10     127.0.0.1:2233    :*users:(("logind",pid=6367,fd=3))
[root@localhost bin]# kill -9 6367
```

关键点 4：监听网络

绑定好 IP 地址和端口之后，还需要打开对 Socket 的监听，服务端的工作才算完成。其代码如下：

```
int backlog = GetListenBacklog();
if (::listen(socket, backlog) < 0) {
    std::cout << "::listen failed." << _sock_err() << std::endl;
    return 1;
}
```

对于服务器来说，这是必不可少的一步，调用了底层函数::listen。只有打开了监听，我们才可以敏锐地察觉是否有客户端对该端口发起了通信请求。参数 backlog 指定了请求缓存列表可以有多长。

关键点 5：等待连接

有了监听就可以接收连接了，接收连接的代码如下：

```
struct sockaddr socketClient;
socklen_t socketLength = sizeof(socketClient);
int newSocket = ::accept(socket, &socketClient, &socketLength);
```

在本例中，程序会在::accept 函数阻塞住。如果在::accept 后面一行打一个断点，会发现断点不会被触发。::accept 函数的功能是接收一个请求，如果没有就会一直等待。所以，在运行了 serverd 还没有运行 clientd 之前，服务端处于阻塞状态，它在等待一个连接请求。

在一些网络编程图书中会讨论 TCP 的 3 次握手，在本程序中，我们并没有看到 3 次握手，而是通过::accept 函数就收到了连接。这并不是说 3 次握手不存在或者没有完成，而是这 3 次握手过程已经在底层完成了。

关键点 6：接收数据

当::accept 函数接收到有新的连接到来时，双方通信建立完成，可以开始发送数据。代码中调用了底层::recv 函数接收数据，再调用::send 函数发送接收到的数据。这部分的代码如下：

```
char buf[1024];
memset(&buf, 0, sizeof(buf));
auto size = ::recv(newSocket, buf, sizeof(buf), 0);
if (size > 0) {
    std::cout << "::recv." << buf << std::endl;
    ::send(newSocket, buf, size, 0);
    std::cout << "::send." << buf << std::endl;
}
```

在上面的代码中，接收数据放在一个长度为 1024 字节的缓存中，接收到什么数据就发送什么数据回去。

关键点 7：关闭 Socket

关闭 Socket 调用了两个宏：

```
_sock_close(socket);
_sock_exit();
```

在 Windows 和 Linux 系统下做了不同的处理。在 Windows 系统下初始化时调用了 WSAStartup 函数，结束时则需要调用 WSACleanup 函数。宏定义如下：

```
#ifndef WIN32
#define _sock_exit( )
#define _sock_close( sockfd ) ::close( sockfd )
#else
#define _sock_exit( )   { WSACleanup(); }
#define _sock_close( sockfd ) ::closesocket( sockfd )
#endif
```

特别说明：在 Linux 下关闭 Socket 时，有时使用::close 函数，有时使用::shutdown 函数。这两者有什么区别呢？

可以做一个实验，将::close 函数替换为::shutdown 函数。在生成和关闭 Socket 处进行打印，从打印信息中可以看出，使用::shutdown 函数，关闭过的 Socket 即使关闭了，也不会重用。每

次有新的连接到来时，就需要用到新的 Socket，其值会在之前的值上加 1。这是因为::shutdown
函数会关闭 TCP 连接，但不释放 Socket。而::close 函数会将套接字计数减 1，当计数==0 时，
会自动调用::shutdown 函数。看上去在关闭连接时使用::close 才是正确的，但为什么还是有人
直接使用::shutdown 呢？因为使用::close 并不能真正断开连接，它只是计数减 1，在某些情况
下，可能需要直接断开连接，所以调用::shutdown 函数关闭网络。

而使用::close 函数，在某些情况下，Socket 的状态会变为 CLOSE_WAIT 状态，
CLOSE_WAIT 实际上就是等待关闭状态。

出现这种情况的原因比较复杂，有一种情况是客户端想关闭，但服务端可能还在读或写，
就产生了等待。在网络编程中，这是我们需要特别注意的一个问题。

1.4.3　客户端代码分析

客户端的源代码与服务端略有不同，相对来说步骤简单一些。客户端的主要逻辑在
client.cpp 文件中，需要掌握以下几个关键点。

关键点 1：Socket 初始化

在客户端开始时，同样初始化和创建了 Socket，与服务端原理一致。

```
_sock_init();
SOCKET socket = ::socket(AF_INET, SOCK_STREAM, IPPROTO_TCP);
if (socket == INVALID_SOCKET) {
    std::cout << "::socket failed. err:" << _sock_err() << std::endl;
    return 1;
}
```

关键点 2：网络连接

对于客户端来说，并不需要执行::bind 绑定函数，也不需要监听端口。客户端需要执行的
是调用::connect 函数，它向一个指定的 IP 和端口发起连接操作。函数::connect 会用到
sockaddr_in 结构。调用代码如下：

```
sockaddr_in addr;
memset(&addr, 0, sizeof(sockaddr_in));
addr.sin_family = AF_INET;
addr.sin_port = htons(2233);
::inet_pton(AF_INET, "127.0.0.1", &addr.sin_addr.s_addr);
if (::connect(socket, (struct sockaddr *)&addr, sizeof(sockaddr)) < 0) {
    std::cout << "::connect failed. err:" << _sock_err() << std::endl;
    return 1;
}
```

在客户端，使用 sockaddr_in 结构的初始化工作与服务端一样。客户端调用了服务端没有涉及
的底层函数::connect，向一个指定的地址（也就是在服务端开放的地址）发起了一个连接。

关键点 3：发送数据

客户端与服务端一致，都是调用底层函数::send 发送数据。使用下面的代码发送一个"ping"字符串：

```
std::string msg = "ping";
::send(socket, msg.c_str(), msg.length(), 0);
```

关键点 4：接收数据

客户端发送数据之后，陷入等待操作中，函数::recv 等待接收数据。

```
char buffer[1024];
memset(&buffer, 0, sizeof(buffer));
::recv(socket, buffer, sizeof(buffer), 0);
std::cout << "::recv." << buffer << std::endl;
```

1.4.4　系统差异

在前两小节中，对 Linux 和 Windows 两个系统进行了有区别的编码。除了 Socket 的定义之外，还有两个大的区别：

（1）虽然网络 API 是底层函数，但在 Windows 系统下创建 Socket 之前需要调用 WSAStartup 函数，而退出的时候需要调用 WSACleanup 函数。两个函数的定义如下：

```
int WSAStartup(WORD wVersionRequested, LPWSADATA lpWSAData);
int WSACleanup();
```

（2）获取错误的方式也略有不同。在 Linux 系统下使用 errno 变量，在 Windows 下使用 WSAGetLastError 函数，如果执行网络 API 时出错，该函数就会返回一个错误码，定义如下：

```
int WSAGetLastError();
```

1.4.5　网络底层函数说明

前面举了一个简单的例子，用到的底层函数是网络编程的基础，本书之后的所有示例都是基于这些网络底层函数来完成的。为了加深理解，下面对这些底层函数逐一进行详细的说明。

1. 函数::socket

客户端与服务端在初始化时，均使用了::socket 函数。每个网络通信必有一个 Socket。函数的参数说明见表 1-3，原型如下：

```
int socket(int family, int type, int protocol);
```

表 1-3　socket 函数参数

参　数　名	说　　明
family	常用值为 AF_INET、AF_INET6、AF_UNSPEC，分别表示 IPv4、IPv6、不指定，AF 为 Address Family 的缩写
type	常用值为 SOCK_STREAM、SOCK_DGRAM。该参数用于指明要创建的 Socket 的类型。SOCK_STREAM 表示需要创建的是一个有序、可靠的数据流，而 SOCK_DGRAM 则表示创建非连续的数据报
protocol	常用值为 IPPROTO_UDP、IPPROTO_TCP。该参数为 Socket 指定协议的类型。IPPROTO_UDP 表示采用 UDP，IPPROTO_TCP 则表示采用 TCP

在本节的例子中，不论是在服务端还是客户端，生成 Socket 时均采用了 AF_INET、SOCK_STREAM、IPPROTO_TCP 这 3 个参数，即采用 IPv4 协议，以 SOCK_STREAM 数据流发送时采用可靠的 TCP。

正常情况下，调用该函数会返回一个大于零的正数，即 Socket 值。这个值是唯一的，由系统分配。如果 A 与 B 建立了连接，那么对于 A 来说，在连接没有中断的情况下，它一定是一个定值，且不与其他 Socket 值相同。Socket 这个单词在英文里的翻译是插槽、插座，在网络术语中一般翻译成套接字，可以将其理解为如果占用了一个插槽，其他人是不可能再使用的。

在 Windows 下，生成的 Socket 值是随机大于 1000 的值，在 Linux 下，它是从个位数开始累计的。在 Linux 下，Socket 值也被称为描述符。这和 Linux 的内核结构有关联，这里不需要深究，只需要知道 Socket 也称为描述符即可。一旦 Socket 创建成功，返回的 Socket 值就会成为网络通信的重要依据。需要注意的是，Socket 值是可以被复用的，也就是说，如果最开始分配了 123 给 A，随后 A 断线，C 上线，C 也有可能分配到 123。

2. 函数::bind

::bind 是服务端必不可少的一个函数，其作用是指定 IP 和端口开放给客户端连接，客户端则没必要调用该函数。函数的参数说明见表 1-4，函数的原型如下：

```
int bind(int sockfd, const sockaddr *address, int address_len);
```

表 1-4　bind 函数参数

参　数　名	说　　明
sockfd	Socket 值
address	Socket 地址
address_len	地址结构长度

参数 sockfd 即调用::socket 函数之后得到的 Socket 值。

sockaddr 是通用的套接字地址结构，在代码中还使用了 sockaddr_in 结构，这两者在这里没有什么差别，长度一样，可以相互转换，sockaddr_in 是 Internet 环境下套接字的地址形式。参数 address 指定了 Socket 需要绑定的地址信息，这些信息中包括 IP 和端口。

该函数返回负数就表示出错了。如果试图绑定一个已经在使用的端口，调用::bind 就会失败。

3. 函数::listen

::listen 是服务端调用的函数，用于对 IP 地址和端口的监听。函数的参数说明见表 1-5，函数的原型如下：

```
int listen(int sockfd, int backlog);
```

表 1-5 listen 函数的参数说明

参 数 名	说 明
sockfd	Socket 值
backlog	等待连接队列的最大长度

关于连接队列的最大长度，可以使用系统的宏 SOMAXCONN。在 Linux 下，它的定义在/usr/include/bits/socket.h 文件中，默认为 128。值 backlog 的意义在于，当一个连接请求到来时，另一个连接请求可能同时到来，系统需要缓存其中之一，backlog 是系统处理连接的缓冲队列的长度。虽然 TCP 有 3 次握手，但是目前来看这个过程还是相当快的，所以 5~10 个缓存已经足够使用。

该函数返回负数就表示出错了。

4. 函数::connect

::connect 是对一个已知地址进行网络连接的函数。一旦客户端调用::connect 函数，就会触发 TCP 的 3 次握手协议，3 次握手完成之后，在服务端会调用::accept 函数。

在调用::connect 函数时，如果失败，就不能对当前 Socket 再次调用::connect 函数，正确的做法是关闭 Socket 再次调用::connect 函数。该函数的参数与::bind 函数是一致的。函数的原型如下：

```
int connect( int sockfd, const sockaddr *address, int address_len);
```

该函数返回负数就表示出错了。

5. 函数::accept

该函数用于监听端口，若::accept 收到数据，则一定有一个新的连接被发起。函数的参数与::bind 函数是一致的。函数的原型如下：

```
int accept(int sockfd, sockaddr* address, int* address_len);
```

函数::accept 返回的值是一个新的 Socket 值。调用::accept 时，我们传入了一个 Socket 值，这个值可以称为监听 Socket，而返回的这个新值就是客户端连接服务端的连接 Socket。这两个值是有区别的。服务端有且仅有一个监听 Socket，却可以有无数个连接 Socket。

6. 函数::send 和::recv

函数::send 和::recv 是一对用于发送和接收数据的函数，除了这两个函数之外，网络底层还提供了其他发送和接收数据的函数，适用于不同的场合，这里只介绍我们使用的这一对函数。函数的参数说明见表 1-6，函数的原型如下：

```
int send(int sockfd, const char *buf, int len, int flags)
int recv(int sockfd, char *buf, int len, int flags)
```

表 1-6　发送、接收函数参数

参　数　名	说　　明
sockfd	Socket 值
buf	发送、接收缓存指针
len	缓存长度
flags	标志位，一般为 0

在 4 个参数中，需要着重说明的是 buf 参数。对于::send 函数而言，发送的缓冲 buf 是 const 指针，而 len 则是发送数据的长度。

对于::recv 函数而言，buf 是接收数据的缓存，len 是该缓存的长度。假设服务端向客户端发送了 2024 字节的数据，但客户端接收 buf 的长度只有 1024，len 的长度也只能为 1024，即::recv 函数一次只会读取系统底层网络缓冲中的 1024 字节，放入 buf 缓冲中。这个概念非常关键，会引发粘包、拆包的问题。网络数据并不是我们想象中一条一条规整地发送过来的，有可能接收的 1024 字节里面有 3 个协议数据，也有可能接收的 1024 字节只是某个协议的一部分，需要多次读取。在后面的例子中，我们会详细讲解这些情况该如何处理。

发送和接收函数调用失败返回非正数，若成功，则返回发送、接收的字节长度。对于::recv 函数来说，若返回 0，则表示在另一端发送了一个 FIN 结束包，网络已中断。但::recv 函数在返回负数时，也并不都意味着网络出错而需要断开网络，这在后面用到的时候再讲解。

1.4.6　小结

我们已经对网络通信有了一定的了解，客户端和服务端在初始化时略有不同，但收发数据的流程是相同的，本例采用了阻塞式的收发数据方式，所有的代码都是在阻塞模式下进行的。函数::accept、::send 和::recv 都处于阻塞模式下。

所谓阻塞，就是一定要收到数据之后，后面的操作才会继续。客户端调用::connect 函数连接到服务端，发送数据之后一直阻塞在::recv 函数上，直到收到服务端传来的数据才退出。服务端同样是阻塞的，在::accept 函数处等待连接进来，如果没有就一直等待，接收到一个连接之后，再次阻塞，等待::recv 函数返回数据。

作为服务端，采用阻塞模式显然不够高效。一般来说，服务端需要同时处理成千上万个通信，不能因为一个连接而阻塞另一个连接的收发数据进程。在实际情况下，更常用的是非阻塞模式。接下来以一个实例来说明非阻塞模式是如何工作的。

1.5　非阻塞网络编程

本节提供一个非阻塞功能的例子，要达到的目的如下：

（1）客户端与服务端建立网络通信。

（2）建立通信之后，客户端发起 3 个线程，分别向服务端发送不同数据。这些数据是 ping_0、ping_1 和 ping_2。

（3）服务端收到数据，将相同数据转发给客户端。

（4）客户端收到数据，验证并打印结果。

本例在基础收发数据的功能上增加了非阻塞的设置，虽然看似只有细微改变，但其逻辑会变得非常不一样。

1.5.1 工程源代码

工程的源代码在本书源代码库的 01_02_network_nonblock 目录下，使用 make-all 脚本进行编译之后，在 01_02_network_nonblock/bin 目录下会生成 clientd 和 serverd 两个文件，先启动 serverd，再启动 clientd。先来看一下这个非阻塞工程的执行结果，见表 1-7。

表 1-7   非阻塞式网络通信运行结果

客　户　端	服　务　端
[root@localhost bin]# ./clientd	[root@localhost bin]# ./serverd
::send.ping_2 socket:3 // 1 组	new connection.socket:4 // 1 组
::send.ping_1 socket:4 // 3 组	::recv.ping_2 socket:4 // 1 组
::recv.ping_2 socket:3 // 1 组	::send.ping_2 socket:4 // 1 组
::send.ping_0 socket:5 // 2 组	new connection.socket:4 // 2 组
::recv.ping_0 socket:5 // 2 组	::recv.ping_0 socket:4 // 2 组
::recv.ping_1 socket:4 // 3 组	::send.ping_0 socket:4 // 2 组
	new connection.socket:4 // 3 组
	::recv.ping_1 socket:4 // 3 组
	::send.ping_1 socket:4 // 3 组

在 Linux 下，按 Ctrl+C 组合键可退出服务端进程。执行本例时，每一次产生的结果都不一样。因为是线程操作，客户端发送数据的前后关系不确定，所以服务端收到数据的顺序也不确定。为了便于区分，将数据按到达服务端的时间分成了 1 组到 3 组，每一组数据在同一个 Socket 通道上。虽然这里只有几行简单的数据打印，但有几个关键点需要理解。

关键点 1：Socket 值的重用

从表 1-7 中可以看到，客户端首先发送了两条数据，在 Socket 值为 3 和 4 的通道中分别发送了 ping_2 和 ping_1。

服务端首先收到了 ping_2 的数据。在打印信息时显示了一个 Socket 值，在 Linux 上，Socket 的值是线性增加的，因为程序在启动时会用到前面的几个描述符，所以当前可用描述符是从 4 开始的。这意味着服务端建立第一个连接时，它的 Socket 值为 4，数据是 ping_2，服务端收到了该数据并发送了相同的数据给客户端。接着服务器收到了 ping_0 的数据，Socket 值依然是 4。

这里读者一定有疑问，不是说不同的通道值不一样吗？为什么两个 Socket 却用了一样的值？这是因为 Socket 是可以重用的，如果关闭了描述符为 4 的 Socket，当有新的连接到服务端时会将描述符 4 重新分配给它。

从上面的数据中可以看出，当服务端收到 ping_2 并将它发送出去之后，会马上关闭 Socket 4，这时又收到 ping_0，Socket 4 被再次分配。

关键点 2：Socket 值是进程级数据

认真观察会发现，客户端发送 ping_2 的时候，在客户端用的 Socket 值为 3，为什么服务端接收到的 Socket 值却是 4？客户端在发送 ping_1 的时候也使用了 Socket 4，服务端和客户端使用了相同的 Socket 4 值，为什么没有出错？

这里需要区分一个概念，Socket 值是在进程中独立的，不是通用的。它不像端口，就某个端口而言，一台物理机就只有一个，同一时间不可重用。但同一时间不同的进程可能存在相同的 Socket 值的通道。在客户端的 Socket 3 和在服务端的 Socket 3 不是同一个通道，只是值相同而已。

关键点 3：网络数据的无序与有序

在客户端，从打印结果可以看出，先发送了 ping_1，再发送了 ping_0。但是在服务端，收到数据的时候却正好相反，先收到了 ping_0，后收到了 ping_1，这和发送数据的顺序不一致。网络数据的收发是无序的，两个连接即使同时发送数据，也有可能这次你先到，下次我先到。但同一个 Socket 连接，如果先发了 Msg0，再发送 Msg1，在 TCP 下，服务端收到的数据一定是有序的，必定是先收到 Msg0，再收到 Msg1。

在网络不稳定的时候，在 TCP 机制下，包丢失会重发。如果 Msg0 发送失败引起了重发，Msg1 很有可能比 Msg0 先到达目标机器，这种情况是有可能存在的，但完全没必要担心，因为在 TCP 底层，有一套可靠的机制对收到的消息进行重新排序。如果出现错误，Socket 连接就会抛出异常，也就是常说的玩家断线。

1.5.2　服务端代码分析

下面分析这个非阻塞的源代码，看看它是如何实现的，与阻塞的代码又有什么不同。还是先从服务端代码开始。

关键点 1：Socket 初始化

与前一个例子相比，服务器创建 Socket、绑定 IP 地址、监听 Socket 的流程并没有发生变化，只看重点代码：

```
_sock_init();
SOCKET socket = ::socket(AF_INET, SOCK_STREAM, IPPROTO_TCP);
...
_sock_nonblock(socket);
```

在服务端，Socket 创建成功之后调用了一个新宏：_sock_nonblock。该宏设置 Socket 的属性，把阻塞模式变为非阻塞模式，在 Windows 下和 Linux 下的调用函数各不相同。宏对比如下（该宏定义在 network.h 文件中）：

```
#ifndef WIN32
#define _sock_nonblock( sockfd ) { int flags = fcntl(sockfd, F_GETFL, 0);
fcntl(sockfd, F_SETFL, flags | O_NONBLOCK); }
#else
#define _sock_nonblock( sockfd )
    { unsigned long param = 1; ioctlsocket(sockfd, FIONBIO, (unsigned long
*)&param); }
#endif
```

在 Windows 下，函数 ioctlsocket 的目的是对 Socket 执行命令操作。在本例中，将 Socket 设置为非阻塞。函数 ioctlsocket 的说明可以在 MSDN 网上查到。原型如下：

```
int ioctlsocket(SOCKET sock, long cmd, u_long *argp);
```

在 Linux 下，调用 fcntl，其原型如下：

```
int fcntl(int sock, int cmd, ...);
```

在 Linux 下，Socket 被认为是一个文件描述符，可以用 read、write、open 等 IO 操作来操作它。而 fcntl 是对文件描述符进行属性操作的函数。在上面的宏定义中，首先传入参数 F_GETFL，取得文件描述符的属性并保存到 flags 变量中，再在取得的属性之上增加一个 O_NONBLOCK 属性，即非阻塞模式。

关键点 2：如何接收连接请求与收发数据

在上一个阻塞例子中，如果使用断点调试，就会发现在调用::accept、::recv 和::send 函数时会一直卡住，等待数据。现在，在非阻塞模式下，不论有没有数据，这些函数都会马上返回。在主线程中，不知道什么时候能收到::accept、::recv 数据，因此做了个死循环。先浏览一下代码：

```
while (true) {
    SOCKET newSocket = ::accept(socket, &socketClient, &socketLength);
    if (newSocket != INVALID_SOCKET) {
        _sock_nonblock(newSocket); // 接收到一个新的连接请求，设为非阻塞
        sockets.push_back(newSocket);
    }
    // 遍历所有连接，调用::recv 函数，查看是否有数据到来
    // 如果有，就调用::send 函数将接收到的数据发送回去
    auto iter = sockets.begin();
    while (iter != sockets.end()) {
        SOCKET one = *iter;
        auto size = ::recv(one, buf, 1024, 0);
        if (size > 0) {
            ::send(one, buf, size, 0);
```

```
            iter = sockets.erase(iter);
            ...
        }
        ...
    }
}
```

在循环中，收到新的连接便把新的 Socket 值保存起来。每一帧不停地主动询问在这个 Socket 上是否有数据，如果接收到数据，就发送一段相同的数据到客户端。

修改一下代码，把 while 循环去掉，再执行一下，会发现程序开始执行就退出了。因为所有的底层函数都不会再等待数据，没有数据就直接返回了。

如果在 while 循环中加一个计数并打印出来，就会发现一秒可以执行无数次的检查。非阻塞模式保证了每个 Socket 的收发都在同时进行，互不影响。

1.5.3　客户端代码分析

在客户端，为了保证多组 Socket 互不影响地发送数据，用到了线程。将每个连接包装成一个 ClientSocket 类，其定义在 client_socket.h 文件中。

每一个 ClientSocket 类的功能类似于 1.4 节中阻塞的例子，发送数据，阻塞等待数据到来，接收到数据，然后退出。图 1-9 展示了客户端与服务端通信的整体流程。

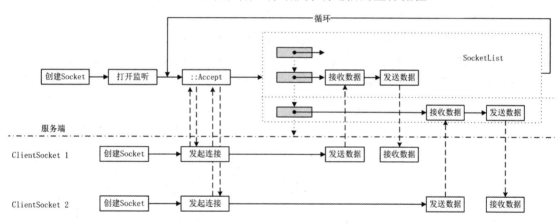

图 1-9　非阻塞式网络通信流程

关键点 1：ClientSocket 类

为了让客户端互不影响，在 client.cpp 文件的 main 函数里创建了多个 ClientSocket 实例，每个实例都是在线程中执行的，即使在本线程中是阻塞的，也不会影响其他线程。ClientSocket 类一共有 4 个函数，其中 1 个是构造函数。定义如下：

```
class ClientSocket {
public:
    ClientSocket(int index);    // 开启了一个线程
    void MsgHandler();          // 阻塞式的 Socket 收发数据流程
```

```
    bool IsRun() const;           // 收发数据是否已完成
    void Stop();                  // 结束线程
private:
    bool _isRun{ true };
    ...
};
```

ClientSocket 类的构造函数实现如下：

```
ClientSocket::ClientSocket(int index) : _curIndex(index) {
    _thread = std::thread([index, this]() {
        _isRun = true;
        this->MsgHandler();
        _isRun = false;
    });
}
```

在创建 ClientSocket 类时创建了一个线程，在线程中调用了 MsgHandler 函数。

函数 MsgHandler 的思路和前一个例子中的一样，即创建 Socket，发送一条数据，再等待接收一条数据，使用的还是阻塞模式，这里不再重复。处理完数据之后，线程退出。

总之，ClientSocket 类使用了线程的方式发送数据。

关键点 2：主线程逻辑

在主线程中创建了 3 个 ClientSocket 实例，使用 while 不断循环查看每个 ClientSocket 实例是否还处于 IsRun 运行模式下，如果已经完成，就调用 ClientSocket 的 Stop 函数，直到全部 ClientSocket 类都退出，程序结束。

```
int main(int argc, char *argv[]) {
    std::list<std::shared_ptr<ClientSocket>> clients;
    // 启动 3 个线程
    for (int index = 0; index < 3; index++) {
        clients.push_back(std::make_shared<ClientSocket>(index));
    }
    // 遍历当前所有 ClientSocket 类，如果已完成数据收发，就关闭线程，剔除数组
    while (!clients.empty()) {
        auto iter = clients.begin();
        while (iter != clients.end()) {
            auto pClient = (*iter);
            if ((*pClient).IsRun()) {
                ++iter;
                continue;
            }
            pClient->Stop();
            iter = clients.erase(iter);
```

```
        }
    }
    return 0;
}
```

主线程并不关心 ClientSocket 类中做了些什么，只是关心它的生命周期，每个线程结束了，整个程序就认为结束了。

特别说明： std::thread 是 C++标准线程库，在创建线程时使用了一个 Lambda 匿名函数，std::thread 执行匿名函数。如果读者没有接触过 Lambda 匿名函数，就要学习一下 Lambda 匿名函数与常规代码的对比。下面的代码中，TestThread1 使用了匿名函数，TestThread2 则使用的是常规代码。

```cpp
void TestThread1() {
    bool isrun = true;
    auto thread = std::thread([index, &isrun]() {
        printf("call test1.\n");
        isrun = false;
    });
    while (isrun) {
        while (thread.joinable()) {
            thread.join();
        }
    }
}
void TestThread2() {
    bool isrun = true;
    auto thread = std::thread(&CallFunc, &isrun);
    while (isrun) {
        while (thread.joinable()) {
            thread.join();
        }
    }
}
void CallFunc(bool* pIsRun) {
    printf("call test2.\n");
    *pIsRun = false;
}
```

两个函数中代码的目的完全一样，一个使用 Lambda 匿名函数给线程注册了一个调用函数，而另一个则编写了一个常规函数注册到线程中。Lambda 匿名函数使我们的代码显得更为简洁。

1.5.4　小结

在本例中，服务端使用了非阻塞模式接收数据。简单来说，就是你接收你的数据，我发送我的数据，互不影响。有数据到来就处理，至于对方是何时发过来的，接收数据方并不关心。

本例采用了主动询问数据的方式在服务端判定有没有数据直接调用::recv 函数，每一个循环中都要对每一个 Socket 调用::recv 函数，当返回值大于 0 时，认为有数据到来。

1.6 总   结

至此，通过两个示例我们掌握了网络的基础编程知识，了解了什么是阻塞与非阻塞，并且了解了一些底层网络函数的使用。

假设在服务端，我们的机器每秒可以调用 1000 个循环，也就是说 10 个连接就有上万次函数调用，每一个循环中都要对每一个 Socket 调用::recv 函数，而这些调用中可能只有极少数会真正有数据到达。

对于少量连接，也许我们还可以这样操作，一旦服务端连接增多，采用这样的方式效率就会降低。有没有一种方案，在没有数据的时候就跳过调用，而有数据的时候通知调用这些函数呢？这就是第 2 章要讲解的内容。

第2章

网络 IO 多路复用

本章介绍更为高效的网络编程方案，让系统底层去判断 Socket 是处于可读还是可写状态，在可读可写时通知上层，也就是我们常用的网络 IO 处理——IO 多路复用。本章将介绍两个模型：Select 和 Epoll。在介绍这两个模型的同时还会引入自定义协议的内容。本章包括以下内容：

⊛　Select 模型示例。

⊛　Epoll 模型示例。

⊛　使用 protobuf 定义协议。

2.1 Select 网络模型

Select 是一个在 Windows 和 Linux 系统下通用的模型。该模型名为 Select 主要是因为它以名为::select 的函数为驱动，该函数以不同的返回值来决定后续如何操作。简单来说，其主要的原理就是监视描述符（Socket）的变化来进行读写操作，且在必要时抛出异常。

在前面非阻塞的例子中，每一帧对每个 Socket 值进行了::recv 函数调用，通过返回值来判断是否有数据到来，该方案的命中概率很低，而 Select 模型则提供了一种集合方式，让我们一次可以知道一个或者多个 Socket 是否有数据的变化。函数::select 的主要功能是通过传入的参数告诉底层系统，我们关心的可读、可写、异常的 Socket。该函数被调用之后会反馈给我们传入的这些 Socket 是否处于可读、可写状态。

2.1.1 ::select 函数说明

调用::select 函数，在 Windows 和 Linux 两个系统下的头文件不一致，其对比见表 2-1。

表 2-1　::select 函数头文件

Windows 头文件	Linux 头文件
#include <WinSock2.h>	#include <sys/select.h>
	#include <sys/time.h>

函数::select 的原型在两个系统中是一致的，参数说明见表 2-2。函数原型如下：

```
int select(int nfds, fd_set *readfds, fd_set *writefds, fd_set *exceptfds, const
timeval *timeout);
```

表 2-2　::select 函数参数列表

参　　数	说　　明
nfds	最大描述符加 1
readfds	fd_set 类型集合
writefds	fd_set 类型集合
exceptfds	fd_set 类型集合
timeout	超时

参数 nfds 在 Windows 下没有实质的作用，在 Linux 下则是 Socket 值集合内的最大值加 1。这一点很好理解，Linux 是线性增加的，最大值对于底层来说是有效的，而 Windows 是随机的，最大值即使传到底层也起不了什么作用。

中间 3 个参数都是 fd_set 集合，fd_set 集合是装满 Socket 的容器。对于 readfds 中存储的 Socket，系统会检测是否可读，如果可读，就表示有数据到达。对于 writefds 中存储的 Socket，系统会检测是否可写，如果可写，就可以发送我们想要发送的数据。而对于 exceptfds 中存储的 Socket，系统会检测是否有异常。

下面介绍这个函数一些值得注意的点。

关键点 1：超时

每次调用::select 函数的时候都会将进程变为一个极短时间的阻塞状态，参数 timeout 就是控制这个阻塞时长的。该参数是一个时间结构，其定义如下：

```
struct timeval {
    long    tv_sec;        /* seconds */
    long    tv_usec;       /* and microseconds */
};
```

它有 3 种设置方式：

（1）设为 nullptr，则表示永远等下去。参数中传入的 Socket 集合中，可读、可写或异常至少有一个返回值，函数::select 才会有数据返回，这相当于让::select 进入了阻塞状态。

（2）timeout 有值时，表示等待一段时间。在等待的时间内，参数中传入的 Socket 集合中只要有一个准备好，函数就会有返回，返回值大于 0。

（3）完全不等待，把 timeval 中的秒和微秒都设为 0。在完全不等待的状态下，返回值可能等于 0，也可能大于 0。等于 0 时，表示每一个监听的 Socket 都没有事件发生；大于 0 时，则有 1 个或多个 Socket 有事件发生。

关键点 2：fd_set 集合

fd_set 集合其实就是一组数组。有 4 个宏可以操作集合，表 2-3 罗列了操作函数。

表 2-3　fd_set 集合的操作函数

函　数　名	说　　明
FD_CLR(socket, *set)	从集合 set 中把当前 socket 值删掉
FD_ISSET(socket, *set)	判断 socket 是否在给定的 set 集合中，如果在，就返回非零值
FD_SET(socket, *set)	将 socket 加入给定的 set 集合中
FD_ZERO(*set)	将给定的 set 集合初始化为空

参数 readfds、writefds、exceptfds 都是 fd_set 类型集合，从名字就可以分辨出其功能，readfds 表示关心读的集合，writefds 表示关心写的集合，exceptfds 是异常集合。如果在调用::select 时只关心是否可读，不关心是否可写，那么可把参数 writefds 设为 nullptr。

这 3 个参数是输入参数，同时也是输出参数。

需要注意的是，这 3 个集合互不影响，也就是说 readfds 中的数据只检测可读。对于同一个 Socket 值，既想检测可读又想检测可写，那么这个值需要分别压入 readfds 和 writefds 两个集合。

关键点 3：返回值

调用::select 之后，返回值大于 0 时，还保留在 readfds、writefds、exceptfds 三个参数中的值是有事件发生而需要处理的 Socket。在 readfds 中就是可读的，在 writefds 中就是可写的，在 exceptfds 中就是发现了异常。举例说明：

- 在 readfds 集合中传入 {11，12}。
- 在 writefds 集合中传入 {11，13，14}。
- 在 exceptfds 集合中传入 {11，13}。

参数 nfds 传入 15（14+1），这是最大的值 14 加 1 的结果。上面的参数表示，我们关心值为 11、12 的 Socket 是否可读，11、13、14 是否可写，再检查一下 11、13 是否有异常。调用::select 函数之后，这 3 个集合的数据只会留下有事件的 Socket 值，即返回 readfds 的集合可能为 {11}，writefds 可能为 {13}，exceptfds 可能没有值，即表示 Socket 11 有可读数据，Socket 13 可以写入数据。

2.1.2　工程源代码

下面用实例代码来说明 Select 模型的使用方法。工程源代码位于本书 02_01_network_select 目录中，在这个工程中，我们的目的是：

（1）以 Select 模型为基础实现一个有网络收发功能的服务端，收到客户端的数据之后，同时发送给客户端，收多少发多少。

（2）以 Select 模式为基础建立一个测试 robots 工程。robots 工程可以指定多个线程，每个线程模拟客户端向服务端发送多条随机长度的数据，完成指定次数后退出。

随机长度的数据可以验证在收发包时的拆分长度是否正确。

虽然本节内容是由::select 函数引出的，但在本例中，我们抽象出了网络层，重建了数据结构、收发数据的相关逻辑。本节的信息量比起第 1 章相对较多，在分析代码之前先来看看结果，使用 make-all 脚本进行编译。由于打印数据过多，我们挑选一些重要信息。在服务端打印数据如下：

```
[root@localhost bin]# ./serverd
recv size:433 msg:upqytazmzlsfimoisnqt...
recv size:296 msg:detdwpbndarrsguubcpe...
```

在 robots 机器人端打印数据如下：

```
[root@localhost bin]# ./robotsd 1 2
send. size:433 msg:upqytazmzlsfimoisnqt...
recv. size:433
send. size:296 msg:detdwpbndarrsguubcpe...
recv. size:296
```

为了便于查看，在 robots 机器人端开启了 1 个线程，每个线程发送了两条数据。从上面的数据可以看出，robots 发送了两条数据，长度分别为 433 和 296，服务端收到之后，转发了相同的内容。随后，robots 收到了正确长度的数据。按 Ctrl+C 组合键可退出服务端进程。

如果想测试多线程的结果，那么可以在启动 robots 时更改线程数量，如要启动 3 个线程，命令行为 "./robotsd 3 2"，即开启 3 个线程，每个线程发送两条数据。

本节的源代码采用了面向对象的思想，比之前的例子更加复杂。有两个关键类 NetworkConnector 和 NetworkListen，分别用于网络连接和网络监听，它们都派生于 Network 基类。图 2-1 列出了网络库 network 工程中重要的类以及它们的关系。

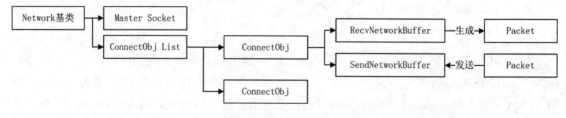

图 2-1　网络层数据结构

在前面几个例子中，可以发现监听与连接除了初始化调用不一致以外，在收发数据上是一致的，将这部分功能提出来放在 Network 基类中。NetworkListen 类有它自己的 Accept 函数，用于接收新的请求。而 NetworkConnector 类实现 Connect 连接函数。在面向对象编码时有一个重要的编码规则，即为对象找到共性。不论是监听还是连接类，最初都需要创建一个 Socket，为了便于区分，命名为 MasterSocket。

每一个网络连接用一个 ConnectObj 类来维护。在监听端会产生无数个 ConnectObj。在发起连接的 NetworkConnector 类中，目前只有一个 ConnectObj 实例。

每个 ConnectObj 都维护着接收缓存和发送缓存，对应图 2-1 中的 RecvNetworkBuffer 和 SendNetworkBuffer。接收缓存接收到数据之后，将在逻辑层生成 Packet 类（也称为协议类），供上层使用。而发送缓存发送逻辑层事先准备好的 Packet 类。客户端发送一个 Packet，服务端还原一个 Packet。Packet 类是一个非常重要的概念，后面的章节还会详细地介绍它。现在可以这样理解，从网络缓存中得到的二进制数据，从 ConnectObj 中取出来时已经变成了一个有意义的 Packet 类。

我们的目标是将网络层的数据锁在 Network 工程中，对于调用 NetworkConnector 或者 NetworkListen 的上层而言，看不到底层的复杂数据，使用 Packet 来传递数据，有数据到来的时候被封装成 Packet 类，而发送数据的时候也封装成 Packet 类。

2.1.3 网络基类：Network

先来看看封装网络功能的 Network 类，该类的定义位于 network 库工程的 network.h 文件中。Network 类继承自 IDisposable。后面所有类都会继承这个基类，以在退出时方便清理资源。IDisposable 类只有一个虚函数。

```
class IDisposable {
public:
    virtual ~IDisposable( ) = default;
    virtual void Dispose( ) = 0;
};
class Network : public IDisposable {
public:
    ...
    bool Select( );
protected:
    // 不论是连接类还是监听类，都有一个_masterSocket
    // 连接时用来存储连接的 Socket，监听时存储监听 Socket
    SOCKET _masterSocket{ -1 };
    // 对于监听类来说，有无数个 ConnectObj 类，保存每个连接的数据
    // 对于连接类来说，这里只有一个 ConnectObj 类
    std::map<SOCKET, ConnectObj*> _connects;
    // 3 个 fd_set 集合，分别用来存储可读、可写、异常的描述符
    fd_set readfds, writefds, exceptfds;
};
```

清楚了定义之后，来看看比较重要的 Network::Select 函数。该函数调用了系统层面的 ::select 函数。其实现代码如下：

```
bool Network::Select( ) {
    // 初始化所有集合，FD_ZERO 是系统定义的宏，用来清空集合
```

```
FD_ZERO(&readfds);
FD_ZERO(&writefds);
FD_ZERO(&exceptfds);
// 将用于监听或用来连接的 Socket 放入集合中
FD_SET(_masterSocket, &readfds);
FD_SET(_masterSocket, &writefds);
FD_SET(_masterSocket, &exceptfds);
// fdmax 的作用是保存最大的 Socket 描述符
SOCKET fdmax = _masterSocket;
// 遍历当前所有的连接，将所有当前有效的 Socket 加入 3 个集合
// 同时统计最大 Socket 值
for (auto iter = _connects.begin(); iter != _connects.end(); ++iter) {
    if (iter->first > fdmax)
        fdmax = iter->first;
    FD_SET(iter->first, &readfds);
    FD_SET(iter->first, &exceptfds);
    if (iter->second->HasSendData()) {
        FD_SET(iter->first, &writefds);
    } else {
        if (_masterSocket == iter->first)
            FD_CLR(_masterSocket, &writefds);
    }
}
// 所有数据收集完成之后调用::select 函数
struct timeval timeout;
timeout.tv_sec = 0;
timeout.tv_usec = 50 * 1000;
int nfds = ::select( fdmax + 1, &readfds, &writefds, &exceptfds, &timeout );
if ( nfds <= 0 )
    return true;
// 如果返回值大于 0，就表示在 3 个集合中一定有数据
// 遍历所有的连接，看看是否有数据改变
auto iter = _connects.begin( );
while ( iter != _connects.end( ) ) {
    if ( FD_ISSET(iter->first, &exceptfds ) ) {
        // 检查是否有异常，发现异常后关闭 Socket
        iter->second->Dispose();
        delete iter->second;
        iter = _connects.erase(iter);
        continue;
    }
    // 检查是否有数据需要读取
    if ( FD_ISSET(iter->first, &readfds ) ) {
        if ( !iter->second->Recv( ) ) {
```

```
            ... // 若失败, 有异常, 则关闭 Socket
            continue;
        }
    }
    // 检查是否可以发送数据
    if (FD_ISSET(iter->first, &writefds)) {
        if (!iter->second->Send()) {
            ... // 若失败, 有异常, 则关闭 Socket
            continue;
        }
    }
    ++iter;
}
return true;
}
```

在这个函数中, 将所有 Socket 值都注册到了集合中, 通过调用::select 来得到有事件发生的集合。读取数据时, 不再需要一直不停地执行::recv 函数。通过底层::select 函数的返回值来判断是否有读事件发生, 当 Socket 上有可读数据时, 调用 ConnectObj::Recv 函数来读取数据。在发送数据时, 检测一下是否可写, 调用 ConnectObj::Send 函数来发送数据。

在本例中, Socket 被封装到 ConnectObj 对象中, 也就是说一个 ConnectObj 对象一定对应一个正在通信的 Socket, 如果 Socket 断开, 这个 ConnectObj 对象就会被销毁。

至于 ConnectObj 类如何接收和发送数据的细节, 我们会在后面的章节中讲解。总之, 可以将其理解为通过 ConnectObj 类的 Send 和 Recv 这两个函数实现数据的收发。

2.1.4　NetworkListen 分析

在 Network 基类之上建立了一个新类 NetworkListen 用于服务端的监听。该类定义在 network_listen.h 文件中。NetworkListen 类的定义如下:

```
class NetworkListen :public Network {
public:
    bool Listen(std::string ip, int port);
    bool Update();
protected:
    virtual int Accept();
};
```

关键点 1: Listen 函数

在 NetworkListen 类中实现了监听类特有的 Listen 函数, 该函数的主要任务是创建 Socket 并监听, 其流程和前面例子中创建 Socket 的方式大同小异。

```
bool NetworkListen::Listen(std::string ip, int port) {
    _masterSocket = CreateSocket();
    if (_masterSocket == INVALID_SOCKET)
        return false;
    sockaddr_in addr;
    memset(&addr, 0, sizeof(sockaddr_in));
    addr.sin_family = AF_INET;
    addr.sin_port = htons(port);
    ::inet_pton(AF_INET, ip.c_str(), &addr.sin_addr.s_addr);
    if (::bind(_masterSocket, (sockaddr*)(&addr), sizeof(addr)) < 0) {
        std::cout << "::bind failed. err:" << _sock_err() << std::endl;
        return false;
    }
    int backlog = 10;
    if (::listen(_masterSocket, backlog) < 0) {
        std::cout << "::listen failed." << _sock_err() << std::endl;
        return false;
    }
    return true;
}
```

在该函数中，将创建的用于监听的 Socket 存到了 MasterSocket 变量中，然后调用::bind 函数进行 IP 地址与端口的绑定，最后调用了::listen 函数实现对网络层的监听。

关键点 2：Accept 函数

另一个监听类特有的函数是 Accept 函数，实现如下：

```
int NetworkListen::Accept() {
    struct sockaddr socketClient;
    socklen_t socketLength = sizeof(socketClient);
    int rs = 0;
    while (true) {
        // 调用::accept 获取新连接
        SOCKET socket=::accept(_masterSocket, &socketClient, &socketLength);
        if (socket == INVALID_SOCKET)
            return rs;
        // 为新建的 Socket 设置参数
        SetSocketOpt(socket);
        // 新建一个 ConnectObj 类，用来管理当前连接，同时将 obj 实例加入队列中
        ConnectObj* pConnectObj = new ConnectObj(this, socket);
        _connects.insert(std::make_pair(socket, pConnectObj));
        ++rs;
    }
    return rs;
}
```

值得注意的是，在 Accept 函数中使用了一个 while 来调用底层::accept 函数，为什么这里要使用一个 while？要知道，一瞬间可能不止一个连接请求。在这一帧，我们需要取尽所有新连接。

关键点 3：SetSocketOpt 函数

在上面的代码中，创建 Socket 的时候调用了 SetSocketOpt 函数为 Socket 增加属性。其代码如下：

```
void Network::SetSocketOpt( int socket ) {
    // 1.端口关闭后马上重新启用
    bool isReuseaddr = true;
    setsockopt( socket, SOL_SOCKET, SO_REUSEADDR, (void*)&isReuseaddr,
sizeof(isReuseaddr) );
    // 2.发送、接收 timeout
    int netTimeout = 3000; // 1000 = 1 秒
    setsockopt( socket, SOL_SOCKET, SO_SNDTIMEO, (void *)&netTimeout,
sizeof(netTimeout) );
    setsockopt( socket, SOL_SOCKET, SO_RCVTIMEO, (void *)&netTimeout,
sizeof(netTimeout) );
    ...
    // 3.非阻塞
    _sock_nonblock( socket );
}
```

该函数内主要使用了底层::setsockopt 函数来设置 Socket 的状态。在 Linux 系统下，::setsockopt 函数定义在/usr/include/sys/socket.h 文件内。函数说明见表 2-4 与表 2-5，其函数原型如下：

```
int setsockopt (int fd, int level, int optname, const void *optval, socklen_t
optlen);
```

若函数执行成功则返回 0，若有错误则返回-1。

表 2-4　setsockopt 参数表

参　数　名	说　　明
fd	Socket 值
level	欲设置的网络层，SOL_SOCKET 表示在套接字级别上设置选项
optname	该参数代表欲设置的选项，具体数据见表 2-5
optval	该参数代表欲设置的值
optlen	该参数为 optval 的长度

表 2-5 optname 常用值表

参 考 值	说 明
SO_DEBUG	打开或关闭调试模式
SO_REUSEADDR	允许在绑定过程中地址重复使用
SO_SNDBUF	设置送出的暂存区大小
SO_RCVBUF	设置接收的暂存区大小
SO_KEEPALIVE	定期确定连线是否已终止

表 2-5 只是列出了参数 optname 的一些常用值。在设置 Socket 属性时，SO_SNDBUF 和 SO_RCVBUF 用于设置 TCP 的网络数据缓冲区大小。在本节的例子中并没有设置，而是使用了默认值。其默认值在 Linux 下可以查看。

```
[root@localhost ipv4]# cat /proc/sys/net/ipv4/TCP_rmem
4096    87380    6291456
[root@localhost ipv4]# cat /proc/sys/net/ipv4/TCP_wmem
4096    16384    4194304
```

这 3 个值分别是最小值、默认值和最大值。

每个数据包经过 TCP 层一系列复杂的步骤，最终到达系统接收缓冲区，我们调用底层函数::recv 就是从这个缓冲中读取数据的。发送数据也是一样，将数据发送到系统发送缓冲区中，就一直在等待分片送出。在网络底层对于发送数据的大小是有限制的，这不属于本书的讨论范围，但我们需要知道，数据在网络中传输时绝不是按照应用程序组织的数据一条一条地发送的。SO_SNDBUF 和 SO_RCVBUF 这两个属性一般可以保持默认值，除非对于协议数据有特别的需要，可以使用::setsockopt 函数来修改这两个属性的值。

关键点 4：Update 函数

Update 函数每帧调用，本书中将它称为帧函数。在其中调用了基类的 Network::Select 函数，对进程上的所有网络连接和用于监听的 MasterSocket 进行检查，查看每个 Socket 上是否有事件发生。

```
bool NetworkListen::Update( ) {
    // 调用 Select 函数对所有的 Socket 进行检测
    bool br = Select( );
    // 如果发现监听的 Socket 有可读消息，那么一定是有一个连接
    if (FD_ISSET(_masterSocket, &readfds)) {
        Accept( );
    }
    return br;
}
```

基类的 Network::Select 函数会对所有连接状态下的 Socket 收集读写事件，NetworkListen 类只需要对底层::select 函数返回值中的 readfds 集合进行检查，监听 MasterSocket 上是否有事

件发生。一旦有事件发生，就可能有一个或多个连接请求。此时，需要做的是调用
NetworkListen::Accept 函数，若成功，则新的网络连接被建立。

得益于基类的支持，整个 NetworkListen 类看上去非常简单，对外开放的只有两个函数：
一个是 Listen 函数；另一个是每帧调用的 Update 函数。

2.1.5　Server 流程详解

现在监听类 NetworkListen 已经准备好了，来看看它的使用方式。为了使用它，在服务端
生成了一个 Server 类。Server 类定义在 server 工程中，定义如下：

```
class Server : public NetworkListen {
public:
    bool DataHandler();
protected:
    int Accept() override;
    ...
};
```

虽然在 NetworkListen 类中提供了收发数据，但作为一个基础库，NetworkListen 是不会进
行具体的数据处理的。Server 类的作用就是实现这一功能，我们来看看它是如何处理数据的：

```
bool Server::DataHandler() {
    for (auto iter = _connects.begin(); iter != _connects.end(); ++iter) {
        ConnectObj* pConnectObj = iter->second;
        HandlerOne(pConnectObj);
    }
    ...
    return true;
}
void Server::HandlerOne(ConnectObj* pConnectObj) {
    // 收到客户端的消息，马上原样发送出去
    while (pConnectObj->HasRecvData()) {
        Packet* pPacket = pConnectObj->GetRecvPacket();
        if (pPacket == nullptr) {
            break;    // 数据不全，下帧再检查
        }
        // 原样转发
        std::string msg(pPacket->GetBuffer(), pPacket->GetDataLength());
        std::cout << "recv msg:" << msg.c_str() << std::endl;
        pConnectObj->SendPacket(pPacket);
        ...
    }
}
```

在前面讲过二进制数据留在了 Network 底层，逻辑层出去的数据是 Packet 数据。在 Server::HandlerOne 函数中，向 ConnectObj 类请求 Packet 包。对于 Server 工程而言，它并不知道底层有多么复杂，唯一的动作就是不断询问 ConnectObj 类是否接收到了 Packet 数据。再看看 main 函数对 Server 类的调用：

```
int main(int argc, char *argv[]) {
    ...
    Server server;
    // 调用监听函数将底层创建的 Socket 绑定，监听全都隐藏起来，只有一个看起来异常简单的
Listen 函数，传入 IP 和端口即可打开监听
    if ( !server.Listen( "127.0.0.1", 2233 ) )
        return 1;
    while ( isRun ) {
        if ( !server.Update( ) )  // 底层数据更新
            break;
        // 通过更新网络层的数据，数据从网络底层缓冲区中加载到了我们的缓冲区中
        // 使用 DataHandler 函数对这些数据进行处理
        server.DataHandler( );
    }
    server.Dispose( ); // 退出前清理 NetworkListen
    return 0;
}
```

在上面的源代码中，调用 Server::Listen 打开了监听，隐藏了网络层的复杂操作。其后要做的是不断地检测底层网络数据的事件，这个功能由 Server::Update 来完成。Server::Update 也就是 NetworkListen::Update。回顾一下这个函数做了些什么，它收集了当前内存中所有处理连接状态的 Socket，将这些 Socket 放到 3 个集合中，由::select 函数去查看它们在当前帧下是否有事件发生，如果有读就读，有写就写。同时，内存中还有一个用于监听端口的 MasterSocket，一旦发现监听端口有数据，就生成一个新的 Connectobj 并保存在内存中，以便在下一帧可以检查它的读写事件。

底层 Update 函数实现底层的数据收发，而上层逻辑在有数据时从读缓冲区 RecvNetworkBuffer 中取得 Packet 数据，同时将需要发送的数据组织为 Packet 放到发送缓冲区 SendNetworkBuffer 中，这样就借由 Packet 类为中转实现了底层数据与上层逻辑的隔离。

需要说明的是，在第N帧发送数据写入SendNetworkBuffer时，它的真正发送时间在第N+1帧。在第N+1帧，调用Update函数，若遍历ConnectObj对象时发现其中一个实例的发送缓冲区中有数据，则取出数据并进行真正的发送。图2-2清楚地展示了服务端的收发数据流程。

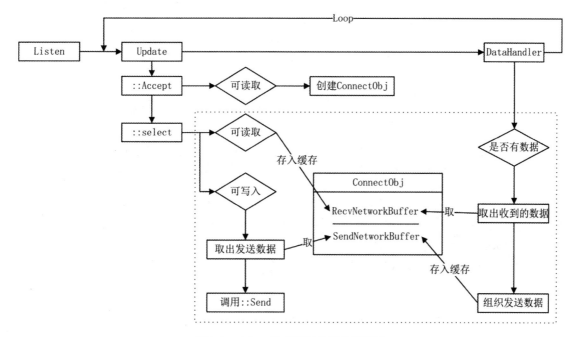

图 2-2 Select 模式下服务端的流程图

2.1.6 NetworkConnector 分析

客户端调用的是连接类 NetworkConnector，其定义在 network_connector.h 文件中。

```
class NetworkConnector : public Network {
public:
    bool Connect(std::string ip, int port);
    bool Update();
    ...
}
```

先来看看连接类中的两个核心函数：

（1）Connect 函数，对给定的 IP 地址和端口进行连接。

（2）Update 函数，每帧调用，和 NetworkListen 监听类的原理一致。该函数调用基类的
Network::Select 函数对网络连接进行检查。

```
bool NetworkConnector::Connect(std::string ip, int port) {
    _ip = ip;
    _port = port;
    _masterSocket = CreateSocket();
    if (_masterSocket == INVALID_SOCKET)
        return false;

    sockaddr_in addr;
    memset(&addr, 0, sizeof(sockaddr_in));
```

```cpp
        addr.sin_family = AF_INET;
        addr.sin_port = htons(_port);
        ::inet_pton(AF_INET, _ip.c_str(), &addr.sin_addr.s_addr);
        int rs = ::connect(_masterSocket, (struct sockaddr *)&addr,
sizeof(sockaddr));
        if (rs == 0) {
            // 成功
            ConnectObj* pConnectObj = new ConnectObj(this, _masterSocket);
            _connects.insert(std::make_pair(_masterSocket, pConnectObj));
        }
        return true;
    }
    bool NetworkConnector::Update() {
        const bool br = Select();
        if (!IsConnected()) {
            // 有异常出现
            if (FD_ISSET(_masterSocket, &exceptfds)) {
                Dispose(); // 异常，关闭当前 Socket，重新连接
                Connect(_ip, _port);
                return br;
            }
            if (FD_ISSET(_masterSocket, &readfds) || FD_ISSET(_masterSocket,
&writefds)) {
                int optval = -1;
                socklen_t optlen = sizeof(optval);
                const int rs = ::getsockopt(_masterSocket, SOL_SOCKET, SO_ERROR,
(char*)(&optval), &optlen);
                if (rs == 0 && optval == 0) {
                    ConnectObj* pConnectObj = new ConnectObj(this, _masterSocket);
                    _connects.insert(std::make_pair(_masterSocket, pConnectObj));
                } else {
                    Dispose(); // 异常，关闭当前 Socket，重新连接
                    Connect(_ip, _port);
                }
            }
        }
        return br;
    }
```

代码中有两处调用创建 ConnectObj 的代码，第一次是在 Connect 函数中，如果成功，就创建 ConnectObj 对象。但情况并不总是这么理想，在某些情况下，调用底层::connect 函数并不会马上确认连接成功，从发起一个连接到确认连接成功会有一个时间间隔。在等待时间里，如果该 Socket 上有事件发生而没有任何错误，就表示该连接成功。

一般情况下，监听类监听到新的连接时会触发一个读操作，连接类连接成功之后会触发一个写操作。

但是，即使我们收到了写操作，也必须确认一下是否出错。在没有出错的情况下，才认为是真正成功连接。其中，检查 Socket 状态的函数是::getsockopt，它和我们前面讲的::setsockopt是一对函数：一个用于取值，另一个用于设值。

在上面的 Update 函数中，调用::getsockopt 函数从 Socket 层面取出错值，若没有出错，则连接成功。连接成功之后会生成一个 ConnectObj 对象，用于数据收发。

2.1.7　测试流程详解

为了验证，server工程准备了一个模拟客户端操作的robots工程用于测试。这个工程使用了线程，每个线程负责处理一个Client类，Client类继承自NetworkConnector类，是一个连接类。

```cpp
class Client :public NetworkConnector {
public:
    explicit Client(int msgCount, std::thread::id threadId);
    void DataHandler();
    ...
}
```

单个 Client 类的工作原理类似于服务端的 Server 类，Client 类承担了具体的数据处理工作。在本例中，数据的发起是由 Client 类开始的。

客户端每次向服务端发送的数据都是随机的，范围为 10~512。客户端使用网络基类的方式与服务端是一模一样的，图 2-3 清楚地画出了客户端数据的流程图。具体发送的数据在 Client 类的 DataHandler 函数中，实现如下：

```cpp
void Client::DataHandler() {
    if (_isCompleted)
        return;
    if (!IsConnected())
        return;
    if (_index < _msgCount) {
        // 发送数据
        if (_lastMsg.empty()) {
            _lastMsg = GenRandom();
            Packet* pPacket = new Packet(1);
            pPacket->AddBuffer(_lastMsg.c_str(), _lastMsg.length());
            SendPacket(pPacket);
            delete pPacket;
        } else {
            if (HasRecvData()) {
                Packet* pPacket = GetRecvPacket();
                if (pPacket != nullptr) {
```

```
                const std::string msg(pPacket->GetBuffer(), pPacket->
GetDataLength());
                std::cout << "recv msg. size:" << pPacket->GetDataLength() <<
std::endl;
                ...
                delete pPacket;
            }
        }
    }
    }
    ...
    }
```

在上面的代码中，进出 Network 基类的唯一数据是 Packet 类，收发都是这个类，所以发送数据时创建了 Packet 类。发送的数据是从 GenRandom 函数中取得的一个随机的字符串。

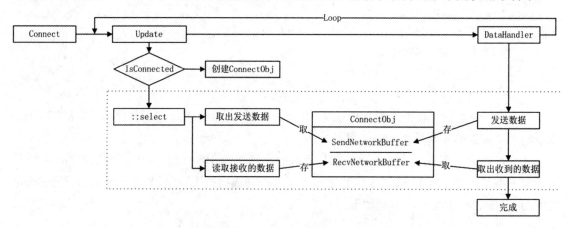

图 2-3　Select 模式下单个 Client 流程图

工程 robots 采用了多线程，线程类是由 ClientThread 类来负责的，具体实现可参见源代码，这里就不再过多讨论了。

现在从整体上来理解一下服务端与客户端的逻辑。在这个例子中创建了一个监听类和一些连接类，监听端或连接端为每一个 Socket 生成一个 ConnectObj，而 ConnectObj 实现了数据的收发。怎么收发的，上层逻辑并不需要知道，只是在上层逻辑需要的时候，这些收发的数据会变成一个个 Packet 类来使用。

这是第一个面向对象的例子，在本书随后的所有例子中，网络底层逻辑都会沿用这一编程思路。在后续的章节中因为需求不同，代码会有一些变动，但其思路基本一致。因此，本章花点篇幅来讲解几个主要类的工作原理，主要是 Packet、ConnectObj、RecvNetworkBuffer、SendNetworkBuffer 四个类。我们首先要了解的是 ConnectObj 类。

下面深入看看 ConnectObj 到底是如何收发数据的，又是如何得到 Packet 数据的。

2.1.8　ConnectObj 分析

为了突出网络模型的代码，在前面的章节中没有阐述数据是如何发送与接收的。只是简单使用了::Send发送和::Recv接收。本小节将对其背后的逻辑进行梳理。每当有一个连接被建立时，无论是在监听端还是连接端都有一个ConnectObj类被生成。下面是ConnectObj的类定义：

```
class ConnectObj : public IDisposable {
    ...
    bool HasRecvData( ) const;                    // 是否有接收数据
    Packet* GetRecvPacket( ) const;               // 将接收到的数据转为 Packet
    bool HasSendData() const;                     // 是否需要发送数据
    void SendPacket( Packet& packet ) const;      // 发送 Packet 中的数据
protected:
    const int _socket;
    RecvNetworkBuffer* _recvBuffer{ nullptr };
    SendNetworkBuffer* _sendBuffer{ nullptr };
}
```

在这个类中维护了两个 Buffer：SendNetworkBuffer 用于发送数据，RecvNetworkBuffer 用于接收数据。两个收发 Buffer 的主要功能是缓存从网络收到的数据以及缓存发送到网络底层的数据。从逻辑层发送和接收 Packet 的函数实现如下：

```
Packet* ConnectObj::GetRecvPacket() const {
    return _recvBuffer->GetPacket();
}
void ConnectObj::SendPacket(Packet& packet) const {
    _sendBuffer->AddPacket(packet);
}
```

上面的代码中，ConnectObj类调用了缓冲区的函数。为什么我们需要缓冲区？这是不少人想问的问题。

在前面为 Socket 设置属性的时候提到了缓冲区，SO_SNDBUF 和 SO_RCVBUF 设置了系统中 TCP 网络数据缓冲区的大小，这个缓冲区与程序中的缓冲区有什么区别呢？

当有数据从网络到来时，数据是被系统写入 SO_RCVBUF 这个缓冲区的，这个缓冲区有大小限制，字节占满缓冲区就会覆盖之前的数据。因此，需要应用程序有一个自己的读缓冲区，有数据时马上转存这些在系统缓冲区中的数据，以免它被后来的数据覆盖。

SO_SNDBUF 是写缓冲区，是上层应用向网络发送数据的系统层缓冲区。举例说明，有100KB 的数据需要发送，假如底层缓冲区最大为 10KB，虽然需要发送 100KB，但是调用::send 函数会返回 10KB，函数的返回值是已发送的长度，也是系统发送缓冲区的剩余长度。剩下90KB 的数据需要存放在应用程序的缓冲区中，等待下一次写事件的到来。

当我们发送的数据过于频繁或者系统缓冲区较小时，正确的处理方式应该是不断向底层询问是否可以写入，分批将后面的数据依次写入。

以上就是读写缓冲区的意义所在。关于缓冲区的内容极为枯燥，但它又极为重要，重要到错一个字节的数据，整个程序就会全面瓦解。下面来详细看看这些缓冲区的工作原理。

2.1.9　Buffer 分析

无论是 SendNetworkBuffer 还是 RecvNetworkBuffer，都基于 NetworkBuffer 类，而 NetworkBuffer继承自Buffer类。在Buffer类中，变量char* _buffer用来存储数据，当缓冲区满时，其长度会自动增加。其基类定义在base_buffer.h文件中。Buffer类的定义如下：

```
class Buffer :public IDisposable {
public:
    virtual unsigned int GetEmptySize();
    void ReAllocBuffer(unsigned int dataLength);
protected:
    char* _buffer{ nullptr };
    unsigned int _beginIndex{ 0 }; // buffer 数据的开始位与结束位
    unsigned int _endIndex{ 0 };
    unsigned int _bufferSize{ 0 }; // 总长度
}
```

变量 BeginIndex 和 EndIndex 确定了数据处于这个缓冲区的什么位置。Buffer 变量是这个缓冲区的头指针，BufferSize 是缓冲区的长度，这个长度不是一成不变的，在不够用时会进行扩容操作，也就是 Buffer::ReAllocBuffer 函数的功能。在使用 Buffer 类时可能会有两种场景：

（1）从一个二进制数据中读取一段数据存入 Buffer 中。例如后面要讲到的 Packet 类，对于 Packet 来说，读取一旦生成就不会改变。也就是说，一个 Packet 中的 Buffer 开始有 5 字节的长度，那么一直是 5 字节的长度，直到 Packet 被销毁或者 Packet 被重用，数据才被抹去。

（2）前面提到的 ConnectObj 中的缓冲区，比第一种情况复杂得多，它的数据总是源源不断地到来，再源源不断地取出。数据长度在每一帧都可能不一样。

下面介绍这两种处理方式的不同，本书把这两种情况称为"一般缓存"和"环形缓存"。

关键点 1：一般缓存

对于一般缓存来说，BeginIndex 一定是从 0 开始的，并且不会变更。BeginIndex 表示读取数据的开始，而 EndIndex 则是写入数据的开始，结合图 2-4 进行理解。

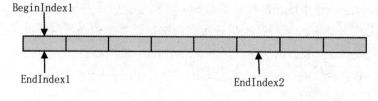

图 2-4　一般缓存

一开始，BeginIndex 和 EndIndex 都位于缓冲区的开始处，当收到数据之后，EndIndex 开始移动，它移到了 EndIndex2 的位置，也就是说从 EndIndex 到 BeginIndex 之间所有的字节都是有数据的。举个例子，从网络层收到一个 100 字节长度的协议，这 100 字节会完全复制到 Packet 的缓冲区中供上层逻辑使用。当发现 EndIndex > BeginIndex 的时候，就可以认为一定有数据等待读取。

关键点 2：环形缓存

比起 Packet，NetworkBuffer 要复杂得多。因为它既有写又有读。数据读完了还需要抹去，以便后来的数据有地方可以写入。在环形数据中，EndIndex 是可写数据的开始点，BeginIndex 是可读数据的开始点。

图 2-5 可以形象地说明这一流程，最开始的时候，BeginIndex 和 EndIndex 都位于缓冲区的最开始，连续收到好几条数据之后，EndIndex 发生了移动。这时，上层逻辑发现有数据到来了，从 Buffer 缓冲区中取出一个协议，取出的操作导致 BeginIndex 发生了移动。有效的数据段变成了从 BeginIndex2 到 EndIndex2。如果按这个逻辑不停地写、不停地读，BeginIndex 和 EndIndex 最终就会移动到这个缓冲区的尾部。这就有了环形缓存存在的必要。

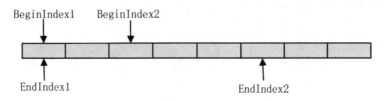

图 2-5　环形缓存

当 BeginIndex 移动到尾部的时候，其实缓冲区的前半部分是空的，没有被使用，可以让整个 Buffer 形成一个环，让读写指针回到 Buffer 的最开始。对于环形数据来说，我们需要注意以下几种情况：

（1）BeginIndex 在前，EndIndex 在后，这时 EndIndex-BeginIndex 为有效数据，如图 2-6 左侧的上半部分所示。

（2）EndIndex 在前，BeginIndex 在后，这时有效数据被拆分成了两部分，一部分在尾部，一部分在头部，如图 2-6 左侧的下半部分所示。

（3）如果 BeginIndex 和 EndIndex 指向同一位置，如图 2-6 右侧所示，就有两种情况：一种情况是完全没有数据；另一种情况是数据全满。EndIndex 可能已经绕过尾部，从头部又回到了 BeginIndex 位置，这是一种极端情况。

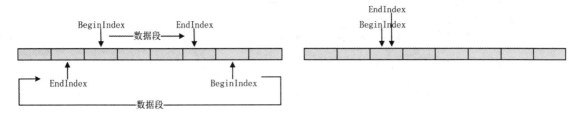

图 2-6　环形缓存下标位置

在环形缓存中，边界值是一个十分敏感的问题，不能有一个字节的偏差，在使用和计算时要特别小心。当然，网络数据缓存的方法不止环形缓存这一种方式。这里有另一种方法可供参考，这种方法可分成以下几步：

（1）做一个 char*的缓存池。例如，先缓存 100 组长度为 1024 的 Buffer，不够用时再创建。

（2）写入数据时，从缓存池中取一个长度为 1024 的 Buffer 将数据写入，直到写满 1024字节之后，再从缓存池中取出一个新的 Buffer 继续写。将这些有数据的 Buffer 存到一个 list 中。

（3）取出数据时，遍历 list，每读完一个 1024 长度的 Buffer，将它放回缓存池中。

该方法不用处理环形数据的重用问题，比较简单直观，也不用考虑空间不够的问题，因为缓存池是无限大的，不够就创建。其缺点在于不停地做取出和放回的操作。

回到例子中，不论是环形缓存还是一般缓存，空间不够时会自动增加长度。相关代码在Buffer::ReAllocBuffer 中，该函数是一个内存拷贝函数，细节就不再多讲了。

2.1.10　RecvNetworkBuffer 分析

下面看看 Network 类是如何处理环形缓存中的数据的。首先从 RecvNetworkBuffer 类开始，这个类定义在 network_buffer.h 文件中。环形缓存要比一般缓存多一个变量，即有效数据的长度。

NetworkBuffer 类的定义如下：

```
class NetworkBuffer : public Buffer {
...
protected:
    // 在环形缓存中，极端情况下_endIndex 可能与_beginIndex 重合
    // 重合时有两种可能：一种是没有数据，另一种是满数据
    unsigned int _dataSize; // 有效数据
}
```

关键点 1：写入数据

前面讲过在::select 函数调用之后，如果一个 Socket 有数据就会触发一个读事件，当这个事件发生之后会调用 ConnectObj::Recv 函数。下面是它的实现：

```
bool ConnectObj::Recv() const {
    char *pBuffer = nullptr;
    while (true) {
        // 总数据空间不足一个 Packet 头的大小时，扩容
        if (_recvBuffer->GetEmptySize() < (sizeof(PacketHead) +
sizeof(TotalSizeType))) {
            _recvBuffer->ReAllocBuffer();
        }
        // 从缓冲区中取得写位置存于 pBuffer 中，返回可写长度
```

```
const int emptySize = _recvBuffer->GetBuffer(pBuffer);
const int dataSize = ::recv(_socket, pBuffer, emptySize, 0);
if (dataSize > 0) {
    // 从底层读到 dataSize 长度的数据写入缓冲区中
    // 修改缓冲区的下标位置
    _recvBuffer->FillDate(dataSize);
} else if (dataSize == 0) {
    return false;
} else {
    const auto socketError = _sock_err();
    ...
    return false;
}
}
}
```

分析上面的代码，底层 ::recv 函数的参数中需要一个缓存的地址，其目的是将网络底层的数据传到这个缓存，这里直接将 RecvNetworkBuffer 类中的缓存传递给它，同时给了一个可用长度。需要注意这个长度并不等于缓存的最大长度，因为缓存中可能还有数据没有来得及读取。::recv 函数调用之后会返回一个长度，该长度是本次操作从网络底层写入 RecvNetworkBuffer 中的数据的长度。得到已写长度之后调用了 FillDate 函数，这个函数只有一个用途，就是修改 EndIndex 的位置。EndIndex 的位置向后偏移，表示偏移位前的字节已经有数据了。

当然这是空间足够的时候，如果空长度只有两个字节，而需要有 4 字节的写入，应该如何处理呢？当空长度不够时需要注意两种情况，如图 2-7 所示。如果只是单纯地以总长度减去 EndIndex 的值，对于图 2-7 的左图来说，这是一个真实长度，而对于图 2-7 的右图来说，总长度减去 EndIndex 的值并不是真实的空长度，可写的空间被分成了前后两段。

图 2-7　缓存数据读取

因此，在 RecvNetworkBuffer 类中提供了两个函数：GetBuffer 提供可写的地址，而 GetWriteSize 提供可写的长度。

```
int RecvNetworkBuffer::GetBuffer(char*& pBuffer) const {
    pBuffer = _buffer + _endIndex;
    return GetWriteSize();
}
unsigned int NetworkBuffer::GetWriteSize() const {
    if (_beginIndex <= _endIndex) {
        return _bufferSize - _endIndex;
    } else {
```

```
            return _beginIndex - _endIndex;
        }
    }
    void NetworkBuffer::FillDate(unsigned int size) {
        _dataSize += size;
        // 移动到头部
        if ((_bufferSize - _endIndex) <= size) {
            size -= _bufferSize - _endIndex;
            _endIndex = 0;
        }
        _endIndex += size;
    }
```

不论是环形缓存还是一般缓存，向缓冲区中写入数据时都是从 EndIndex 位置开始的。BeginIndex 是读取位置，EndIndex 是写入位置，这是恒定不变的。虽然写入位置是固定的，但是长度有差异。如图 2-7 的右图所示，如果写入 4 字节，那么总空间正好有 4 字节，但尾部却只有 2 字节。这时，只能按 2 字节写入，函数 GetWriteSize 返回的是 2。写入 2 字节后，FillDate 函数会调整 EndIndex 的位置到最开始，再次调用 GetWriteSize 函数时还有可用空间，这时还可以继续写入。

在使用 ConnectObj::Recv()函数处理数据时，用 while 循环写入，将数据全部写完。在开始写之前判断可写空间的长度是否大于一个协议头的长度，如果不够，就需要扩容一次。以图 2-7 左图的数据为例，写入 2 字节之后，空间已经被占满，如果要写入 4 字节数据，第 2 个 while 时就会自动扩容。

关键点 2：读取数据

现在网络层的数据被写入了 RecvNetworkBuffer 中，下一步如何将这些在缓冲区中的二进制数据变成有意义的结构呢？这里我们要讨论协议格式。

本书中自定义的协议格式是"总长度+PacketHead+协议体"，我们将这些数据封装在 Packet 类中。关于协议部分，在后面的章节会有详细的阐述，总之就是每次从客户端发来的数据是有格式的，格式分成了 3 段，将这 3 段数据放在 Packet 类中。注意，Packet 类与 ConnectObj 类是不同的，Packet 类是 ConnectObj 类接收的一个又一个数据。

```
using TotalSizeType = unsigned short;
Packet* RecvNetworkBuffer::GetPacket() {
    // 数据长度是否够一个协议体的总长度
    if (_dataSize < sizeof(TotalSizeType)) {
        return nullptr;
    }
    // 1.读出整体长度
    unsigned short totalSize;
    MemcpyFromBuffer(reinterpret_cast<char*>(&totalSize), sizeof(TotalSizeType));
```

```
    // 协议体长度不够, 等待
    if (_dataSize < totalSize) {
        return nullptr;
    }
    RemoveDate(sizeof(TotalSizeType));
    // 2.读出 PacketHead
    PacketHead head;
    MemcpyFromBuffer(reinterpret_cast<char*>(&head), sizeof(PacketHead));
    RemoveDate(sizeof(PacketHead));
    // 3.读出协议
    Packet* pPacket = new Packet(head.MsgId);
    const auto dataLength = totalSize - sizeof(PacketHead) -
sizeof(TotalSizeType);
    while (pPacket->GetTotalSize() < dataLength) {
        pPacket->ReAllocBuffer();
    }
    MemcpyFromBuffer(pPacket->GetBuffer(), dataLength);
    pPacket->FillData(dataLength);
    RemoveDate(dataLength);
    return pPacket;
}
```

在上面的代码中, 按照格式依次取出数据并拼接到 Packet 类中, 其中有两处返回 nullptr 都是因为长度不够。当前缓冲区的数据大于我们需要取出的协议体, 才认为一个完整的协议已经到达。不要以为一条协议一定是同一时间到达的, 它可能在网络底层就被分片了。如果没有收到一个完整的协议, 就继续等待。

数据取完之后, 调用 RemoveDate 函数抹去已读数据, 它和 FillData 是一对函数, FillData 操作 EndIndex, 标记 EndIndex 之前的数据是有效数据, 而 RemoveData 是移动 BeginIndex, 数据已经被读取就无效了, BeginIndex 的新位置才是有效数据的开始位置。

读取数据时, 有极大的可能遇到一块数据一部分在头, 一部分在尾, 这时需要特别处理。复制完了尾部的数据, 还要绕到头部继续复制数据:

```
void RecvNetworkBuffer::MemcpyFromBuffer(char* pVoid, const unsigned int size) {
    const auto readSize = GetReadSize();
    if (readSize < size) {
        // 1.复制尾部数据
        ::memcpy(pVoid, _buffer + _beginIndex, readSize);
        // 2.复制头部数据
        ::memcpy(pVoid + readSize, _buffer, size - readSize);
    } else {
        ::memcpy(pVoid, _buffer + _beginIndex, size);
    }
}
```

现在我们对网络数据的接收流程有了更深层次的理解。在之前的流程图中，标记为取出或存入数据时，其实就是对缓存中的下标进行移动，从而实现数据的复制。

对于RecvNetworkBuffer缓存来说，底层::select函数一直在监听是否有数据可以写入，一旦发现有新的数据，就将数据复制到缓存中，并操纵EndIndex的移动。而逻辑层则一直在操纵BeginIndex，取出数据，生成便于逻辑层使用的协议Packet。如图2-8所示，函数Select操纵EndIndex写入数据，在ConnectObj中调用GetPacket函数，操纵BeginIndex不断地读取数据。

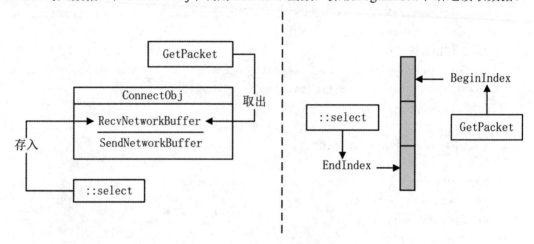

图 2-8　ConnectObj 接收数据的流程

2.1.11　SendNetworkBuffer 分析

相对来说发送数据比接收数据更容易理解一些。要发送一个数据之前，必定要创建一个Packet，在发送缓冲区中，Packet 类被序列化为二进制。首先写入的是它的协议头，其次是协议体。以下是相关函数：

```
void ConnectObj::SendPacket(Packet* pPacket) const {
    _sendBuffer->AddPacket(pPacket);
}
void SendNetworkBuffer::AddPacket(Packet* pPacket) {
    const auto dataLength = pPacket->GetDataLength();
    TotalSizeType totalSize = dataLength + sizeof(PacketHead) +
sizeof(TotalSizeType);
    // 长度不够，扩容
    while (GetEmptySize() < totalSize) {
        ReAllocBuffer();
    }
    // 1.整体长度
    MemcpyToBuffer(reinterpret_cast<char*>(&totalSize),
sizeof(TotalSizeType));
    // 2.头部
    PacketHead head;
```

```
head.MsgId = pPacket->GetMsgId();
MemcpyToBuffer(reinterpret_cast<char*>(&head), sizeof(PacketHead));
// 3.数据
MemcpyToBuffer(pPacket->GetBuffer(), pPacket->GetDataLength());
}
```

当需要发送协议时组织一个 Packet，调用 ConnectObj::SendPacket 就可以发送出去。和接收数据一样，ConnectObj 将这个功能转移到了 SendNetworkBuffer 类中。

而 SendNetworkBuffer 所做的事情只是将这个 Packet 类按 3 段格式序列化为二进制，放到发送缓冲区中。从上面的代码可以看到，先将协议头放进去，再放入了协议体。与接收缓冲区一样，在这个过程中调整了 EndIndex 的位置。数据被放到缓冲区后就是待发送状态，真正的发送还是在::select 函数中。在::select 函数中调用了 ConnectObj 类的 Send 函数，真正向系统发送缓存写入数据，该函数的实现如下：

```
bool ConnectObj::Send() const {
    while (true) {
        char *pBuffer = nullptr;
        const int needSendSize = _sendBuffer->GetBuffer(pBuffer);
        // 没有数据可发送
        if (needSendSize <= 0) {
            return true;
        }
        const int size = ::send(_socket, pBuffer, needSendSize, 0);
        if (size > 0) {
            _sendBuffer->RemoveDate(size);
            // 下一帧再发送
            if (size < needSendSize) {
                return true;
            }
        }
        if (size == -1) {
            const auto socketError = _sock_err();
            return false;
        }
    }
}
```

再梳理一下这个流程，当逻辑层需要发送数据时，会将其封装成 Packet 对象，并将这个 Packet 对象压入 SendNetworkBuffer 缓存中，这时并没有真正地发送数据，只是待发送状态，在 Network 对 ConnectObj 进行写入检查时，发现有数据才真正地发送数据。

为了对环形缓存做一个测试，本节的例子中新建了一个名为 test 的工程，在默认长度只有 10 字节的情况下，对环形缓存数据的扩容和边界值做了一些测试，测试时打开 Network 库中的 TestNetwork 宏重新编译。本书中不再对测试代码做出分析，有兴趣的读者可以自行学习。

2.1.12　Packet 分析

之前已经对 ConnectObj、RecvNetworkBuffer、SendNetworkBuffer 三个类有了一定程度的了解，那么 Packet 类在这里起什么作用呢？先来看看图 2-9，每一段二进制数据都是由多个 Packet 数据组成的。

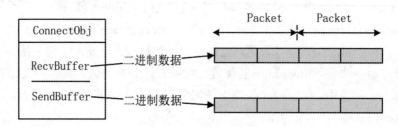

图 2-9　缓存与 Packet

数据从系统缓存到应用进程的缓存时都是以二进制数据存在的。在框架中，Network 类向上层传递数据的时候，如果依然以二进制数据传送会非常不方便，所以 Packet 类由此而产生。Packet 是一个内存对象，简单来说 Packet 让缓存中的二进制数据有了具体的意义。

在本例中，将协议数据类定义在 packet.h 文件中。其定义如下：

```cpp
class Packet : public Buffer {
public:
    Packet();
    Packet(const int msgId);
    void AddBuffer(const char* pBuffer, const unsigned int size);
    ...
private:
    int _msgId;
};
```

在这个类中，有两个地方值得我们注意：一个是 Buffer 基类，它可以支持数据的输入/输出操作，这里用它来暂存协议体；另一个是协议号，创建 Packet 时要求输入一个 MsgId 来标记当前协议号。而 Packet 类提供的 AddBuffer 函数则是将一个需要发送的字符串放到 Buffer 中，以便在底层发送。

在前面的章节中，我们总是提到发送数据和接收数据。前面的例子中收发的数据仅仅是字符串，但实际情况下，收发的数据可能非常复杂，既有字符串，又有整数或浮点数。现在，我们理解了底层的收发流程，可以将目光放到应用层数据上来。在应用层，这些从网络层发来的数据统称为协议。

所谓协议，在游戏中即为两方约定的数据。既然是约定的数据，必定有一个格式。

常用的协议有文本协议和二进制协议。所谓文本协议，简单来说就是一个字符串。我们常用的 HTTP 就是文本协议。而二进制协议则是由数据结构组成的协议，通常由两部分组成：协议头和协议体。

关键点 1：协议头是什么

在 network 工程的 packet.h 文件中就会看到自定义的协议头。

```
#pragma pack(push)
#pragma pack(4)
struct PacketHead {
    unsigned short MsgId;
};
#pragma pack(pop)
```

这就是常说的协议头，服务端和客户端都遵从这个协议头的结构。

在网络传输过程中，连续发送 5 条 10KB 的消息，在逻辑上认为它是一条一条发送的，但在真实的网络传输过程中却不是严格按照一条一条数据到达接收端的，可能一次收到 5KB，也可能一次就收到 15KB，这就是网络编程中常说的粘包问题。那么我们如何判断收到了一个完整协议呢？为了解决这个问题，需要在逻辑层手动为它加上一个协议头，这个协议头的定义是自由的，但最重要的一个数据是 size，表示本协议的大小。

本节例子中的协议遵循一个格式，即 sizeof(unsigned short) + sizeof(PacketHead) + 协议体数据。第一个 unsigned short 表示整个协议的长度。

先来看一下 PacketHead 这一结构。当收到一个完整的协议之后，读出协议头中的协议号，这个协议号明确了协议体中的数据结构。定义一个复杂一点的协议头，代码如下：

```
#pragma pack(push)
#pragma pack(4)
struct PacketHead {
    unsigned short MsgId;
    unsigned short SubId;
    unsigned short Size;
};
#pragma pack(pop)
```

给这个协议头设计了主协议号和子协议号，还包括后面协议体的长度。假如验证账号的协议 MsgId 为 1，SubId 也为 1，它在内存中的数据如图 2-10 所示。

byte	byte	byte	byte	byte	byte
0x01	0x00	0x01	00	0x1010	0x00
MsgId		SubId		Size	

图 2-10　协议头格式

协议头为固定的格式，上例中 Size 的大小为 10 字节。Size 的含义可以分为两种：一种是 Size 大小本身（包括协议头的大小）；另一种 Size 的大小是从 Size 这个数据的下一个字节算起的。对于这两者，编程者习惯用哪种就用哪种。

收到网络数据时，首先将缓冲区中已收到的数据大小与一个协议头的大小相比较，如果小于一个协议头就不处理，等到从网络读取的数据大于等于一个协议头时，把协议头读出来，就可以取到协议体的 Size，如果缓冲区中的数据小于协议体的长度，就说明数据还没有完全收到，继续等待，直到缓冲区中的数据大小足够后取出，这就是一个完整的协议。如果取完一个完整协议之后缓冲区中还有数据，那么它必定是下一个协议头。整个二进制数据的结构如图 2-11 所示，由一个又一个协议头与协议组成。

Head	Body	Head	Body	Body	⋯⋯
固定长度	可变长	固定长度	可变长		

图 2-11　协议头可变长格式

按照这个思路，读取一个协议时要做两次长度判断，第一次查看是否可以取出一个头部数据，取得头部数据之后，再根据头部中的 Size 查看缓冲区中的数据是否足够。在这个过程中，还需要有一个 PacketHead 实例来辅助判断。为了提高效率，变通一下，本例中将整体数据长度放在开始处，这样就不需要创建一个 PacketHead 实例，只需要从缓冲区中取一个 unsigned short 数据，它就是一个完整包的长度，如果缓冲区中的数据小于它，就不处理，等到缓冲区中的数据足够后才创建一个 PacketHead 实例，将数据完整读出来。不要小看这个优化，如果服务端每秒运行 100 帧，那么每一帧都会查看读取缓冲区中是否有数据，每一帧为了读取长度都需要生成一个 PacketHead 实例，因此需要反复生成 100 个 PacketHead 实例。

关键点 2：字节对齐

用 pragma pack 命令实现内存数据对齐。pack(push)和 pack(pop)成对出现，#pragma pack(4) 指定了对齐的字节数，该命令为 4 字节，表示我们定义的变量都按 4 字节读取。我们指定的字节对齐数与定义的结构息息相关。下面用例子来说明。

```
#pragma pack(4)
struct PacketHead {
    unsigned short MsgId;
    unsigned int SubId;
    unsigned short Size;
};
```

unsigned short 和 unsigned int 数据类型的长度分别是 2 和 4，现在以 4 字节对齐，那么对于 short 数据类型，在内存中需要占用 4 位，不足 4 位以空数据占位，如图 2-12 所示。

byte	byte	byte	byte
unsigned short			
unsigned int			
unsigned short			

图 2-12　协议头内存结构 1

修改一下数据，将 SubId 改为 unsigned short 类型再来看看。如果按之前讲的规则，按 4 字节读取，那么定义的数据应该如图 2-13 左侧所示。但实际上，真正的内存分布如图 2-13 右侧所示。Pack 有一个规则，如果指定数值小于结构中的最大值，就按结构中的最大值作为对齐值。3 个 unsigned short 只有 2 字节，所以是按 2 字节来对齐的，而第一个例子中有一个 int 是 4 字节，所以是按 4 字节来对齐的。

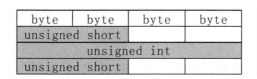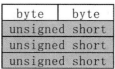

图 2-13　协议头内存结构 2

关键点 3：为什么需要字节对齐

字节对齐与 CPU 的读取方式有关，用字节对齐的方式读取速度更快。CPU 读取数据是从偶数地址开始的，例如一个 short 类型的两个字节正好位于 0x07、0x08 这两个地址上，那么在读取数据时，CPU 需要读取两次，分别是 0x06 和 0x08。而字节对齐很好地解决了这个问题。

举例说明，如果一个协议头涉及 char 和 unsigned short 两种数据类型，在图 2-14 的上半部分数据中，第二个 unsigned short 就需要 CPU 读取两次，第一次从 char 的位置开始读取 short 的高位，因为 short 的高位不在偶数地址上，所以必须从前一个偶数地址开始第二次读取 short 的低位。而字节对齐之后，如图 2-14 的下半部分所示，在 char 类型之后，空了一个字节，使得 unsigned short 类型的值落在了偶数地址上，CPU 只需要读取一次就可以读出 unsigned short 的值。

byte	byte	byte	byte	byte	byte
char	unsigned short		unsigned short		char

byte	byte	byte	byte
char		unsigned short	

图 2-14　字节对齐内存结构

鉴于这种特性，在对协议头进行字节对齐时，可以有意识地把占用内存大的数据类型的数据放在前面，而把多个占用内存小的数据类型的数据组合成字节对齐的单位，这样既节省了空间，又节省了时间。

关键点 4：关于协议的特别说明

（1）在游戏协议中最好不要出现字符串，传递时间类型时采用 long 类型而不是 string 类型。字符串 "123" 和数字 123 在传输中的占位大小是不相同的，区别非常大。

那么，对于需要显示字符串的地方应该如何处理呢？当然是定义字符串码，一般用 unsigned short 类型来定义字符串码。例如，登录错误码定义为 01，取到 01 错误码之后，再由客户端显示出中文意思。

（2）在游戏功能越来越丰富、玩家游戏时长越来越长的情况下，如果在编码的时候不注意，就会让存储的数据越来越庞大。特别是一些游戏运营活动，后期维护不当，有可能在第一次同步玩家数据的时候，让玩家数据过大，超过缓存预期的长度，这时必须拆包。

例如，玩家的数据已经达到了 128KB，但一次发送协议的最大长度为 64KB，那么必须分成两次发送。

可以从逻辑上规避这种情况，例如将帮派数据、基本数据、道具数据分开发送。但是作为网络底层，我们永远不知道上层逻辑调用时会出现什么情况。所以，在框架前期需要考虑到这些特殊的情况，并考虑好兼容的问题。

其中一个解决方案就是，当包的长度超过我们预期的最大值时，自动将它拆分成两个包，并在客户端进行拼接。要完成这个功能，需要在 PacketHead 中添加两个字节大小的数据：总包序号和当前包序号。默认情况下，两个数据为 0，即只有一个包。当出现 2 和 1 时，表示后面还跟有一个相关的包。客户端只有将这两个包都取到之后，才能拼成一个完整的协议数据。

在本书的例子中，SendNetworkBuffer 和 RecvNetworkBuffer 都采用了自增长缓存的方法，这是另一个解决方案，也可以有效地避免这个问题。

关键点 5：协议体

在早期的游戏编程中，协议内容一般是由程序员自定义一个结构类型。以登录为例，它的结构类型的定义可能如下：

```
struct AccountCheck{
    unsigned short Version;
    char Account[128];
    char Password[128];
};
```

结构类型定义完成之后，在代码中实现序列化，并转化为二进制串。这个结构类型一旦定义，客户端和服务端就必须使用相同的格式。当数据从客户端到达服务端时，以同样的规则反序列化，生成一个结构体（Struct）。

自定义结构类型有一定的优势，执行效率相对来说比较高，序列化与反序列化都是清晰可见的。但自定义结构类型有一个致命的缺点，当客户端和服务端协议结构不一致时，容易引起异常或者宕机，必须解决这类兼容问题。特别是对于在线游戏，有人对协议进行分析试探的时候，传来的协议可能是错误的。我们必须有一个根本的认识，从网络传来的协议任何时候都是不可靠的，它有可能是一个伪客户端。

另一方面，在上面自定义的结构类型的结构体中加了一个 Version 字段，随着游戏上线的时间增长，我们要修改原来的协议变得十分烦琐。因为既要考虑到旧的结构体，又要处理新的结构体。常用的办法就是增加 Version 字段，同一个协议的每一个不同的版本都需要处理。

现在不需要这么复杂的步骤了，有了一个可替代方案，就是 Google 提供的 Protocol Buffer 开源项目，简称 Protobuf。Protobuf 是跨平台的，并提供多种语言版本，也就是说，服务端和客户端的编程语言可以不一致，数据却可以通用。序列化和反序列化功能 Protobuf 都已经完成了，不需要我们过多关心，这样可以把编码的重心放在游戏逻辑上。本书中，协议体部分都采用 Protobuf 定义的结构，在后面的章节中，有专门的例子来介绍 Protobuf，这里不再赘述。

回过头去看服务端和客户端对于 Packet 的使用。从 ConnectObj 取出数据时，取出来的是一个 Packet 实例，既有协议头，又有协议体。通过 Packet 可以读出这个协议的完整内容。同时，发送数据时，只需要向 ConnectObj 传入一个 Packet 对象，ConnectObj 类中的函数将 Packet 传到 Buffer 中去，将它转为二进制数据并发送给目标。Packet 类简化了对于二进制数据的操作。

2.1.13　小结

本节非常详细地介绍了 ::select 函数，并为它创建了两个不同功能的类：一个用于监听；另一个用于连接。经过梳理，会发现其实 Select 模式并不复杂，其原理就是将关心的 Socket 放到读、写或异常集合中，再传递给::select 函数，它会帮助我们分析、筛选并返回有事件的 Socket 集合。一旦有了返回值，再判断每个 Socket 处于哪一个集合中，针对不同的集合有不同的操作。如果 Socket 处于读集合，那么进行读操作；如果 Socket 处于写集合，那么进行写操作；如果发生异常，就可以断开网络。

值得注意的是，::select 函数的连接数量是有限制的，在 Linux 系统中，将 robots 测试工程中的线程调为 1100 就会发现产生错误提示，这是因为 Linux 默认支持集合的最大值为 1024，当然可以通过修改将其扩大。_FD_SETSIZE 定义在/usr/include/Linux 目录下的 posix_types.h 文件中：

```
#define __FD_SETSIZE 1024
```

在 Windows 下，我们从 WinSock2.h 中可以看到：

```
#ifndef FD_SETSIZE
#define FD_SETSIZE      64
#endif /* FD_SETSIZE */
```

因此，我们可以在工程的 network.h 文件中定义一个 FD_SETSIZE 值。

```
#define FD_SETSIZE      1024
```

Select 模型是一种主动的查询模式，这种模式有上限的局限性，而且每一帧都需要把所有关心的 Socket 压入集合中，这也带来了效率问题。

下面我们介绍一种 Linux 特有的非阻塞模型——Epoll。

2.2　Epoll 网络模型

Select 模型兼容两种系统，但 Epoll 只能在 Linux 系统下运行。相对于 Select，Epoll 最大的好处在于它不会因为连接数量过多而降低效率。在前面的示例中，我们可以发现 Select 采用了轮询的方式，假如有 3000 个连接，在每一帧都要将 3000 个 Socket 放到集合中进行轮询。而 Epoll 正好相反，Epoll 对需要监听的事件进行注册，对于读事件，只需要注册一次，而不是每一帧盲目地轮询。

Epoll 和 Select 需要解决的问题是一样的：网络连接何时可以读写，何时出错。牢记这个关键就会发现 Epoll 其实并不复杂。

2.2.1 函数说明

3 个关键函数说明如下：

（1）int epoll_create(int size)

要使用 Epoll，就需要创建描述符。创建函数返回一个文件描述符。当我们不再需要使用时，需要调用::close 来关闭描述符。参数 size 表示初始数组的长度。

（2）int epoll_ctl(int epfd, int op, int fd, struct epoll_event *event)

事件注册函数，对 Epoll 监听的列表进行事件注册或者删除操作。该函数的参数说明见表 2-6。

表 2-6　epoll_ctl 函数的参数

参　数　名	说　　　明
epfd	创建函数生成的 Epoll 文件描述符
op	是对 Epoll 的监听列表进行操作的命令。op 的常用值有 3 个： ● EPOLL_CTL_ADD：注册新的 fd 到 epfd 中。 ● EPOLL_CTL_MOD：修改已经注册的 fd 的监听事件。 ● EPOLL_CTL_DEL：从 epfd 中删除一个 fd
fd	监听的文件符，这里也就是 Socket 值
event	epoll_event 结构

例如，要对一个 Socket 进行读监听，需要先创建一个 epoll_event 结构，再调用函数::epoll_ctl 将其注册到由::epoll_create 生成的 Epoll 描述符上去。其代码如下：

```
struct epoll_event ev;
ev.events = EPOLLIN | EPOLLRDHUP;
ev.data.fd = fd;
epoll_ctl( epollfd, EPOLL_CTL_MOD, fd, &ev );
```

以上代码调用::epoll_ctl 函数修改文件符的监听事件为 EPOLLIN 和 EPOLLRDHUP。在 Linux 下一切皆为文件描述符，包括 Socket，这里 fd 也就是 Socket 值。event 监听事件的枚举常用值说明如下：

● EPOLLIN：文件描述符可读。
● EPOLLOUT：文件描述符可写。
● EPOLLPRI：文件描述符有紧急的数据可读。
● EPOLLERR：文件描述符发生错误。
● EPOLLHUP：文件描述符被挂断。
● EPOLLRDHUP：文件描述符在对端被断开。

（3）int epoll_wait(int epfd, struct epoll_event * events, int maxevents, int timeout)

在给定的时间内，对已注册的文件符监听的事件进行收集。该函数类似于::select 函数，其参数说明见表 2-7。

表 2-7　epoll_wait 函数的参数

参 数 名	说　　明
epfd	生成的 Epoll 文件描述符
events	收集到的事件数组
maxevents	最大事件数
timeout	timeout 的单位是毫秒，0 值意味着立即返回

函数::epoll_wait 的返回值是收集到的监听事件数量。参数 events 是一个输出参数，当监听事件有返回时，events 就是有事件发生的文件描述符集合。

2.2.2　源代码分析

下面以实际代码来说明 Epoll 的工作方式。本节例子的源代码在 02_02_network_epoll 目录下，框架结构与 2.1 节的工程完全一致，仅 Select 代码的部分被 Epoll 替代。为了区分代码使用了 Epoll 宏。在 Network 类中增加相关函数，代码如下：

```
class Network : public IDisposable {
...
    void InitEpoll();
    void Epoll();
    void AddEvent(int epollfd, int fd, int flag);
    void ModifyEvent(int epollfd, int fd, int flag);
    void DeleteEvent(int epollfd, int fd);
protected:
#define MAX_CLIENT  5120
#define MAX_EVENT   5120
    struct epoll_event _events[MAX_EVENT];
    int _epfd;
    int _mainSocketEventIndex{ -1 };
    ...
};
```

函数 AddEvent、ModifyEvent 和 DeleteEvent 的功能是对 Epoll 文件符集合进行增加、修改和删除，3 个函数都使用到了底层的::epoll_ctl 函数，传入的参数各有不同，具体如下：

```
void Network::AddEvent(int epollfd, int fd, int flag) {
    struct epoll_event ev;
    ev.events = flag;
    ev.data.ptr = nullptr;
    ev.data.fd = fd;
```

```
    epoll_ctl(epollfd, EPOLL_CTL_ADD, fd, &ev);
}
void Network::ModifyEvent(int epollfd, int fd, int flag) {
    struct epoll_event ev;
    ev.events = flag;
    ev.data.ptr = nullptr;
    ev.data.fd = fd;
    epoll_ctl(epollfd, EPOLL_CTL_MOD, fd, &ev);
}
void Network::DeleteEvent(int epollfd, int fd) {
    epoll_ctl(epollfd, EPOLL_CTL_DEL, fd, nullptr);
}
```

在详细分析代码之前，先来了解一下整个流程。如图 2-15 所示的流程图说明了 Epoll 的工作原理。

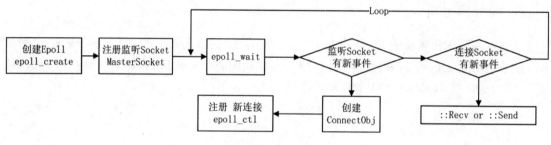

图 2-15　Epoll 流程

关键点 1：初始化

初始化函数 InitEpool，实现了 Epoll 的创建。

```
void Network::InitEpoll() {
    _epfd = epoll_create(MAX_CLIENT);
    AddEvent(_epfd, _masterSocket, EPOLLIN | EPOLLOUT | EPOLLRDHUP);
}
```

对于监听类，监听端的 MasterSocket 有数据会触发 EPOLLIN 读事件。对于连接类，连接成功会触发 EPOLLOUT 写事件，如果是直接成功的，就会触发 EPOLLIN 读事件。所以对于 MasterSocket，在增加监听事件时，监听了读、写和异常 3 个事件。

关键点 2：Epoll 函数

准备好之后，就可以调用::epoll_wait 函数进行监听。每一帧判断一下 MasterSocket 上是否有事件。如果有新的连接，就生成 ConnectObj 并执行::epoll_ctl 函数，使用 EPOLL_CTL_ADD 命令把新的 Socket 加入需要监听的集合中，所监听的事件为 EPOLLIN 和 EPOLLRDHUP，即需要监听网络的读操作与异常操作。源代码实现如下：

```
void Network::Epoll() {
    _mainSocketEventIndex = -1;
```

```cpp
// 遍历所有连接是否有待发送的数据，如果有，就增加 EPOLLOUT 写事件
for (auto iter = _connects.begin(); iter != _connects.end(); ++iter) {
    ConnectObj* pObj = iter->second;
    if (pObj->HasSendData()) {
        ModifyEvent(_epfd, iter->first, EPOLLIN | EPOLLOUT | EPOLLRDHUP);
    }
}
// 对所有文件符的监听事件进行收集，返回有效事件个数
int nfds = epoll_wait(_epfd, _events, MAX_EVENT, 50);
for (int index = 0; index < nfds; index++) {
    int fd = _events[index].data.fd;
    if (fd == _masterSocket) {
        _mainSocketEventIndex = index;
    }
    auto iter = _connects.find(fd);
    if (iter == _connects.end()) {
        continue;
    }
    // 如果有错，就关闭网络
    if (_events[index].events & EPOLLRDHUP || _events[index].events &
EPOLLERR || _events[index].events & EPOLLHUP) {
        iter->second->Dispose();
        delete iter->second;
        iter = _connects.erase(iter);
        DeleteEvent(_epfd, fd);
        continue;
    }
    // 有读操作
    if (_events[index].events & EPOLLIN) {
        if (!iter->second->Recv()) {
            iter->second->Dispose(); // 有异常，断开网络
            delete iter->second;
            iter = _connects.erase(iter);
            DeleteEvent(_epfd, fd);
            continue;
        }
    }
    if (_events[index].events & EPOLLOUT) {
        iter->second->Send();
        // 有写操作，写操作完成之后修改监听事件，去掉 EPOLLOUT
        ModifyEvent(_epfd, iter->first, EPOLLIN | EPOLLRDHUP);
    }
}
}
```

在这个函数中，可以发现与::select 函数不同的一点，::select 函数每一帧中都对所有 Socket 进行注册，但是 Epoll 不需要那么频繁操作，只需要修改一次，底层就会一直保持其监听事件，直到上层逻辑对其监听的事件做出修改。在上面的代码中，发送数据完成之后，把监听文件符的事件重新修改为"EPOLLIN | EPOLLRDHUP"，即去掉 EPOLLOUT 写事件。底层函数不再关心写事件，避免每次都去检查可写，等到有数据需要发送时，修改文件符的事件再加入 EPOLLOUT 事件，实现按需调用。

关键点 3：水平触发与边缘触发

在本例中，发送数据完成之后，将 EPOLLOUT 写事件移除了。假如不移除，会有什么事件发生呢？可以来测试一下。现在修改一下代码，在 network.cpp 的第 179 行将 "ModifyEvent(_epfd, iter->first, EPOLLIN | EPOLLRDHUP)"这句去掉，同时加上一句"std::cout << "trigger EPOLLOUT. socket:" << fd << std::endl;"，重新编译，执行"./robots 1 1"启动一个线程，发送一条数据。此时，可以看到在服务端会有无数个 trigger EPOLLOUT 的打印。这说明，如果我们不去掉对于 EPOLLOUT 事件的监听，那么只要写缓冲为空，就会触发这个事件。在 Epoll 中，这种情况为水平触发。水平触发模型下，只要读缓冲不为空，就会一直发送读事件，只要写缓冲为空，就会不断发送写事件。

但我们的程序并不是时时刻刻都在发送数据，所以 Epoll 提供了另一种边缘触发模式。在边缘触发模式下，只有读缓冲从没有数据变为有数据才会发送一次读事件，写缓冲从不可写变为可写时发送一次写事件。边缘触发只有在临界值发生改变时才会触发事件，这样就大大降低了事件的触发频率。

现在修改一下代码。在函数 Network::CreateConnectObj 和 Network::InitEpoll 中，调用 AddEvent 函数时增加 EPOLLET，即代码变为 AddEvent(_epfd, socket, EPOLLET | EPOLLIN | EPOLLOUT | EPOLLRDHUP)。函数 Network::Epoll()，修改 ModifyEvent 函数，增加 EPOLLET。修改 ModifyEvent(_epfd, iter->first, EPOLLET | EPOLLIN | EPOLLOUT | EPOLLRDHUP)，重新编译并执行"./robots 2 1"。此时可以观察到，写事件只到来了有限的数次，不再是一直触发。

边缘触发比起水平触发事件通知的时机减少，就这带来了另一个需要注意的事项，那就是只有这个事件发生，这个事件上的数据需要一次读完。以读为例，当有数据到来时会触发一次读事件。读的时候需要一次性把所有数据从缓冲中读完。如果不读完，就会产生遗留数据，在下一帧，读事件是不会再触发的。

2.2.3　小结

在测试这个例子时，可以在 robots 进程上运行 1000 个线程，每个线程要求完成两个数据的发送，两个来回即 4 条数据，也就是说一共发起了 1000 个连接，发送了 1000×2×2 条数据。

同时，可以对两种模式的代码效率进行对比，对 server 和 robots 工程下的 CMakeLists.txt 文件进行修改。找到这一行" set(CMAKE_CXX_FLAGS "-Wall -std=C++14 -pthread -DEPOLL")"，去掉-DEPOLL，然后重新执行 make-all 脚本，编译出来的版本为 Select 版本。

在测试效率时需要将所有常规打印信息注释掉。打印日志的消耗在这种毫秒级别的测试中是非常大的。先启动服务器,再启动 robots 进程。表 2-8 详细展示了两种模式下的对比结果。每一种模式都执行了 5 次。

整体来说,Epoll 的性能高于 Select,测试结果每个人跑出来的数据可能都不一样,因硬件环境不同而不同,如果机器配置较低,也可以只跑 500 个数据。到目前为止,我们介绍了网络底层函数,还介绍了处理网络协议的 Select 模型和 Linux 下特有的 Epoll 模型。

表 2-8　Select 与 Epoll 效率对比

Epoll	Select
./robotsd 1000 2	./robotsd 1000 2
time:1.53097s	time:2.65565s
./robotsd 1000 2	./robotsd 1000 2
time:1.37288s	time:3.34457s
./robotsd 1000 2	./robotsd 1000 2
time:2.37195s	time:3.35389s
./robotsd 1000 2	./robotsd 1000 2
time:1.78472s	time:2.62674s

为了更好地融合进本书的框架,我们写了一套网络数据处理方式,使用的底层函数和模式都是网络编程中基本的知识点。一些现成的库(例如 libevent、boost)中也有相关的 Socket 操作类,在编写网络功能的程序代码时可以借鉴和参考。libevent 是一个用 C 语言编写的开源事件通知库,它的性能优良,可以编译为静态库进行使用。本节中,Epoll 模型的例子中使用了一个固定的 events 数组,在 libevent 库中对其实现了自增长,其代码有一定的参考价值。由于篇幅所限,这里不再对其进行示例演示,如果读者感兴趣,相关的延伸阅读可以在网络上搜索一下。

2.3　网络协议：protobuf

前面我们提到过 protobuf,本节对其进行简要说明。首先,我们要弄清楚 protobuf 究竟是什么。

在网上搜索 protobuf,有很多标准化的回答,例如"混合语言数据标准""序列化工具"等。但它到底是什么呢?用一种更贴切编程的思路来回答,首先,它是一个跨平台的代码生成器;其次,它提供了一系列的序列化方法。

为什么是代码生成器?来看一下它的定义就明白了。使用 protobuf 首先需要定义一个.proto 文件。我们在里面编写一个结构:

```
message TestMsg {
    string msg = 1;
}
```

这是一个文本定义，protobuf 工具可以将这个结构转换成各种语言，如果需要 C++文件，就转换为.cpp 文件；如果需要 C#文件，就转换为.cs 文件。这种跨平台的操作极大地方便了编码，因为服务端语言和客户端语言极有可能不一致。以 C++为例，protobuf 会将我们定义的 TestMsg 转为一个类，msg 作为它的一个变量，同时提供修改和取得变量的函数。

其次，什么是序列化。在前面的章节讲到网络传输时使用的都是二进制，protobuf 的序列化功能将一个结构实例序列化成二进制数据，在目标端可以反序列化还原这个数据。在序列化和反序列化的过程中，protobuf 做到了极好的兼容，它使用定义的数字来标识一个字段，而不是字段名。

了解它的意义之后，在我们的框架中会将这部分功能放在哪里呢？答案就是 Packet 类的缓存中。要更好地了解使其用方式，还是从例子入手。我们先来看看如何编译 protobuf。

2.3.1　在 Windows 下编译使用 protobuf

在 GitHub 上可以下载 protobuf 的源代码：https://github.com/google/protobuf/releases，从中下载一个较新的版本。因为我们将要用到 C++版本，所以下载 protobuf-cpp 的压缩文件。在 Windows 下编译 protobuf 需要用到 CMake 的 Windows 版本，所以另一个需要安装的工具是 Windows 版的 CMake。

为了方便使用，在本书源代码库中为读者准备了一份下载好的 protobuf 和 CMake 压缩文件。同时，在源代码根目录的 lib 和 include 目录下准备了 Visual Studio 2019 编译的 protobuf 库文件和头文件，如果当前版本不是 Visual Studio 2019，那么可以按下面的步骤进行编译。

打开 cmake-gui.exe，出现可视化的配置界面，如图 2-16 所示。

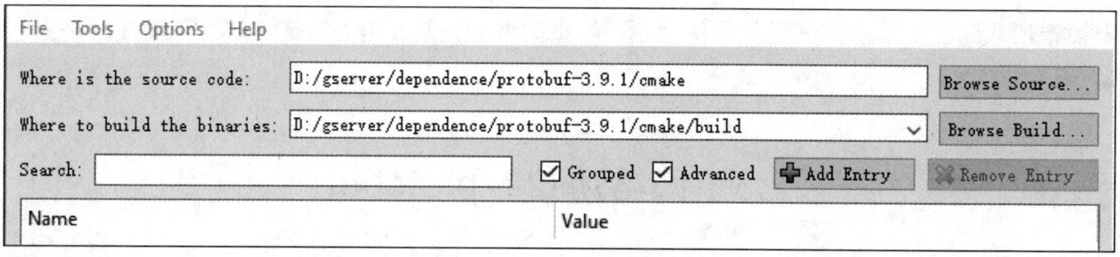

图 2-16　CMake protobuf

解压 protobuf-cpp 的压缩文件，在 CMake 工具界面的 source 目录中选中 protobuf-3.9.1\cmake 目录，创建 protobuf-3.9.1\cmake\build 目录作为生成目录。默认情况下，生成静态运行库，为了配合我们的工程需要进行修改，在 CMake 界面中，勾选 Grouped 和 Advanced 复选框，让 CMake 的所有属性显示出来，取消勾选 protovuf_msvc_static_runtime 复选框，然后单击界面右下方的 Configure 按钮。

配置完成，单击 Generate 按钮生成工程。生成成功之后，这时在 cmake\build 目录中就有 Visual Studio 的工程文件 Protobuf.sln。在 Windows 下编译时，我们需要检查工程文件在 Visual Studio 中的默认运行库设置。默认运行库的值一般有如下几个：

- /MD表示运行时库不集成，生成的文件较小。
- /MT表示运行时库集成，生成的文件较大，但MT移植性好，没有过多的DLL依赖。
- /MDD、/MTD表示两个版本的调试版本。

使用 MD 编译，运行时可能存在本地不存在运行库的情况。但生成的文件很小，考虑到都是在开发机上运行的，为了方便，所有第三方库都选用 MDD，配置如图 2-17 所示。

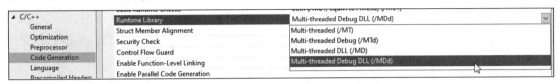

图 2-17　C++运行库

打开 protobuf.sln，完全编译工程。我们最终需要的是 protoc.exe 和 libprotobufd.lib 这两个文件，把它们存放在 build\debug 目录下。从 libprotobufd.lib 这个名字中最后的 d 可以看出，生成的是一个 Debug 版本。生成的 protoc.exe 工具不仅仅是为本例服务，以后所有的工程都会用到它，为了以后方便共用文件，我们在源代码库的根目录增加了 3 个目录：

（1）tools 目录。将 protoc.exe 放进去。

（2）libs 目录。该目录放置所有工程中需要的第三方库文件，其下有 Linux 和 Windows 两个子目录，分别对应 Linux 和 Windows 需要的库。将 libprotobufd.lib 文件放到 libs\windows 目录下，以后所有的工程 Windows 版都可以直接使用该库文件，不用再重新编译。

（3）include 目录。该目录放置所有工程中需要的第三方 include 目录，将 protobuf-3.9.1\src\google 整个目录复制到 include\windows 目录下。

编译完成之后，我们需要把 protobuf 加入工程中，参见源代码库下的 02_03_protobuf 工程，我们需要对 Windows 版的 network 工程做出一系列的调整。

关键点 1：修改 Visual Studio 工程的 include 目录

为了便于配置，我们已将 Windows 所有用到的头文件都放在 include\windows 目录下，同时还有一个 common 目录存放 Linux 和 Windows 都需要的文件。修改 network 工程属性"VC++目录"→"包含目录"，加入：

```
$(SolutionDir)..\include\common
$(SolutionDir)..\include\windows
```

其中，变量$(SolutionDir)是 Protobuf.sln 文件所在的目录。同理，修改 server 工程和 robots 工程，增加 include 目录。

关键点 2：修改 Visual Studio 工程引用库

在 server 和 robots 工程属性"VC++目录"→"库目录"增加"$(SolutionDir)..\libs\windows"目录。现在我们的库目录有两个目录，虽然看上去路径描述不太一样，但是这两个目录都指向库目录。

（1）"$(SolutionDir)..\libs\windows"指向了第三方库的目录下，也就是源代码的根目录 libs 目录。

（2）"../../../libs/$(Configuration)"指向了本工程中的 libs。

经过图 2-18 的对比，可以看到有两个 libs 目录，看上去有点绕。再次强调，根目录下的 include 和 libs 是所有工程共用的，例如 protobuf 库，而工程目录下的 libs 是本工程专用的。使用以上目录的原因在于，大量的示例工程基于相同的第三方库，所以提出一个共用库目录，而每个工程有自己的库工程，例如本小节与 2.2 节的 network 库代码就不一样，生成的库文件也是不同的。这时，这些工程特有的库文件会生成在工程的 libs 子目录下。

```
├── 02_03_protobuf
│    ├── bin                          // 执行文件生成目录
│    ├── libs                         // 库生成位置
│    └── src                          // 工程源代码目录
│         ├── apps
│         │    └── server
│         ├── libs
│         │    └── network            // network库
│         └── tools
│              └── robots
├── include                           // 全局include
│    └── windows
├── libs                              // 全局libs，存放的第三方库
│    └── windows
└── tools
     └── protoc.exe
```

图 2-18　根目录与工程目录对比

关键点 3：修改 Visual Studio 引用库

增加库目录之后，工程 server 和 robots 还需要指定库文件。根目录 libs\windows 下已有需要的 libprotobufd.lib 文件了。打开 robots 的属性页面，在连接器中加入依赖项。server 工程同理。

完成了以上几点，protobuf 库已经被加入工程中，可以在 Windows 下使用了。

2.3.2　在 Linux 下编译使用 protobuf

比起 Windows，在 Linux 下使用 protobuf 相对简单一些。在 Linux 默认的仓库中有一个 protobuf 2 的版本，因为我们使用的是 protobuf 3，所以需要在 Linux 下编译。下面是它的编译步骤。

首先，在终端对 protobuf-cpp-3.9.1.tar.gz 进行解压，这个文件已经在源代码根目录的 dependence 目录下了。

```
[root@localhost dependence]# tar xf protobuf-cpp-3.9.1.tar.gz
```

解压完成之后，dependence 目录下多了一个 protobuf-3.9.1 目录，进入其目录，依次执行以下 3 个命令，对 protobuf 进行编译与安装。

（1）[root@localhost protobuf-3.9.1]# ./configure

（2）[root@localhost protobuf-3.9.1]# make

（3）[root@localhost protobuf-3.9.1]# make install

命令 make 的执行需要花费一定的时间，最后 make install 将 protobuf 安装到/usr 目录下。安装完成之后，可以发现在目录/usr/local/include 下有 protobuf 相关的头文件了，库文件在 /usr/local/lib 目录下。安装完成之后可以检查一下版本号。

```
[root@localhost protobuf-3.9.1]# protoc --version
libprotoc 3.9.1
```

安装完成之后，要让工程 02_03_protobuf 在 Linux 下成功运行，我们需要修改一些参数。

关键点 1：环境变量

在 make install 之后，可以看到安装提示，我们的库被安装到/usr/local/lib 目录之下，include 目录位于/usr/local/include 中。我们要在 CMake 中使用 protobuf，就需要先配置两个环境变量。

```
[root@localhost ~]# vim ~/.bash_profile
```

修改如下：

```
LD_LIBRARY_PATH=/usr/local/gcc-9.1.0/lib64/:/usr/local/lib:$LD_LIBRARY_PATH
export LD_LIBRARY_PATH
LIBRARY_PATH=/usr/local/lib:$LIBRARY_PATH
export LIBRARY_PATH
```

在附录中安装 Gcc 时，也修改过.bash_profile 文件，它可以配置当前账户的个人环境变量。LIBRARY_PATH 是静态库的环境变量，编译时需要使用静态库时，就会从 LIBRARY_PATH 这个变量指定的目录中查找。除了静态库外，还修改了 LD_LIBRARY_PATH 环境变量，这是动态库的环境变量。修改了环境变量之后，需要关闭终端并重新进入。

关键点 2：CMakeLists 文件配置

在 server 工程中加入 protobuf，还需要修改 CMakeLists.txt 文件。

（1）增加 include 目录

```
include_directories(/usr/local/include)
```

（2）连接 protobuf 库

```
set(CMAKE_CXX_FLAGS "-Wall -std=C++14 -pthread -lprotobuf -DEPOLL")
```

在 CMAKE_CXX_FLAGS 变量中加入了"-lprotobuf"，在编译时会从环境变量的路径中找到 protobuf 的库文件。有关环境变量已经在上面的步骤中设置完成了。

2.3.3　使用 protobuf 定义协议

在源代码库下的 02_03_protobuf 目录准备了一个应用 protobuf 的示例。工程与前一个例子的流程完全一致，只是在协议体的处理上采用了 protobuf 定义协议，而不再是字符串。我们来看看使用 protobuf 协议的几个关键点。

关键点 1：定义.proto 文件

在使用 protobuf 定义协议时，需要编写一个后缀为.proto 的文件，并对协议进行定义，本例中的定义文件在 network 工程的 msg.proto 文件中。protobuf 的语法非常简单，我们逐一进行说明。

```
syntax = "proto3";          // 此位表示是以 proto 3 的语法来书写定义文件的
package Proto;              // 给定一个名命空间，本例中为 Proto
message TestMsg {          // 定义一个消息
    string msg = 1;
    int32 index = 2;
}
```

消息定义的关键字为 message，为了便于序列化，每一个字段的格式为：类型 名字=分配符。分配符不可以重复，但可以跳跃。一般来说分配符一旦确定，最好不要修改，实际上并不绝对。在网络通信中，分配符是可以修改的，修改的前提是服务端和客户端同时修改。因为通信的消息总是及时的，不存在存储的问题，如果把 protobuf 的序列化串作为 DB 的存储字段，那么是绝对不可以修改分配符的。

在序列化时，protobuf 根本不在乎这个属性的名字是什么，也不会存储名字，它所关心的是属性的分配符，分配符和类型是一一对应的。在 protobuf 的语法中，message 可以嵌套一个 message。例如，我们可以写成如下形式：

```
message TestComplexMsg {
    bool isBool = 1;
    repeated TestMsg test_msg = 2;
}
```

在 TestComplexMsg 消息中包括 TestMsg 消息，关键字 repeated 表示该属性是一个 TestMsg 数组。

除了 msg.proto 文件之外，工程中还新建了一个 proto_id.proto 文件，用来定义协议号：

```
syntax = "proto3";
package Proto;
enum MsgId {
    None = 0; // proto3 的枚举，第一个必为 0
    SendData = 1;
```

```
    Over = 2;
}
```

这里定义了两个协议号，测试时发送数据使用 MsgId.SendData，用到的结构类型为 TestMsg。更多的 protobuf 语法可以参见其官方文档。

关键点 2：生成.cpp、.h 文件

定义好.proto 文件之后，我们可以写一个批处理来生成.cpp、.h 文件。批处理文件内容如下：

```
"../../../../../tools/protoc.exe" --cpp_out=./ proto_id.proto msg.proto
```

即让 protoc.exe 解析 proto_id.proto 和 msg.proto 文件，参数 --cpp_out 指定 C++ 的输出文件目录，"./"为当前目录。在生成文件时用到了 protoc.exe，是在编译 protobuf 时 protoc 项目生成的，复制到了根目录 tools 目录下。

该批处理文件位于 network/protobuf 目录下。build.bat 可以在 Windows 系统下执行，build.sh 在 Linux 下执行。

执行批处理之后，会得到两组 4 个文件:msg.pb.h、msg.pb.cc、proto_id.pb.h 和 proto_id.pb.cc，加入 network 工程中进行编译。

关键点 3：在 Packet 类中使用 protobuf 结构

为了更方便地使用 protobuf，修改一下 Packet 类，提供两个模板函数：

```
class Packet : public Buffer {
public:
    ...
    template<class ProtoClass>
    ProtoClass ParseToProto() {
        ProtoClass proto;
        proto.ParsePartialFromArray(GetBuffer(), GetDataLength());
        return proto;
    }
    template<class ProtoClass>
    void SerializeToBuffer(ProtoClass& protoClase) {
        auto total = protoClase.ByteSizeLong();
        while (GetEmptySize() < total) {
            ReAllocBuffer();
        }
        protoClase.SerializePartialToArray(GetBuffer(), total);
        FillData(total);
    }
};
```

函数 ParseToProto 根据输入的类型将 Packet 缓冲中的二进制数据反序列化成一个协议结构，即 protobuf 定义中生成的结构，而函数 SerializeToBuffer 将一个结构序列化到 Packet 的缓

冲中，该函数使用了 protobuf 的底层函数 SerializePartialToArray。打开 robots 工程的 client.cpp
文件，可以看到发送和读取的代码：

```
void Client::DataHandler() {
    ...
    if (_lastMsg.empty()) {
        // 发送数据
        _lastMsg = GenRandom();
        Proto::TestMsg protoMsg;                    // 定义结构
        protoMsg.set_index(_index);
        protoMsg.set_msg(_lastMsg.c_str());         // 将随机字符串作为 msg 参数发送出去
        Packet packet(Proto::MsgId::SendData);      // packet 实例，组织发送数据
        packet.SerializeToBuffer(protoMsg);         // 将结构序列化到 Packet 中
        SendPacket(&packet);
    } else {
        if (HasRecvData()) {
        Packet* pPacket = GetRecvPacket();
        if (pPacket != nullptr) {
            // 取出协议体结构
            Proto::TestMsg protoMsg = pPacket->ParseToProto<Proto::TestMsg>();
            ...
        }
    }
    ...
}
```

在 2.2 节的源代码中，在工程 robots 的 client.cpp 文件中，发送 Packet 时使用的是 Packet
packet(1)，传入了一个常量值，表示协议号，给了一个固定值 1。现在可以用 proto_id.proto 中定
义的枚举类型来标识它，使常量变得更有意义，也更便于阅读。Packet packet(Proto::MsgId::SendData)
一看就知道是一个发送数据的协议。

在使用 protobuf 中的嵌套消息时，要特别注意对函数::set_allocated_xxx 和::mutable_xxx
的使用：

（1）使用::set_allocated_xxx，赋值的结构对象需要用 new 创建出来，不能用局部的，这
里保存的是对象的指针。

（2）使用::mutable_xxx 赋值时可以使用局部变量，因为在调用时内部执行了创建操作。

关于 protobuf 更多的细节可以参考官方文档。除了 protobuf 之外，在组织协议内容上还可
以使用 message pack。message pack 也提供了多种语言版本，其速度快于 protobuf，message pack
的兼容性没有 protobuf 那么好，我们这里所说的兼容性是指同一个协议发生变化时，其协议的
兼容问题。用于网络协议的传输，message pack 也是非常不错的选择，但用于 DB 数据存储时，
message pack 显然是不合适的，protobuf 在数据存储上优势非常明显。在后面讲解数据库时，
我们会选择存储二进制数据，并以 protobuf 的格式保存。

2.4　总　　结

　　网络编程部分就介绍到这里了。回顾一下，这两章从基本的网络函数开始，我们了解了网络数据的阻塞与非阻塞、收发流程以及两个网络模型 Select 和 Epoll，阐述了协议头与协议体的作用，并学会了使用 protobuf 定义协议发送消息。同时，还提出了协议数据结构 Packet、ConnectObj、NetworkListen 和 NetworkConnector 类的概念。

　　网络编程可谓是网络游戏的基础，而我们后面即将搭建服务端框架，也是基于本章中的网络模型。也许读者还没有完全弄明白这些类的作用和使用方法，不用着急，在后面搭建服务端架构时，我们还会不断使用这些类，以加深对它们的了解。

第 3 章

线程、进程以及 Actor 模型

本章开始涉及游戏编码的一些基本元素，重点放在基础的架构上，不同的游戏类型采用不同的架构方式，本章将讨论这些架构的特点，设计出本书的游戏架构。本章包括以下内容：

- ⊛ 了解各种游戏架构。
- ⊛ 了解什么是游戏主循环。
- ⊛ 理解进程和线程。
- ⊛ 了解 Actor 模型，以及 Actor 模型是如何通信的。

3.1 游戏架构概述

有了网络编程的基础，现在我们来设计游戏架构。要设计好一个架构，需要先来了解常用的游戏架构。

3.1.1 无服务端游戏

单机游戏没有服务端，所有数据都存储在本地，所有判断也是在本地完成的，玩家不会与其他玩家进行交互。单机游戏不存在通信，不需要网络编程。除了单机游戏之外，还有一种无服务端游戏架构——P2P 架构。

在 P2P 架构中，将所有客户端作为终端，是一种点对点的架构。P2P 架构可以是一个完整连接拓扑架构，每个客户端与其他客户端之间都有连接，形成网状节点，信息可以直接在用户之间交换，而不需要通过服务端。所有终端拥有完全一样的全部数据，接收完全一样的协议。

P2P 架构需要制作一个非常强大的客户端。如果每个客户端均要与所有终端保持连接（例如有 1000 个客户端），那么其效率显然会打折扣。所以，此架构适用于局域网或者少数人的对战游戏。

对于游戏来说，如果存在服务端，服务端可以充当仲裁者。但 P2P 架构没有一个仲裁者，在某些情况下，逻辑判断会存在争议。例如，两个玩家在 PK 时，其中一个玩家只剩下最后一滴血，在他使用回血技能的同时，另一个玩家对他释放了攻击技能，那么如何在两个终端都保证其判断的结果一致呢？为了解决该问题，P2P 架构需要在以下几个方面做到非常精准，达到所有终端的协议必须一致，包括协议号与协议顺序，另一方面，每个终端上的随机种子需要完全一样等。

P2P 架构并不是主流的手机游戏架构，有一个大致的了解即可。虽然 P2P 游戏不多，但值得一提的是，P2P 架构衍生出了新对战游戏的架构，以及一种新的数据同步方式——帧同步。简单来说，帧同步方案是在极短的一段时间内（例如 200 毫秒之内），服务端收集所有客户端的操作，生成一个操作序列，并将这个操作序列发送到每一个客户端。帧同步解决了两个很重要问题：第一是网络响应延迟问题，第二是服务器压力问题。帧同步将计算放置到了客户端，释放了服务端运算压力，更进一步降低了网络延迟，对于竞技类游戏,帧同步方案是首选方案。

3.1.2　单进程 CS 架构

与 P2P 相反，CS（Client/Server）架构需要一个非常强大的服务端，图 3-1 展示了 CS 模型的架构。服务端对各个客户端发送来的数据进行验证，判断其合理性，并执行正确的操作，再把结果反馈给一个客户端或者全部客户端。

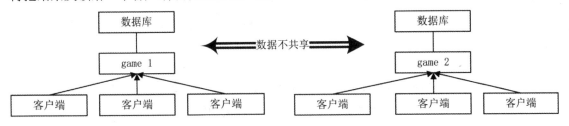

图 3-1　CS 模型的架构

大部分手机游戏的服务器使用 CS 架构，通信采用长连接或者 HTTP。随着大型游戏的兴起，MMO 类型的游戏服务器变得更复杂一些，它可能采用功能服务器的划分。

我们玩手机卡牌游戏时，通常可以看到每周开新服的情况，这类游戏多半是单服 CS 架构。单服 CS 架构的开发相对简单，它把所有功能都集中在一个进程中，大部分游戏为了开发效率不使用多线程，以单线程为主，降低了服务端宕机的风险。这类游戏客户端连接到指定的服务端，数据在服务端进程之间不共享。

3.1.3　多进程 CS 架构

图 3-2 是一个多进程架构，除了 game 逻辑服务端之外，还共用了 login 登录服务端、数据库、日志系统等。在这个架构中，可能还有副本进程，有时为了方便使用，也可以直接将副本进程合并到 game 逻辑服务器中。举一个简单的例子，棋牌游戏就可以采用这种方式，登录大厅之后，就可以创建不同的副本，不论你登录哪个服务器，操作流程都是一致的。

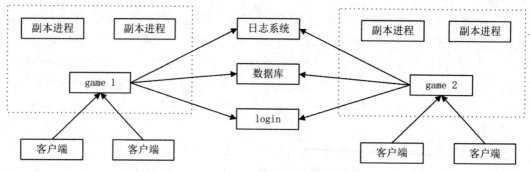

图 3-2　CS 多进程架构

3.2　框架瓶颈

虽然有许多种游戏架构，但是采用哪一种架构取决于要实现的游戏类型。将游戏按空间划分大致可以分为 3 种：

（1）滚服游戏。滚服游戏可以认为是一种平行空间的游戏方式，因为一个游戏世界容纳不了太多人，过一段时间就新开一个服务器，每个服务器的世界都一样。因为不断地增加新的服务器，用"滚服"来形容非常贴切。

（2）副本游戏。在副本游戏中，会为玩家专门开辟一个地图或空间实例。例如棋牌，为每一桌可以开一个副本空间。

（3）大图分割空间游戏。将一张大图分割成几个处理块，或者将不同地图放到不同进程进行处理。这类游戏又分为两种类型：一种类型如《剑侠情缘网络版叁》，不同的城镇在服务端可能在不同的进程中；另一种类型如《魔兽世界》，采用了 Big World（大地图）的方式，所有的人看似都在同一个地图上，但其实这个地图像农田一样被划分成了多个小块，每个小块由不同的地图实例管理。

几乎大部分游戏都会落在这 3 种空间分类上，手机端的多人在线角色扮演类游戏一般是滚服游戏。竞技类游戏（如《王者荣耀》）本质上采用了副本方式。而《剑侠情缘网络版叁》类游戏在不选服的情况下容纳了大量的玩家，则是分割空间方式实现的。游戏类型的不同，其瓶颈各有不同。下面我们分别来讲述这 3 类游戏的瓶颈。

3.2.1　滚服游戏

滚服游戏也可以理解为空间复制。相同的游戏数据在不同的服务端实例上。以卡牌类游戏为例，给定一个服务端列表，玩家可以登录任何一个服务端，每个服务端的数据不相互冲突，每个服务端的游戏逻辑是完全相同的。

这类游戏技术的实现较为简单，只需要多开服务端，用简单的单进程CS架构就可以实现。但它有一个缺点，玩家承载是有限的。如果每个平行空间承载 3000 人，经过一段时间的游戏之后，玩家流失，某个平行空间可能只剩下不到 100 人。这时，我们需要采用的方式就是合服。

随着时间的推移,服务器 1 的人会越来越少,这时需要对服务器 1 和服务器 2 的数据进行合并,即合服。

合服是滚服游戏一定要考虑的问题,一开始就要考虑的问题是合服时的数据库处理。因为每个服务端的数据不受彼此影响,所以在设计的最初就要想到,即使不是同一空间,也需要使用不同的角色名字,道具的 ID 生成方式也要唯一,以便于合服。

滚服游戏中的瓶颈在于每个服务端处理的玩家数量有限,所以需要不停地开服、合服,使服务端的硬件资源使用达到最佳状态。

客户端在服务器列表中选择一个游戏服务器 game 进程进行通信,该服务器支持以下几种功能:与登录服务器通信、与数据库通信以及实现必要的游戏逻辑。滚服游戏一般支持的玩家有限,一台服务器平均支持同时在线 3000 人左右。

在滚服游戏中,服务器两两之间是无须通信的。

3.2.2　副本游戏

副本游戏是对同一地图的数据进行复制,生成新的实例,但并不是所有生成多个实例的游戏都是副本游戏。

有两个需求产生了副本空间,一个是策划层面的需求。产生多个实例空间减少了地图中资源的争夺,这种情况往往会发生在刚进游戏时,例如游戏有多个新手村,打怪升级时需要某种 Boss,而 Boss 数量有限,引起玩家争夺资源。滚服游戏也可以有多个新手村,但它并不是副本游戏。

另一个是策略和技术方面的需求,例如斗地主时的多个房间。推图游戏中的每个可以探索的战斗关卡在服务端都会生成一个可以探索的实例空间,每个空间的数据独立,以保证玩家能独立游戏。这里说的"可以探索的实例空间"是指 3D 场景空间,如果你的推图游戏只是一场简单的战斗,那么可以不用额外建立副本空间。

这样说起来有点抽象,以《王者荣耀》为例,它就是采用了副本游戏的方式。众所周知,《王者荣耀》的玩家每日在线千万,将千万级的玩家放在同一个线程中是绝对不可能的,它必然采用了类似卡牌类游戏创建房间的架构,也就是说这些房间(游戏地图)分布在许多台物理服务器的许多进程上。和棋牌类游戏一样,这些房间的规则都是一样的,只需要在服务端编写一个地图类,就可以采用相同的规则创建出所有的地图。《英雄联盟》游戏也是如此。

3.2.3　大图分割空间游戏

分割空间是把一个世界的实例分成几部分,放在一个或几个进程中。采用空间分割方式的游戏一般来说是大型游戏,将一个巨大的游戏世界分割成几个实例。

在实际制作游戏时,我们很少看到真正只有一张 Big World 地图的游戏。分割一张地图有一个比较难处理的问题,玩家移动的时候,如果正好处于分割空间的分界线上,就会产生边界问题。可以用九宫格的方式来处理这个问题,就是向本地图为中心的九宫格发送一定边界范围内的同步信息,但处理起来依然很麻烦。为了避免处理这个问题,空间分割就演变成了将某些地图放在 A 服务器,将另一些地图放在 B 服务器,以此来减轻每个服务器受到的压力。

分割空间类的游戏架构与滚服类的游戏架构完全不同，在分割空间类的游戏中，不同的地图放在不同的进程，有时可能物理机都不相同，这时单进程的 game 服务器被拆分成了几个 game 服务器，而一组 game 服务器构成了整个架构。一旦出现瓶颈，可以进行拆分。例如，某个进程管理 A、B、C、D 四张地图，当物理机产生计算或内存瓶颈时，game 又可以再被分割，A、B 用旧的服务器，C、D 再组成一个新的 game 服务器。

分割空间类的游戏架构不需要合服，因为它不存在玩家人数的限制，对于客户端而言，它好像只有一个服务端入口，不需要选服，实则其背后有庞大的设计。这也就是常说的全球服。

3.3　设计游戏框架

前面讨论了一些基本的游戏类型，又讨论了各种游戏可能存在的瓶颈，有这么多服务端架构，应该采用哪一种服务端架构呢？这个问题实际上是由游戏内容来决定的。本书从技术层面出发，目标是做一个难度相对较大的全球服。理解了全球服的思路，其他架构都是全球服的缩影。

下面来展望一下即将实现的游戏架构以及它的基本结构图，如图 3-3 所示。

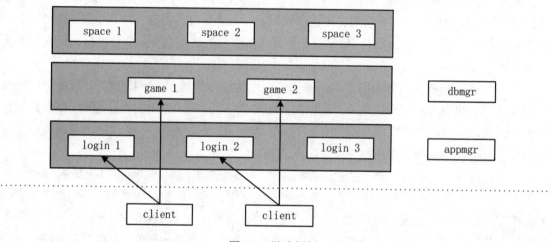

图 3-3　游戏框架

本书要以分割空间的方式实现一个不分服的架构，在这个架构之下可以再深度扩展，不仅可以实现一个 MMORPG，也可以实现类似《王者荣耀》的对战类游戏。当然，既然可以分割空间到不同的进程，我们也希望它可以合并空间到一个进程，也就是说这个框架也可以实现常规的滚服游戏，这是一个可伸可展的框架，可以满足大部分游戏的需求。

在开始编码之前，首先需要厘清这个架构之间的进程关系，以及每个进程需要做些什么，再开始编码。下面列个清单说明一下其服务器结构。

（1）登录验证服务器 login，需要 N 个。

（2）用于代理中转的 game 服务器，需要 N 个，玩家与某个 game 进行网络通信，每次登录的 game 可能并不一样，这样就保证了 game 的均衡。

（3）我们把世界分成若干个空间，所以需要有 N 个 space（空间）进程。space 进程放置着真正的地图实例，确保玩家在 space 服务进程上是均衡的。例如有 10 个玩家，开了 10 个副本，有 5 个 space 进程，那么相当于每个 space 实例上开了两个副本，以达到均衡的目的。

（4）appmgr 进程，需要 1 个，用于进程的管理。

（5）dbmgr 进程，需要 1 个，用于数据库的统一存储。dbmgr 进程是否需要独立成为一个单独的进程是不一定的，根据游戏类型的不同而不同，这部分功能也可以归到每个 game 上。为了区分功能，让代码更清楚，本书中将这部分内容独立成了 dbmgr。

要实现全球服架构，达到不分服的目的，尽可能让一组服务器承载更多的玩家，服务端需要解决的首要问题是"聚合"问题。这里说的"聚合"是什么意思呢？

聚合就是那些让玩家聚在一起，以完成一些需要同步数据与操作的功能。在处理这一问题上，space 服务进程并不是单纯意义上的地图，它要实现的是一种聚合，而地图只是恰好是一个聚合，但聚合不仅仅限于地图。具体一点，帮派、聊天系统也是一种聚合，这种聚合并不是物理地图上的聚合，而是一种逻辑上的聚合，一旦帮派成员有操作发生，需要同步到帮派内每个在线成员的客户端。

前面讨论的副本空间的框架也有两种实现方式，一种是客户端维护一个网络连接，只与 game 进行通信；另一种是客户端需要维护两个网络连接，同时与 game 和副本进行通信。也可以把副本服务器称为战场服务器，典型的用法是在《英雄联盟》中，登录、匹配数据在一个进程上，而进入地图之后，它在另一台服务器上。这两种结构各有其特点，并没有好坏之分，只是需求不相同。

本书为了实现兼容 MMORPG 与 MOBA 类游戏的双重功能，将采用第一种方式，将 game 服务进程视为网关服务器。顾名思义，网关是用来连接两个网络的，网关服务器是一个中转服务器，它是连接客户端与地图（战场）服务器之间的桥梁。

为了循序渐进，初步目标是实现一个 login 服务器，完成第一个登录功能。后期会再次对这个架构进行扩展，让它变成一个更复杂的分布式服务器，并且以最新 ECS 概念的框架来重构它，以达到代码简洁，又能快速编码的目的。

在图 3-3 中，这组服务器同样适用于棋牌游戏，举例来介绍它的流程：玩家通过 login 服务器进行登录，在 login 服务器上建立一种选择 game 服务器的策略。玩家账号验证成功之后，会为其选择一个适合的 game 登录。当玩家需要进入棋牌房间时，向 appmgr 询问房间的 space 进程，space 进程为其创建一个房间实例。而 game 这时相当于一个中间代理服务器，连接了客户端与这个特定的 space 服务进程的通信。

本节的文字内容有点多，意在展示本书示例的整体架构，随后会逐一分析和实现这些步骤。

根据图 3-3，在这个架构中，简单的配置都需要 5 个进程来支持。也许读者之前只做过一个进程程序的框架，但是别被吓倒，先通过例子了解每个进程的作用，再用一些编码上的模型与技巧让它们合并到一个进程中，以方便我们进行测试，听上去是不是很有趣？随时可以拆分这些功能到 5 个进程中，也可以合并这些功能到一个进程中。

下面要真正开始编码了。

如果读者没有真正接触过游戏编码，首先要了解的概念是游戏主循环（Main Loop）。

3.4　游戏主循环

不论服务端框架有多少个进程，每个进程一定要有一个游戏主循环。单线程的游戏服务端结构中，一个主循环中需要实现两个主要功能：

（1）数据收集。对于服务端来说，操作是由网络层发送过来的，所以服务端需要不断监听网络层是否有新的数据到来。

（2）不断更新、计算世界的状态，根据收集来的数据更新游戏世界，并把这些更新数据广播给一个或者多个终端。

客户端比服务器要多做一些功能。除了这两个主要功能外，客户端还要监控设备的输入操作和实现绘制——世界绘制、NPC 绘制、玩家模型绘制、UI 绘制等。

对于服务端来说，多线程框架与单线程框架要做的事情是一样的，只是它把这些功能放在多个线程中，网络层一个线程，游戏世界一个线程，等等。回顾一下之前网络层的 Select 和 Epoll 的例子，在 main 函数里都写了一个死循环，这个死循环不断地进行网络层的数据收集。当收到退出的命令时，从这个死循环中退出。

一个简单的主游戏循环是这样的：

```
while(Game.IsRun) {
    UpdateNetwork();
    UpdateAllWorlds();
}
```

可以认为服务端的函数 UpdateNetwork 是一个输入，毕竟在服务端是不可能用鼠标操作的，它是一个处理输入的 IO 模块。UpdateAllWorlds 根据收到的协议来更新游戏世界的地图。在游戏中，一个根本的概念是地图，这里所指的地图就是你身处的 3D 场景，在棋牌游戏中就是所在的房间。更新地图一般是由底层到上层更新的，先更新地图中的所有 Player 的状态。如果有 NPC，那么还需要更新 NPC 的状态、AI 的状态等。

在游戏编程中，最外层一定是一个死循环。只要你还在游戏中，这个循环就要一遍一遍执行下去。这个主游戏循环有一个缺点，每次更新地图之前，需要等待网络层 IO 处理完成才可以进行下一步，毕竟函数需要一个一个地执行。如果有两个线程，一个处理 UpdateNetwork，另一个只负责 UpdateAllWorlds，是不是会更大幅度地提高效率呢？

因此，在开始时就要引入线程。

3.5　理解进程和线程

本章要为搭建服务端架构做准备了。这里所说的服务端是指软件层面的服务，而不是物理机。服务端并不是单纯地指一个进程，如果你之前没有接触过进程，那么可以理解为一个进程就是一个 EXE。服务端可能是由多个进程组成的。对于客户端来说，服务端似乎看上去是单进程的，实则不然。服务端的进程可能运行在一台物理机上，也可能运行在多台物理机上。

在搭建架构之前需要了解一些基本概念，基础的概念就是进程和线程。也许你听说过游戏服务器的架构是多线程多进程的，或者单线程多进程的，这是什么意思呢？本节来帮助读者弄清楚这些问题。

3.5.1　进程是什么

简单来说，进程拥有一个 Id，进程 Id（PID）是进程唯一的标识码。我们所编写的程序代码，每一个包含 main 入口函数的程序都认为是一个进程，在 Windows 系统中，.exe 后缀的文件就是一个进程。

一个游戏服务器所需要的基本功能：登录、副本、任务、道具、日志系统、数据库基本的读取存储功能等。对于一个单进程架构而言，也就是说在主线程中至少需要实现以上几种基本功能。这使得单进程单线程的方式承载压力巨大，能处理的客户端非常有限。因为我们需要在每一帧去更新世界和角色数据，而随着在线角色的增多，每一帧处理这些功能的时间会变长。单线程是串行的，如果有 1000 个人等着验证，那么只有先处理完这 1000 个人的请求，再处理世界逻辑的更新。

为了让服务器更为高效，我们可以将游戏服务器框架拆分为多进程架构，例如将登录、数据库操作、游戏世界分成 3 个进程，组成一个简单的多进程服务器框架，简称多服架构。

它的好处在于，当服务端收到登录协议时，是由登录进程去处理的，游戏逻辑在游戏世界进程中不会受到影响，即使有 1000 个人等着验证账户，游戏世界也不会因此而阻塞，因为它们在不同的进程中。

多进程游戏服务器的架构是非常灵活的，不同的公司、不同的人可能写出来的架构大不相同。但它的原则是不变的，简单而言，就是把本来合在一起的功能按一些其他的需求拆分为多个进程。进程与进程之间使用 Socket 进行通信。但是这种拆分对于客户端是不可知的，也不需要知道。

我们可以这样理解多进程——服务端有多个功能的服务器。每个功能服务器就是一个进程。多进程是游戏服务的首选架构，但在多进程架构之下有两种模式：多进程单线程和多进程多线程。

对于多进程单线程，虽然有多个功能服务器，但每个服务器都是单线程的。同理，对于多进程多线程，即某些或多个功能服务器是多线程的。这两种模式各有优缺点，多线程可以更好地利用多核，而单线程的编码比多线程更为简单。

3.5.2　线程是什么

一个进程至少拥有一个线程，即主线程。每个线程拥有自己的调用堆栈，是 CPU 调度的基本单位。我们从 CPU 调度的角度来看看单线程和多线程有什么不同。图 3-4 左侧为一个单线程的服务端，右侧为一个多线程的服务端。

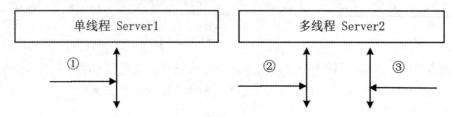

图 3-4　单线程与多线程

对于 Server1、Server2 两个进程，Server1 拥有一个线程，Server2 拥有两个线程。当这两个程序同时运行时，CPU 的调用顺序可能为，前一秒在线程 1 处，后一秒在线程 2 处，处理完线程 2，它可能跳回线程 1 继续向下执行，再进行线程 3 的调度。每个线程互不对对方产生影响。

线程 1 进行 IO 请求等待时，CPU 就会自动执行另一个线程，线程 1 得到 IO 请求的资源后会等待 CPU 继续执行线程 1。CPU 的这种切换叫上下文切换。

CPU 均匀地调度所有线程，当其中一个线程被 IO 阻塞时，CPU 不会等待，会马上转向另一个线程。这就是多线程比单线程更快的原因。多线程可以更好地均衡 CPU 的负载。

既然多线程比单线程效率更高，为什么还有人用单线程，都采用高效率的多线程不是更好吗？

原因很简单，是因为线程之间不共享内存，不共享内存会带来编码上的不方便。

我们一直强调每个线程有每个线程的调用堆栈，例如 A 线程的数据，如果同时有两个线程进行写操作，就会出现一些无法预估的宕机错误。在编程上为了避免这种错误，有两种常规的处理办法。

（1）加锁。每种编程语言都有加锁语法。对于那些跨线程的数据进行加锁，这种加锁行为相当于让访问数据的线程进行排队，一个一个串行访问数据。虽然加锁可以解决线程访问的问题，但是实际上在处理这些数据时，它变成了"单线程"，而不能并发。

（2）消息机制。永远都不正面访问线程中的数据，而是通过消息的方式来调用。请求操作到来时，我们把数据以消息的方式保存下来，处理完成之后，再用消息的方式传递出去。

在消息机制中，如图 3-5 所示，只有在进入或取出队列时数据会加锁，控制住了加锁的使用范围，而在处理任何一个协议时，因为是本线程内的操作，并不需要加锁，所以不会造成加锁泛滥。

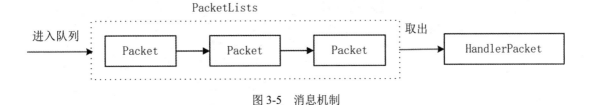

图 3-5　消息机制

在游戏编程中，常见的一种线程使用方式为：例如有 1000 个 DB 数据需要存储，发起 1000
个线程，每个线程处理一个，处理完成之后销毁线程，回调到主线程。类似的需求很多，例如
发送邮件。这种方式使用了并发处理数据，的确提高了效率，但如果出现回调函数，就避免不
了加锁。因为回调函数在主线程中，从一个线程调用主线程函数时必须要加锁。在编码中，有
了一个锁，就会有无数个锁，随着游戏的功能越来越多，锁会越来越多，遗漏一处都会产生宕
机。这也是很多人不喜欢用线程的原因。

总而言之，多线程更好地利用了多核的优势，充分利用了 IO 等待的时间。在编程上，单
线程可以随时取走你想取的数据，不需要加锁，多线程则不能，而且有诸多限制。

本书的框架采用多线程方式，为了避免频繁加锁，消息机制是本书的首选。

现在，理解了进程和线程，可能会有人非常疑惑，不知道什么时候应该用多线程，什么
时候应该用多进程，看上去它们能实现的功能类似。

前面我们讲过了，线程与进程对于系统资源管理方式存在着本质的区别，进程内部资源
共享，这里指的资源包括文件、内存、CPU 等。每个进程执行时都有一块内存区域。进程是
CPU 的最小调度单位，在多 CPU 物理机上，多线程比单线程更具优势。

线程不能独立执行，没有自己的内存地址。它是一种轻量级的进程，依附于进程，不拥
有自己的 PID。我们在衡量线程与进程时，一定要考虑到这些因素。

从逻辑层上来讲，进程和线程可以做的事情是相似的，一个功能在两个进程上可以实现，
在两个线程上也是可行的。它们的区别在于底层而不是上层。好好利用线程是高效率游戏编程
的开始。

3.5.3　C++标准线程库

还是用代码来实际体验一下线程。要完成这个例子，需要先了解一下 C++的线程库。以
往使用线程，为了方便可能会用到 boost 库的 thread，但在 C++11 标准中，std::thread 库对线
程进行了包装，使用起来非常方便。

本节的源代码位于 03_01_thread 目录中，本章所有的例子都是在 C++14 标准下完成的。
工程中有两个 main 测试，其中一个简单的测试示例在 main.cpp 文件中：

```
#include <thread>
#include <iostream>
void ThreadTest1( int value ) {
    std::this_thread::sleep_for(std::chrono::milliseconds(10));
    std::cout << "thread test. value:" << value << std::endl;
}
```

```
int main1( int argc, char *argv[] ) {
    int value = 1;
    std::thread t1( ThreadTest1, value );
    //t1.join( );
    t1.detach();
    std::cout << "exit main" << std::endl;
    return 0;
}
```

将 main1 修改为 main 函数并进行编译。在前面对网络库进行测试时，我们使用到了
std::thread，它需要包含一个头文件<thread>。

关键点 1：退出方式

线程有两种退出方式：一种是调用::join 函数；另一种调用::detach 函数。

以上面的代码为例，在调用::join 函数时，程序在关闭线程时使用了阻塞方式，只有等到
ThreadTest 函数结束之后，主线程才会结束。编译程序执行测试，可以看到在主线程退出之前
打印输出了线程退出的相关信息。而调用::detach 函数不会阻塞主线程，它使线程从主线程中
剥离出来，脱离了主线程的控制。可以看到主线程退出时线程函数还没有被调用。

关键点 2：为线程创建参数

在调用线程回调时，必不可少需要用到参数。std::thread 传递参数也相当简单。

```
int value = 1;
std::thread t1( ThreadTest, value );
```

函数定义为 void ThreadTest(int value)。

关键点 3：线程互斥

以一个例子来说明为什么需要线程互斥，以及如何互斥。其文件定义在 main2.cpp 中。

```
#include <thread>
#include <iostream>
#include <mutex>
int global_value;
std::mutex mutex_obj;
void ThreadTest( ) {
    //std::lock_guard<std::mutex> guard( mutex_obj );
    global_value++;
    std::cout << "\nthread test. global_value:" << global_value << std::endl;
}
int main2( int argc, char *argv[] ) {
    std::thread t1( ThreadTest );
    std::thread t2( ThreadTest );
    t1.join( );
```

```
    t2.join( );
    std::cout << "exit main" << std::endl;
    return 0;
}
```

这段代码创建了两个线程，两个线程都对全局变量做了一个++运算。程序运行起来结果是多种多样的，其中有一种结果如下：

```
[root@C7-Pf bin]# ./thread-testd
thread test. global_value:2
thread test. global_value:2
```

为什么会有这种情况？因为两个线程都没来得及打印之前，CPU 在 t1 线程和 t2 线程同时执行了 global_value++。但这不是我们需要的结果，我们想要的是串行运行的结果，任何时候都是累加的。

为了避免这种情况发生，需要用到 std::mutex 对象。std::mutex 是 C++中基本的互斥量，其头文件为<mutex>。

一个简单的加锁、解锁，调用 lock 和 unlock 函数：

```
std::mutex mutex_obj;
void ThreadTest( ) {
    mutex_obj.lock( );
    global_value++;
    mutex_obj.unlock( );
}
```

注　意

mutex 还有一个 try_lock()函数返回 bool 值，该函数判断互斥量是否被锁住，如果正好被锁住，就不会阻塞进程，但不会执行 try_lock() {...}中的代码。

我们对 std::mutex 对象使用 lock 进行加锁之后，可能忘记对 mutex 进行解锁，C++ 14 提供了一种 Lock 类来规避这个问题。另一种加锁方式如下：

```
std::mutex mutex_obj;
void ThreadTest( ) {
    std::lock_guard<std::mutex> guard( mutex_obj );
    global_value++;
}
```

当一个 std::lock_guard 对象被创建后，它就会尝试去获得其参数 std::mutex 的所有权。std::lock_guard 被析构，std::mutex 被自动释放，所以不需要显式地释放 mutex。std::lock_guard 是一个区域锁，范围为 std::lock_guard 的生命周期，上例中，加锁范围为函数的生命周期，退出函数将解锁。

关于 C++的线程就介绍到这里，更多细节可以阅读 C++并发相关的文档。

3.6　Actor 模型

除了知道线程是如何运行的外，我们还需要了解一个模型——Actor 模型。Actor 模型是为了并发而设计出来的。一个纯粹的 Actor 只接收消息，受事件驱动，然后根据消息执行相应的计算。其最大的特点是，大量 Actor 之间是相互隔离的，它们不共享内存。Actor 之间有且只有一种通信方式，就是消息传递。在 Actor 模型中，对象的任何数据不对外，所有数据只有它自己可以修改。更为直白一点的说法就是，两个 Actor 之间不能互调函数。

当我们在使用线程时，因为有资源的竞争，需要加锁。同时，有两个或者两个以上的线程需要访问某个对象时，为了避免出错必须加锁。如果一个系统日渐发展壮大，又使用了多线程，那么到了后期，这些锁几乎是一种毁灭性的灾难，因为其不可维护。为了解决加锁的问题，本书中所有的对象都是基于 Actor 模型进行设计的。采用消息通信的方式来修改数据，避免了加锁。

这种设计还有一个好处在于可以进行单元测试。很多情况下，游戏公司很少进行自动化测试。主要是因为代码耦合太强，没有办法进行单元测试，也不知道如何进行单元测试，测试的结果应该如何衡量，这些都是难以解决的问题，但 Actor 模型很好地解决了这些问题。

因为这种模型使得逻辑的耦合性降低，一个 Actor 不会与其他任何 Actor 有耦合，所以在测试时可以根据需要创建任何一个需要测试的 Actor。

例如，有一个 ChatSystem 类负责聊天系统。一般的做法可能是这样的：定义一个聊天协议，包括 3 个基本值：PlayerId、ToPlayerId 和 Context，分别表示发起聊天的人、发送对象和内容。当聊天协议到来时，通过玩家管理类 PlayerManager 找到发起对象，称为 A 对象，再找到目标对象，称为 B 对象，再给 B 对象的客户端发送一个聊天协议（PlayerId、ToPlayerId 和 Context），客户端收到这个协议时，界面上就会显示聊天的内容。当然，这个过程还需要这两个玩家在同一个进程中，要不然从哪里去找目标呢？

在 Actor 模型下，实现方式完全不同。因为 Actor 模型中，ChatSystem 类根本得不到 PlayerManager 类。一旦 ChatSystem 类可以取得 PlayerManager，就建立了耦合。为了实现聊天的功能，我们需要分几步：

（1）当玩家上线时，向 ChatSystem 类注册一个消息，这个消息告诉 ChatSystem 类"我上线了"，这时玩家可以在 ChatSystem 类中注册一些需要的信息，例如所在的网关服务器。在不同模型下，注册信息可能不同，其目的是让 ChatSystem 类知道向哪个进程发送消息，该玩家可以收到消息。

（2）在通知 ChatSystem 类"我上线了"的同时，ChatSystem 类取得了该玩家的所有好友列表。

（3）有了前两个步骤，现在客户端发送一个协议（PlayerId、ToPlayerId 和 Context）给 ChatSystem，它不再需要向 PlayerManager 获取数据，因为所有的数据是由它本身维护的。这种 Actor 的方式可能会使内存数据增加，但它减少了耦合性。

当我们需要测试这个聊天系统时，可以在 robots 机器人工程中直接创建一个 ChatSystem 类，模拟玩家的登录数据向它发送登录消息，模拟玩家聊天的协议以便进行各种测试。如果以传统的方式实现聊天功能，测试 ChatSystem 类的功能时，需要先建立一个 PlayerManager 类，而 PlayerManager 类可能又依赖于其他的类，这样的耦合性是不可能简单地实现单元测试的。

Actor 模型是基于消息的，单个 Actor 的原型分为 3 部分：消息队列、行为和数据。消息队列又被称为 MailBox 或邮箱，邮箱比较贴切，因为邮箱是协议的中转地，发起邮箱的双方没有耦合。为了便于编码，本书做了一些小小的修改，在程序中把邮箱设计为 Message List，即存放消息协议的列表。简而言之，MailBox 这块功能是用来收发协议的。同时，Actor 还需要有一些行为定义，这些行为可以认为是对每个协议不同的处理函数，Actor 肯定还有一些自己维护的数据。一个 Actor 必定是由以上 3 部分组成的。

图 3-6 展示了多个 Actor 是如何配合工作的。

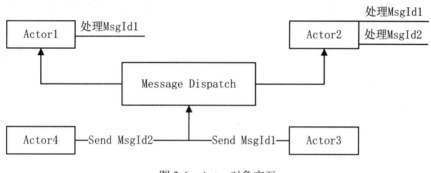

图 3-6 Actor 对象交互

多个 Actor 协作时需要加一个消息广播的机制。图 3-6 中的 Message Dispatch 用于消息分发。

图 3-6 中有 4 个 Actor，Actor1 关心 MsgId1 消息，Actor2 关心 MsgId1、MsgId2 消息。当 Actor3 广播一个 MsgId1 消息时，Actor1 和 Actor2 就会收到消息的通知，然后根据自身的特点决定当消息到来时自己需要完成什么样的操作。

还是以聊天系统为例，ChatSystem 类生成时就决定了它需要关心至少 3 个协议（这里协议也可以称为事件）：第一个事件是玩家登录事件，第二个事件是玩家离线事件，第三个事件是聊天事件。

聊天事件是如何到达 ChatSystem 类的呢？

当玩家对象 Player 通过底层网络得到一个聊天协议时，Player 并不处理它，而是马上进行一个内部广播，向整个 Actor 系统的所有对象通知该协议到了。除此之外，Player 什么也不需要做，Player 并不关心最终这个协议是由谁去处理的，而关心这个协议的 Actor 得到这个协议之后会进行相应的处理。

Actor 这种消息机制让各个功能模块完全独立，一个聊天系统随时可以加上，也随时可以抽取出来，类似一种插件机制。而且 Actor 机制可以让我们的服务器配置多样化，如果 ChatSystem 类可以在任何进程中创建出来，服务端的功能组合就会显得异常强大。

假设登录验证功能也是一个 Actor 模型，那么可以在需要时将登录验证功能独立到登录进程中，也可以将该功能放到网关进程中。如果整个游戏的所有功能都是由 Actor 对象组成的，那么可以将它们配置到一个进程中，也可以配置到多个进程中。这样既可以实现简单的滚服 CS 架构，又可以实现复杂的分布式服务器架构。

使用 Actor 模型还有一个很重要的原因，要利用 Actor 这个消息机制的模式充分发掘线程的效率。不要忘记了，Actor 模型原始的功能就是为了提高并行效率。下面用一个例子来看看 Actor 是如何和线程一起高效工作的。

3.7 游戏框架中的线程

在本书的框架中，并不是直接简单地使用线程去执行一个函数、调用一个类，而是要对线程进行必要的扩展，以方便使用。首先明确目标，需要建一个线程管理类，实现如下功能：

（1）初始化游戏线程。

（2）关闭所有线程。

（3）更新所有线程。

既然有线程管理类，必然有一个线程类，实现如下功能：

（1）启动一个线程。

（2）关闭、销毁本线程。

（3）对线程中的所有对象进行更新，实现 Update 帧函数。

（4）管理"线程包裹"。

还需要建立一个线程包裹 ThreadObject 类，实现如下功能：

（1）更新自身数据，实现 Update 帧函数。

（2）销毁自己。

线程包裹类是线程上的最小单位。图 3-7 展示了这 3 者之间的关系。

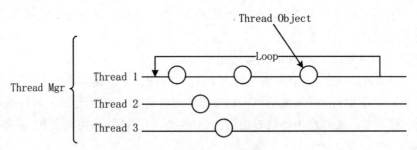

图 3-7 线程与数据结构

图 3-7 中的 Thread 1、Thread 2 和 Thread 3 分别表示 3 个独立线程，其中 Thread 1 维护了 3 个线程包裹对象。线程就像一个流水线一样，每个 ThreadObject 实例就是上面一个个包裹，为了方便理解，就叫它线程包裹类。线程不关心这些"包裹"中的内容是什么，只是每帧调用

Update 函数时，对"包裹"对象进行更新。而线程管理则管理着 Thread 1、Thread 2 和 Thread 3，线程管理器并不关心每个线程中有多少个线程包裹。

为了理解游戏线程，创建了一个新的工程，在本节源代码 03_02_engine_thread 目录中。在这个目录中有 3 个工程：login、robots 以及基础 libserver 库。login 进程打开了一个服务器监听端口；robots 创建了 10 个 Robot 对象连接到 login，这 10 个对象均匀地放在 3 个线程中；而 libserver 提供了网络与线程两个基本功能。

本节的例子目的在于明确基础类之间的关系，仅仅实现 login 进程的监听与 robots 进程的连接功能。编译目录，启动 login 和 robots，在 login 控制台会产生 10 个连接打印。

3.7.1　包裹类 ThreadObject

每个线程包裹都是一个以 Actor 为原型的类，它们互不影响。基类 ThreadObject 定义在 libserver 工程的 thread_obj.h 文件中。从本节开始，例子中不再有 Network 库工程，替代它的是底层库 libserver，在后面的章节中将一步一步完善、重构、优化这个底层库，最终成为一个高效运作的游戏底层库。先来看看在本例中线程包裹类的定义：

```
class ThreadObject : public IDisposable {
public:
    ...
    virtual bool Init= 0;
    virtual void RegisterMsgFunction( ) = 0;
    virtual void Update( ) = 0;
    ...
};
```

在这个基类中有 3 个 virtual 函数，也就是说，我们希望所有继承该类的子类都要实现这 3 个函数。这 3 个函数的具体说明见表 3-1。

表 3-1　线程对象的函数列表

函　数　名	说　　明
Init	初始化函数
RegisterMsgFunction	注册自己感兴趣的协议
Update	帧函数，更新数据

每个 Actor 必定有自己感兴趣的协议类型，函数 RegisterMsgFunction 用来实现 Actor 的协议注册，帧函数中实现不同的 Actor 的不同更新操作。

3.7.2　线程类 Thread

线程类定义在 thread.h 文件中，主要函数如下：

```
class Thread : public SnObject, IDisposable {
public:
    void AddThreadObj( ThreadObject* _obj );
    void Start( );
    void Stop( );
    void Update( );

private:
    bool _isRun;
    std::list<ThreadObject*> _objlist;
    std::thread _thread;
};
```

该类维护了一个 std::thread，提供了启动线程与结束线程的函数。其中，AddThreadObj 函数是将一个指定的线程包裹类 ThreadObject 实例放在本线程中，属性 Objlist 维护了这些线程包裹类实例。线程类并不关心这个流水线上的包裹有什么用，它只需要在更新时遍历 Objlist 中的所有对象，调用这些对象的 Update 帧函数即可。

```
void Thread::Update( ) {
    _thread_lock.lock( );
    std::copy( _objlist.begin( ), _objlist.end( ),
std::back_inserter( _tmpObjs ) );
    _thread_lock.unlock( );
    for ( ThreadObject* pTObj : _tmpObjs ) {
        pTObj->Update( );
        ...
    }
    _tmpObjs.clear( );
    std::this_thread::sleep_for( std::chrono::milliseconds( 1 ) );
}
```

前 3 行代码将线程中管理的对象暂时取到一个临时的集合中。这里做了加锁操作，因为在进程运行中随时可能会向线程内部增加包裹，这个增加的需求可能来自本线程内部，也可能来自线程外部，所以必须加锁。但代码中并没有把 unlock 放到函数结束，如果等到所有的数据都完成了 Update 操作才将锁放开，那么只会降低效率。因此，在使用时为当前对象做一个临时的拷贝。

在 Thread::Update 函数中，对其线程上的每一个 ThreadObject 实例调用 ThreadObject::Update 函数进行数据更新。

3.7.3 线程管理类 ThreadMgr

线程管理类定义在 thread_mgr.h 中，定义如下：

```
class ThreadMgr :public Singleton<ThreadMgr> {
public:
```

```
    void StartAllThread( );        // 启动所有线程
    bool IsGameLoop( );            // 所有线程是否还在运行中
    void NewThread( );
    void AddObjToThread( ThreadObject* obj );
    ...
private:
    std::mutex _thread_lock;
    std::list<Thread*> _threads;
};
```

线程管理类有两个主要任务：

（1）每帧检查一下每个线程是否还在工作，若线程全部退出，则进程退出。

（2）管理多个线程对象。当有新的线程包裹对象加入线程时，丢给管理类处理，会将新对象放置到一个合适的线程中。ThreadObject 本身并不知道自己会加入哪个线程中。

线程管理类维护了一个线程对象列表，AddObjToThread 函数将一个个包裹类加入线程中，外部并不知道该对象加到哪个线程中，函数内有一个平衡算法。为了实现均衡，所有线程上的包裹类是由线程管理类来分配的。具体函数实现就不在这里分析了，相关代码并不复杂。值得一提的是，线程管理类用到了设计模式上的单例模式，因为它只需要有一个实例。

关键点：Singleton

在定义 ThreadMgr 类时使用到了 Singleton 模板类，它的定义为：class ThreadMgr :public Singleton<ThreadMgr>。如果读者曾经接触过设计模式，就会发现这是一个单例模式。单例模式确保一个类只有一个实例，提供了一个全局指针来访问唯一实例。

在 libserver 工程的 singleton.h 文件中编写了一个单例模板。其定义如下：

```
template <typename T>
class Singleton {
public:
    template<typename... Args>
    static T* Instance( Args&&... args ) {
        if ( m_pInstance == nullptr )
            m_pInstance = new T( std::forward<Args>( args )... );

        return m_pInstance;
    }
    static T* GetInstance( ) {
        if ( m_pInstance == nullptr )
            throw std::logic_error( "the instance is not init, please initialize
the instance first" );
        return m_pInstance;
    }
    static void DestroyInstance( ) {
        delete m_pInstance;
```

```
        m_pInstance = nullptr;
    }
private:
    static T* m_pInstance;
};
template <class T> T*  Singleton<T>::m_pInstance = nullptr;
```

在该模板中定义了 3 个函数：创建、取得和销毁。创建类时使用了可变参模板，因为并不知道具体类是否需要提供参数，提供多少参数，所以使用了可变参，使用时调用 std::forward来展开参数。单例模板使用起来非常简单，还是以 ThreadMgr 为例。

```
ThreadMgr::Instance();                                     // 创建
auto pThreadMgr = ThreadMgr::GetInstance();                // 取得实例
pThreadMgr->DestroyInstance();                             // 销毁实例
```

在使用单例模式时务必要非常小心，因为框架是一个多线程工程，线程管理类在任何线程上只要调用 ThreadMgr::GetInstance 函数就可以得到，所以对于线程管理类中的函数进行了加锁操作。

3.7.4　libserver 库与游戏逻辑

前面阐述了服务端的架构，它是由登录服务器 login、管理服务器 appmgr、逻辑服务器 game、数据库服务器 dbmgr 和空间服务器 space 共同组成的。这些服务器在逻辑层的功能千差万别，但其基本的架构是完全一致的，它们每一个进程都有无数个线程，有网络处理能力，有收发网络协议的能力，两两之间可以通信，也可能会监听一个网络端口或者去连接其他服务器等。这些是每个服务器的基本功能。

把这些基本功能提取出来，变成整个框架共用的代码，即为所有进程编写一个通用 libserver库，以提供这些通用服务。在 03_02_engine_thread 目录的工程中，libserver 库提供的服务包括：

（1）网络层：打开监听或进行网络连接。

（2）使用 Actor 模型来处理协议。

（3）管理多线程，每个具体的线程需要做什么不是 libserver 底层库需要考虑的事情，库相当于只提拱了一个运行平台，而每个具体的线程包裹对象要做什么是由具体实现类来实现的。

（4）提供一个基本的 ServerApp 类来创建不同的服务器。

类 ServerApp 定义在 libserver 工程的 server_app.h 文件中。它是进程中创建的第一个类，完整的定义如下：

```
class ServerApp : public IDisposable {
public:
    ServerApp(APP_TYPE  appType);
    ~ServerApp();

    virtual void InitApp() = 0;
```

```
    void Dispose() override;

    void StartAllThread() const;
    void Run() const;
    void UpdateTime() const;

    bool AddListenerToThread(std::string ip, int port) const;
protected:
    ThreadMgr * _pThreadMgr;
    APP_TYPE _appType;
};
```

无论是登录服务进程还是游戏逻辑服务进程，都需要建立多个线程，启动所有线程，判断线程是否结束，结束所有线程，这些功能在基础的 ServerApp 类中实现，不用在每个服务进程中都实现一次。所以编写一个模板函数：

```
template<class APPClass>
inline int MainTemplate() {
    APPClass* pApp = new APPClass();
    pApp->InitApp();            // 初始化
    pApp->StartAllThread();     // 启动所有线程
    pApp->Run();                // 执行
    pApp->Dispose();            // 销毁
    delete pApp;
    return 0;
}
```

这个模板函数让整个流程看上去异常简洁，模板函数展开之后的功能如下：

（1）创建一个服务器对象。

（2）初始化 App。

（3）启动所有线程。

（4）执行 Run 函数，程序会一直在这里循环，直到收到退出信号。

（5）退出后，执行 Dispose 函数处理关闭后事宜。

继承自 ServerApp 类的子类，除了 InitApp 初始化函数需要实现之外，其他功能（如启动线程、执行和销毁）都已经做完了，上层需要做的事情很少。以 login 进程为例，看看它是如何工作的。

关键点 1：main 函数

在 login 工程的 main.cpp 文件中实现了程序的 main 入口函数。

```
int main(int argc, char *argv[]) {
    return MainTemplate<LoginApp>();
}
```

只有一行代码，逻辑简单，调用了 MainTemplate 模板函数。在模板函数中生成了一个 LoginApp 类，然后初始化，启动它的所有线程，执行完成之后销毁。

关键点 2：LoginApp 类

在 login_app.h 文件中定义了一个新类 LoginApp，该类继承自基类 ServerApp，定义如下：

```
class LoginApp : public ServerApp {
public:
    explicit LoginApp() : ServerApp(APP_TYPE::APP_LOGIN) { }
    void InitApp() override;
};
```

毕竟需要在基本功能之上开发新的功能，对 ServerApp 进行继承是很有必要的，类 LoginApp 实现了虚函数 InitApp。当 LoginApp 类被创建出来时，调用 ServerApp 的构造函数创建了 3 个线程。

```
ServerApp::ServerApp(APP_TYPE  appType) {
    _appType = appType;
    Global::Instance();                 // 数据通用类，单例，提供一些通用数据与功能
    _pThreadMgr = ThreadMgr::Instance();
    UpdateTime();                       // 更新时间
    for (int i = 0; i < 3; i++) {
        _pThreadMgr->NewThread();       // 创建线程
    }
}
```

LoginApp 实例创建完成之后，调用 InitApp 函数为自己进行初始化：

```
void LoginApp::InitApp() {
    AddListenerToThread("127.0.0.1", 2233);
}
```

因为本例的功能很简单，所以工程 login 在初始化时只是创建了一个监听。函数 AddListenerToThread 是由基类 ServerApp 提供的。创建函数在 ServerApp 类中，实现如下：

```
bool ServerApp::AddListenerToThread(const std::string ip, const int port)
const {
    NetworkListen* pListener = new NetworkListen();
    if (!pListener->Listen(ip, port)) {
        delete pListener;
        return false;
    }
    _pThreadMgr->AddObjToThread(pListener);
    return true;
}
```

函数 AddListenerToThread 实现的功能就是创建一个 NetworkListen 监听类，调用 AddObnToThread 函数将该类放入线程中。在创建 LoginApp 类时，基类中创建了 3 个线程，NetworkListen 会落入其中一个线程中。

关键点 3：新的主循环

线程和数据都准备好之后，就进入了执行阶段。多线程主循环代码如下：

```
void ServerApp::Run() const{
    bool isRun = true;
    while (isRun) {
        UpdateTime();   // 更新当前帧的时间
        std::this_thread::sleep_for(std::chrono::milliseconds(10));
        isRun = _pThreadMgr->IsGameLoop();
    }
}
```

在这个主循环中，首先更新了时间。在游戏中，我们使用的时间单位是毫秒。每一帧会对当前时间进行更新。然后，让主线程沉睡 10 毫秒，以便让其他线程得到 CPU 的控制权。最后，通过线程管理类实例调用函数 IsGameLoop，查看是否还有线程在工作，如果已经没有任何线程在工作，就退出进程。

进一步看看函数 IsGameLoop 都干了些什么：

```
bool ThreadMgr::IsGameLoop() {
    for (auto iter = _threads.begin(); iter != _threads.end(); ++iter) {
        if (iter->second->IsRun())
            return true;
    }
    return false;
}
```

只要有一个线程还在运行，就认为程序还没有结束。还记得我们之前讲的单线程游戏循环吗？

```
while(true) {
    ProcessNetwork();
    UpdateAllWorlds();
}
```

读者可能觉得太奇怪了，为什么这里只返回一个 bool 值，游戏逻辑呢，更新操作去哪里了？ServerApp 中的 Run 函数几乎什么也没有干。

在多线程中，主线程的作用已经发生了本质上的改变。主线程的主要任务是维护多线程，而真正更新的操作是在子线程中完成的。本代码中，启动一个线程时使用匿名函数的方式绑定了线程的执行函数，其代码如下：

```
void Thread::Start() {
    _isRun = true;
    _thread = std::thread([this]() {
        while (_isRun) {
            Update();
        }
    });
}
```

我们需要从单线程的编码模式中跳出来，更新逻辑已经分散在各个线程中了。那么再来看下一个问题，在 LoginApp 初始化时，创建的 NetworkListen 类去了哪里？网络层又是如何更新的？

首先 NetworkListen 类被分配到了某个子线程上，NetworkListen 实例也是线程上的一个包裹类。不论是 Select 还是 Epoll 模型，都是通过每帧调用 Update 来实现读写的。该实例进入了某个线程之后，其 Update 函数会在 Thread 线程类的 Update 中被调用，线程也不知道这个实例是 NetworkListen 类，它只知道这是一个基于 ThreadObject 类的实例，并不关心这个实例实现的是什么功能，只会一视同仁地执行 Update。图 3-8 展示了整个框架的基本结构。

工程 robots 中的 RobotApp 与 LoginApp 的思路是一致的。在 robots 工程中，将 10 个 Robot 放到了 3 个线程中。每个 Robot 初始化时对 login 进程发起了连接请求。

库 libserver 中的 ServerApp 类实现了整个框架的基本流程，但它只是一个流程，不管逻辑。而上层的 LoginApp 或 RobotApp 为了实现自己的需求需要向底层增加自己需要的 ThreadObject。LoginApp 进程需要监听，增加了 NetworkListen 实例。而 RobotApp 为自己增加了 Robot 类，它并不需要监听网络，所以也就不需要添加 NetworkListen 类。

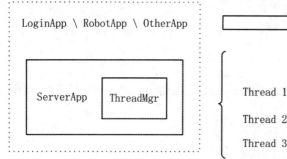
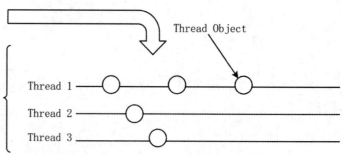

图 3-8　线程与整体框架

理解这个流程之后，有一个大问题摆在我们面前，线程有了，线程上的 Actor 对象也有了，但是它们是如何互通消息的，下面继续来看看。

3.8　Actor 对象之间的消息处理机制

本节的源代码位于 03_03_engine_message 目录下，其目的是向框架中加入基于 Actor 模型的消息队列。在第 2 章中，在协议体部分引入了 protobuf 协议。框架中所有消息由 protobuf 组成，所以有必要对消息定义做出规则说明。

3.8.1　消息定义原则

在使用 protobuf 时，定义一个消息有两个步骤：

（1）在 proto 文件中对协议内容进行定义。

（2）使用 protoc.exe 将定义生成 C++或 C#需要的文件。

在本书此后的所有例子中都将使用 protobuf 定义协议，所以有必要对它做出规范，以方便阅读与编码。

原则 1：使用 proto 文件定义的 enum 为协议号

在使用协议号时，C++、C#代码中不需要分开定义协议号枚举，这个枚举在 libserver 库工程的 proto_id.proto 文件中，由 protobuf 同时生成两种语言的定义文件。

使用这一原则是为了统一客户端与服务端的代码。在后面的章节会引入一个客户端的架构，它基于 Unity，采用 C#脚本。如果我们在 C++服务端，用 C++语法定义协议枚举，在客户端再定义一个 C#语法的协议枚举，一不小心就会出现协议编码不匹配的问题，所以将这个问题丢给 protobuf，由它统一生成协议编号。

原则 2：同一协议号不做两种用途

在编码中经常有这样一种现象，如果我们定义了协议号 MI_AccountCheck 用来验证账号，服务器收到了 MI_AccountCheck 协议，表示这是一个验证协议，处理完成之后返回 MI_AccountCheck 的协议给客户端，客户端默认收到 MI_AccountCheck，就表示是 MI_AccountCheck 的返回。本书中不采用这种方法，如果遇到这种情况，那么返回协议编号可以定为 MI_AccountCheckRs。二义性会给编码带来麻烦。无论是协议，还是在数据层中的类属性和函数都尽量不要有二义性。如果是一个用于判断的函数，就尽量让它只用于检查，不用于其他功能，将功能单一化。

原则 3：协议编号与协议体同一命名

如果在 msg.proto 文件中定义了一个名为 TestMsg 的协议体，那么该协议的协议号枚举一定为 MI_TestMsg。在 msg.proto 文件中，结构体定义如下：

```
message TestMsg {
    string msg = 1;
    int32 index = 2;
}
```

在 proto_id.proto 文件中，协议枚举定义如下：

```
enum MsgId {
    MI_None = 0; // proto3 的枚举，第一个必为 0
```

```
        MI_TestMsg = 1;
    }
```

当框架功能越来越多时，如果不按这种一对一的命名原则，那么可能搞不清楚 MI_TestMsg 协议号到底对应哪个结构体，现在我们强制要求它们的名字一样，只要看到了协议号就知道协议体的名字，不需要记忆。

原则 4：相同逻辑的字段，采用同一命名

在协议体的某些具体字段上采用同一命名。例如返回错误编码，统一命名为 ReturnCode，以账号验证协议为例：

```
message AccountCheckRs {
    enum ReturnCode {
        ARC_OK = 0;
        ARC_UNKONWN = 1;
        ARC_NOT_FOUND_ACCOUNT = 2;
        ...
    }
    string account = 1;
    ReturnCode return_code = 2;
}
```

该原则方便取读数据，统一整体风格。

3.8.2　消息队列机制

在讲解网络时演示过使用协议内容格式的代码，当时还只有单线程，代码简单。现在，线程之间需要互通消息，我们以消息队列的方式来实现消息的存储，即给 ThreadObject 加一个 MessageList 类，该类管理着当前 ThreadObject 需要处理的所有消息。

ThreadObject 是一个 Actor 模型，MessageList 类对应 Actor 的 MailBox 部分。我们来分析一下这部分代码，源代码位于 03_03_engine_message 目录。

关键点 1：MessageList 类

工程 libserver 下的 message_list.h 文件中有 MessageList 类的定义。

```
typedef std::function<void(Packet*)> HandleFunction;          // 回调函数的原型
class MessageList {
public:
    void RegisterFunction(int msgId, HandleFunction function); // 注册回调函数
    bool IsFollowMsgId(int msgId);
    void ProcessPacket();
    void AddPacket(Packet* pPacket);

protected:
```

```
std::mutex _msgMutex;
std::list<Packet*> _msgList;                    // 待处理的 Packet 列表
std::map<int, HandleFunction> _callbackHandle;  // 协议号对应的处理函数
};
```

在这个类中，对 4 个函数的调用流程如下：

（1）在 MessageList 类初始化时需要调用 RegisterFunction 函数，主动注册协议号，并为该协议号指定一个处理函数。

（2）当有协议到达时，调用 IsFollowMsgId 函数判断一个协议号是否是自己关心的。如果是，就调用 AddPacket 函数将 Packet 类缓存，以便处理。

（3）在帧函数中调用 ProcessPacket 来处理缓存的 Packet 协议。

每个线程包裹类 ThreadObject 继承自 MessageList，也就是每个 Actor 模型类都有一个消息处理基类。

```
class ThreadObject : public IDisposable, public MessageList {
    ...
};
```

当 ThreadObject 收到消息之后会缓存到这个 MessageList 中，在适合的时机进行处理。

关键点 2：消息分发

ThreadObject 是如何收到消息的呢？这就需要实现消息分发。

再次回顾网络底层的流程，当某个网络 Socket 描述符上有读取事件发生的时候，Network 基类调用了 Socket 对应的 ConnectObj 对象，让它执行了函数 Recv 进行读取操作。为了实现消息分发，我们在 ConnectObj::Recv() 函数中做了一点小小的修改。

```
bool ConnectObj::Recv() const {
    bool isRs = false;
    while (true) {
        ... // 取出消息部分，有消息时 isRs 被赋值为 true
    }
    if (isRs) {
        while (true) {
            const auto pPacket = _recvBuffer->GetPacket();
            if (pPacket == nullptr)
                break;
            ThreadMgr::GetInstance()->AddPacket(pPacket);
        }
    }
    return isRs;
}
```

上面的代码中有两个 while 循环，一个是循环从系统网络缓存中取出数据，另一个是循环

从本地缓存中取出数据，一次到达的数据可能是多个，也可能一个也没有。成功收到消息之后，马上从缓冲区取出 Packet，如果 Packet 不为空，就调用函数 ThreadMgr::AddPacket 进行广播。ThreadMgr 的广播方式则是向自己管理下的所有线程发送 Packet 数据。

```
void ThreadMgr::AddPacket(Packet* pPacket) {
    std::lock_guard<std::mutex> guard(_thread_lock);
    for (auto iter = _threads.begin(); iter != _threads.end(); ++iter) {
        Thread* pThread = iter->second;
        pThread->AddPacket(pPacket);
    }
}
```

线程管理类 ThreadMgr 将 Packet 发送到了每一个线程 Thread 实例中。在线程中，遍历每一个包裹类 ThreadObject，ThreadObject 调用 IsFollowMsgId 来判断该 Packet 是否是自己想关心、想要处理的协议。

```
void Thread::AddPacket(Packet* pPacket) {
    std::lock_guard<std::mutex> guard(_thread_lock);
    for (auto iter = _objlist.begin(); iter != _objlist.end(); ++iter) {
        ThreadObject* pObj = *iter;
        if (pObj->IsFollowMsgId(pPacket->GetMsgId())) {
            pObj->AddPacket(pPacket);
        }
    }
}
```

如果 ThreadObject 关心该协议，就将该协议传递到 MessageList，MessageList 收到协议之后，将协议加入待处理的队列中。

```
void MessageList::AddPacket(Packet* pPacket) {
    std::lock_guard<std::mutex> guard(_msgMutex);
    _msgList.push_back(pPacket);
}
```

总结一下消息分发的流程，参考图 3-9。

（1）当网络层收到网络数据时，将数据组织成 Packet，此时二进制数据依然还是二进制，存放在 Packet 的缓冲中，通知 ThreadMgr 进行广播。

（2）ThreadMgr 收到一个 Packet，分发给所有线程。

（3）线程分发给所有该线程之上的包裹类对象，如果包裹类对这个 Packet 有兴趣，就将这个 Packet 放到它的 Messagelist 中，等待下一帧进行处理。

（4）在下一帧中，MessageList 发现有待处理的 Packet，将其取出，调用该协议号注册的处理函数。在处理函数中，Packet 中的二进制数据转化为 protobuf 的定义结构，变为有意义的数据。

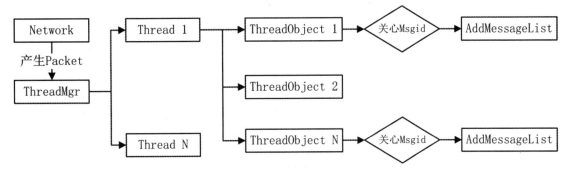

图 3-9　消息队列

假设在这个过程中有多个实例对同一个协议号表示感兴趣，那么 Packet 会被增加到多个 Messagelist 中。逻辑看上去并不难理解，关键问题来了，如何判断当前这个 Packet 是 ThreadObject 所需要的呢？这就需要谈到另一个机制：消息过滤。

关键点 3：消息过滤

在消息分发过程中，Packet 类中的属性 MsgId（也就是协议号）起作用了，回到类 Messagelist 中看看，这个类除了维护消息队列之外，还有一个消息注册与处理机制。消息注册函数实现如下：

```
void MessageList::RegisterFuntion(int msgId, HandleFunction function) {
    std::lock_guard<std::mutex> guard(_msgMutex);
    _callbackHandle[msgId] = function;
}
```

一个给定的协议号，对于每种类型的包裹类 ThreadObject 来说，其处理函数都不同，为了适应这种不同，包裹类 ThreadObject 为每个协议号指定一个处理函数。一旦这些处理函数注册成功，就决定了该类想要处理这个协议号，也就实现了消息过滤。

```
bool MessageList::IsFollowMsgId(int msgId) {
    std::lock_guard<std::mutex> guard(_msgMutex);
    return _callbackHandle.find(msgId) != _callbackHandle.end();
}
```

函数 RegisterFuntion 在 ThreadObject 生成时调用。当有协议通过底层传来之后，调用 IsFollowMsgId 预先判断有没有对应的处理函数，如果有，就表示"我非常关心这个数据"，需要留下来处理。

关键点 4：消息处理

通过过滤消息，还留在 MessageList 中的 Packet 一定是 ThreadObject 类想要处理的消息。下面来看看存在队列中的消息是如何被处理掉的：

```
void MessageList::ProcessPacket() {
    std::list<Packet*> tmpList;
    _msgMutex.lock();
    std::copy(_msgList.begin(), _msgList.end(), std::back_inserter(tmpList));
```

```
        _msgList.clear();
        _msgMutex.unlock();

        for (auto packet : tmpList) {
            const auto handleIter = _callbackHandle.find(packet->GetMsgId());
            if (handleIter == _callbackHandle.end()) {
                // 出错
            } else {
                handleIter->second(packet);
            }
        }
        tmpList.clear();
    }
```

注意前几行代码，因为 MessageList 类是暴露在多线程下的，所以需要加锁。消息是由 Network 类发送过来的，这个类也是一个运行在线程上的包裹类，可能与当前对象在同一线程，也可能不同，所以这里必须要加锁。

上面的代码中使用了一个临时的 List。如果函数在处理时加锁到函数的结束，那么整个消息回调函数都处于加锁状态，没有必要，加锁的目标只针对 MessageList 类中的消息队列。为了加速，消息队列复制到临时的 List 中，以提高效率。

之后的操作就很简单了，将协议号对应的回调函数取出来执行一下。

关键点 5：验证数据

下面用 Robot 类来验证消息队列中消息发送与接收的功能是否能正常工作。在 03_03_engine_ message 目录下的 robots 工程中，如果 Robot 类连接成功，就向服务器发送一条测试协议数据。其代码实现如下：

```
void Robot::Update() {
    NetworkConnector::Update();
    if (IsConnected() && !_isSendMsg) {
        Proto::TestMsg msg;
        msg.set_msg("robot msg");
        auto pPacket= new Packet((int)Proto::MsgId::MI_TestMsg,_masterSocket);
        pPacket ->SerializeToBuffer(msg);
        SendPacket(pPacket);
        _isSendMsg = true;
    }
}
```

工程 login 收到这个数据会进行广播，发送到所有线程中的所有 ThreadObject 实例，但 MI_TestMsg 是我们新写的协议，并没有任何一个实例会去处理它。现在新建一个类 TestMsgHandler 专门来处理该协议，类定义如下：

```
class TestMsgHandler :public ThreadObject {
public:
    bool Init() override;
    void RegisterMsgFunction() override;
    void Update() override;
private:
    void HandleMsg(Packet* pPacket);
};
```

该类实现在 ThreadObject 类的虚函数。在初始化的时候调用 RegisterMsgFunction 实现了消息注册，实现如下：

```
void TestMsgHandler::RegisterMsgFunction() {
    RegisterFunction(Proto::MsgId::MI_TestMsg, BindFunP1(this,
&TestMsgHandler::HandleMsg));
}
void TestMsgHandler::HandleMsg(Packet* pPacket) {
    auto protoObj = pPacket->ParseToProto<Proto::TestMsg>();
    std::cout << protoObj.msg().c_str() << std::endl;
}
```

处理这个协议的函数 TestMsgHandler::HandleMsg，收到协议之后会将发送数据打印出来。编译运行本节的例子，可看到打印结果。

到目前为止，我们为游戏服务端的框架撰写了基本的线程和消息队列，组织了一个基本的游戏框架，在框架中，实现一个功能只需要非常简单的步骤。在处理消息时，和 TestMsg 消息的处理一样，在某个 ThreadObject 类中注册一个处理函数就可以。

3.9　总　　结

本章我们正式进入了游戏编码，创建了游戏框架使用的线程，以 Actor 原则创建了线程中的对象 ThreadObject 类，有了这些类，已经有了一个简单框架的基础。

为了验证现有框架的开发能力，下一章将在这个简单的框架之上实现第一个功能——账号登录与验证功能。

第**4**章

账号登录与验证

登录是游戏开发中非常重要的一个功能，如果设计得不好，这里就可能成为进入游戏的第一个瓶颈。在整个登录过程中重要的一环是账号验证，但不要以为登录只是简单的账号验证，其中包括的细节与异步非常多。例如，如果同一个账号同时在两个 Socket 上发起登录协议该如何处理，如果有大于 1000 个玩家同时登录该怎么办，服务端是否能承受得住，是否需要排队登录，等等。本章先介绍一个简单的登录方案，等到我们足够熟悉登录流程之后，再来讨论复杂的情况。本章包括以下内容：

⊛ 制作一个简单的账号验证接口。

⊛ 账号登录验证。

⊛ 创建机器人工程进行登录测试。

4.1 登录流程图

验证用户的协议顺序，如图 4-1 所示。

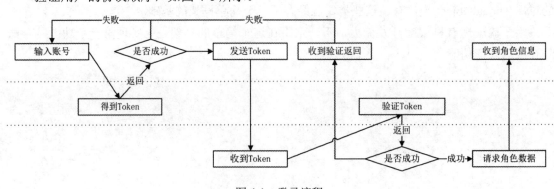

图 4-1 登录流程

一般来说，游戏本身没有验证用户的接口，因为游戏最终是发布到各大平台的，验证用户账号是否合法需要调用平台的用户验证接口，也就是图 4-1 虚线标注的中间部分，这一部分的功能由平台提供。图 4-1 上半部分是由客户端发起的，中间是第三方平台，最下面是服务端的处理流程。总的来说，整个登录分成如下几步：

（1）客户端通过平台给定的 SDK 取到该账号的 token 和账号 ID，生成的 token 是有时效性的。

（2）客户端将 token 发送到服务端，服务端通过平台提供的 HTTP 将 token 和账号 ID 传给平台进行验证。

（3）服务端收到平台的反馈结果，如果失败就通知客户端，如果成功就加载玩家数据。

每个平台接入的 API 各有不同，但大部分采用了 HTTP。为了搭建一个真正的环境，我们将实现一个 HTTP 账号验证系统，以模仿真实的登录环节。本节的工程源代码在 04_01_engine_login 目录中。

4.2　制作一个简单的验证接口

我们准备了两个 PHP，分别实现注册和验证功能。为了能使用 PHP 这两个文件，真实模仿平台的用户验证，需要在 Linux 上安装一些环境。

如果读者是初次接触游戏编程，可能比较疑惑，如果我们拥有 DB，为什么不能直接用数据库进行账号验证？

在实际的游戏发布中，很少会用到自己的账号进行登录，一般都是平台的账号。平台不允许在游戏中直接输入账号和密码进行验证，这样有密码泄露的风险。平台采用的验证解决方案是提供 SDK 包验证接口，返回 token 数据。一般来说，token 是有时效性的，几秒几分不等。

在本节中，我们用 PHP 搭建一个接口环境，在服务端使用 HTTP 请求方式验证账号、密码与在平台上采用 token 的登录方式在原理、流程上是完全一致的。

在内部测试时可以用账号和密码进行登录，等到了外网，这个框架同样适合平台的 token 验证方式，不需要再写一套逻辑流程。我们不需要了解这两个 PHP 的语法，它们只是一个工具，用于简单验证与注册。为了使用 PHP，在 Linux 上装 Nginx 服务和 PHP 环境。下面提供一个简易的安装流程。

（1）执行 yum -y install epel-release 命令。

安装 epel 软件仓库，以方便从非 CentOS 的官方软件仓库安装一些软件。该指令会在 /etc/yum.repos.d/ 目录下增加一个源。如果 yum.repos.d 目录下已经有了 epel 软件仓库，此步骤就可以省去。

（2）执行 yum -y install nginx --enablerepo=epel 命令。

（3）执行 yum -y install php php-fpm 命令。

上面两条命令安装 Nginx 和 PHP。Nginx 是一个轻量级、高性能的代理服务器，其特点是小巧，内存占用少。在安装 Nginx 的时候使用了参数"enablerepo=epel"，即需要使用 epel 软件仓库来进行安装。安装完成之后可以查看一下版本号：

```
[root@localhost ~]# php -v
[root@localhost ~]# nginx -v
```

（4）yum install -y php-mysql。

该指令安装 PHP 的 MySQL 扩展，如果没有这些库文件，PHP 访问 MySQL 或者使用函数时就会出现错误。

4.2.1 Nginx 参考配置

安装完 Nginx 之后需要对 Nginx 进行 PHP 相关的配置，其步骤如下：

步骤 01 在/etc/nginx 目录下新建一个 php-fpm54.conf 文件，指令如下：

```
[root@localhost nginx]# vim /etc/nginx/php-fpm54.conf
```

输入内容如下：

```
location ~ .*\.php$ {
    fastcgi_pass 127.0.0.1:9004;
    fastcgi_param  PHP_SELF         $uri;
    fastcgi_param  SERVER_NAME       $host;
    fastcgi_param  SCRIPT_FILENAME $document_root$fastcgi_script_name;
    fastcgi_index  index.php;
    include fastcgi_params;
    include php_cgi.conf;
}
```

使用"rpm -qa php-fpm"来查看当前安装的 php-fpm 的版本号。也许你的虚拟机上安装的不是 PHP 5.4 版本，php-fpm54.conf 可以取成你想要的任何名字。

步骤 02 新建 php_cgi.conf 文件，指令如下：

```
[root@localhost nginx]# vim /etc/nginx/php_cgi.conf
```

在上一个 php-fpm54.conf 文件的最后一行引用了一个文件：php_cgi.conf。在 php_cgi.conf 中输入如下属性：

```
fastcgi_connect_timeout 300s;
fastcgi_send_timeout 300s;
fastcgi_read_timeout 300s;
fastcgi_buffer_size 128k;
fastcgi_buffers 8 128k;
fastcgi_busy_buffers_size 256k;
fastcgi_temp_file_write_size 256k;
fastcgi_intercept_errors on;
```

步骤 **03** 配置 Nginx 文件，指令如下：

```
[root@localhost nginx]# vim /etc/nginx/conf.d/www.conf
```

输入如下内容：

```
server {
    server_name 192.168.0.120;
    index  index.php;
    root  /opt/www;
    include php-fpm54.conf;
}
```

在这个文件中，server_name 就是主机名，需要改成当前机器的 IP 地址。/opt/www 为放置 PHP 文件的目录，在这个配置中还引用了之前新建的 php-fpm54.conf 文件。

步骤 **04** 进入/opt 目录，新建 www 目录：

```
[root@localhost ~]# cd /opt/
[root@localhost opt]# mkdir www
```

4.2.2 php-fpm 参考配置

下面接着进行 php-fpm 的配置。首先需要对旧配置文件进行备份，其目录在/etc/php-fpm.d。

步骤 **01** 进入/etc/php-fpm.d 目录，执行 mv 备份旧文件。

```
[root@localhost php-fpm.d]# ls  // 查看目录下的文件
www.conf
[root@localhost php-fpm.d]# mv /etc/php-fpm.d/www.conf{,-bak}
[root@localhost php-fpm.d]# ls  // 再次查看，已备份
www.conf-bak
```

步骤 **02** 新建 www.conf 文件，指令如下：

```
[root@localhost php-fpm.d]# vim /etc/php-fpm.d/www.conf
```

输入如下内容：

```
[global]
pid = run/php-fpm.pid
error_log = log/error.log
[www]
listen = 127.0.0.1:9004
user = nobody
group = nobody
pm = static
pm.max_children = 5
rlimit_files = 20000
request_terminate_timeout = 10
```

```
pm.max_requests = 20000
```

注意，在 PHP 配置中设置了 9004 端口，需要对应 Nginx 中配置的 fastcgi_pass 端口。然后重新启动 Nginx 和 PHP 服务，指令为"systemctl restart nginx php-fpm"。如果之前没有启动服务，可以使用"systemctl start nginx php-fpm"启动服务。最后使用下面的指令将这两个服务加入开机服务，以后一直会用到。

```
[root@localhost www]# systemctl enable nginx php-fpm
```

步骤 03 新建测试文件。回到 opt/www 目录，编写一个 info.php 文件，其内容如下：

```
[root@C7-Pf www]# vim info.php
<?php
phpinfo();
?>
```

在浏览器中访问该 PHP 文件，配置正确会出现 PHP 状态，如图 4-2 所示。至此，部署完成。

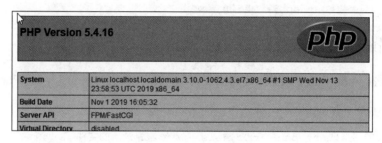

图 4-2　PHP 信息界面

4.3　导入 PHP 登录接口

根据验证用户的流程图，在 login 工程中还需要一个 PHP 的 API 接口来验证我们的输入是否正确。PHP 文件在本书源代码\tools\account 目录下，进入该目录，使用 cp 指令将 PHP 文件放到我们配置的 Nginx 的默认目录/opt/www 下。

```
[root@localhost account]# cp * /opt/www/
```

现在，在浏览器中访问"http://192.168.0.120/member_login_t.php"，可以看到一个纯 JSON 数据。使用 curl 指令，显示如下：

```
[root@localhost www]# curl http://192.168.0.120/member_login_t.php
{"returncode":0}
```

4.3.1　修改 PHP 中的数据库配置

打开/opt/www 目录下的 mysql_config.php 配置，需要修改 DB 信息：

```
$dbsource['account']['address'] = '127.0.0.1';
$dbsource['account']['username'] = 'root';
$dbsource['account']['password'] = '123456';
```

我们的例子中，因为 Nginx 和 MySQL 在同一台 Linux 上，所以 MySQL 的 IP 为 127.0.0.1。如果你的密码与文件中有所不同，那么可以在这里修改。

4.3.2　导入测试账号

源代码目录\tools\account 下有一个名为 account.sql 的文件，将 account.sql 导入数据库中，创建一个名为 account 的数据库，创建数据库时选择 UTF8 字符集和 utf8_general_ci，表示数据库不区分字母大小写。导入 account.sql 之后，该数据库中创建了一个新的 account 表，并插入了一个现成的账号 test，密码为 123456。

配置完成之后，在浏览器上测试 memeber_login.php 接口，也可以使用 curl 指令：

```
[root@localhost www]# curl http://192.168.0.120/member_login.php
{"returncode":2}
```

这个接口调用时连接了 MySQL 数据库，返回一个 JSON 数据，返回值有如下几个含义：

```
0=正确 1=数据库操作错误
2=用户名错误
3=密码错误
```

上面用 curl 的访问中，因为没有输入账号，返回 2，即用户名错误。至此，这个简单的 PHP 账号验证接口就做好了。

4.3.3　批量生成账号

数据库 account 下面还有一个存储过程，找到这个函数可以直接执行，会批量地生成 1000 个账号和密码，账号为 test1-test1000，密码均为 123456。完整过程代码如下：

```
BEGIN
DECLARE i INT DEFAULT 1;
while i <= 1000 do
insert into account (account, password) values (CONCAT('test',i),
'e10adc3949ba59abbe56e057f20f883e');
set i = i +1;
end while;
END
```

执行过程即可生成测试账号。这 1000 账号是为了测试批量登录使用的。

4.4　编码中用到的第三方库

准备工作完成之后就可以开始编码了。在游戏的所有功能中，登录功能相对复杂，它需要一些第三方库来配合完成。为了完成验证账号的功能，本节需要用到两个第三方库：curl和 jsoncpp。

- curl用于处理HTTP。
- jsoncpp处理返回的JSON数据。在某些平台，接口返回的数据也可能是XML格式的数据。这里仅给出JSON的例子，处理过程大同小异，如果是XML格式，就导入一个XML的分析库，其流程和JSON一致。我们将HTTP的分析部分交给了curl库来处理。现在，我们的框架基础还不够完善，在后面的章节中会用一个新的类来替代curl，不过，在本节的例子中，为了加快编码效率，暂时使用curl库。

4.4.1　库 libcurl

curl 的库名为 libcurl，是一个开源的处理多种协议的包。下面分别来说明 libcurl 在两个系统下的编译和使用。在 Linux 下不需要编译，安装与配置步骤如下：

步骤01 执行安装命令 "yum install -y libcurl-devel"。安装完成之后，在/usr/include 目录下会多出一个 curl 目录。库文件位于/usr/lib64/libcurl.so。

步骤02 本节的源代码在 04_01_engine_login 目录中，修改 login 工程的 CMakeLists.txt 文件，修改 "set(CMAKE_CXX_FLAGS "-Wall -std=c++14 -pthread -lprotobuf -lcurl -DEPOLL")"，将 libcurl 加入我们的工程中。

在 Linux 下安装的 libclur 为 7.29.0 版本，安装时就能看到版本号。Yum 仓库自带的版本选用的是稳定版本，一般不是新版本。在 Windows 端使用相同的版本号。如果读者想要自行编译，那么编译步骤如下：

步骤01 解压 curl-7.29.0 文件。在"开始"菜单的 Visual Studio 2019 菜单下，找到子菜单项 x86 Native Tools Command Prompt for VS，以管理员身份运行。在命令行模式下进入刚才解压文件的目录，进入 winbuild 目录。编译一个可执行的最小版本，指令如下：nmake /f Makefile.vc mode=static ENABLE_IPV6=no ENABLE_SSPI=no ENABLE_IDN=no ENABLE_WINSSL=no MACHINE=x86。更多编译可参考 winbuild 目录下的 BUILD.WINDOWS.txt 文件。编译完成之后，builds 目录下可以看到编译完成的静态库和 include 目录。

步骤02 将 include 目录复制到源代码目录的根目录 include\windows 之下，同时将 lib 目录中的库文件复制到本书源代码根目录 libs\windows 目录下。

步骤03 因为在 login 工程中会使用 curl 的静态库，所以修改"login 工程属性"→"C/C++"→"预处理器"选项，加入 CURL_STATICLIB。

步骤04 最后，还需要将库文件 libcurl_a.lib 引入工程中。在"属性页面"→"连接器"→"输入"的"附加依赖项"中增加"libcurl_a.lib"。

4.4.2　库 libjsoncpp

使用 libcurl 执行 HTTP 请求返回的数据是 JSON 格式的，所以需要有一个 JSON 的处理库。使用的第三方库是 jsoncpp。下载地址：https://github.com/open-source-parsers/jsoncpp，下载 jsoncpp-1.9.1.tar.gz 版本。同样，该文件已放在了 dependence 目录下。

在 Windows 下已配置好所有工程，如果读者想要自行编译，那么编译步骤为：解压之后，使用 CMake 工具生成工程文件 jsoncpp.sln，直接使用 Visual Studio 2019 工具编译生成 jsoncpp.lib 库文件。编译文件时需要注意以下几点：

（1）在生成之前，选择生成 x86 平台，与所有的库保持一致。

（2）打开 jsoncpp_lib 工程的属性页面，确认运行库为 MDD，与之前的库保持一致。

（3）将 jsoncpp-1.9.1\include 目录复制到源代码根目录 include\common\json 下，方便以后所有工程使用。

（4）生成库文件 jsoncpp.lib，复制到源代码根目录 libs\windows 下。

（5）为 login 工程增加依赖项 jsoncpp.lib。

在 Linux 下的环境需要读者自行创建。在 Linux 下编译 jsoncpp 很简单，进入 dependence 目录，对 jsoncpp 进行解压，命令如下：

```
[root@localhost dependence]# tar xf jsoncpp-1.9.1
[root@localhost dependence]# cd jsoncpp-1.9.1/
```

原 CMakeLists.txt 文件为了兼容，过于复杂，在 gcc1.9.0 下编译时会出错。本书提供了一个简单的 jsoncpp-CMakeLists.txt 文件，该文件位于源代码库的 dependence 目录下，替换原 CMakeLists.txt 文件即可编译。

```
[root@localhost jsoncpp-1.9.1]# cp ../jsoncpp-CMakeLists.txt ./CMakeLists.txt
cp: overwrite './CMakeLists.txt'? y
[root@localhost jsoncpp-1.9.1]# cmake3 ./
[root@localhost jsoncpp-1.9.1]# make
```

执行 make 之后，会在当前目录生成 libjsoncpp.so 文件，将文件复制到根目录 libs\linux 下。这里没有使用 make install 将它安装在系统目录中，因为系统中可能已经有一个旧版本，为了不引起冲突，选择在本地保存一个新版本。Yum 仓库中也有一个版本的 jsoncpp，只是版本比较低，没有选用这个低版本。安装完成后需要配置使用，修改 login 工程中的 CMakeLists.txt 文件：

（1）修改 CMAKE_CXX_FLAGS，增加 -ljsoncpp 描述，代码如下：

```
set(CMAKE_CXX_FLAGS "-Wall -std=c++14 -pthread -lprotobuf -lcurl -ljsoncpp
-DEPOLL")
```

（2）增加一个连接目录，指向 libjsoncpp.so，统一放到根目录的 libs 目录下。

```
link_directories(${CMAKE_BINARY_DIR}/../../../../libs/linux)
```

（3）修改环境变量。在 ~/.bash_profile 文件中增加库的自定义目录。修改属性 LD_LIBRARY_PATH，加入 so 文件的目录位置/root/game/libs/linux，注意 Linux 下的分隔符为冒号。

```
[root@localhost ~]# vim ~/.bash_profile
...
LD_LIBRARY_PATH=/root/game/libs/linux:/usr/local/gcc-9.1.0/lib64/:/usr/loc
al/lib:$LD_LIBRARY_PATH
export LD_LIBRARY_PATH
```

上面的配置中使用的是动态库，执行时会寻找相关的 so 文件。除了动态库外，还可以使用静态库。静态库与动态库不同，它是直接将静态文件.a 编译到生成文件中。若要生成静态连接，则可以修改 login 工程下的 CMakeLists.txt 文件。

（1）在最后增加一句 "target_link_libraries(${MyProjectName} libjsoncpp_static.a)"。

（2）在属性 CMAKE_CXX_FLAGS 中去除-ljsoncpp，设为 "set(CMAKE_CXX_FLAGS "-Wall -std=c++14 -pthread -lprotobuf -lcurl -DEPOLL")"。

在动态库中，login 进程生成的 debug 文件大小为 5MB 左右，在静态库中大于这个值。动态库和静态库各有优劣。库 jsoncpp 的大小比较小，只有 300KB 左右。但对于 protobuf 这样的库来说，大小约为30MB，这种情况下，如果还使用静态库的话，生成的login 文件就会大于 30MB。

4.5 账号验证代码分析

现在准备工作已经完成，可以开始验证账号了。本节完整的工程代码在 04_01_engine_login 目录中，按照之前的框架设计，验证账号这个功能，只需要做一个 "线程包裹" 类即可。在这个类中，处理关于账号验证相关的协议。下面来分析 login 进程是如何实现验号验证请求的，先从协议号开始讲起。

4.5.1 定义登录协议号

既然是新的功能，必然有新的协议号产生。在工程 libserver 下的 proto_id.proto 文件中定义了验证账号需要的协议号，有 3 个，分别为：

```
C2L_AccountCheck        = 1001;  // 验证账号
C2L_AccountCheckRs      = 1002;  // 验证返回结果
MI_AccountCheckToHttpRs = 1005;  // HTTP 请求的返回协议
```

一个完整游戏的协议是非常多的，为了便于识别协议，在协议号的前面加了 C2L 这样的标识，表示从客户端到 login 进程（client to login 的缩写）。C2L_AccountCheck 表示客户端向

login 进程请求验证一个账号，而 C2L_AccountCheckRs 表示这个协议的返回协议。返回协议是从 login 发送到客户端的，但是为了统一，这个返回协议前缀还是使用 C2L，但多了一个 Rs=Result 表示结果。

协议 MI_AccountCheckToHttpRs 有一个 Rs，是一个结果协议，这是 login 向 Nginx 请求 HTTP 验证的结果。当服务端收到一个账号验证时，服务端没有能力对这个请求做出判断，需要向第三方请求，协议 MI_AccountCheckToHttpRs 就是这个请求结果的返回。

当然，这种协议号规定每一个人每个框架都不一样，这只是本书采用的约定规则。具体看看这 3 个协议的定义：

（1）协议号 C2L_AccountCheck 对应 Proto::AccountCheck 类，客户端发起请求时，输入一个账号与密码。这个协议的协议体如下：

```
message AccountCheck {
    string account = 1;
    string password = 2;
}
```

当然，如果在其他的平台，协议中就可能会带上 token 字段。

（2）协议号 MI_AccountCheckToHttpRs 对应 Proto::AccountCheckToHttpRs 类。当服务端收到客户端请求验证时会发起一个 HTTP 请求，为了处理 HTTP 请求创建了一个 HttpRequest 类专门来处理，该类也是基于线程包裹类的，它和 Account 类是独立的，不互通数据，也不会造成线程阻塞。当 HTTP 请求有了结果之后，要发起一个新的协议，将结束传回 Account 类中。其协议结构如下：

```
message AccountCheckToHttpRs {
    int32 return_code = 1;  // AccountCheckRs::ReturnCode
    string account = 2;
}
```

（3）协议号 C2L_AccountCheckRs 对应 Proto::AccountCheckRs 类。在服务端，只有收到 MI_AccountCheckToHttpRs 之后才认为一个验证结束了，这时会发送 C2L_AccountCheckRs 返回给客户端，其协议体如下：

```
message AccountCheckRs {
    enum ReturnCode {
        ARC_OK = 0;
        ARC_UNKONWN = 1;
        ARC_NOT_FOUND_ACCOUNT = 2;
        ARC_PASSWORD_WRONG = 3;
        ...
    }
    int32 return_code = 1;
}
```

在返回协议结构中定义了一个枚举，用来标识返回值的类型，以方便客户端界面显示文字。

4.5.2 处理协议的 Account 类

定义完协议之后，服务端需要一个新类来处理这些协议。打开 login 工程，其中有一个新类 Account 来处理登录数据。这个类是一个线程包裹类。其定义如下：

```
class Account :public ThreadObject {
public:
    bool Init() override;
    void RegisterMsgFunction() override;
    void Update() override;
private:
    void HandleAccountCheck(Packet* pPacket);
    void HandleAccountCheckToHttpRs(Packet* pPacket);
private:
    PlayerMgr _playerMgr;
};
```

Account 类是 login 进程特有的类。Account 类的主要目的是处理客户端发送来的账号验证请求。在 Account 类中维护了 PlayerMgr 实例，该实例的作用是维护所有 Account 类中正在登录的账号对象。

再次强调，基类 ThreadObject 是运行在线程之上的对象，如果把线程比喻成一条流水线，那么 ThreadObject 类就像运行在其上的包裹。ThreadObject 类必须实现 3 个虚函数：Init、RegisterMsgFunction 和 Update，分别用于初始化、注册自己感兴趣的协议以及执行更新操作。在 Account 类中也实现了这 3 个虚函数。

4.5.3 Account 类如何放置到线程中

Account 类整理完成之后，就可以将它丢到线程中运行了。这段功能的代码在 login 工程的 login_app.cpp 文件中，初始化进程时，代码如下：

```
void LoginApp::InitApp() {
    AddListenerToThread("127.0.0.1", 2233);
    ...
    Account* pAccount = new Account();
    _pThreadMgr->AddObjToThread(pAccount);
}
```

在 login 工程中，除了创建网络监听类外，还创建了一个 Account 实例，调用线程管理类的 AddObjToThread 函数，将它丢到了某个线程中。在进入线程之前，会首先调用 Account 类的 Init 和 RegisterMsgFunction 两个函数。而在函数 RegisterMsgFunction 中，为类 Account 相关的两个协议绑定了处理函数：

```
void Account::RegisterMsgFunction() {
    RegisterFuntion(Proto::MsgId::C2L_AccountCheck, BindFunP1(this,
&Account::HandleAccountCheck));
```

```
RegisterFuntion(Proto::MsgId::MI_AccountCheckToHttpRs, BindFunP1(this,
&Account::HandleAccountCheckToHttpRs));
    }
```

上面的代码表示，Account 关心 C2L_AccountCheck 和 MI_AccountCheckToHttpRs 两个消息，如果收到 C2L_AccountCheck 消息，就调用 Account::HandleAccountCheck 函数来处理；如果收到 MI_AccountCheckToHttpRs 协议，就调用 Account::HandleAccountCheckToHttpRs 来处理。详细来看 HandleAccountCheck 函数的实现，该函数处理登录协议：

```
void Account::HandleAccountCheck(Packet* pPacket) {
    // 从网络层传来的 Packet，解析出我们想要的结构
    auto protoCheck = pPacket->ParseToProto<Proto::AccountCheck>();
    const auto socket = pPacket->GetSocket();
    auto pPlayer = _playerMgr.GetPlayer(protoCheck.account());
    if (pPlayer != nullptr) {
        // 如果有相同账号正在登录，就返回客户端消息，同时关闭网络
        Proto::AccountCheckRs protoResult;
        protoResult.set_return_code(Proto::AccountCheckRs::ARC_LOGGING);
        auto pRsPacket = new Packet(Proto::MsgId::C2L_AccountCheckRs, socket);
        pRsPacket->SerializeToBuffer(protoResult);
        SendPacket(pRsPacket);
        // 关闭网络
        const auto pPacketDis = new Packet(Proto::MsgId::
MI_NetworkDisconnectToNet, socket);
        DispatchPacket(pPacketDis);
        return;
    }

    // 更新信息
    _playerMgr.AddPlayer(socket, protoCheck.account(),
protoCheck.password());
    // 验证账号(http)
    HttpRequestAccount* pHttp = new HttpRequestAccount(protoCheck.account(),
protoCheck.password());
    ThreadMgr::GetInstance()->AddObjToThread(pHttp);
}
```

如果同一个账号发起两次验证信息，就会关闭网络。关闭网络时调用了 DispatchPacket 函数，向整个框架所有线程广播 MI_NetworkDisconnectToNet 协议。其原理与之前的 ThreadMgr::AddPacket 一致，这里不再详细讨论了。

关注 Account::HandleAccountCheck 函数最后两行代码。新建了一个 HttpRequestAccount 类，将验证的功能转交给它，并将它加入了线程中。该类的主要作用是发起 HTTP 请求。根据返回结果才能判断这个账号与密码是正确或者错误的。

4.5.4 处理验证的 HttpRequestAccount 类

为了完成异步的账号验证，新建了一个处理 HTTP 的线程包裹类 HttpRequest。图 4-3 展示了 Account 类与 HttpRequest 类的关系。

整个验证流程有不确定性，账号 A 的验证请求可能先到 Account 类中，但其返回值可能晚于账号 B。这与它的处理类 HttpRequest 的返回时机有关系，每个账号都有一个 HttpRequest 实体来处理它的 HTTP 请求。Account 类和这些 HttpRequest 类可能在一个线程，也可能不在。这个过程不是一个串行处理，所以结果的顺序是不能保证的。正因为它不是串行处理，不存在阻塞问题，所以效率得到了保证。

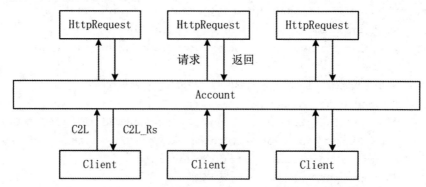

图 4-3　Account 类与 HttpRequest 类的关系图

那么，HttpRequest 是如何无阻塞处理 HTTP 请求的呢？当我们请求一个 HTTP 数据时，从请求到返回数据分成了几个阶段：

```
enum HttpResquestState {
    HRS_Send,           // 发送数据
    HRS_Process,        // 等待数据
    HRS_Over,           // 完成
    HRS_NoActive,       // 完成后的非激活状态，等待线程删除
    HRS_Timeout,        // 请求超时
};
```

每个状态阶段都是异步的，即不堵塞程序的执行。在 HRS_Process 状态时会收到 HTTP 请求的返回数据，这时会向 Account 线程包裹类发送结果，然后 HttpRequest 这个实例将进入 HRS_Over 状态，随后销毁。HttpRequest 类同样继承了 ThreadObject 基类，所以它需要实现基类的虚函数。实际上，HttpRequest 类不会关心任何协议，因为它是一个功能处理函数。它真正的重要功能在 Update 函数中。在这个函数中的每一帧都在检查自己的状态，一旦收到数据，就要及时更新自己的状态，图 4-4 展示了这几种状态的前后关系，代码如下：

```
void HttpRequest::Update() {
    switch (State) {
    case HRS_Send: {
        if (ProcessSend())
```

```
        State = HRS_Process;
    }
    break;
    case HRS_Process: {
        if (Process())
            State = HRS_Over;
    }
    break;
    case HRS_Over: {
        ProcessOver();
        State = HRS_NoActive;
        _active = false;
    }
    break;
    ...
}
```

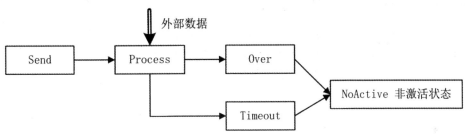

图 4-4　HttpRequest 类状态

返回数据的处理在函数 Process 中，采用的是 libcurl 库，这里为了节省篇幅，将不再深入 libcurl 库调用的细节。如果读者感兴趣，那么可以研究一下 HttpRequest::Process 的处理。有一条需要特别注意，在调用 libcurl 库时要保证每一帧都不会阻塞。

我们将 HTTP 请求以及返回的数据处理都放到了 HttpRequest 类中，让它作为基类。在此基础之上继承了一个子类 HttpRequestAccount 来实现登录测试的 PHP 文件返回结果的分析。类定义如下：

```
class HttpRequestAccount : public HttpRequest {
public:
    HttpRequestAccount(std::string account, std::string password);
protected:
    void ProcessMsg(Json::Value value) override;
};
```

该类相当简单，其处理细节隐藏到了基类中，只需要处理两个方面：

（1）初始化，保证发送的链接指向我们测试的 Nginx 地址：

```
HttpRequestAccount::HttpRequestAccount(std::string account, std::string
password) :HttpRequest(account) {
```

```
        _password = password;
        _curlRs = CRS_None;
        _method = HttpResquestMethod::HRM_Post;
        _url = "192.168.0.120/member_login_t.php";
        _params.append("account=").append(_account);
        _params.append("&password=").append(_password);
    }
```

在类的构造函数中进行了初始化的属性赋值，重要的 3 个属性是 method、url 和 params。之前在 PHP 中的接口现在派上用场了，将地址赋值给变量 url，参数赋值给变量 params，参数的组织方式和在浏览器上使用的方式一致，method 指明了想要用 Post 方式或 Get 方式提交这些数据。在测试时，url 中的 IP 地址需要指向之前安装的 Nginx 服务器的网络地址。

（2）返回的 JSON 数据。基类从返回值中成功得到数据之后会调用 ProcessMsg 虚函数，该虚函数的参数是一个 Json::Value 类型，我们从中取出想要的数据，组装一个新的协议 MI_AccountCheckToHttpRs 广播到框架中，最后 Account 类会处理该协议。ProcessMsg 虚函数实现如下：

```
    void HttpRequestAccount::ProcessMsg(Json::Value value) {
        auto code = Proto::AccountCheckRs::ARC_UNKONWN;
        int httpcode = value["returncode"].asInt();
        if (httpcode == 0)
            code = Proto::AccountCheckRs::ARC_OK;
        else if (httpcode == 2)
            code = Proto::AccountCheckRs::ARC_NOT_FOUND_ACCOUNT;
        else if (httpcode == 3)
            code = Proto::AccountCheckRs::ARC_PASSWORD_WRONG;

        Proto::AccountCheckToHttpRs checkProto;
        checkProto.set_account(_account);
        checkProto.set_return_code(code);

        auto pCheckPacket = new Packet(Proto::MsgId::MI_AccountCheckToHttpRs, 0);
        pCheckPacket->SerializeToBuffer(checkProto);
        DispatchPacket(pCheckPacket);
    }
```

类 HttpRequestAccount 只是内网的一个方便登录测试的接口，在实际操作中，例如要登录一些大平台，平台会提供一系列的 HTTP 接口，可以重新再编写一个处理类，在新类的构造函数中指定好其 url 和参数，一般来说参数都带 token，向平台请求验证 token 是否正确，不论是正确还是错误都会返回一个特定格式的 JSON 数据。

再从整体上来看看 login 进程，现在 Account 和 HttpRequest 都放到了线程中。它们的耦合性很低，假设有一天不再需要 login 进程，需要直接在 game 进程上进行账号验证，只需要把 Account 和 HttpRequest 这两个包裹类文件加入 game 工程中，不需要修改任何代码就可以完成整个迁移，听上去似乎很简单，但事实就是如此。在后面的章节中会讲解这一部分内容。

在这个例子中，线程包裹类的低耦合性充分体现出来了，组织和拆分功能都非常方便，只需要把相关的线程包裹类加入新进程的编译中就可以了。

一个独立的包裹类的信息是闭塞的，它只处理从消息队列收到的协议，其结果再通过协议发送出去。发送协议的类并不知道接收协议的类如何处理，也不关心谁去处理。这是低耦合产生的根本原因。Account 类并不知道是谁在处理 HTTP 请求，也不知道谁会将返回结果给它。HttpRequest 类处理完数据之后不知道这些数据谁会需要，只要发送出去就好了。

4.6　结　果　测　试

现在来看看工程的执行结果。在测试之前需要根据当前环境修改代码，因为验证账户的HTTP 请求地址写死在代码中了，需要在 HttpRequestAccount::HttpRequestAccount 函数中根据当前环境进行修改。

打开两个终端，进入目录 04_01_engine_login，编译之后启动 login 进程，再启动 robots 进程。在 robots 控制台输入 "login -help"。命令 login 有两个子命令：一个是 "-a"，表示单人登录；另一个 "-ex"，表示批量登录，格式如下：

```
login -a test    // 用 test 账号登录
login -ex test 2 // 用 test 为前缀的账号登录，登录数量为 2
```

现在，我们输入指令 "login -ex test 2"，批量登录，得到的打印信息如下：

```
[root@localhost bin]# ./robotsd
login -ex test 2
account check result account:test1 code:0
account check result account:test2 code:0
account check result account:test2 code:0
account check result account:test1 code:0
```

我们登录了两个账号，却得到了 4 个打印结果，是怎么回事呢？查看 Robot 类中C2L_AccountCheckRs 协议的处理函数 HandleAccountCheckRs，其实现代码如下：

```
void Robot::HandleAccountCheckRs(Robot* pRobot, Packet* pPacket) {
    auto proto = pPacket->ParseToProto<Proto::AccountCheckRs>();
    std::cout << "account check result account:" << _account << " code:" <<
proto.return_code() << std::endl;
    if (proto.return_code() == Proto::AccountCheckRs::ARC_OK)
        ChangeState(RobotStateType::RobotState_Login_Logined);
}
```

收到登录返回协议时，就会打印 "account check result account:test code:…"。

认真观察，发现每个账号都处理了两次，这是因为在线程中有两个 Robot 实例存在，而每个 Robot 都关心 C2L_AccountCheckRs 协议。当 C2L_AccountCheckRs 协议到来时，被无差别地发送到了每个线程，导致每个线程中每个关心该协议的 Robot 都处理了协议。

这就好像有两张地图，每张地图上都有无数个玩家。地图是线程包裹类，玩家是地图类中的数据。如果玩家发出一个 move 指令，两个地图都对 move 指令感兴趣，但是发出指令的玩家只可能在其中一个地图上，要如何处理呢？下面我们来解决这个问题。某个特定的 Socket 发出的协议只能由某个特定的类来处理。

4.7 消息过滤机制

本节着手来解决 4.6 节遗留下的问题：一个 Packet 协议被发送到了多个 Robot 实例上。要解决这个问题，首先需要扩展消息机制。本节的参考代码在目录 04_02_engine_robots 中。前面讲过，消息处理机制在 MessageList 类中，每个对象都继承自 MessageList 类，在该类中注册了自己关心的协议。现在需要对它进行修改，新的定义如下：

```
class MessageList :public IDisposable {
public:
    void MessageList::AttachCallBackHandler(MessageCallBackFunctionInfo*
pCallback) {
        _pCallBackFuns = pCallback;
    }
protected:
    MessageCallBackFunctionInfo* _pCallBackFuns{ nullptr };
};
```

为 MessageList 增加一个结构，新的结构用来容纳之前 MessageList 中的函数与数据，类定义如下：

```
class MessageCallBackFunctionInfo {
public:
    virtual bool IsFollowMsgId(Packet* packet) = 0;
    virtual void ProcessPacket() = 0;
    void AddPacket(Packet* pPacket);
protected:
    std::mutex _msgMutex;
    std::list<Packet*> _msgList;
};
```

从上面的代码可以看出，MessageCallBackFunctionInfo 是一个基类，继承自它的子类需要实现两个虚函数 IsFollowMsgId 和 ProcessPacket。在本例中有两个继承类，分别是 MessageCallBackFunction 和 MessageCallBackFunctionFilterObj。两个类定义如下：

```
class MessageCallBackFunction :public MessageCallBackFunctionInfo {
public:
    using HandleFunction = std::function<void(Packet*)>;
    ...
```

```
protected:
    std::map<int, HandleFunction> _callbackHandle;
};
template<class T>
class MessageCallBackFunctionFilterObj :public MessageCallBackFunction {
public:
    using HandleFunctionWithObj = std::function<void(T*, Packet*)>;
    using HandleGetObject = std::function<T*(SOCKET)>;
    ...
    bool IsFollowMsgId(Packet* packet) override;
    HandleGetObject GetPacketObject{ nullptr };
private:
    std::map<int, HandleFunctionWithObj> _callbackHandleWithObj;
};
```

MessageCallBackFunction 类是 4.6 节的例子中无差别接收协议的机制，而 MessageCallBackFunctionFilterObj 类是有条件地进行筛选。那么它是如何进行筛选的呢？主要改变的是新定义的函数 HandleGetObject 和函数 IsFollowMsgId。以 Robot 类为例来看新类是如何实现消息过滤的。

```
void Robot::RegisterMsgFunction() {
    auto pMsgCallBack = new MessageCallBackFunctionFilterObj<Robot>();
    pMsgCallBack->GetPacketObject = [this](SOCKET socket)->Robot* {
        if (this->GetSocket() == socket)
            return this;
        return nullptr;
    };
    AttachCallBackHandler(pMsgCallBack);
    pMsgCallBack->RegisterFunctionWithObj(Proto::MsgId::C2L_AccountCheckRs,
BindFunP2(this, &Robot::HandleAccountCheckRs));
}
```

在旧代码中对协议进行了无差别的注册。而新代码中，调用函数 AttachCallBackHandler 绑定一个自己需要的消息回调类的实例，MessageList 维护了一个 MessageCallBackFunctionInfo 指针，这个指针可能是一个无差别处理的 MessageCallBackFunction 类，也可以如 Robot 类一样是 MessageCallBackFunctionFilterObj 类。在 MessageCallBackFunctionFilterObj<Robot>类中用匿名函数实现了 GetPacketObject，如果 Packet 中的 Socket 值和 Robot 中的 Socket 值一致，就认为是 Packet 的目的对象。当一个 Packet 到来时，会调用 IsFollowMsgId 函数来检查。其实现如下：

```
template <class T>
bool MessageCallBackFunctionFilterObj<T>::IsFollowMsgId(Packet* packet) {
    if (MessageCallBackFunction::IsFollowMsgId(packet))
        return true;
    if (_callbackHandleWithObj.find(packet->GetMsgId()) !=
_callbackHandleWithObj.end()) {
```

```
        if (GetPacketObject != nullptr) {
            T* pObj = GetPacketObject(packet->GetSocket());
            if (pObj != nullptr)
                return true;
        }
    }
    return false;
}
```

如果是一个需要筛选的协议，就调用筛选函数。若能取到对象，则说明这个 Packet 通过了检查，正是当前对象需要的协议。1000 个 Robot 登录，同时到来 1000 条 C2L_AccountCheckRs 协议，这时经过 GetPacketObject 函数之后，只会有一个对象与之对应，这就达到了筛选的目的。因为 Socket 永远是唯一的。现在来测试一下本例的结果。启动 login，然后启动 robots：

```
[root@localhost bin]# ./robotsd
login -ex test 2  // 输入
account check result account:test2 code:0
account check result account:test1 code:0
[root@localhost bin]# ./logind
epoll model
test begin
Login-Connectting over. time:7.2e-05s
Login-Connectted over. time:0.000371s
Login-Logined over. time:0.208033s
```

以两个账号同时登录测试，从 robots 进程的打印信息可以看出，Bug 已经被我们修复了。

4.8　测试机器人

在 04_02_engine_robots 工程中写了一个 robots 工程。一般来说，将功能正式交付客户使用之前，需要使用 robots 进程对其进行测试。为什么我们需要先行测试？

大部分情况下，公司服务端和客户端是由两个人来完成的。作为后台开发，如果不进行自测，就交付给客户端的同事，这样会极大地增加双方的交互成本。robots 的自测功能可以很好地避免这些烦人的情况出现，在 4.7 节的例子中，我们就从 Robot 类中发现了数据接收的异常。robots 进程除了自测功能之外，还有一个很重要的使命，就是进行压力测试，找到影响效率的瓶颈所在。前面我们创建过测试进程，其作用是创建多个线程对网络的传输做出测试。

在后面的章节测试中会多次反复使用到 robots，为了便于理解，在本节中对它的结构进行讲解。有以下几点需要注意：

（1）进程中可以有无数个 Robot 类实例。每个 Robot 类实例都是一个网络连接类，数据相互独立。这里体现了包裹类并发的好处，如果没有并发处理，串行操作就需要执行无数次更新之后才轮到自己，效率不会太理想。

（2）RobotMgr 类对 Robot 类进行管理。虽然称为管理类，但是该类对 Robot 类只有一个统计功能。如果 RobotMgr 类要与 Robot 类进行通信，就必须通过协议。因为 RobotMgr 类同样也是基于 ThreadObject 的类。

4.8.1　状态机

在 robots 工程中，需要介绍一个在游戏制作中很重要的数据结构——状态机。在前面的代码中也处理了状态数据，HttpRequest 类中定义了几个状态枚举，而在使用这些状态枚举时采用了 switch 的处理方式，其代码如下：

```
void HttpRequest::Update() {
    switch (State) {
        case HRS_Send: ... break;
        case HRS_Process: ... break;
    }
}
```

在游戏中，操作一个 Boss，它拥有一些简单的 AI，这些简单的 AI 就可能是由状态机来实现的。举例说明，在《魔兽世界》中，Boss 的 AI 就比较复杂，AI 有层次之分，在某些条件下，一个层次可以打开另一个层次的 AI，每一个层次的 AI 调用技能都不相同，Boss 可以做出不同的攻击和回血操作，或者在需要时可以改变自己的行走速度。

层次越多，考虑的外部影响越多，Boss 就越灵活，这使得 Boss 看上去极具智能。这些层次关系也称为状态机，即在不同的状态下，角色需要做不同的反应。它的调用不是简单的 switch 或者 if else 可以完成的。如果要按照 if else 来写，那么需要维护一个巨大的 if else 嵌套，一个 if 之下可能有许多其他的 if else。这会让整个代码的逻辑变得异常混乱。

当状态较少时，还可以厘清逻辑关系。当状态较多时，状态与状态之间的逻辑交互变为网状，这会使代码变得异常复杂，没有办法很好地维护。它们两两交互，在满足条件的情况下，从任何一个状态都可以直接跳到其他的状态。而每一个状态都有可能进入其他状态，如图 4-5 所示。为了让处理变得一目了然，需要做一个状态机的模板，以便在使用时可以方便调用。

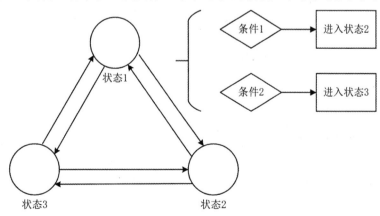

图 4-5　状态机

4.8.2　状态机基类

首先，为每个状态编写一个基类，这个基类包括一些基本的操作，其定义如下：

```
template<typename enumType, class T>
class StateTemplate {
public:
    virtual enumType GetState() = 0;  // 得到当前的状态类型
    virtual enumType Update() = 0;      // 状态机内部的更新
    virtual void EnterState() = 0;      // 进入本状态
    virtual void LeaveState() = 0;      // 离开本状态
};
```

该模板类的定义在 libserver 工程的 state_template.h 文件中。T 是其父类的类型，enumType 是状态的枚举。StateTemplate 类是每个状态对象的基类。每个状态只需要管理好自己的 Update 及进入和离开两个事件即可。打个比方，我们拥有一个 Boss，当它血量减少到 30% 时，进入一种叫 "狂躁" 的状态。在这种状态之下，它会加速行走，并且在此状态下，它受到重击时需要使用一个回血的技能。

为 Boss 创建两个状态类，继承自 StateTemplate，一个叫 NormalState，另一个叫 CrazyState。在 NormalState 的 Update 中，一旦检查到了血量低于 30%，就进入一个新的状态 CrazyState。NormalState 的存活周期就结束了。在 CrazyState 生成时会调用 EnterState 事件，这时为角色设置加速，而在 CrazyState 的 Update 中，每一帧都会检查一下角色是否受到了重击，是否需要使用回血技能。当满足某个条件时，Boss 回到 NormalState 状态，CrazyState 状态退出时，重置速度为正常速度。

上面的例子充分说明了进入事件和离开事件的重要性。

综上所述，一个状态只管自己状态内发生的事情，至于是如何进入状态的，状态本身不关心，它更关心哪一种变化会让它退出当前状态，以及在它进入或者退出时，是否需要做一些特别处理。这种进入、退出函数的调用使得整个逻辑更清晰。

4.8.3　状态机管理类

每个需要维护状态的类，其代码都有相同的处理，框架中提供一个模板类来管理这些状态类。

关键点 1：状态管理类定义

模板定义在 state_template.h 文件中，定义如下：

```
template<typename enumType, class StateClass, class T>
class StateTemplateMgr {
    ...
    typedef StateClass* (*CreateIstancePt)();
protected:
```

```
std::map<enumType, CreateIstancePt> _dynCreateMap; // 每种状态的生成函数指针
StateClass* _pState{ nullptr };                     // 当前状态的指针
enumType _defaultState;                             // 最初的默认状态
}
```

首先，在这个模板中维护了一个字典，该字典定义了一个状态枚举与创建函数的指针关系。其次，还维护了一个当前状态的指针。

关键点 2：状态更换

先来看 StateTemplateMgr 模板每帧的实现：

```
void UpdateState() {
    if (_pState == nullptr) {
        ChangeState(_defaultState);
    }
    enumType curState = _pState->Update();
    if (curState != _pState->GetState()) {
        ChangeState(curState);
    }
}
```

如果当前状态为空，就进入默认状态。在 UpdateState 函数中，对当前状态进行 Update 操作，如果 Update 的返回值不再是当前状态，就说明有新状态产生，调用 ChangeState 进入新的状态。

```
void ChangeState(enumType stateType) {
    StateClass* pNewState = CreateStateObj(stateType);
    if (pNewState == nullptr) {
        return;
    }
    if (pNewState != nullptr) {
        if (_pState != nullptr) {
            _pState->LeaveState();
            delete _pState;
        }
        _pState = pNewState;
        _pState->EnterState();
    }
}
```

在 ChangeState 函数中，调用 CreateStateObj 来得到一个新状态的指针。接下来，旧状态调用 LeaveState 函数离开，新状态调用 EnterState 函数进入。

关键点 3：状态是如何创建出来的

作为一个模板类，StateTemplateMgr 要创建新的状态，采用的是函数注册的方式。函数 CreateStateObj 创建了一个指定类型的状态实例，其实现如下：

```
typedef StateClass* (*CreateIstancePt)();
StateClass* CreateStateObj(enumType enumValue) {
    auto iter = _dynCreateMap.find(enumValue);
    if (iter == _dynCreateMap.end())
        return nullptr;
    CreateIstancePt np = iter->second;
    StateClass* pState = np();
    pState->SetParentObj(static_cast<T*>(this));
    return pState;
}
void RegisterStateClass(enumType enumValue, CreateIstancePt np) {
    _dynCreateMap[enumValue] = np;
}
```

在 StateTemplateMgr 类中维护的字典 dynCreateMap 保存了状态类型与创建该状态的函数的指针关系，该字典的定义为 std::map<enumType, CreateIstancePt>。这个字典的 second 值中保存了该状态的产生函数指针。这个函数指针是由 RegisterStateClass 函数注册生成的。

4.8.4　Robot 类中的状态机

以 Robot 类来说明状态机的使用方式。对于一个新的状态，应该做哪几件事呢？

（1）定义一个状态枚举。

（2）为枚举写状态类，每个状态类都基于 StateTemplate 模板类。

（3）选定管理类，并让管理类继承 StateTemplateMgr，在适当的时机调用 ChangeState 函数进行状态切换。

对于管理状态的类来说，它有几个必要的处理：

（1）初始化时，调用 InitStateTemplateMg 初始化状态。

（2）实现 RegisterState 虚函数，注册状态与状态类。

（3）每帧调用 UpdateState 函数，更新状态类中的数据。

Robot 类的状态枚举放在 libserver 项目中。在 robot_state_type.h 文件中定义了它目前可能有的状态类型：

```
enum RobotStateType {
    RobotState_Login_Connecting,    // 正在连接 login
    RobotState_Login_Connected,     // 连接成功
    RobotState_Login_Logined,       // 登录成功，即账号验证成功
    ...
};
```

目前阶段，需要关心的枚举只有以上 3 个，下面为每个枚举写一个状态类。在这些状态中有一些相似的需求，把这些相似的功能写在 RobotState 基类中，该基类位于 robots 工程的 robot_state.h 文件中。其定义如下：

```
class RobotState : public StateTemplate<RobotStateType, Robot> {
public:
    RobotStateType Update() override;
    virtual RobotStateType OnUpdate() {
        return GetState();
    }
    void EnterState() override;
    virtual void OnEnterState() { }
    void LeaveState() override;
    virtual void OnLeaveState() { }
};
```

基类 RobotState 继承了状态机模板类 StateTemplate。第一个参数为枚举，值为
RobotStateType。第二个参数是管理类 StateTemplateMgr，此处为 Robot 类，所以 Robot 类必
然继承了 StateTemplateMgr。

在基类中有一个非常重要的操作，即检测 Robot 是否已断线，如果断线，就重新回到正在
连接状态。其帧函数如下：

```
RobotStateType RobotState::Update() {
    const auto state = GetState();
    if (state > RobotState_Login_Connecting && state !=
RobotState_Game_Connecting) {
        if (!_pParentObj->IsConnected()) {
            return RobotState_Login_Connecting;
        }
    }
    return OnUpdate();
}
```

除了在连接状态下，任何状态发现 Robot 实例的网络状态发生了改变都需要做出反应。一
旦断开，状态必然回到 RobotState_Login_Connecting，告诉上层网络底层断开了。

当前 Robot 类的 3 个状态类的处理类定义在 robots 工程的 robot_state_login.h 文件中，限
于篇幅，这里不再列举代码，在定义时使用了一个宏定义：

```
#define DynamicStateCreate(classname, enumType) \
    static void* CreateState() { return new classname; } \
    RobotStateType GetState() override { return enumType; }
```

在状态类中，每个状态类使用了 DynamicStateCreate 宏。该宏定义了一个静态函数，创建
出当前状态的实例。宏中还定义了一个函数，用于返回自己的状态枚举。这两个函数对于所有
状态类来说都一样，所以这里用宏来代替，以减少冗余代码。

梳理一下 Robot 类的 3 个状态，首先进入的是"连接中"这个状态，处理类为
RobotStateLoginConnecting。在 RobotStateLoginConnecting 连接状态中，需要不断地询问底层
是否已经连接上了。

```
RobotStateType RobotStateLoginConnecting::OnUpdate() {
    if (_pParentObj->IsConnected()) {
        return RobotState_Login_Connected;
    }
    return GetState();
}
```

如果已经连接上了，就会触发 RobotState_Login_Connected 状态，进入新状态时调用 OnEnterState 函数，该函数向服务器发送了验证协议。

```
void RobotStateLoginConnected::OnEnterState() {
    _pParentObj->SendMsgAccountCheck();
}
```

以类的方式来管理状态有一个好处是，一个状态类中只会关心自己的情况，不用考虑其他状态，这使得逻辑相对简单。流程图 4-6 展示了 Robot 类登录过程中的状态与事件的关系。

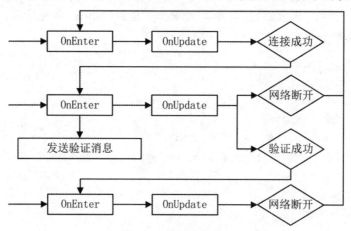

图 4-6　Robot 状态说明

现在状态类的逻辑弄清楚了，回到 Robot 类中来看一下模板管理类的使用，Robot 类继承了状态管理模板类。其定义如下：

```
class Robot : public NetworkConnector, public StateTemplateMgr<RobotStateType,
RobotState, Robot> { ... }
```

Robot 需要实现虚函数 RegisterState，其功能是对状态类和其生成函数进行注册。

```
void Robot::RegisterState() {
    RegisterStateClass(RobotStateType::RobotState_Login_Connecting,
DynamicStateBind(RobotStateLoginConnecting));
    RegisterStateClass(RobotStateType::RobotState_Login_Connected,
DynamicStateBind(RobotStateLoginConnected));
    RegisterStateClass(RobotStateType::RobotState_Login_Logined,
DynamicStateBind(RobotStateLoginLogined));
}
```

使用宏定义将处理类绑定到枚举上，宏定义如下：

```
#define DynamicStateBind(classname)
reinterpret_cast<CreateIstancePt>( &( classname::CreateState ) )
```

在调用 RegisterState 时使用 DynamicStateBind 宏绑定了 DynamicStateCreate 宏中定义的函数。

以上代码实现了 Robot 的状态切换。有了状态机的这两个模板类，就能够以最少的代码量来完成一个新的状态管理。假如需要为 Robot 增加一种新的状态，只需要短短三步就可以实现：第一，增加一个状态枚举值；第二，为枚举值写一个实现类；第三，注册到 Robot 类中。

4.9　批量登录测试

到目前为止，我们已经建立了一个可以登录的基础框架，在这个基础框架中有网络类和消息过滤机制。作为后台服务端，有一个重要的功能需要我们去测试，那就是效率问题。

还是以 04_02_engine_robots 目录下的工程为例，关闭关于 account check result 部分的打印消息，robots 进程和 login 进程中的打印都关闭。在这种秒级、毫秒级的效率测试中，日志和屏幕打印开销非常大，所以先关闭打印，来看一下批量登录的效果。在 robots 进程控制台中输入 "login -ex test 200"，以瞬间登录 200 个账号来测试一下。

表 4-1 展示了两种网络模式下的性能，这个数据在每台机器上都不一样，但大同小异，读者一定会发现异常，Epoll 的效率不是比 Select 高吗，为什么 200 个账号登录花了 7 秒，而 Select 却只花了 0.15 秒？太不可思议了，这是一个 50 倍的效率问题。代码都是一样的，只是在网络模型上的代码不同，这是为什么呢？这里需要着重说明很多人忽视的一个网络问题，就是 Epoll 的超时。重新来看一下这两个函数的声明。

表 4-1　两种模式性能对比 1

Select 模式下	Epoll 模式下
[root@localhost bin]# ./logind	[root@localhost bin]# ./logind
select model	epoll model
test begin	test begin
Login-Connectting over. time:0.013786s	Login-Connectting over. time:0.212692s
Login-Connectted over. time:0.014216s	Login-Connectted over. time:0.213287s
Login-Logined over. time:0.155839s	Login-Logined over. time:7.98523s

```
int select(int nfds, fd_set *readfds, fd_set *writefds, fd_set *exceptfds, const
timeval *timeout)
int epoll_wait(int epfd, struct epoll_event * events, int maxevents, int
timeout)
```

两个函数最后一个参数都是 timeout（超时），Select 采用了时间结构，Epoll 的参数是毫秒，在代码中，它们都是 50 毫秒，也就是 0.05 秒。可以做一个尝试，将这个值提高到 6 秒，以测试它的结果，你会发现 Epoll 变得更慢，而 Select 几乎没有什么改变。要明白出现这个结果的原因就要理解这两个函数的不同，Select 对超时的定义是，如果在 0.05 秒之内有一个事件被触发，就立刻返回，而 Epoll 一定要等待 0.05 秒。当把超时修改为 6 秒时，Epoll 会每次等待 6 秒，这是它变慢的原因。

现在将两个函数的超时都改为 0，即立刻返回，再来看看它们的表现。同样还是登录 200 个账号，结果展示在表 4-2 中。

表 4-2　两种模式性能对比 2

Select 模式下	Epoll 模式下
[root@localhost bin]# ./logind	[root@localhost bin]# ./logind
select model	epoll model
test begin	test begin
Login-Connecting over. time:0.03369s	Login-Connecting over. time:0.04865s
Login-Connected over. time:0.034204s	Login-Connected over. time:0.048793s
Login-Logined over. time:0.13833s	Login-Logined over. time:0.143942s

结果相差不大，这些结果根据机器的不同略有不同，不同机器之间的比较没有任何意义，而且内存环境也会影响这些数据，测试时可以多次执行并取平均值。

4.10　总　　结

本章中引入了账号验证功能。第 5 章先抛开框架，讨论另一个比较重要的话题——"性能优化与分析"。如果读者认真查看过代码，就会发现在之前的示例中，大部分情况下创建出了对象，但是并没有释放它们。

我们以现在这个工程为基础，在第 5 章详细分析如何优化它，如何利用工具查看内存泄漏问题，以及如何更好地创建内存对象等，为搭建效率更高、结构更好的框架打下坚实的基础。

第 **5** 章

性能优化与对象池

本章放慢脚步，对现有的工程进行一次优化。在本章中，将学习使用工具检查程序性能，同时介绍两个加快性能的数据结构以及对象池。本章包括以下内容:

- ✪ 如何使用 Windows 和 Linux 系统下的性能优化工具。
- ✪ 两个提升性能的内存结构。
- ✪ 如何设计对象池。

5.1 Visual Studio 性能工具

首先要使用的是 Windows 下的 Visual Studio 工具，相对 Linux 下的工具，它比较直观。还是以第 4 章中 04_02_engine_robots 目录下的 robots 工程为例，我们可以使用 Visual Studio 自带的性能查看器，打开"调试"菜单，单击"性能探查器"选项，选中"性能向导"选项，在选择性能分析页面中选择"检测，测量函数的计数和用时"选项，单击"开始"按钮。在下一个界面中，选中"一个或是多个可用项目"选项，单击"下一步"按钮，选择需要测试的工程 robots，单击完成之后，Visual Studio 会按正常流程启动 robots。

在调试性能模式下启动的时长比较长，根据机器情况各不相同。robots 启动完成之后，正常启动 login 进程，在 robots 命令行中输入"login -ex test 300"，批量登录 300 个账号来进行测试。完成之后，服务端打印信息如下:

```
λ .\login.exe
Login-Connecting over. time:14.0393s
Login-Connected over. time:14.0406s
Login-Logined over. time:31.0722s
```

在 login 进程中的数据显示，差不多花了 30 秒，因为有检测函数的介入，所以这个时间会比单纯执行程序要长。所有账号都登录完成之后，关闭 robots，Visual Studio 就会自动分析

VSP 文件，300 个账号的 vsp 文件大约有 2GB 左右。因为 vsp 文件非常大，所以需要一定的时间，几秒、几分钟不等。打开后的界面如图 5-1 所示。

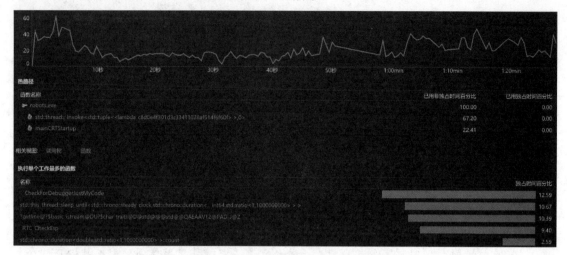

图 5-1　Visual Studio 性能分析主界面

在上面的"当前视图"中选择"函数"视图，可以给出一个函数调用时长的列表，单击"已用非独点时间百分比"，排序如图 5-2 所示。

函数名	调用数	已用非独占时间百分比▾	已用独占时间百分比	平均已用非独占时间
ThreadObjectList::Update	21,712	87.81%	1.16%	15.00
std::_Invoker_functor::_Ca...	3	67.20%	0.67%	83,050.77
std::invoke<<lambda_c8...	3	67.20%	0.00%	83,050.77
std::thread::_Invoke<std:...	3	67.20%	0.00%	83,050.78
<lambda_c8d0e4f301d3c...	3	66.52%	0.00%	82,220.12
NetworkConnector::Update	19,074	26.77%	0.04%	5.20
Robot::Update	13,326	23.49%	0.00%	6.54
_scrt_common_main	1	22.41%	0.00%	83,089.42
mainCRTStartup	1	22.41%	0.00%	83,089.42

图 5-2　Visual Studio 性能分析函数列表

这里有两个概念需要我们厘清：

（1）非独占样本数是指包括子函数执行时间的总执行时间。

（2）独占样本数是不包括子函数执行时间的函数体执行时间，可理解为纯函数占用时间。

Visual Studio 分析 robots 代码

现在详细查看 robots 工程的性能数据。打开"函数"视图，我们以"非独占时间百分比"来排序，即包含子函数的时长，然后看看是哪个函数消耗的时长最长。

位于榜首的就是函数 void ThreadObjectList::Update()，双击该函数，看看它的详细情况。如图 5-3 所示，前 3 个函数调用消耗了 80%的时长，这 3 个函数分别是 std::this_thread:::sleep_for、ThreadOjbect::Update 和 MessageList::ProcessPacket。

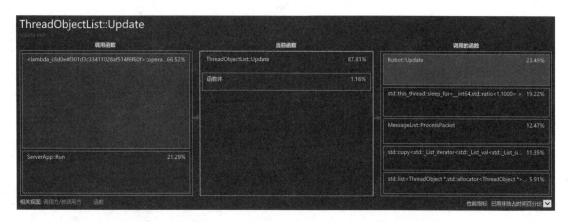

图 5-3　Robot 工程性能分析图——ThreadObjectList::Update

关键点 1：sleep_for

在线程中，我们调用了线程 sleep_for 函数，暂停了 1 毫秒，时间非常短。该函数的调用是让其他线程得到 CPU 的处理机会。sleep_for 是没有办法优化的，我们跳过。

关键点 2：ThreadOjbect::Update

在 ThreadOjbect::Update 的函数调用中，消耗时长最长的是 Robot::Update，如图 5-4 所示，这个函数调用了网络层的 Network::Update 函数。

图 5-4　Robot 工程性能分析图——ThreadObject::Update

继续向下查看，最终会发现调用瓶颈走到 ThreadObjectList::AddPacketToList 这个函数上，如图 5-5 所示。

图 5-5　Robot 工程性能分析图——ThreadObjectList::AddPacketToList

ThreadObjectList 类是线程类 Thread 和线程管理类 ThreadMgr 的基类，是管理 ThreadObject 列表的一个基类。分析瓶颈出现的原因，先看一看调用堆栈：

（1）当我们收到网络层的消息时，会调用 ConnectObj::Recv 函数。

（2）函数 ConnectObj::Recv 将数据封装为 Packet 类，这时需要做的是向整个框架所有线程进行广播，调用为：ThreadMgr::GetInstance()->DispatchPacket(pPacket)。

（3）在 ThreadMgr::DispatchPacket 函数中，调用了瓶颈的 AddPacketToList 函数。

详细看一下这两个函数的实现：

```cpp
void ThreadMgr::DispatchPacket(Packet* pPacket) {
    // 主线程
    AddPacketToList(pPacket);
    // 子线程
    std::lock_guard<std::mutex> guard(_thread_lock);
    for (auto iter = _threads.begin(); iter != _threads.end(); ++iter) {
        Thread* pThread = iter->second;
        pThread->AddPacketToList(pPacket);
    }
}
void ThreadObjectList::AddPacketToList(Packet* pPacket) {
    std::lock_guard<std::mutex> guard(_obj_lock);
    for (auto iter = _objlist.begin(); iter != _objlist.end(); ++iter) {
        ThreadObject* pObj = *iter;
        if (pObj->IsFollowMsgId(pPacket)) {
            pObj->AddPacket(pPacket);
        }
    }
}
```

函数 DispatchPacket 遍历线程，函数 AddPacketToList 的主要作用是将网络层的包分发到各线程中的对象上去。这个函数是一个非常典型的处理不当的案例，是多线程中我们经常会犯的错。看上去这个逻辑没有任何问题，为什么说它处理不当呢？

整个逻辑的瓶颈在于 Network 实例读取 Packet 数据的地方，在分发消息时，在 Network 实例中一次遍历了所有对象，这显然是一个串行操作，不是我们想要的并行效果。作为并发来说，在分发时只需要将 Packet 发到线程中即可。至于 Packet 在线程中如何处理，它要分发到哪个对象上，分发时是不需要关心的。这是多线程编码特别需要注意的一个点，一不小心并行就会变成串行。

关键点 3：MessageList::ProcessPacket

在性能分析中，可以看到 std::copy 花费了大量的时间，下面分析一下原因。

300 个账号就有 300 个 robots 对象，如果每个对象收到服务端发来的一条数据，就有 300 个 Packet，这些 Packet 在处理之前都会缓存在 MessageList 中，最后在 Update 函数中 std::copy 出来使用，std::copy 本身就很消耗时间，在 Update 函数中使用时会引起瓶颈。

另外，考虑到一种情况，我们设计 ThreadObject 的时候是按 Actor 模型设计的，Actor 需要有一个 MailBox 来收发协议，所以有了 MessageList 的存在，但 Actor 与线程相结合时可以优化。我们并不需要将 Packet 放到每个 MessageList 中，而是可以缓存在线程中，对于一个线程而言，这些 Packet 是共用的。

以上 3 个关键点就占用了整个程序执行时间的 80%，当然其中部分原因是这个程序本身的功能是比较少的。根据性能分析文件还可以看出，有大量 std 库的操作。对 std 库的使用需要注意一点，就是尽量减少循环的使用，采用事件或者观察者模式的方式来重构数据。下面就以以上内容为整个框架做一次数据优化。

5.2　内存中的数据结构

数据结构是计算机组织数据的方式，精心选择的数据结构可以带来更高的运行或者存储效率。下面将介绍两种适合我们框架的数据结构：一种是交换型数据结构；另一种是刷新型数据结构。

5.2.1　交换型数据结构

做优化分析时，有一个比较消耗时间的函数 std::copy。std::copy 用在了 3 个地方：一个是 Thread 对线程中管理的对象进行操作时，一个是在消息队列中，还有一个是在网络层发送数据时。以发送数据为例：

```
void Network::SendPacket(Packet* pPacket) {
    std::lock_guard<std::mutex> guard(_sendMsgMutex);
    _sendMsgList.push_back(pPacket);
}
```

发送数据时，将 Packet 放到一个 List 中，调用发送数据的对象可能与网络类不在同一个线程中，所以必须加锁。这些需要发送的数据在更新函数中被取出，真正地被发送到 ConnectObj 对象的系统发送缓存中去。在这个过程中使用了 std::copy，代码如下：

```
void Network::Update() {
    std::list<Packet*> _tmpSendMsgList;
    _sendMsgMutex.lock();
    std::copy(_sendMsgList.begin(), _sendMsgList.end(),
std::back_inserter(_tmpSendMsgList));
    _sendMsgList.clear();
    _sendMsgMutex.unlock();

    for (auto pPacket : _tmpSendMsgList) {
        ... // SendPacket
    }
    _tmpSendMsgList.clear();
}
```

从上面的操作可以看出，在每帧循环的时候将 Packet 列表复制到一个临时的数据中，释放锁之后，再对这个临时数据进行处理。有没有一种数据结构既高效又不用 std::copy 呢？当然有，姑且称之为交换数据。

先来介绍它的原理。如图 5-6 所示，准备了两块数据，一块用于读，另一块用于写，开始时它们都是空的。在某个时间段，发现写数据块中有数据需要处理，这时将两个指针对调。这时写指针指向了一个空的数据块，而读指针的数据块上充满了数据，将需要读取的数据都处理完。等下一个时刻，发现写数据块有数据，再进行数据块的对调。因为读、写数据分开了，就不再需要加锁了。

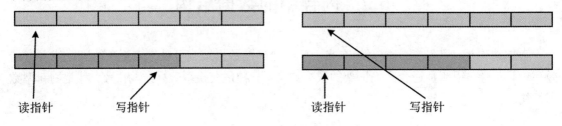

读指针　　　　　　写指针　　　　　　　　　　读指针　　　　　　写指针

图 5-6　交换内存指针

本节的源代码在 05_01_pf 目录的 libserver 工程的 cache_swap.h 文件中。下面来看看具体实现。

```cpp
template<class T>
class CacheSwap {
public:
    std::list<T*>* GetWriterCache();
    std::list<T*>* GetReaderCache();
    void Swap();
    bool CanSwap();
    ...
private:
    std::list<T*> _caches1;
    std::list<T*> _caches2;
    std::list<T*>* _readerCache;
    std::list<T*>* _writerCache;
};
```

CacheSwap 类维护了两个队列 caches1 和 caches2，而 readerCache 和 writerCache 分别指向两个缓存中的其中一个。CacheSwap 类有一个基本的对调操作——Swap 函数，实现如下：

```cpp
template <class T>
void CacheSwap<T>::Swap() {
    auto tmp = _readerCache;
    _readerCache = _writerCache;
    _writerCache = tmp;
}
```

什么时候需要对调呢？就是写数据队列中有数据时，实现代码如下：

```
template <class T>
bool CacheSwap<T>::CanSwap() {
    return _writerCache->size() > 0;
}
```

交换数据类型可以用在哪些场合呢？典型的就是处理 Packet 时，Packet 被分配到各个线程待处理，有一个写入的操作，同时各个线程在各自的循环中，还要处理已写入的 Packet，有一个读取操作。下面来看优化前后的代码对比，以及优化后 CacheSwap 的使用方式。优化前的代码在 04_02_engine_robots 目录，优化后的代码在 05_01_pf 目录。

关键点 1：定义

首先用 CacheSwap 类替换 list 类。首先，要替换的是 Packet，存储 Packet 的地方。新定义如下：

```
class ThreadObjectList: public IDisposable {
...
protected:
    std::mutex _packet_lock;  // 本线程中的所有待处理包
    CacheSwap<Packet> _cachePackets;
};
```

在优化前，由网络接收到的 Packet 类是由 ThreadObject 的基类 MessageList 来管理的，存储数据结构为 List，在同一个线程中，同一个 Packet 指针会产生几份不同的副本。优化后将 Packet 放在线程中，以减少不必要的存储。同时，使用了 CacheSwap 模板交换缓冲区的读写方式。

关键点 2：写数据

在对 CacheSwap 模板交换缓冲区中写入数据时，代码非常简单。还是以 Packet 类为例，当 Packet 进入线程时，调用 AddPacketToList 函数，其实现如下：

```
void ThreadObjectList::AddPacketToList(Packet* pPacket) {
    std::lock_guard<std::mutex> guard(_packet_lock);
    _cachePackets.GetWriterCache()->emplace_back(pPacket);
}
```

在没有优化的代码中，函数 AddPacketToList 对线程中所有对象进行了遍历，将 Packet 放置到所有对它感兴趣的 ThreadObject 中，现在这一步操作被推迟到线程的下一帧。函数 AddPacketToList 只是将 Packet 存下来而已。在优化后的代码中，取出 CacheSwap 类写指针进行保存操作，在上层调用的时候，不需要关心这时的写指针指向的是两个队列中的哪一个队列。

关键点 3：读数据

在读数据时也做了相应的优化修改。还是以 Packet 为例，当它被写入写缓冲之后，在下一帧中，帧函数会对其进行处理。其实现如下：

```
void ThreadObjectList::Update() {
    ...
    _packet_lock.lock();
    if (_cachePackets.CanSwap()) {
        _cachePackets.Swap();
    }
    _packet_lock.unlock();
    auto pList = _objlist.GetReaderCache();
    auto pMsgList = _cachePackets.GetReaderCache();
    for (auto iter = pList->begin(); iter != pList->end(); ++iter) {
        auto pObj = (*iter);
        for(auto itMsg = pMsgList->begin(); itMsg != pMsgList->end(); ++itMsg){
            auto pPacket = (*itMsg);
            if (pObj->IsFollowMsgId(pPacket))
                pObj->ProcessPacket(pPacket);
        }
        pObj->Update();

        ...
    }
    pMsgList->clear();
}
```

在之前的帧函数处理数据时，采用了 std::copy 创建副本的方式，将整个队列复制一份。现在仅调用了 CanSwap 函数和 GetReaderCache 函数，效率的提升是非常显著的。本例中增加了一种数据结构，即可将之前使用 std::copy 的耗时操作替代了，是一种非常取巧的数据策略。

在优化后的代码中，将之前写数据时的某些操作移到了读数据时进行。在优化之前的代码中，当一个 Packet 到来时，ThreadMgr 会遍历所有线程，调用 AddPacketToList 函数将 Packet 传到所有线程中的每个对象去判断，确认是否对 Packet 的 MsgId 感兴趣，如果感兴趣，就将 Packet 指针转存到 MessageList 中。假设在某一帧中收到了 10 个 Packet，在 10 个进程中也就需要循环 10×10×N 次，这个 N 取决于线程中有多少类对象。而新的解决方案只需要在线程中把 Packet 存起来，收集所有 Packet，统一在下一帧中一起处理，从而减少了循环。

优化前后，这两种方法的结果一样，但它们在网络层花费的时间却完全不一样。图 5-7 展示了在两种情况下的时间开销。

图 5-7 左侧为优化前的情况，如果遍历线程对象的耗时为 0.01 秒，那么在网络层所在的线程，一次 Packet 会产生 N×0.01 秒的时长，N 为线程数量。而优化后，将这 0.01 秒分散在了多个线程中，不会影响网络层的所有线程。还记得 Epoll 超时中那个 50 毫秒吗？一帧中的 50 毫秒降低了 50 倍的效率，所以不要小看这 0.01 秒。使用多线程锁时需要注意尽可能让锁住代码的执行时间变短，这样线程与线程之间的影响就会减少。

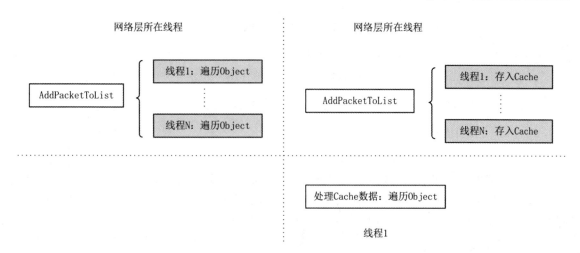

图 5-7　优化前后的时间开销

5.2.2　刷新型数据结构

除了交换型数据结构外，工程中还增加了一个刷新型数据结构，定义在 05_01_pf 目录的 login 工程的 cache_refresh.h 文件中，其定义如下：

```
template<class T>
class CacheRefresh :public IDisposable {
public:
    std::list<T*> Swap();        // 返回值为删除的 Obj，后续是否有内存回收处理
    bool CanSwap();
    ...
protected:
    std::vector<T*> _reader;
    std::vector<T*> _add;
    std::vector<T*> _remove;
};
```

CacheRefresh 类与 CacheSwap 类的区别在于，CacheSwap 用于数据块的交换，而 CacheRefresh 用于对象的增加与删除。一个典型的使用是线程中的对象队列以及后面将要讲到的对象池。下面来看线程管理基类 ThreadObjectList 是如何使用它的。

```
class ThreadObjectList: public IDisposable {
public:
    void AddObject(ThreadObject* _obj);
    ...
protected:
    // 本线程的所有对象
    std::mutex _obj_lock;
    CacheRefresh<ThreadObject> _objlist;
};
```

因为线程中的对象总是动态增加或者减少的，导致每次使用队列时必须加锁。而使用 CacheRefresh 类，加锁的频率可以大幅度降低。

```
void ThreadObjectList::AddObject(ThreadObject* obj) {
    std::lock_guard<std::mutex> guard(_obj_lock);
    ...
    _objlist.GetAddCache()->emplace_back(obj);
}
```

在需要增加对象时向增加的队列写数据，在需要减少对象时向删除队列写数据，而当前的可读队列在当前帧不会有数量的变更，也就不会有加锁与不加锁的烦恼。同样，在更新函数中，调用 Swap 函数将删除与增加的数据应用到读队列中。

```
void ThreadObjectList::Update() {
    _obj_lock.lock();
    if (_objlist.CanSwap()) {
        auto pDelList = _objlist.Swap();
        for (auto pOne : pDelList) {
            pOne->Dispose();
            delete pOne;
        }
    }
    _obj_lock.unlock();
    ...
    auto pList = _objlist.GetReaderCache();
    auto pMsgList = _cachePackets.GetReaderCache();
    for (auto iter = pList->begin(); iter != pList->end(); ++iter) {
        auto pObj = (*iter);
        ...
        pObj->Update();
        if (!pObj->IsActive()) {
            _objlist.GetRemoveCache()->emplace_back(pObj); // 非激活状态，删除
        }
    }
    ...
}
```

在 CacheRefresh 数据结构中采用了延迟应用的原则。虽然执行了增加或者删除的函数，但只是将数据进行缓存，在本帧中不会做出真正的处理。

这个原则除了可以减少锁的应用外，还可以阻断递归。在编码的时候，可能会遇到这种情况：当在一个对象 List 循环中删除满足条件的对象 A 时，对象 A 或许又删除了对象 B，而对象 B 可能就在正在循环的对象 List 中，这时服务器必定宕机。采用延迟应用的原则，将删除、增加对象的操作移到本次循环逻辑之外，在下一帧再对数据进行处理。

现在编译执行一下 robots 工程，就会发现执行之后没有显而易见的函数瓶颈了。

5.3　gprof

除了 Windows 系统上的 Visual Studio，在 Linux 上也有很多简单好用的性能分析工具，本章简要介绍几种，其中之一就是 gprof。它是 GNU 套件中的一个工具，分析的内容与 Windows 系统大致相似，如每个函数的调用次数、调用时长，可以方便找到系统的瓶颈。查看 gprof 的版本：

```
[root@localhost bin]# gprof -v
GNU gprof version 2.27-28.base.el7_5.1
```

CentOS 7 上默认安装的是 2.27 版本。先用一个简单的程序来说明 gprof 的使用方式，本例源代码在 05_02_gprof 目录中。

在目录中有一个 test_gprof.cpp 文件。使用 gprof 的时候需要注意一点，生成可执行文件时需要加参数 "-pg"。在目录下已准备好了 CMakeLists.txt 文件，可以使用 CMake 进行编译，会生成一个 test_pd 可执行文件。整个测试文件非常简单：

```
void fun2() {
    for (int i = 0; i < 10000000; i++);
}
void fun1() {
    for (int i = 0; i < 10000000; i++);
        fun2();
}
int main(void) {
    fun1();
    return 0;
}
```

在主函数中调用了 10 000 000 次 fun1，fun1 中又调用了 10 000 000 次 fun2，下面看看执行效果：

```
[root@localhost 05_02_gprof]# cmake3 ./
[root@localhost 05_02_gprof]# make
[root@localhost 05_02_gprof]# ./test_pd
```

执行 test_pd 之后，在同目录下就会多出一个分析结果 gmon.out 文件。注意 gmon.out 名字是写死的，也就是说同目录下如果有多个可执行文件，那么最后生成的都是 gmon.out，官方文档中说 gmon.out 会被最后一个写文件的进程覆盖。也就是说，如果在同一目录下同时执行多个带有 -pg 参数的程序，那么最后只会有一个 gmon.out，也就是最后关闭的那个进程的 gmon.out 文件。查看分析文件时，使用 gprof 打开 gmon.out 文件，就会打印出很多分析信息：

```
[root@localhost 05_02_gprof]# gprof test_pd gmon.out
Flat profile:
```

```
Each sample counts as 0.01 seconds.
 %    cumulative   self               self     total
time    seconds   seconds   calls  ms/call  ms/call  name
50.72    0.04      0.04        1     40.58    81.16   fun1()
50.72    0.08      0.04        1     40.58    40.58   fun2()
...
```

从代码可以知道 fun1 中调用了 fun2，在分析数据中，fun1 的 total（总的时长）包括 fun2 的调用时长，从上面的打印数据中可以看到 self.call 和 total.call 的区别，正好是 Windows 系统下讲的独占与非独占的区别。

使用如下命令可以把这个结果导出：

```
[root@localhost 05_02_gprof]# gprof -b test_pd gmon.out > output.txt
```

这样结果就保存到 TXT 文件中了，当函数比较多时，用导出的方式比 Visual Studio 工具更便于我们查看数据。上面的命令中，参数 "-b" 去掉了一些说明文件，在查看 gmon.out 文件时也可以使用 gprof -b test_pd gmon.out。去掉了说明性的解释，打印数据更加简洁。

5.3.1　gprof 调用堆栈图

除此之外，还可以使用 gprof 查看函数调用堆栈图。为了导出可以看到堆栈图，需要用到一个 Python 脚本。一般系统已经默认安装了一个 Python 的版本。不太了解 Python 的语法也没有关系，我们只是调用，不需要修改 Python 文件。

```
[root@localhost ~]# python
Python 2.7.5
```

执行 python 命令查看版本，以确保 Python 已经成功安装。在安装 gprof 之前最好更新一下 yum。再安装 gprof 流程图生成的工具，步骤如下：

```
[root@localhost ~]# yum -y update
[root@localhost ~]# yum install graphviz
```

关键点 1：安装 gprof2dot

源代码位于 https://github.com/jrfonseca/gprof2dot，源代码页面包含使用说明文档。较新的版本是 gprof2dot-2017.09.19.tar.gz，在本书源代码目录的 dependence 目录下有一个复制文件。先解压安装文件，进入目录进行安装，步骤如下：

```
[root@localhost dependence]# tar xf gprof2dot-2017.09.19.tar.gz
[root@localhost gprof2dot-2017.09.19]# python setup.py install
```

如果在执行安装时出现 "No module named setuptools" 错误，就安装 Python setuptools 工具，命令为 "yum -y install python-setuptools"。

关键点 2：生成 PNG 文件

将用 gprof 导出的 TXT 文件用 gprof2dot 工具生成可查看文件，命令如下：

```
[root@localhost 05_02_gprof]# gprof2dot output.txt > output.dot
[root@localhost 05_02_gprof]# dot -Grankdir=LR -Tpng output.dot > output.png
```

也可以用通道合并起来执行：

```
[root@localhost bin]# gprof2dot -n30 output.txt | dot -Grankdir=LR -Tpng >
output.png
```

命令 dot 中的 Tpng 指定输出 PNG 图，而 Grankdir 是按 LR 从左到右排列的，默认为从上到下排列。更多的排列属性可以执行 "dot -help" 查看。因为本例非常简单，所以图也不复杂，其堆栈如图 5-8 所示。

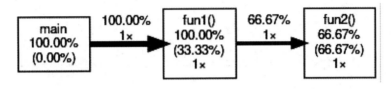

图 5-8　gprof 测试堆栈图

堆栈图更为直观地呈现了程序的调用关系，方便编码时厘清思路。关于 gprof 的更多信息可参见 GNU 的最新版说明文档。

5.3.2　让进程安全退出

了解了 gprof 的基本使用，下面用它查看一下我们的程序。以 5.2 节的源代码 05_01_pf 为蓝本，在 login 或者 robots 工程的 CMakeLists.txt 文件的 CMAKE_CXX_FLAGS_DEBUG 属性中增加了-pg 参数，修改如下：

```
set(CMAKE_CXX_FLAGS_DEBUG "-D_DEBUG -O0 -g -ggdb -pg")
```

编译之后，在 bin 目录下生成了 login 和 robots 两个可执行文件，但是我们发现，在执行了 login，用 Ctrl+C 组合键将它中断之后并没有 out 文件生成。原因在于 gprof 只能在程序正常结束退出时才能生成 out 文件，我们的程序并没有正常退出，是用的中断方式强制让它退出的。这是我们第一个需要修改的功能，在 Linux 下不论哪一个分析工具，几乎都需要进程安全退出才能进行分析。在 Windows 下，关闭窗口就退出了程序，往往忽略了 "安全退出" 这个功能。

退出进程不就是关闭进程，这有什么好考虑的。在 Windows 下，将命令行窗口关掉不就退出进程了吗？考虑一种情况：如果需要关服时还有玩家在线，一般是如何操作的？大部分情况下会有公告滚动提示玩家下线，但总有一些玩家不会下线。在这种情况下，如果直接关闭进程，玩家数据就会丢失。另一种情况：排行榜数据长驻于内存中，如果在关闭进程之前没有对它进行存储操作，数据就会丢失。

所谓 "安全退出"，即完成了所有该完成的事情，把该存的数据即时存储，再按正常方式执行到 main 函数的 return 语句上，退出进程。我们需要重新审视一下退出流程，"安全退出" 是游戏服务器应有的基本功能，有以下几点需要注意：

关键点 1：以信号的方式退出进程

捕捉退出信号。一般来说，这里可以分为两种情况：一种情况是捕捉系统发出的退出信号；另一种是从第三方进程发来退出协议，例如 GM 管理工具。先处理第一种情况，参考源代码在 05_03_engine_gprof 目录工程中。要捕捉系统信号，需要一个系统函数::signal，该函数注册了信号的处理函数，这个函数关联的头文件在 Windows 和 Linux 这两个操作系统中是不同的：

```
#if ENGINE_PLATFORM != PLATFORM_WIN32
#include <signal.h>
#else
#include <csignal>
#endif
```

在 Linux 下使用 vim 查看"/usr/include/signal.h"文件，可以查看到 signal 的原型：

```
typedef void (*__sighandler_t) (int);
__sighandler_t signal (int __sig, __sighandler_t __handler);
```

打开 libserver 工程的 server_app.cpp 文件，在初始化时调用了这个底层函数。

```
ServerApp::ServerApp(APP_TYPE appType) {
    signal(SIGINT, Signalhandler);
    ...
}
void ServerApp::Signalhandler(const int signalValue) {
    switch (signalValue) {
#if ENGINE_PLATFORM != PLATFORM_WIN32
    case SIGSTOP:
    case SIGQUIT:
#endif
    case SIGTERM:
    case SIGINT:
        Global::GetInstance()->IsStop = true;
        break;
}
```

Linux 下的信号种类繁多，这里不逐一举例，有一个重点需要处理的信号是 SIGTERM。这是一个中断信号，也就是说在程序收到 SIGTERM 信号时，系统正在强制中断我们的程序，这个时候对于程序来说，收到这个消息之后需要做一些退出前的善后操作。

在本例中，ServerApp 类初始化时，注册信号处理函数，收到信号之后将 Global::IsStop 的值设为 true，表示进程处于关闭状态。

关键点 2：停止所有线程

收到停止信号之后，Global::IsStop 为 true 时，需要安全退出所有子线程。下面的代码展示了完整停止主循环的处理方式。

```
void ServerApp::Run() const {
    while (!Global::GetInstance()->IsStop) {
        UpdateTime();
        _pThreadMgr->Update();
        std::this_thread::sleep_for(std::chrono::milliseconds(1));
    }
    // 停止所有线程
    std::cout << "stoping all threads..." << std::endl;
    bool isStop;
    do {
        isStop = _pThreadMgr->IsStopAll();
        std::this_thread::sleep_for(std::chrono::milliseconds(100));
    } while (!isStop);
    // 释放所有线程资源
    std::cout << "disposing all threads..." << std::endl;
    // 1.子线程资源
    bool isDispose;
    do {
        isDispose = _pThreadMgr->IsDisposeAll();
        std::this_thread::sleep_for(std::chrono::milliseconds(100));
    } while (!isDispose);
    // 2.主线程资源
    _pThreadMgr->Dispose();
}
```

在没有退出信号时，正常情况下，逻辑一直处于 while (!Global::GetInstance()->IsStop)这个主循环中，如果 IsStop 为真，就退出循环。随后等待所有线程退出之后，再退出主线程，如果退出主线程时有子线程没有完全退出，在 Linux 下就会抛出一个异常——terminate called without an active exception，一旦抛出异常，gprof 就不会生成 gmon.out 分析文件，因为程序没有真正退出。所以，在退出主线循环之后，检查一下子线程是否完全退出，如果完全退出，就关闭所有线程，以达到安全退出的目的。

现在按 Ctrl+C 组合键之后，向系统发起中断信号会触发安全退出，同时框架提供了一条命令来安全退出，即在控制台输入"exit"这样的命令退出程序。为此，工程中写了一个类 Console 来处理这种情况。无论是在 Windows 还是 Linux 下，输入"exit"进程都会安全退出。处理函数在 libserver 工程的 Console 类中，本书不再讨论它的实现，有兴趣可以直接查看源代码。

5.3.3　用 gprof 工具查看框架

下面用 gprof 查看程序的堆栈图，并查看其效率。本例的测试工程位于目录 05_03_engine_gprof 中。先以登录一个账号为例，退出之后查看一下生成的 gmon 文件。启动 login 进程，再启动 robots 进程，执行"login -a account"命令，代码如下：

```
[root@localhost bin]# ./robotsd
login -a test1
...
exit
```

输入"exit"退出程序之后得到了 gmon.out 分析文件。

关键点 1：时间函数

```
[root@localhost bin]# gprof -b robotsd gmon.out > output.txt
```

文件 output.txt 会生成函数调用列表，内容大致如下：

```
%      cumulative  self              self    total
time   seconds     seconds   calls   ms/call ms/call  name
14.29  0.01        0.01      69289   0.00    0.00
14.29  0.02        0.01      56047   0.00    0.00     std::mutex::lock()
14.29  0.03        0.01      26413   0.00    0.00     ...
14.29  0.04        0.01      13292   0.00    0.00     ThreadObject:: Update()
14.29  0.05        0.01      10875   0.00    0.00     ...
14.29  0.06        0.01      8125    0.00    0.00     Network::Update()
14.29  0.07        0.01      8120    0.00    0.00     Network::Epoll()
...
```

我们发现调用时长都是 0，原因是在使用多线程时 gprof 无法统计调用时长，但函数调用次数的统计结果是正确的。鉴于篇幅原因，无法将整个文件打印出来。分析这些数据，发现调用较多的有一个函数：std::chrono::duration，这是一个时间对比的函数。

分析一下代码，发现是因为 ServerApp::UpdateTime 函数在主线程会频繁调用，取得当前帧的系统时间。

标准库中的 std::chrono 可能没有想象中那么高的效率，下面来做个测试。目录 05_03_test_time 下包含测试代码：

```
[root@localhost 05_03_test_time]# cmake3 ./
[root@localhost 05_03_test_time]# make
```

在测试代码中定义了两个函数，分别对 std::chrono 和 Linux 下的 gettimeofday 函数进行了性能测试。执行 1000 万次调用，每一次都取出时间，单位为微秒。看一下测试源代码：

```
#define COUNT 10000000
long long time_interval(const struct timeval* start, const struct timeval* end){
    // 1秒 =10^6 微秒
    return ((end->tv_sec * 1000000ll) + end->tv_usec) - ((start->tv_sec *
1000000ll) + start->tv_usec);
    }
void fun2() {
    struct timeval start, end;
```

```
        gettimeofday(&start, nullptr);
        for (int i = 0; i < COUNT; i++) {
            auto timeValue = std::chrono::time_point_cast
<std::chrono::milliseconds>(std::chrono::system_clock::now());
            auto timeTick = timeValue.time_since_epoch().count();
        }
        gettimeofday(&end, nullptr);
        auto interval = time_interval(&start, &end);
        std::cout << "std::chrono spend:" << interval << " us " << interval * 0.000001
<< " s" << std::endl;
    }
    void fun1() {
        struct timeval start, end;
        gettimeofday(&start, nullptr);
        for (int i = 0; i < COUNT; i++) {
            struct timeval tv;
            gettimeofday(&tv, nullptr);
            auto timeTick = tv.tv_sec * 1000 + tv.tv_usec * 0.001;
        }
        gettimeofday(&end, nullptr);
        auto interval = time_interval(&start, &end);
        std::cout << "gettimeofday spend:" << interval << " us " << interval * 0.000001
<< " s" << std::endl;
    }
    int main(void) {
        fun2();
        fun1();
        return 0;
    }
```

看看它们的耗时：

```
[root@localhost 05_03_test_time]# ./test
std::chrono spend:5415714 us 5.41571 s
gettimeofday spend:664065 us 0.664065 s
```

调用 std::chrono 时，1000 万次耗时 5 秒，也就是一秒钟调用了 200 万次。这种耗时情况不会对整体框架产生严重影响，但是为了让其他耗时的调用突显出来，我们还是选择了 gettimeofday，毕竟调用 gettimeofday 比调用 std::chrono 快了 10 倍。gettimeofday 是 Linux 系统下的时间函数，定义在头文件 sys/time.h 中，定义如下：

```
int gettimeofday(struct timeval *tv, struct timezone *tz);
```

结构 timeval 在前面已介绍过，它的定义如下：

```
struct timeval {
    time_t     tv_sec;      /* seconds */
    suseconds_t tv_usec;    /* microseconds */
};
```

第二个参数是 timezone，用来取得时区：

```
struct timezone {
    int tz_minuteswest;    /* minutes west of Greenwich */
    int tz_dsttime;        /* type of DST correction */
};
```

因为不需要时区，所以这里可以传入 nullptr。现在可以对函数 ServerApp::UpdateTime 进行重构：

```
void ServerApp::UpdateTime() const {
#if ENGINE_PLATFORM != PLATFORM_WIN32
    struct timeval tv;
    gettimeofday(&tv, nullptr);
    Global::GetInstance()->TimeTick = tv.tv_sec * 1000 +  tv.tv_usec * 0.001;
#else
        auto timeValue =
std::chrono::time_point_cast<std::chrono::milliseconds>(std::chrono::system_cl
ock::now());
    Global::GetInstance()->TimeTick = timeValue.time_since_epoch().count();
#endif
    }
```

在 Windows 和 Linux 平台上做了不同的时间函数调用，在 Windows 下依然调用 std::chrono 库来获取时间。

关键点 2：堆栈图

```
[root@localhost bin]# gprof ./robotsd | gprof2dot -n10 -e10 | dot -Tpng -o
output.png
```

工具生成分析文件之后，可以生成调用堆栈图，因为程序的复杂度较高，生成的调用堆栈图也会非常复杂。如果我们想查看更为完整的调用图，则可以输入以下命令将其转成为 SVG 图。

```
[root@localhost bin]# gprof ./robotsd | gprof2dot -n0 -e0 | dot -Tsvg -o
output.svg
```

完整堆栈文件在 05_03_engine_gprof\bin\目录中。图 5-9 是主线程堆栈图，可以非常清晰地看到工程的结构。在 robots 主线程中放置了 RobotsMgr 类，该类是一个 NetworkConnector 类，在某些时刻与服务器进行通信，图 5-9 非常准确地展示了这一调用堆栈。

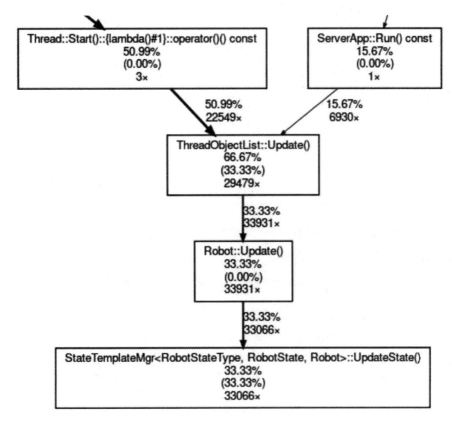

图 5-9　gprof 生成 robots 工程调用堆栈图

5.4　valgrind

在 Linux 上除了 gprof 外，还有一个内存检测工具 valgrind。该工具不需要注入特殊的源代码，在编译时需要 "-O0 -g" 参数，把代码优化等级降低即可。已下载一个较新的版本 valgrind 3.15.0，该包已放入本书源代码目录 dependence 中了。解压编译步骤如下：

```
[root@localhost dependence]# tar xf valgrind-3.15.0.tar.bz2
[root@localhost dependence]# cd valgrind-3.15.0/
[root@localhost valgrind-3.15.0]# ./configure
[root@localhost valgrind-3.15.0]# make
[root@localhost valgrind-3.15.0]# make install
[root@localhost valgrind-3.15.0]# valgrind --version
valgrind-3.15.0
```

最后一步，查看版本号。一切就绪之后，就可以在执行程序中直接调用了。下面还是以一个简单的例子切入，参考源代码在 05_04_valgrind 目录中。目录中有一个文件 test_valgrind.c，内容如下：

```
void f(void) {
    int* x = (int*)malloc(10 * sizeof(int));
    x[10] = 0;
}
int main(void) {
    f();
    return 0;
}
```

在这个例子中有两个问题：第一个问题是 x 的内存没有释放，第二个问题是 x[10]越界访问。我们编译一下，具体步骤如下：

```
[root@localhost 05_04_valgrind]# cmake3 ./
```

让 valgrind 启动可执行文件，命令如下：

```
[root@localhost 05_04_valgrind]# valgrind ./test_vd
...
==13781== Invalid write of size 4
==13781==    at 0x400710: f() (test_valgrind.cpp:6)
==13781==    by 0x400721: main (test_valgrind.cpp:11)
==13781== Address 0x5b07ca8 is 0 bytes after a block of size 40 alloc'd
==13781==    at 0x4C29E03: malloc (vg_replace_malloc.c:309)
==13781==    by 0x400703: f() (test_valgrind.cpp:5)
==13781==    by 0x400721: main (test_valgrind.cpp:11)
...
```

从上面的打印结果中可以看出，valgrind 非常明确地指出了这两处错误（包括错误所在的文件和行号），使用非常方便。在使用 valgrind 时默认的选项是 memcheck，即内存检查，但除了内存检查之外，valgrind 也提供一些其他的功能，可以通过 "--tool=tool name" 指定其他的工具。除了可以检查内存之外，valgrind 也可以输出调用堆栈。用 5.3 节的 gprof 工程为例来对比一下两者有何差异。进入 05_02_gprof 目录，执行如下命令：

```
[root@localhost 05_02_gprof]# valgrind --tool=callgrind ./test_pd
```

完成之后会发现目录中多了一个名为 callgrind.out.4171 的文件，其中 4171 是进程 ID，每次执行时的进程 ID 是不一样的，所以每次生成的文件都不一样。生成 PNG 堆栈图的命令如下：

```
[root@localhost 05_02_gprof]# gprof2dot -f callgrind -n10 -s
callgrind.out.4171 > valgrind.dot
[root@localhost 05_02_gprof]# dot -Grankdir=LR -Tpng valgrind.dot >
valgrind.png
```

图 5-10 是 valgrind 生成的堆栈图，可以结合 5.3 节 gprof 的堆栈图一起看。同一个工程中，valgrind 的输出比 gprof 的输出详细一些。还可以执行如下命令，让调用堆栈更详细：

```
gprof2dot -f callgrind -n0.05 -e0 -s callgrind.out.4171 > valgrind00.dot
```

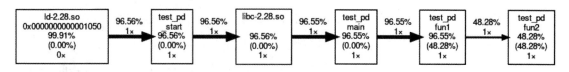

图 5-10　valgrind 堆栈图

该命令生成的 dot 节点详尽到底层库文件。生成图片的结果如图 5-11 所示。

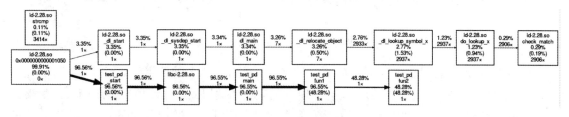

图 5-11　valgrind 堆栈详细图

由于纸质书页面宽度的限制，该插图不是特别清楚，读者可以在自己的计算机上生成一个详细图试试。在查看堆栈时，可以看到 Linux 底层的函数。关于 valgrind 的使用，可参阅它的官方说明。本书关于它的介绍就此结束，下面以本书的框架为例来看看 valgrind 工具可以做些什么优化。

使用 valgrind 工具查看框架

回到项目中，打开 05_03_engine_gprof 工程，在做 valgrind 测试时，最好把 CMakeLists.txt 中 grpof 使用的"-pg"参数去掉，使测试结果更客观一些。下面来看一下登录一个账号时，robots 进程产生的流程图。

```
[root@localhost bin]# valgrind --tool=callgrind ./robotsd
...
login -a test
```

退出 robots 进程之后，目录下生成了一个名为 callgrind.out.19023 的文件，19023 是进程号。执行如下命令生成调用堆栈图，如图 5-12 所示。

```
[root@localhost bin]# gprof2dot -f callgrind -n10 -s callgrind.out.19023 | dot
-Grankdir=LR -Tpng -o valgrind-10.png
```

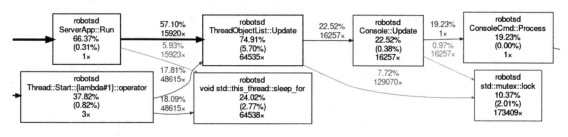

图 5-12　robots 堆栈图

读者可以按照实际步骤操作一下，看看生成图。因为纸质书页面宽度的关系，图 5-12 可能看不太清楚，去掉一些细节，修改参数 n50，新的结果如图 5-13 所示。

```
[root@localhost bin]# gprof2dot -f callgrind -n50 -s callgrind.out.19023 | dot
-Grankdir=LR -Tpng -o valgrind-50.png
```

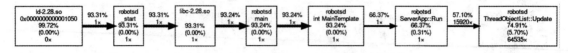

图 5-13　robots 堆栈图 n50

图 5-13 显示了耗时占 50%以上的所有调用，一些细枝末节的调用函数已经去掉了。-n50 就是这个意思，如果我们写成-n0，就会出现一张完整的调用图，显示所有调用函数。如果认真观察就会发现，在这张调用图中只有主线程的调用，而没有子线程的调用。如果需要查看子线程的调用，在生成 callgrind.out 分析文件时就需要加一个特别的参数"--separate-threads"，来看看批量登录 200 个账号的调用堆栈。

工程 login 使用 valgrind 命令启动，命令如下：

```
[root@localhost bin]# valgrind --tool=callgrind --separate-threads=yes ./logind
```

启动工程 robots，输入"login -ex test 200"，登录完成之后，login 进程打印"Login-Logined over"之后，按 Ctrl+C 组合键退出。查看目录，生成了 6 个文件：

```
-rw------- 1 root root        0 Dec 19 09:44 callgrind.out.3226
-rw------- 1 root root   807341 Dec 19 09:45 callgrind.out.3226-01
-rw------- 1 root root   460828 Dec 19 09:45 callgrind.out.3226-02
-rw------- 1 root root    24664 Dec 19 09:45 callgrind.out.3226-03
-rw------- 1 root root   227029 Dec 19 09:45 callgrind.out.3226-04
-rw------- 1 root root   227029 Dec 19 09:45 callgrind.out.3226-05
```

以数字后缀结尾的都是子线程的输出文件。为什么会有 5 个线程呢？

（1）在 ServerApp 初始化的时候创建了 3 个子线程。

（2）CMD 启动了一个线程。

（3）主线程。

在工程中提供了一个 Shell 脚本来批量生成图片，在 bin 目录下，这个脚本的文件名为 gen_png.sh。脚本的目的就是遍历目录下的 callgrind.out 文件，生成相对应的图片。执行 gen_png.sh 10，让耗时占 10%的函数都显示出来：

```
[root@localhost bin]# ./gen_png.sh 10
gprof2dot -f callgrind -n10 -s callgrind.out.3226 | dot -Grankdir=LR -Tpng -o
valgrind-3226-n10.png
gprof2dot -f callgrind -n10 -s callgrind.out.3226-01 | dot -Grankdir=LR -Tpng
-o valgrind-3226-01-n10.png
gprof2dot -f callgrind -n10 -s callgrind.out.3226-02 | dot -Grankdir=LR -Tpng
-o valgrind-3226-02-n10.png
```

```
    gprof2dot -f callgrind -n10 -s callgrind.out.3226-03 | dot -Grankdir=LR -Tpng
-o valgrind-3226-03-n10.png
    gprof2dot -f callgrind -n10 -s callgrind.out.3226-04 | dot -Grankdir=LR -Tpng
-o valgrind-3226-04-n10.png
    gprof2dot -f callgrind -n10 -s callgrind.out.3226-05 | dot -Grankdir=LR -Tpng
-o valgrind-3226-05-n10.png
```

运行之后，就得到 5 张图，valgrind-3226.png 是张空白图，因为 callgrind.out.3226 文件是一个空文件。下面简短说明生成图的细节。

关键点 1：主线程堆栈图

在主线程中只有一个时间更新函数，所以它的调用相对简单。

在图 5-14 中，ThreadObjectList::Update 占用时间为 18% 左右，而 sleep_for 约为 14%，两者数据相当，说明主线程中一帧的执行时间大约与 sleep_for 的时长相差无几。

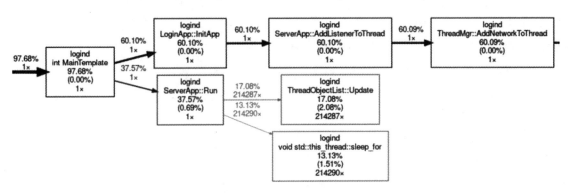

图 5-14 login 主线程堆栈图

关键点 2：子线程堆栈图

每个子线程堆栈图都不一样，因为对象不同，调用堆栈图就不一样。图 5-15 是其中一个子线程堆栈图的展示图，在这个线程中，正好有 HttpRequest 类，可以看出其中 50% 以上的运行时间被 HttpRequest::Update 占用了，就是对外验证账号的功能占用了大部分运行的时间。值得说明的是，libcurl 库的实际运行效率并不低，只是我们目前的这个程序功能太少，因而它的耗时占比被凸显了出来。

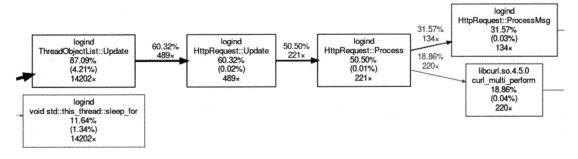

图 5-15 login 子线程堆栈图

更多的图就不在本书中分析了。读者可以手动查看一下这些图，从这些堆栈图中进一步加深对于框架结构的理解。

到目前为止，我们通过例子展示了如何查看代码的执行效率，Windows 和 Linux 系统下的工具都有其独特性，有时可以结合起来一起使用。现在功能还比较少，瓶颈不是太明显。在工作中，随着功能的增多，在开发后期可以多次、反复使用这些工具来提升整体执行性能。

5.5　对　象　池

前面介绍了使用工具来检查性能瓶颈。工具只是我们的手段，但想要从本质上提升性能，还需要从流程或数据结构上下功夫。5.2 节介绍了两个数据结构，本节将介绍另一个重要的组织数据方式——对象池。

如果读者曾手动执行过 valgrind 工具，可能会有这种经历，就是在执行 valgrind 时看到提示信息弹出来提醒我们，程序存在内存泄漏问题。用 valgrind 启动 login 工程，进入 05_03_engine_gprof 目录中，编译后在 bin 目录执行如下命令：

```
[root@localhost bin]# valgrind --tool=memcheck --leak-check=full ./logind
```

启动 robots，正常登录一个账号，在 login 进程中，按 Ctrl+C 组合键退出，这时可以看到很多打印信息，提示我们有内存泄漏问题。比如这一段：

```
==15541==    at 0x4C2A462: operator new(unsigned long)
(vg_replace_malloc.c:344)
==15541==    by 0x448433: LoginObjMgr::AddPlayer(...) (login_obj_mgr.cpp:27)
==15541==    by 0x444063: Account::HandleAccountCheck(Packet*)
(account.cpp:56)
```

每一次有新账号登录时，都会创建一个 LoginObj 类来保存当前玩家的登录数据，但是这个 LoginObj 实例用完之后没有被释放。在前面的例子中，为了突出重点逻辑，没有管理内存对象，都只是创建了对象，使用过后都没有释放对象。本节要引入一个非常重要的概念——对象池。

那么，什么是对象池呢？

所谓池，一定是众多的。可以这样理解对象池，就是提前生成若干个对象实例并放在池中，在需要时提出，不需要时重新回到池中。对象池的好处在于不需要频繁地创建和销毁对象。

5.5.1　对象池代码分析

本节的源代码位于 05_05_pool 目录中，在框架中实现了对象池，原则是预先生成一定数量的对象，有需要的时候从对象池中取一个出来，用完之后再归还到对象池中。需要用时随用随取，而不是每次使用时创建对象。在框架后期几乎所有对象都从对象池中取出使用，框架使用对象池的另一个作用是对内存中的对象严密监控。下面分析一下具体的代码。

关键点 1：对象池对象基类

首先为了规范所有对象池中的对象，规定每个在对象池中的对象都需要继承自 ObjectBlock 类。其定义在 libserver 工程的 object_block.h 文件中。

```
class ObjectBlock :virtual public SnObject, virtual public IDisposable {
public:
    ObjectBlock(IDynamicObjectPool* pPool);
    virtual void Dispose() override;
    virtual void BackToPool() = 0;
protected:
    IDynamicObjectPool* _pPool{ nullptr };
};
```

从定义中可以看到每个想放入对象池的对象需要自己实现一个虚函数 BackToPool。不再需要该对象、归还该对象时调用该函数。该函数的作用是清空对象内的内存数据，而清空的具体数据由对象自己控制。

关键点 2：对象池类

对象池的类在 object_pool.h 文件中，定义如下：

```
template <typename T>
class DynamicObjectPool :public IDynamicObjectPool {
public:
    template<typename ...Targs>
    T* MallocObject(Targs... args);
    void Update() override;
    void FreeObject(ObjectBlock* pObj) override;
    ...
private:
    std::mutex _freeLock;
    std::queue<T*> _free;

    std::mutex _inUseLock;
    CacheRefresh<T> _objInUse;
};
```

把细枝末节的函数和属性去掉，看看它主要的属性和函数。在对象池中管理着两个集合：其中一个是队列 free，作用是存放对象池未使用的对象；另一个是列表 objInUse，存放对象池正在使用的对象。对象池中未使用的对象集合 free 的类型为 std::queue，因为是全局数据，所以每个线程都可能访问该数据，操作该数据时需要加锁。已使用对象则是由 CacheRefresh 模板来维护的。模板 CacheRefresh 中有 3 个队列：Add、Remove 和 Reader。当一个对象进入 Add 队列中时，说明它被唤醒了。而一个对象进入 Remove 队列中，说明它的生命周期已经结束，可以回收了。

对象池中的两个重要函数：MallocObject 和 FreeObject。MallocObject 函数分配一个对象，这个函数是一个变量函数。原因在于，每一个对象从对象池中唤醒时，需要传入的参数不同。而 FreeObject 函数是在对象用完之后归还到对象池中时调用。两个函数分别用来分配和释放对象。

图 5-16 展示了 ConnectObj 对象生成与销毁时，调用这两个函数与对象池中两个集合之间的关系。

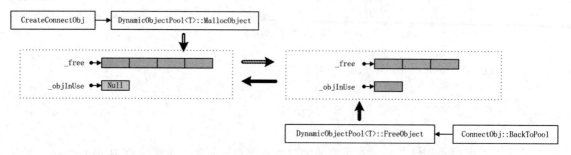

图 5-16   对象池的内存对象

图 5-16 中的灰色表示一个可使用的对象。从对象池中取出一个对象时，调用 MallocObject 函数，就从 free 队列中拿走一块数据，该对象放入 objInUse 管理。对象用完之后，调用 FreeObject 函数再次回到对象池中。

关键点 3：从对象池中创建对象

当需要从对象池中获取一个对象时，调用 MallocObject 函数，得到一个没有使用的对象，然后进行初始化。函数 MallocObject 的实现如下：

```cpp
template <typename T>
template <typename ... Targs>
T* DynamicObjectPool<T>::MallocObject(Targs... args) {
    _freeLock.lock();
    if (_free.size() == 0) {
        CreateOne();
    }
    auto pObj = _free.front();
    _free.pop();
    _freeLock.unlock();
    pObj->ResetSN();
    pObj->TakeoutFromPool(std::forward<Targs>(args)...);
    _inUseLock.lock();
    _objInUse.GetAddCache()->push_back(pObj);
    _inUseLock.unlock();
    return pObj;
}
```

缓存不够时调用 CreateOne 函数，增加一个实例，也可以批量增加。将空闲的对象从队列 free 中取出，加入 objInUse 集合中。对取出的对象做了两件事情：

```
pObj->ResetSN();
pObj->TakeoutFromPool(std::forward<Targs>(args)...);
```

函数 ResetSN 将对象的 SN 做了重置。另一个函数 TakeoutFromPool 是一个变参函数。每一种对象需要的初始数据不同，无法给一个定值，这里使用了变参。这个 TakeoutFromPool 函数可能是 TakeoutFromPool(int, int)，也可能是 TakeoutFromPool(std::string)，这是由于不同的类有不同的处理方式。下面来看一个实例，在本例中，我们对 ConnectObj 进行了对象池的处理。

```
class ConnectObj : public ObjectBlock {
    ...
    void TakeoutFromPool(Network* pNetWork, SOCKET socket);
    virtual void BackToPool() override;
}
```

作为对象池对象，ConnectObj 类需要实现 TakeoutFromPool 函数和 BackToPool 函数，一个是将对象从池中带走时进行初始化，另一个是回归到池中之前进行清理工作。整理一下思路：

（1）首先 ConnectObj 类需要从 ObjectBlock 类继承，并实现两个函数，用于进出对象池时的操作。

（2）修改 ConnectObj 被创建的代码，从单纯的创建操作变成从对象池中获取。其代码如下：

```
void Network::CreateConnectObj(SOCKET socket) {
    auto pConnectObj = DynamicObjectPool<ConnectObj>::GetInstance()->
MallocObject(this, socket);
    ...
}
```

（3）当要销毁一个 ConnectObj 时，不再对其进行 Delete 操作，而是进行 Dispose 操作。ConnectObj 类没有重载 Dispose 函数，调用的是基类的 ObjectBlock::Dispose 函数，其实现代码如下：

```
void ObjectBlock::Dispose() {
    BackToPool();
}
```

ObjectBlock 调用了一个虚函数 BackToPool，ConnectObj 对这个虚函数的实现如下：

```
void ConnectObj::BackToPool() {
    if (!Global::GetInstance()->IsStop) {
        // 通知其他对象有 Socket 中断了
        Packet* pResultPacket = new Packet(Proto::MsgId::MI_NetworkDisconnect,
_socket);
        MessageList::DispatchPacket(pResultPacket);
    }

    _pNetWork = nullptr;
    _socket = INVALID_SOCKET;
    _recvBuffer->BackToPool();
```

```
    _sendBuffer->BackToPool();
    _pPool->FreeObject(this);
}
```

每个类对于 BackToPool 函数的实现都不相同，在 ConnectObj 类中，在这个函数中做了 3
件事：

（1）当一个网络层对象关闭时，向整个框架发送了一条 MI_NetworkDisconnect 协议，向
系统广播有一个 Socket 断线了。至于这个协议是由谁去处理的，网络层对象并不关心。

（2）将接收和发送缓存数据重置，注意这两个缓存是被创建出来的，但是这里并没有释
放缓存数据，而只是重置了缓存位置。

（3）调用对象池的 FreeObject 函数，告诉对象池可以将其回收了。

关键点 4：回收对象

在对象不再使用之后，将它放到 objInUse 对象的 Remove 队列中，后续的处理是在对象
池的 Update 中进行的。也就是说，在回收对象时，并不是马上就回收，而是会等待一帧，收
集在这一帧所有需要回收的对象，等到下一帧统一进行回收，数据统一处理可以节省一些开销。
回收处理在对象池管理模板类帧函数中，实现如下：

```
template <typename T>
void DynamicObjectPool<T>::Update() {
    std::list<T*> freeObjs;
    _inUseLock.lock();
    if (_objInUse.CanSwap()) {
        freeObjs = _objInUse.Swap();
    }
    _inUseLock.unlock();
    std::lock_guard<std::mutex> guard(_freeLock);
    for (auto one : freeObjs) {
        _free.push(one);
    }
}
```

当 objInUse 对象的 Remove 队列中有数据时，必然会触发 objInUse.Swap 函数，这个函数
将新生成的对象加入 Reader 队列中，同时将 Remove 队列中的数据从 Reader 队列中删除。该
函数返回的数据就是被删除的数据队列，再将这些已经不用的数据重新放回到对象池的 free
队列中，等待下次使用。

DynamicObjectPool<T>::Update 函数是在主线程的 ServerApp::Run 函数中被触发的。这里
不再展示代码，有兴趣的读者可以直接查看工程的源代码。

5.5.2　使用 cmd 命令查看对象池

在 05_05_pool 工程中新增了一条指令查看当前的对象池状态，输入 "pool -show" 就可以

查看 ConnectObj 对象池中现有多少数据。当 login 进程接收完 300 个登录请求之后，输入"pool
-show"指令，控制台输出如下：

```
[root@localhost bin]# ./logind
pool -show
***************************
pool total count: 201
free count:        0
in use count:      201
total call:        201
```

当前对象池中一共有 201 个对象，使用中的对象为 201 个，空闲对象是 0 个。total call 意
味着程序调用对象池的总次数。在 robots 进程中创建了 200 个 Robot 类，这里为什么会有 201
个 ConnectObj 对象呢？因为 RobotMgr 也创建了一个连接。使用 Ctrl+C 组合键关闭 Robots 进
程之后，再来看一下对象池的情况，login 进程控制台输出如下：

```
pool total count: 201
free count:        201
in use count:      0
```

可以看到，201 个对象全部回到对象池中，使用中的对象为 0 个。pool 指令的工作流程这
里不再详细介绍，有兴趣的读者可以查看源代码，其定义在 console_cmd_pool.h 文件中。

05_05_pool 工程并不是一个完美的工程，有关 Packet 的内存泄漏并没有处理。以 ConnectObj
的使用来简要说明对象池的使用方式，除了 ConnectObj 之外，在后面的框架中，将会对框架中
的对象启用对象池，以方便管理和查看对象，同时方便查看是否有内存泄漏的情况。

5.6　总　　结

本章使用工具查看框架的性能，引入了提高性能的数据结构和对象池。对于工具讲得比
较简略，作为工具来讲，需要在使用过程中不断累积经验。本章我们放慢了编码速度，优化了
数据与结构，是为了第 6 章要引入的全新概念打下基础，那就是 ECS 框架。

第6章

搭建 ECS 框架

在之前的章节中，我们已经大致了解了服务器在多线程下的工作流程，引入了一些可以提高效率的数据结构，也加入了一个简单的对象池，虽然没有将游戏的整个过程编写完整，但基于目前的框架完全可以开发出一个多进程、多线程的游戏。

简单来说，不论是多线程还是单线程，不断更新逻辑，对每个对象执行 Update 操作，是目前比较常用的一种框架体系。但这个框架中有一些问题，例如需要每一个对象都继承自 ThreadObject 类，如果功能复杂，就可能出现虚继承的情况。代码越写越多，其复杂度越来越高，继承的层数也会变得更深，这给编码带来了不小的麻烦。

在此基础上，本章引入一个新的架构思路——ECS 框架，从 ECS 的基本概念开始，在改动极少的情况下完成一次框架重构。本章包括以下内容：

- 了解什么是 ECS。
- 重构框架，引入 ECS 的设计思路，并与线程结合起来。
- 增加服务端配置文件。
- 增加服务端日志功能。

6.1　一个简单的 ECS 工程

ECS 的全称为 Entity Component System，Entity 是实体，Component 是组件，System 则指系统。Entity 中可以包括无数个 Component，具备某组件便具有某功能，而 System 是控制这些组件的动作。

ECS 和我们之前的框架有什么区别呢？我们用图 6-1 来详细说明这一区别。在之前的框架中，线程或者进程上会存在很多 Object（对象），这些 Object 都是继承自 ThreadObject，这带来了一个问题，并不是所有在线程上存在的实例都需要 Update 帧操作，例如 login 工程中的 Account 类虽然继承了 ThreadObject，也实现了 Update 函数，但这个函数是空的。继承自 ThreadObject 的类都需要实现 Update 函数，所以这里只能写一个空函数。

为了解决空函数的问题，提出了一个 System 框架，在 System 中定义了几种类型的动作。例如 InitializeSystem 是初始化动作，UpdateSystem 是更新系统，每一个动作都是一个接口。这意味着一个对象可以实现按需定义，如果需要初始化就实现 InitializeSystem 接口，如果需要 Update 就实现 UpdateSystem 接口。

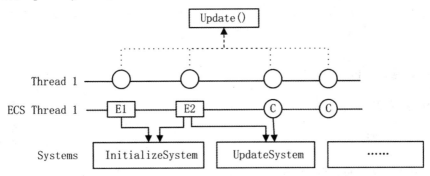

图 6-1　旧框架与 ECS 框架对比

以图 6-1 为例，实体 E1 实现了 InitializeSystem 动作，而 E2 同时实现了 InitializeSystem 和 UpdateSystem 需要的接口，组件 C 仅实现了 UpdateSystem 需要的接口。对于 UpdateSystem 来说，它需要更新的只有 E2 和 C 对象。

优化后的框架中有一系列实体，每个实体都可以根据自己的需求来选择，以是否需要有这个动作来决定是否实现这些接口。

需要说明的是，这个解决方案并不是 ECS 的最终模型，但是可以从这个思路开始理解 ECS，从面向对象过渡到组件式编程。本章中，我们重构的框架是一种折中方案，以便读者可以快速了解 ECS 中的实体与组件。在后面的章节会逐步重构当前框架，重构是一个循序渐进的过程，这个过程并不能一步到位。在每个例子中，为了方便读者由浅入深地理解 ECS 框架的原理，理解这些实体、组件和系统的作用，会尽量讲述"它为什么会变成这样"的过程，即编程思路。

在将 ECS 引入框架之前，先用一个简单的 ECS 框架例子来认识一下它。

本节的源代码位于 06_01_ecs 目录中。

6.1.1　组件类 Component

组件类 Component 定义在 component.h 文件中，其定义如下：

```cpp
class Component {
public:
    virtual ~Component() = default;
    virtual void Dispose() = 0;
    void SetParent(Entity* pObj);
    Entity* GetParent() const;
    long GetSN() const;
    void SetSN(const long sn);
private:
```

```
    Entity* _parent{ nullptr };
    long _sn{ 0 };
};
```

作为一个基类，Component 的数据非常少，每个组件都有一个唯一标识 SN 和一个父对象指针，这个指针并不一定赋值，也就是说组件也有可能没有父类。组件的父类一定是一个实体，组件不能成为组件的父类，一个类有了组件则一定是实体。

6.1.2　实体类 Entity

实体类 Entity 定义在 entity.h 文件中，其定义如下：

```
class Entity :public Component {
public:
    void Dispose() override;
    void AddComponent(Component* obj);
    template<class T>
    T* GetComponent();
protected:
    std::map<long, Component*> _components;
};
```

在 Entity 类中实现了一个增加组件的函数 AddComponent，它将一个组件绑定到 Entity 中。Entity 本身也是一个 Component，也就是说它可以作为其他 Entity 的组件。

那么，问题来了，如何判断一个类该定义为组件还是实体呢？简单来说，如果一个类中还需要有组件，它就是一个实体，如果一个类中不需要再有更小的组件，它就是一个基本的组件。

6.1.3　系统类 System

最后，我们定义 System 的接口，其定义在 system.h 文件中：

```
class ISystem {
protected:
    ISystem() = default;
public:
    virtual ~ISystem() = default;
};
class IInitializeSystem : virtual public ISystem {
protected:
    IInitializeSystem() = default;
public:
    virtual ~IInitializeSystem() = default;
    virtual void Initialize() = 0;
};
class IUpdateSystem : virtual public ISystem {
```

```
protected:
    IUpdateSystem() = default;
public:
    virtual ~IUpdateSystem() = default;
    virtual void Update() = 0;
};
```

这里定义了两个系统，一个是 IInitializeSystem，另一个是 IUpdateSystem，它们分别实现初始化和更新操作。这两个系统的功能依然采用继承方式。

6.1.4　管理类 EntitySystem

为了维护 Entity 和 Component 类，需要一个管理类 EntitySystem，其定义在 entity_system.h 文件中，定义如下：

```
class EntitySystem {
public:
    template <class T, typename... TArgs>
    T* CreateComponent(long sn, TArgs&&... args);
    virtual bool Update();
    void Dispose();
protected:
    std::list<IInitializeSystem*> _initializeSystems;
    std::list<IUpdateSystem*> _updateSystems;
};
```

在 EntitySystem 类中提供了 CreateComponent 函数来创建一个组件或实体，因为每一个类的构造函数参数不同，所以这是一个多参的创建函数，其实现代码如下：

```
template<class T, typename ... TArgs>
T* EntitySystem::CreateComponent(TArgs&& ... args) {
    std::cout << "create obj:" << typeid(T).name() << std::endl;
    auto component = new T(std::forward<TArgs>(args)...);
    const auto objInit = dynamic_cast<IInitializeSystem*>(component);
    if (objInit != nullptr) {
        _initializeSystems.push_back(objInit);
        return component;
    }
    // 有些组件可能不需要 IInitializeSystem，直接进入 UpdateSystem
    const auto objUpdate = dynamic_cast<IUpdateSystem*>(component);
    if (objUpdate != nullptr) {
        _updateSystems.push_back(objUpdate);
        return component;
    }
    return component;
}
```

　　在上面的代码中，新建组件之后，判断它属于哪一个系统，如果是 IInitializeSystem，就加到维护 IInitializeSystem 对象的集合中。如果一个组件进入 IInitializeSystem 队列中，就不再进入其他队列中了，只有初始化完成之后它才进入后继的系统中，后续的功能就交给帧函数 EntitySystem::Update。其实现如下：

```
bool EntitySystem::Update() {
    // 初始化
    while (_initializeSystems.size() > 0) {
        auto pComponent = _initializeSystems.front();
        pComponent->Initialize();
        _initializeSystems.pop_front();

        const auto objUpdate = dynamic_cast<IUpdateSystem*>(pComponent);
        if (objUpdate != nullptr)
            _updateSystems.push_back(objUpdate);
    }
    for (auto& iter : _updateSystems) {
        iter->Update();
    }
    return true;
}
```

　　函数 EntitySystem::Update 会查看初始化列表中是否有数据，如果有就进行处理。初始化完成之后，对象如果有 IUpdateSystem 接口，就加入 UpdateSystem 集合中。一定要先初始化之后再进入 UpdateSystem 集合中。在初始化中，我们可以检查依赖项是否存在，只有当所有条件都准备好了，一个组件或实体才被认为初始化成功。

　　原因很简单，如果有两个类 A 和 B 都实现了 UpdateSystem 接口，在 A 类的 Update 函数中，我们需要用到 B 类的对象，伪代码如下：

```
A::Update () {
    auto pB = GetComponet<B>();
    ...
}
```

　　如果没有经过初始化的依赖判断，在执行上面的代码时，有可能 B 类的对象并不存在。使用一个变通的方式来解决这个问题，伪代码如下：

```
A::Update(){
    If (!HasComponet<B>()){
        Auto pB = GetComponet<B>();
        ...
    }
}
```

如果一个 Update 函数中每次都要判断 B 类的对象是否存在，显然是不合理的。因此，如果有依赖，就先在初始化的时候处理。

6.1.5　测试

清楚了几个大类的定义与职责，执行本小节中的例子，以便更清楚地了解各类之间是如何配合工作的。在工程 06_01_ecs 目录中，main 函数的定义如下：

```
int main() {
    EntitySystem eSys;
    auto pEntity1 = eSys.CreateComponent<TestEntityWithInitAndUpdate>();
    auto pEntity2 = eSys.CreateComponent<TestEntityWithUpdate>();

    const auto pCInit = eSys.CreateComponent<TestCInit>();
    pEntity1->AddComponent(pCInit);

    const auto pCUpdate = eSys.CreateComponent<TestCUpdate>();
    pEntity2->AddComponent(pCUpdate);

    while (true) {
        eSys.Update();
    }
}
```

在主函数中创建了两个实例：TestEntityWithInitAndUpdate 和 TestEntityWithUpdate。与它们的名字一样，前一个是继承了两个接口的实体，后一个是继承了 Update 接口的实体。同时，在这两个实体上分别创建了组件 TestCInit 和组件 TestCUpdate。

先来看一下程序结果，编译一下：

```
[root@localhost 06_01_ecs]# cd ecs/
[root@localhost ecs]# cmake3 ./
[root@localhost ecs]# make
[root@localhost ecs]# ./ecsd
create obj:27TestEntityWithInitAndUpdate        // 创建类
create obj:20TestEntityWithUpdate               // 创建类
create obj:9TestCInit                           // 创建类
create obj:11TestCUpdate                        // 创建类
P27TestEntityWithInitAndUpdate::Initialize      // 执行了初始化函数
P9TestCInit::Initialize                         // 执行了初始化函数
P20TestEntityWithUpdate::Update                 // 执行了更新函数
P11TestCUpdate::Update                          // 执行了更新函数
P27TestEntityWithInitAndUpdate::Update          // 执行了更新函数
```

在 Linux 下，类的名字前面有一些随机字符，可以忽略掉。所有的 Entity 和 Component 的生成都是由 EntitySystem 来管理的。组件和实体是相互独立的，但是因为我们执行了 AddComponent，组件和实体又是可以相互访问的。按照面向对象框架的做法，如果 TestCUpdate 类需要执行

Update，就需要由它的父类来调用，但是现在这层逻辑变得扁平化，是统一由 EntitySystem 来执行的，而它的父类可能连 Update 事件也没有，降低了实体与其组件之间的复杂度。

这个简单的例子也许和我们最终的框架相差甚远，但在这个例子中，我们看到了实体、组件与系统的关系，组件依附于实体，但却不依赖于它。同时，在本例中还做了一个简单的System，这个 System 中有两个事件：一个是初始化，另一个是更新。下面我们来看看如何将这些内容引入之前的框架中。

6.2　基于 ECS 框架的 libserver

ECS 框架是一个整体，如果在本书之前的多线程框架中加入一个 ECS 框架就必须加锁，加锁会引起工作量和效率的连锁反应，所以要将 ECS 框架思路引入线程中，就需要每一个线程都有一个 ECS 架构，也就是说每个线程中都有一个 EntitySystem 来管理线程中的对象。图 6-2 是对象与 EntitySystem 的分布图。

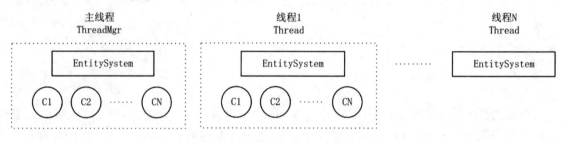

图 6-2　对象与 EntitySystem 的分布图

每个子线程都是 ECS 架构，主线程也是一个 ECS 架构。

主线程中的 EntitySystem 用来管理全局对象。所谓全局数据，是生成之后一般不会改变的数据。就像后面会加入的游戏逻辑配置读取、服务器配置读取这种全局数据，放到主线程中。这些数据有一个特点，一旦生成就不会发生改变，不存在线程冲突，不需要加锁，是可以共享给其他线程使用的。要把旧的 libserver 修改为如上框架，需要修改的功能点如下：

（1）现在我们不再需要基类 ThreadObject，而由 Entity 或者 Component 来替代它。

（2）线程管理类 ThreadMgr 作为一个主线程的对象，它除了管理线程之外，还需要继承EntitySystem 类，在主线程中也有全局的 Entity 或者 Component 类需要管理。

（3）线程类 Thread 需要集合 EntitySystem 类的功能，Thread 管理 std::thread 对象，而基类 EntitySystem 打理线程中的对象。

（4）增加一些基础的 System 类，例如 UpdateSystem 和 MessageSystem，用于更新和处理消息。

在新的 ECS 框架中，生成对象是由 EntitySystem 对象统一来生成的，生成对象的同时需要对这些对象的特征进行分析，放置到不同的系统中，新对象是否实现了 IMessageSystem 接口决定了它是否需要进行消息处理，实现了 IUpdateSystem 接口决定了它需要每帧更新。

6.2.1　通过字符串动态创建类

在开始重构前需要解决几个棘手的问题，其中一个就是类的动态创建。回顾一下在 login 工程中生成线程包裹类的流程。以 Account 类为例，代码如下：

```
void LoginApp::InitApp() {
    ...
    Account* pAccount = new Account();
    _pThreadMgr->AddObjToThread(pAccount);
}
```

上面的代码中，先是新建一个 Account 对象，然后将这个对象放到某个线程中去。现在这种方式不再适合了。

因为在新框架中有了 EntitySystem，用于维护和创建对象，所有的类都在这里被创建和销毁，以方便管理。首先，我们不希望这条规则被破坏，其次，如果需要跨线程创建对象，就存在加锁的问题。实际上，跨线程创建的对象非常有限，为了一些有限的类，每帧都要加锁，显然是一个不值得的事情。

因此，我们要解决一个问题，如何根据一个字符串（类名）创建一个类。如果解决了这个问题，就可以向指定的线程发送一个类名，由线程中的 EntitySystem 自己去创建这个类，这样就不会存在加锁的问题。图 6-3 对比了这两种方式的不同。

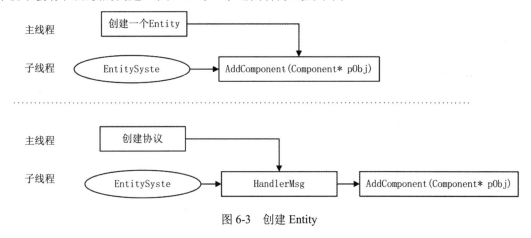

图 6-3　创建 Entity

本书整个框架是基于 Actor 模式的，实例只接收消息，不开放任何其他函数给外部调用，所以有一个最优选择——当需要创建对象时，依然采用消息的方式。

如果直接加锁修改 EntitySystem 中的对象，产生的后果就是在 EntitySystem 相关的地方都需要加锁。使用消息的方式，EntitySystem 类中不用加锁，因为对象的增加、删除操作都在 Update 函数中进行。因此，通过协议创建类就显得十分必要。分析一下协议创建类的流程，有几个重点需要进行突破：

（1）注册。用类名进行注册绑定，否则程序如何知道传入"classname"是生成 Class1 对象，而不是生成 Class2 对象。

（2）写一个生成类的协议。有了注册信息后，就可以根据协议传入的数据生成一个对象。下面来看看在 C++中如何实现它。为了便于理解，将测试生成这一部分的代码独立出来，单独放在 06_02_class_factory 目录中。

关键点 1：准备工作

在测试工程中，准备两个需要动态生成的类，定义在文件 Test1.h 中，名为 Test1 和 Test2，其定义如下：

```cpp
class Test1 : public Component {
public:
    Test1( const std::string p1 ) {
        std::cout << "create test1. p1:"<< p1.c_str( ) <<std::endl;
    }
};

class Test2 : public Component {
public:
    Test2( const int p1 ) {
        std::cout << "create test2. p2:"<< p1<<std::endl;
    }
};
```

两个类都继承自组件 Component 类，Test1 和 Test2 的构造函数的参数完全不同。在两个类的构造函数中都写了打印信息，便于区分在执行中的数据是否正常。

关键点 2：类工厂

ComponentFactory 类定义在 ComponentFactory.h 文件中。类工厂的作用是为需要生成的类注册其生成函数，并在适当的时机进行调用以生成实例。这是一个模板类，定义如下：

```cpp
template<typename ...Targs>
class ComponentFactory {
public:
    bool Regist( const std::string& strTypeName, std::function<Component*
( Targs&&... args )> pFunc );
    Component* Create( const std::string& strTypeName, Targs&&... args );

private:
    std::unordered_map<std::string, std::function<Component*( Targs&&... )>>
_map;
};
```

ComponentFactory 类提供了 Regist 和 Create 两个函数，分别用于注册和创建。Regist 注册函数的代码如下：

```
template<typename ...Targs>
bool ComponentFactory<Targs...>::Regist(const std::string& strTypeName,
std::function<Component* (Targs&& ... args)> pFunc) {
    if (nullptr == pFunc) {
        return (false);
    }
    const bool bReg = _map.insert(std::make_pair(strTypeName, pFunc)).second;
    return (bReg);
}
```

Regist 函数传入一个字符串与一个 std::function 参数，并将它们一对一保存到字典中，字符串即类名，std::function 函数则是这个类的生成函数。对于每一个注册的类，有一个专门的生成函数。

在类工厂中进行注册之后，需要创建时，调用 Create 函数，同时传入创建参数，就可以生成对应的实例。Create 创建函数的代码如下：

```
template<typename ...Targs>
Component* ComponentFactory<Targs...>::Create(const std::string& strTypeName,
Targs&& ... args) {
    auto iter = _map.find(strTypeName);
    if (iter == _map.end()) {
        return (nullptr);
    } else {
        return (iter->second(std::forward<Targs>(args)...));
    }
}
```

创建时，直接调用了与类名对应的函数，那么这个函数是如何产生的呢？

关键点 3：注册类

了解了工厂创建类，再来看一下注册类 RegistCreator。该类的作用是为每一个类提供一个静态创建函数，并在工厂类中注册。其定义在 RegistCreator.h 文件中。

```
template<typename T, typename...Targs>
class RegistCreator {
public:
    RegistCreator() {
        std::string strTypeName = typeid(T).name();
        ComponentFactory<Targs...>::Instance()->Regist(strTypeName,
CreateObject);
    }
    static T* CreateObject(Targs&& ... args) {
        return new T(std::forward<Targs>(args)...);
    }
};
```

注册类看上去没有几行，却非常重要。RegistCreator 是一个模板类，该模板类有两个参数类型：一个是 typename T，是需要注册的类的类型；另一个是变参，是该类的构造函数参数。因为完全不知道这些类的构造函数是什么样的，所以采用变参的方式。

RegistCreator 的构造函数中调用 typeid 函数取得类的类名，调用类工厂进行注册。每个不同的模板都有一个静态类 CreateObject，这个函数就是该类的创建函数。在向类工厂进行注册的时候，向 ComponentFactory<Targs...>传入了当前 CreateObject 函数实例。

上面的代码中，ComponentFactory<Targs...>::Instance()这个实例就是按参数类型生成的实例。初次看这段代码，读者也许有一点疑惑。一般来说，编写类模板函数的时候，采用的方式多半是以类型为参数的模板，即 ComponentFactory<Class>::Instance()。但在上面的代码中，类工厂却是采用按参数生成实例的方式，目的是减少实例生成的个数。

关键点 4：使用

打开 ClassFactory.cpp 文件，查看 main 函数：

```
template<typename ...Targs>
Component* CreateComponentr( const std::string& strTypeName, Targs&&... args){
    Component* p = ComponentFactory<Targs...>::Instance( )->
Create( strTypeName, std::forward<Targs>( args )... );
    return( p );
}
int main( ) {
    // 声明 Test1、Test2 的创建方式
    RegistCreator<Test1, std::string>( );
    RegistCreator<Test2, int>( );
    // 创建
    CreateComponentr( typeid( Test1 ).name( ), std::string( "Test1" ) );
    CreateComponentr( typeid( Test2 ).name( ), 2 );
    return 0;
}
```

在 main 函数中，我们先调用 RegistCreator 注册了两个类：一个类为 Test1，参数为 std::string 类型；另一个类为 Test2，参数为 int 类型。随后通过调用模板 CreateComponentr 传入不同的参数，生成类实例对象。执行结果如下：

```
create test1. p1:Test1
create test2. P2:2
```

关键点 5：内存数据分析

在这段程序中大量使用了模板，代码虽少，生成的类却不少，梳理一下以上程序的内存数据：

（1）RegistCreator 类，生成了两个实例，一个是 RegistCreator<Test1, std::string>，另一个是 RegistCreator<Test2, int>。

（2）ComponentFactory 类，也生成了两个实例类，一个是 ComponentFactory<std::string>，另一个是 ComponentFactory<int>。

在 main 函数中，调用函数 ComponentFactory<std::string>::Create 时，根据传入的类回调到了 RegistCreator 的 CreateObject 函数，生成了 Test1。修改程序，增加一个 Test3 类，该类的构造函数与 Test1 一致。假设调用如下：

```
RegistCreator<Test1, std::string>( );
RegistCreator<Test2, int>( );
RegistCreator<Test3, std::string>( );
CreateComponentr( typeid( Test1 ).name( ), std::string( "Test1" ) );
CreateComponentr( typeid( Test2 ).name( ), 2 );
CreateComponentr( typeid( Test3 ).name( ), std::string( "Test3" ) );
```

再来看一下内存实例：

（1）RegistCreator 类，生成了 3 个实例类，一个是 RegistCreator<Test1, std::string>，另两个是 RegistCreator<Test2, int>和 RegistCreator<Test3, std::string>。

（2）ComponentFactory 类，依然生成了两个实例类，一个是 ComponentFactory<std::string>，另一个是 ComponentFactory<int>。

当调用 ComponentFactory<std::string>::Create 时，根据传入的类型名回调到了 RegistCreator <Test1, std::string> 的 CreateObject 函数，生成了 Test1。Test3 的调用也是通过 ComponentFactory<std::string>::Create 这个实例实现的，只是回调函数不一样，它回调的是 RegistCreator<Test3, std::string>的 CreateObject 函数。图 6-4 展示了工厂实例中的内存结构。

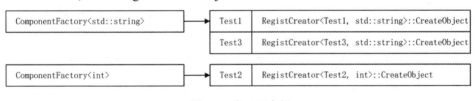

图 6-4　类工厂实例

总结一下，要用字符串创建类，先要有一个类的创建函数，并注册到 ComponentFactory 实例类。每个工厂 ComponentFactory 实例类中都有类名与创建函数的对应字典。另一种方式可以避开 RegistCreator 类直接向 ComponentFactory 注册。

之前的调用方式为：

```
RegistCreator<Test1, std::string>();
```

现在变为：

```
ComponentFactory<std::string>::Instance()->Regist(typeid(Test1).name(),
Test1::CreateObject);
```

后一种调用要手动编写一个静态创建函数 Test1::CreateObject，每一个需要动态创建的类都要编写一个静态创建类。手动编写创建函数的方式内存中会少一个 RegistCreator 类，但需要多编写一个 CreateObject 函数，两种方式各有利弊。为了少编写一个函数，本书中采用第一种动态创建方式。

6.2.2 提供多参变量来创建实例

解决了动态创建类的问题，还需要解决一个问题。真正在框架中创建类的时候，是不可能像 6.2.1 小节的 CreateComponentr 函数一样使用定参的。也就是说，类似 CreateComponentr (typeid(Test1).name(), std::string("Test1"))这样的调用方式行不通。关于这一点，本书将采用动态传参的方式来实现。

先来看创建类的 protobuf 消息定义，在 msg.proto 文件中：

```
message CreateComponentParam {
    enum ParamType {
        Int = 0;
        String = 1;
    }
    ParamType type = 1;
    int32 int_param = 2;
    string string_param = 3;
}
message CreateComponent {
    string class_name = 1;
    repeated CreateComponentParam params = 2;
}
```

参数是通过结构 CreateComponentParam 传递过来的，需要生成的类多种多样。事先并不确定它到底有多少个参数，也不知道它是什么类型的，即使知道有多少个，参数中有 int 类型的，也有 string 类型的，它们的顺序也不能明确。鉴于此，我们必须编写一个模板函数来处理才行。现在需要解决的问题是如何将一个数组对象变成函数的多参。

本节的源代码位于 06_03_dynamic_create 目录，完整的实现方案写在 main3.cpp 中，这种解决方案是将数据传递给 std::tuple，然后传入多参函数。

关键点 1：DataInfo 结构

在本节的例子中，用 DataInfo 结构模拟从 protobuf 消息中序列化回来的结构。DataInfo 结构定义如下：

```
struct DataInfo {
    bool IsInt;
    int IntVal;
    std::string StrVal;
    DataInfo(const int value) {...}            // 以 int 为参的构造函数
    DataInfo(const std::string value) {...}    // 以 string 为参的构造函数
};
```

DataInfo 结构中，bool 值 IsInt 表示当前这个值是否是 int 类型的，如果是 int 类型的，就读取 IntVal 数据，否则读取 StrVal 数据。在 main 函数中的调用如下：

```
int main() {
    RegistToFactory<C1, std::string, std::string>();
    std::list<DataInfo> params;
    params.push_back(DataInfo("v1"));
    params.push_back(DataInfo("test c1"));
    DynamicCall<5>::Invoke(typeid(C1).name(), std::make_tuple(), params);
    ...
}
```

在 main 函数中，首先调用 RegistToFactory 对 C1 类进行了创建注册，C1 类构造函数的两个参数都是 std::string。所以，上面的代码中压入了两个 str::string 来初始化，将 C1 需要的数据放在 std::list<DataInfo>中模拟从 protobuf 中取得的数据。

关键点 2：DynamicCall 模板

注意在 main 函数中的如下代码：

```
DynamicCall<5>::Invoke(typeid(C1).name(), std::make_tuple(), params);
```

参数构造完成之后调用了动态生成函数，调用代码如上一行所示。下面来详细看看这一行代码的背后都干了些什么，DynamicCall::Invoke 函数的实现如下：

```
template<int ICount>
struct DynamicCall {
    template<typename...TArgs>
    static void Invoke(std::string className, std::tuple<TArgs...> t1,
std::list<DataInfo>& params) {
        if (params.size() == 0) {
            ComponentFactoryEx(className, t1, std::make_index_sequence
<sizeof...(TArgs)>());
            return;
        }
        const DataInfo info = (*params.begin());
        params.pop_front();
        if (info.IsInt) {
            auto t2 = std::tuple_cat(t1, std::make_tuple(info.IntVal));
            DynamicCall<ICount - 1>::Invoke(className, t2, params);
        } else {
            auto t2 = std::tuple_cat(t1, std::make_tuple(info.StrVal));
            DynamicCall<ICount - 1>::Invoke(className, t2, params);
        }
    }
};
```

先解释一下这段代码的含义，这段代码将 std::list<DataInfo>所有的数据展开，最终会传入 ComponentFactoryEx 模板函数中。这段代码看似短小，但却难以理解，它使用了 C++ 14 的一个语法——std::index_sequence。首先来看 DynamicCall 这个结构，在结构中有一个模板函数，该模板函数有一个递归操作，操作的目的是根据传入的 params 将数据一个一个转到 std::tuple 类型中。std::tuple 是一个可以包括所有类型的容器。在每一个递归调用中，从 params 取出第一个数据，再将这个数据增加到 std::tuple<TArgs...> t1 数据的后面，不断循环，直到 params 没有数据为止。当 params 大小等于 0 时，std::tuple<TArgs...> t1 就有了所需的所有参数。这时，调用模板 ComponentFactoryEx 生成实例类。模板 ComponentFactoryEx 的实现如下：

```
template <typename... TArgs, size_t... Index>
void ComponentFactoryEx(std::string className, const std::tuple<TArgs...>&
args, std::index_sequence<Index...>) {
    auto c1 = ComponentFactory<TArgs...>::GetInstance()->Create(className,
std::get<Index>(args)...);
}
```

函数 ComponentFactoryEx 将 std::tuple 中的数据展开，传递给类工厂的创建函数 ComponentFactory<TArgs...>::GetInstance()->Create。std::index_sequence 的语法这里不多介绍，有兴趣的读者可自行搜索一下。本例运行效果如下：

```
[root@localhost TestArgs]# cmake3 ./
[root@localhost TestArgs]# make
[root@localhost TestArgs]# ./testd
call c1. string1:v1 string2:test c1
call c2. int value:1 string value:test c2
```

关键点 3：模板函数的编译

在编译本节的例子时，读者可能发现了一个问题，这个小小的程序并没有几行，但是编译的时间似乎比较久。

在 main3.cpp 的第 31 行，故意留下了一个警告。在 Linux 系统下编译本小节中的工程，警告打印得非常详细，某个对象被创建出来，但是没有使用。为什么我们明明只生成了两个对象，却有那么多对象没有使用？这里有一个模板函数编译规则的问题。虽然模板方便了我们使用，但是在编译时模板是被实例化的。如何理解这句话呢？

结构 DynamicCall 使用了递归的调用。编译器会根据代码生成所有实体类，查看警告可以发现，编译器比我们想象中工作得更多，这意味着在编译阶段，它就已经生成了如下一些类定义：

```
DynamicCall<int, int, int>
DynamicCall<std::string, std::string, std::string>
DynamicCall<int, std::string, std::string>
```

编译器生成了类似这样的所有组合，更要命的是，如果我们去掉 DynamicCall<0>的定义，编译器就一直不会停下来，直到提示"编译器的堆空间不足"。那么 DynamicCall<0>是如何阻断了编译的这种不能停下来的"疯狂"呢？下面是它的实现，来看一下：

```
template<>
struct DynamicCall<0> {
    template<typename...TArgs>
    static void Invoke(std::string className, std::tuple<TArgs...> t1,
std::list<DataInfo>& params) { }
}
```

DynamicCall<0>的实现看上去非常奇怪，它实现了 Invoke 函数，却是一个空函数。在递归调用时，每递归一次就要调用 DynamicCall<ICount – 1>::Invoke(className, t2, params)，当 ICount – 1 等于 0 时，也就是到了 DynamicCalle<0>的时候，Invoke 函数变成了空函数，阻断了递归。因为递归收到结束的信号，所以编译就结束了，如果没有这个空函数，编译就会一直进行下去。

好了，我们已经掌握了如何根据协议动态创建类。现在稍微做一些修改，将这个流程融合到框架中。

6.2.3　EntitySystem 的工作原理

库 libserver 重构后的源代码位于 06_04_engine 目录中。在这个工程中融合了之前两个测试工程，采用协议的方式创建对象，同时去掉了 ThreadObject 类。下面具体分析一下重点代码。

关键点 1：基础类

首先谈论的还是实体 Entity 和组件 Component 两个类，这两个类定义在 libserver 库的 component.h 和 entity.h 文件中，需要查看以下几个重要的属性和函数。组件的定义如下：

```
class IComponent : virtual public SnObject {
public:
    ...
    virtual void BackToPool() = 0;
    virtual void ComponentBackToPool();
private:
    IEntity* _parent{ nullptr };
    EntitySystem* _pEntitySystem{ nullptr };
    IDynamicObjectPool* _pPool{ nullptr };
};
```

基础的组件类包括 3 个基本的变量：一个是父类指针，没有父类时其值为 nullptr；另一个是当前所处的 EntitySystem 类指针；最后一个是对象池指针。对象池指针在该组件不再使用，放回对象池时使用。组件类提供了一个需要子类实现的虚函数 BackToPool，该函数在放回对象池之前调用，用于清理本类中的数据。

实体类继承自组件类，但多了一些自己的变量，其定义如下：

```
class IEntity :public IComponent {
public:
```

```
    void BackToPool() override;
    template <class T, typename... TArgs>
    void AddComponent(TArgs... args);
    template<class T>
    T* GetComponent();
    ...
protected:
    std::map<uint64, IComponent*> _components;
};
```

实体可以拥有自己的组件，存放在 std::map<uint64, IComponent*>字典中，同时，它实现了虚函数 BackToPool，代码实现如下：

```
void IEntity::BackToPool() {
    for (const auto& one : _components) {
        one.second->ComponentBackToPool();
    }
    _components.clear();
}
void IComponent::ComponentBackToPool() {
    _parent = nullptr;
    _pEntitySystem = nullptr;
    ...
    BackToPool();
    if (_pPool != nullptr)
        _pPool->FreeObject(this);
}
```

在实体被释放时，它的所有组件都要被释放。每个组件被释放时会调用 BackToPool 函数，以实现其自身数据的释放。

关键点 2：EntitySystem 类

在之前的框架中，线程 Thread 类有两个重要的任务：一是用来管理线程中的对象；二是处理消息。线程管理类 ThreadMgr 有 3 个任务：一是管理线程；二是处理消息；三是管理主线程中的全局对象。现在，我们需要将线程类和线程管理类中关于对象以及消息管理的部分提炼出来，这一部分的功能交由新的 EntitySystem 类来完成，它的定义在 entity_system.h 文件中。这个类的任务就是管理所有组件、实体类以及消息的处理。

```
class EntitySystem : virtual public SnObject, public IDisposable {
public:
    ...
protected:
    std::list<IUpdateSystem*> _updateSystems;
    std::list<IMessageSystem*> _messageSystems;
```

```
    std::map<uint64, IComponent*> _objSystems;  // 所有对象
    CacheSwap<Packet> _cachePackets;            // 本线程中的所有待处理协议包
};
```

去除细枝末节，看看它重要的几个变量。其中，std::map<uint64, IComponent*>存储着本地所有的组件和实体，CacheSwap<Packet>是线程中待处理的网络包，逻辑和之前的完全一样。网络底层收到协议之后，由 Network 通过 ThreadMgr 分发到线程中缓存，以便下一帧处理。

EntitySystem 类中还有两个集合：一个是 IUpdateSystem；另一个是 IMessageSystem。这两个接口定义在 system.h 文件中。对于 IUpdateSystem 接口来说，它需要继承对象实现 Update 函数，其定义如下：

```
class IUpdateSystem : virtual public ISystem {
protected:
    IUpdateSystem() = default;
public:
    virtual ~IUpdateSystem() = default;
    virtual void Update() = 0;
};
```

而 IMessageSystem 接管了 MessageList 的功能。新的 IMessageSystem 接口几乎没有修改 MessageList 的具体功能，但要求实现该接口时实现虚函数 RegisterMsgFunction。下面是 IMessageSystem 接口的定义：

```
class IMessageSystem :virtual public ISystem {
public:
    virtual void RegisterMsgFunction() = 0;
    void AttachCallBackHandler(MessageCallBackFunctionInfo* pCallback);
    bool IsFollowMsgId(Packet* packet) const;
    void ProcessPacket(Packet* packet) const;
protected:
    MessageCallBackFunctionInfo* _pCallBackFuns{ nullptr };
};
```

可以这样说，IUpdateSystem 和 IMessageSystem 将之前 ThreadObject 的功能一分为二。还记得旧的 ThreadObject 的定义吗？其代码如下：

```
class ThreadObject : public IDisposable, public MessageList {
public:
    virtual bool Init() = 0;
    virtual void RegisterMsgFunction() = 0;
    virtual void Update() = 0;
    ...
};
```

作为基类 ThreadObject 承担了初始化、消息注册、更新的所有操作。现在这些操作被提取出来了，变成了一个又一个接口。图 6-5 展示了 IUpdateSystem 和 IMessageSystems 集合的内存数据。

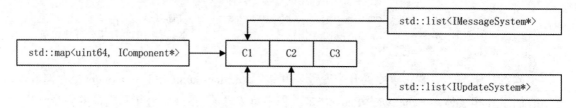

图 6-5　组件与接口

从图 6-5 中可以看出，当实体或者组件既实现了 IUpdateSystem 接口又实现了 IMessageSystem 接口时，其指针会分别放入 std::list<IUpdateSystem*>和 std::list<IMessageSystem*> 中，以方便读取。

关键点 3：创建实体和组件

了解了 EntitySystem 类的数据组成，EntitySystem 类管理着所有的组件和实体，有 3 种方式可以创建组件或者实体：

（1）在 EntitySystem 中直接创建一个实体或者组件。

（2）由一个已存在的实体创建组件。

（3）通过协议创建，这种方式就要用到我们前面两个小节提到的功能，通过类名动态创建类。

先来看看创建组件的第一种方法，如何在 EntitySystem 中直接创建。在 EntitySystem 类中封装了一个创建函数 AddComponent，其实现代码位于 entity_system.h 文件中，具体代码如下：

```
template <class T, typename ... TArgs>
T* EntitySystem::AddComponent(TArgs... args) {
    auto pComponent = DynamicObjectPool<T>::GetInstance()->
MallocObject(std::forward<TArgs>(args)...);
    AddToSystem(pComponent);
    return pComponent;
}
void EntitySystem::AddToSystem(IComponent* pComponent) {
    pComponent->SetEntitySystem(this);
    _objSystems[pComponent->GetSN()] = pComponent;
    const auto objUpdate = dynamic_cast<IUpdateSystem*>(pComponent);
    if (objUpdate != nullptr)
        _updateSystems.emplace_back(objUpdate);
    const auto objMsg = dynamic_cast<IMessageSystem*>(pComponent);
    if (objMsg != nullptr) {
        objMsg->RegisterMsgFunction();
        _messageSystems.emplace_back(objMsg);
    }
}
```

一个组件被创建完成之后，将它放到 EntitySystem 类的 std::map<uint64, IComponent*>字

典中，同时会判断其是否具有 IUpdateSystem 或者 IMessageSystem 接口，如果具有，就放置到不同的队列中。如果是一个 IMessageSystem 接口，在归入队列时就会调用 RegisterMsgFunction 函数进行消息注册。

创建组件的第二种方法是由实体发起的，调用的是 IEntity::AddComponent 函数。实现函数如下：

```
template <class T, typename... TArgs>
inline void IEntity::AddComponent(TArgs... args) {
    auto pComponent = DynamicObjectPool<T>::GetInstance()->
MallocObject(std::forward<TArgs>(args)...);
    AddToSystem(pComponent);
}
void IEntity::AddToSystem(IComponent* pComponent) {
    pComponent->SetParent(this);
    _components.insert(std::make_pair(pComponent->GetSN(), pComponent));
    GetEntitySystem()->AddToSystem(pComponent);
}
```

实体类为自己创建了组件之后，也会调用 EntitySystem::AddToSystem，将组件放在 std::map<uint64, IComponent*>字典中。当一个组件被创建之后，它的动作会被固定下来，如果它有 IUpdateSystem 接口，那么每帧调用都会更新函数；如果有 IMessageSystem 接口，那么每个 Packet 包到来时都会询问实体是否需要处理该类型的 Packet。

创建组件的第三种方法，"通过创建协议进行创建"是非常复杂的一种方法，后面再详细讲解。总之，通过这些方法可以自由灵活地创建一个又一个的组件或者实体，这些组件或者实体在创建时都调用了 DynamicObjectPool 对象池类，都是从对象池中生成的。

关键点 4：实体更新操作

组件创建完成之后，下一个需要弄清楚的问题是 IUpdateSystem 和 IMessageSystem 是如何运作的。我们来看一下新的线程类：

```
class Thread : public EntitySystem {
public:
    void Start();
    bool IsRun() const;
    bool IsStop() const;
    bool IsDispose();
private:
    ThreadState _state;
    std::thread _thread;
};
```

新的 Thread 变得十分简单，功能也相对单一，只负责本线程的启动与关闭。Thread 类继承了 EntitySystem，所以 Thread 类也是一个实体对象管理类。调用 Start 函数启动了一个线程，该线程只要在生命周期中，就会不停地调用 Update 帧函数，这个 Update 函数就是 EntitySystem 类中的 Update，在帧函数中。其代码如下：

```cpp
void Thread::Start() {
    _thread = std::thread([this]() {
        InitComponent();
        _state = ThreadState_Run;
        while (!Global::GetInstance()->IsStop) {
            Update();
            std::this_thread::sleep_for(std::chrono::milliseconds(1));
        }
        _state = ThreadState_Stoped;
    });
}
void EntitySystem::Update() {
    UpdateMessage();
    auto iter = _updateSystems.begin();
    while (iter != _updateSystems.end()) {
        auto pComponent = dynamic_cast<IComponent*>(*iter);
        ...
        (*iter)->Update();
        ++iter;
    }
}
```

当组件或实体进入 EntitySystem 系统之后，带有 IUpdateSystem 接口的实例会被放到 IUpdateSystem 队列中，而每一帧在这个队列中的实例都会执行 Update 函数，以达到更新的目的。除非进程退出，否则线程中对 Update 函数的调用永不会停止。

关键点 5：新的消息系统

在前面的框架中，在处理消息时，采用的方式是继承底层类 ThreadObject，并实现 RegisterMsgFunction 虚函数来达到对消息的处理。

在实际应用中，发现并不是所有的类都需要消息传递，有一些类可能只是一个动作的执行者，例如 HttpRequest 类，所以在新的框架中设计了一个 IMessageSystem 接口。当对象继承自该接口时，就具有了消息处理的功能。前面已经展示过 IMessageSystem 接口的定义，现在看看 IMessageSystem 是如何工作的？

在之前的框架中，线程收到一个消息，都会对线程上的包裹类进行一次查询，查询该实例是否对该消息有兴趣。而新的 ECS 框架中仅在有 IMessageSystem 接口的对象中进行询问，从而过滤掉不需要消息通知的实例。其实现代码如下：

```cpp
void EntitySystem::UpdateMessage() {
    _packet_lock.lock();
    if (_cachePackets.CanSwap()) {
```

```
        _cachePackets.Swap();
    }
    _packet_lock.unlock();
    auto pMsgList = _cachePackets.GetReaderCache();
    for (auto itMsg = pMsgList->begin(); itMsg != pMsgList->end(); ++itMsg) {
        auto pPacket = (*itMsg);
        for (auto iter = _messageSystems.begin(); iter != _messageSystems.end();
++iter) {
            auto pObj = (*iter);
            if (pObj->IsFollowMsgId(pPacket))
                pObj->ProcessPacket(pPacket);
        }
    }
    pMsgList->clear();
}
```

函数 EntitySystem::UpdateMessage 是由 EntitySystem::Update 函数调用的，以达到每一帧检查处理消息的目的。而消息处理的流程和之前一致，这里就不再重复阐述了。

现在或许还看不出旧框架与新框架的区别，不就是从类变成了组件吗？下面我们继续对 login 和 robots 中的对象重构来继续发掘这个新框架的优势。

6.3 基于 ECS 框架的 login 和 robots 工程

重构 login 和 robots 工程中的类比重构 libserver 中的类要容易许多。因为这些类是按 Actor 原则组织的代码，所以可以在不变更一行功能代码的前提下对这些类进行一次全新的重构。本节的源代码位于 06_05_login 目录中。

6.3.1 Account 类

将 login 进程中的类迁移到新框架，各个类的修改大同小异，我们先从 login 工程的 Account 类开始，这个类负责账号的验证。新的定义如下：

```
class Account :public Component<Account>, public IMessageSystem, public
IAwakeFromPoolSystem<> {
public:
    void AwakeFromPool() override {}
    void RegisterMsgFunction() override;
    virtual void BackToPool() override;
    ...
private:
    LoginObjMgr _playerMgr;
};
```

在旧框架体系中，所有逻辑都需要继承自 ThreadObject，实现 Init、RegisterMsgFunction 和 Update 函数。实际上，Account 类中的 Init 和 Update 两个函数都是空函数。而新框架体系中，Account 类仅继承了 IMessageSystem 接口来实现消息处理的需求。

当 Account 类被实例化之后，它会进入 EntitySystem 系统中，这个系统检测到该类实现了 IMessageSystem 接口，会调用该类实现的 RegisterMsgFunction 函数完成消息注册，再将它纳入消息实例的队列中，以便消息到来时进行处理。

在 Account 类中有一处修改值得注意，就是创建 HttpRequestAccount 类进行账号验证时，旧代码如下：

```
auto pHttp = new HttpRequestAccount(protoCheck.account(),
protoCheck.password());
ThreadMgr::GetInstance()->AddObjToThread(pHttp);
```

在上面的代码中，创建了一个 HttpRequestAccount 对象，通过 AddObjToThread 函数将它放在了某个线程中。重构后的代码如下：

```
ThreadMgr::GetInstance()->CreateComponent<HttpRequestAccount>(protoCheck.a
ccount(), protoCheck.password());
```

在新框架中统一调用 CreateComponent 函数传入类名与参数，动态创建一个实体。这个创建的 HttpRequestAccount 可能与 Account 类并不在同一个线程中。下面重点看看这个动态创建的过程。

6.3.2　动态创建组件或实例

在前面的章节中讲到过创建组件或实体的 3 种方法，再来回顾一下：

（1）在 EntitySystem 中直接创建一个实体或组件。
（2）由一个已存在的实体创建组件。
（3）通过协议创建。

前两种方案都在线程内部创建对象，但第三种（也就是马上要讲到的这一种）是跨线程来创建对象的。下面看看它的几个关键点。

关键点 1：IAwakeFromPoolSystem 接口

在 Account 类中的实现接口有一个是我们第一次见到的——IAwakeFromPoolSystem 接口。这个接口提供对象池中对象初始化的功能。为了便于管理对象，从现在开始所有的对象都从对象池中获取。首先需要说明的是，对象池生成接口 IAwakeFromPoolSystem，定义在 system.h 中：

```
template <typename... TArgs>
class IAwakeFromPoolSystem : virtual public ISystem {
protected:
    IAwakeFromPoolSystem() = default;
public:
```

```
virtual ~IAwakeFromPoolSystem() = default;
virtual void AwakeFromPool(TArgs... args) = 0;
};
```

所有想要从对象池中生成的组件，都要继承这个接口。再以 NetworkListen 类为例，新的
定义如下：

```
class NetworkListen :public Network, public IUpdateSystem, public
IAwakeFromPoolSystem<std::string, int> {
public:
    void AwakeFromPool(std::string ip, int port);
    ...
}
```

NetworkListen 类继承了接口 IAwakeFromPoolSystem<std::string, int>，也就是需要实现
AwakeFromPool(std::string, int)函数。当 NetworkListen 从 Pool 池中被唤醒时，就会调用该函数，
调用发生在 DynamicObjectPool<T>::MallocObject 函数中。

回到 Account 类上来，它实现的是 IAwakeFromPoolSystem<>，不需要任何参数，也就是
说 Account 类需要实现 AwakeFromPool()函数。从对象池被唤醒时，这个函数将被调用。

关键点 2：创建协议

现在创建一个实体，不再直接对它进行创建操作。以 login 工程为例，在初始化组件时的
代码实现如下：

```
void LoginApp::InitApp() {
    _pThreadMgr->CreateComponent<NetworkListen>(std::string("127.0.0.1"),
2233)
    _pThreadMgr->CreateComponent<RobotTest>();
    _pThreadMgr->CreateComponent<Account>();
}
```

在 login 进程启动时，创建了 NetworkListen、RobotTest、Account 三个类。采用协议的方
式将创建类的类名和需要的参数以协议的方式传递到线程中，再由线程自行创建。

在上面的代码中，类 NetworkListen 的创建需要两个参数，监听时需要绑定 IP 地址与端口，
通过参数的形式传递。而 RobotTest 类和 Account 类不需要任何参数。

重构后的代码看上去更直观，也更简洁。下面来看一看 CreateComponent 函数都做了些什
么事情。CreateComponent 函数定义在 thread_mgr.h 文件中。

```
template<class T, typename ...TArgs>
inline void ThreadMgr::CreateComponent(TArgs ...args) {
    std::lock_guard<std::mutex> guard(_create_lock);
    const std::string className = typeid(T).name();
    if (!ComponentFactory<TArgs...>::GetInstance()->IsRegisted(className)) {
        RegistToFactory<T, TArgs...>();
```

```
    }
    Proto::CreateComponent proto;
    proto.set_class_name(className.c_str());
    AnalyseParam(proto, std::forward<TArgs>(args)...);   // 参数分析
    auto pCreatePacket = new Packet(Proto::MsgId::MI_CreateComponent, 0);
    pCreatePacket->SerializeToBuffer(proto);
    _createPackets.GetWriterCache()->emplace_back(pCreatePacket);
}
```

函数 CreateComponent 是一个模板函数，每一个类都可以调用该函数进行创建。因为每一个类的初始化数据类型都不一样，所以这里必须是一个多参的模板函数。

在这个函数中有一个关键点是之前讨论过的——如何通过类名创建实体的解决方案。在 CreateComponent 函数中，通过类名在类工厂中查找是否已经有注册函数。如果没有，就根据提供的多参类型进行 RegistToFactory 注册。随后将类名和参数赋值到 protobuf 的协议中，协议号为 MI_CreateComponent，对应结构为 Proto::CreateComponent。循环赋值参数的关键在于 AnalyseParam 函数，它是一个重载函数，有如下几个声明：

```
template <typename...Args>
void AnalyseParam(Proto::CreateComponent& proto, int value, Args...args);
template <typename...Args>
void AnalyseParam(Proto::CreateComponent& proto, std::string value,
Args...args);
void AnalyseParam(Proto::CreateComponent& proto) { }
```

函数 AnalyseParam 有 3 个实现：一个处理 int 类型的数据，一个处理 string 类型的数据，最后一个是空函数。就用创建 NetworkListen 来说明这几个函数的调用关系。生成 NetworkListen 类的调用代码如下，有 string 类型和 int 类型两个参数。

```
CreateComponent<NetworkListen>(std::string("127.0.0.1"), 2233);
```

函数 AnalyseParam 在匹配的时候，因为第一个参数是 string 类型的，第一次对应的是函数 AnalyseParam(proto, string, args)，其实现代码如下：

```
template<typename ... Args>
void ThreadMgr::AnalyseParam(Proto::CreateComponent& proto, std::string value,
Args... args) {
    auto pProtoParam = proto.mutable_params()->Add();
    pProtoParam->set_type(Proto::CreateComponentParam::String);
    pProtoParam->set_string_param(value.c_str());
    AnalyseParam(proto, std::forward<Args>(args)...);
}
```

该函数的第 3 个参数 args 既可以是零个参数，又可以是多个参数。该函数在 Proto::CreateComponent 对象中 Proto::CreateComponentParam 对象，用于存放创建组件需要的参数。在创建 NetworkListen 这个例子中，存放的是 NetworkListen 类需要的第一个参数，即将

std::string("127.0.0.1")这个变量转存到了 Proto::CreateComponentParam 结构中，参数类型为
CreateComponentParam::String。之后，函数再次递归调用了 AnalyseParam(proto, args)，注意这
个调用抛弃了 string 值，因为它已经处理过了，参数 args 展开之后，第一个值是 int 类型的，
所以此时匹配到的函数是 AnalyseParam(proto, int, args)，其实现代码如下：

```
template<typename ... Args>
void ThreadMgr::AnalyseParam(Proto::CreateComponent& proto, int value, Args...
args) {
    auto pProtoParam = proto.mutable_params()->Add();
    pProtoParam->set_type(Proto::CreateComponentParam::Int);
    pProtoParam->set_int_param(value);
    AnalyseParam(proto, std::forward<Args>(args)...);
}
```

同理，该函数创建了一个新的 Proto::CreateComponentParam 对象，用于存放第二个参数
数据，函数处理的最后一行同样是 AnalyseParam(proto, args)，但真实情况 args 是一个空值，
也就是说最后它调用的是 void AnalyseParam(Proto::CreateComponent &proto)，已经没有数据可
以处理了，该函数为一个空函数，编译器遇到它不会再递归了。

以此类推，所有的参数都赋值到 Proto::CreateComponent 对象中，函数 SerializeToBuffer
将这个协议数据附加到网络数据传输对象 Packet 的 Buffer 中。最后将 Packet 放入待处理的
createPackets 集合中，将在下一帧对该数据进行处理。

集合 createPackets 在 ThreadMgr 中的定义如下：

```
class ThreadMgr :public Singleton<ThreadMgr>, public EntitySystem {
public:
    ...
Private:
    size_t _threadIndex{ 0 };     // 实现线程对象均衡
    // 创建组件消息
    std::mutex _create_lock;
    CacheSwap<Packet> _createPackets;
};
```

在帧函数 ThreadMgr::Update 中，集合 createPackets 中的 Packet 会被放置到某个线程中，
至于放到哪一个线程是由变量 threadIndex 来决定的，每次使用后加 1，基本保证了线程中创
建的对象是均衡的。

```
void ThreadMgr::Update() {
    _create_lock.lock();
    if (_createPackets.CanSwap()) {
        _createPackets.Swap();
    }
    _create_lock.unlock();
    auto pList = _createPackets.GetReaderCache();
```

```
for (auto iter = pList->begin(); iter != pList->end(); ++iter) {
    const auto packet = (*iter);
    if (_threadIndex >= _threads.size())
        _threadIndex = 0;
    _threads[_threadIndex]->AddPacketToList(packet);
    _threadIndex++;
}
pList->clear();
EntitySystem::Update();
}
```

这样，创建组件的 Packet 落到某一个线程上。每个线程中都有 CreateComponentC 组件对这个协议进行处理。

关键点 3：CreateComponentC 组件

创建对象的 Packet 被发送到每个线程，这时 CreateComponentC 类开始工作，它会处理协议号 MI_CreateComponent。这个类的定义在 create_component.h 文件中，定义如下：

```
class CreateComponentC :public Entity<CreateComponentC>, public
IMessageSystem, public IAwakeFromPoolSystem<> {
public:
    void AwakeFromPool() override {}
    void RegisterMsgFunction() override;
    void BackToPool() override;
private:
    void HandleCreateComponent(Packet* pPacket) const;
    ...
};
```

在每一个线程中都有 CreateComponentC 类的实例，启动线程时就创建好了。该代码位于 EntitySystem::InitComponent 函数中，在线程启动时该函数被调用。EntitySystem::InitComponent 函数创建线程需要使用到的基本组件，目前只有一个 CreateComponentC 类。

```
void EntitySystem::InitComponent() {
    AddComponent<CreateComponentC>();
}
```

CreateComponentC 类是一个非常普通的组件，从对象池中创建，实现了 IAwakeFromPoolSystem 接口。该组件本身没有什么多余的数据，不需要更新操作，所以它没有 IUpdateSystem 接口，但它需要处理协议 MI_CreateComponent，实现了 IMessageSystem 接口。其注册和处理函数的实现代码如下：

```
void CreateComponentC::RegisterMsgFunction() {
    auto pMsg = new MessageCallBackFunction();
    this->AttachCallBackHandler(pMsg);
    // 注册 MI_CreateComponent 的处理函数
```

```
    pMsg->RegisterFunction(Proto::MsgId::MI_CreateComponent, BindFunP1(this,
&CreateComponentC::HandleCreateComponent));

    }
    void CreateComponentC::HandleCreateComponent(Packet* pPacket) const {
        Proto::CreateComponent proto =
pPacket->ParseToProto<Proto::CreateComponent>();
        const std::string className = proto.class_name();
        if (proto.params_size() >= 5) {
            std::cout << " !!!! CreateComponent failed. className:" <<
className.c_str() << " params size >= 5" << std::endl;
            return;
        }
        auto params = proto.params();
        const auto pObj = DynamicCall<5>::Invoke(GetEntitySystem(), className,
std::make_tuple(), params);
        if (pObj == nullptr) {
            std::cout << " !!!! CreateComponent failed. className:" <<
className.c_str() << std::endl;
        }
    }
```

当收到 MI_CreateComponent 消息后，将数据从 Packet 中取出来，然后调用函数 DynamicCall<5>().Invoke。最终，将调用 EntitySystem::AddComponentByName 函数生成实体。

```
    template<typename ...TArgs>
    inline IComponent* EntitySystem::AddComponentByName(std::string className,
TArgs ...args) {
        auto pFactory = ComponentFactory<TArgs...>::GetInstance();
        auto pComponent = pFactory->Create(className,
std::forward<TArgs>(args)...);
        if (pComponent == nullptr)
            return nullptr;
        AddToSystem(pComponent);
        return pComponent;
    }
```

ComponentFactory::Create 函数调用的就是之前在 RegistToFactory 中注册的函数。它的变参 args 的个数、类型都和 ThreadMgr::CreateComponent 调用时的个数、类型完全一致。

关键点 4：类工厂如何从对象池中取出数据

前面已经有例子说明了类工厂 ComponentFactory 的创建对象流程，它最终调用 RegistToFactory 类中的静态 CreateComponent 函数生成对象，其定义如下：

```
    template<typename T, typename...Targs>
    class RegistToFactory {
```

```
    public:
        RegistToFactory() {
            ComponentFactory<Targs...>::GetInstance()->Regist(typeid(T).name(),
CreateComponent);
        }
        static T* CreateComponent(Targs... args) {
            return DynamicObjectPool<T>::GetInstance()->
MallocObject(std::forward<Targs>(args)...);
        }
    };
```

当我们调用 RegistToFactory 的构造函数时，实际上是向 ComponentFactory 注册了类名与
RegistToFactory::CreateComponent 函数的关系。从上面的代码可以看出，调用 CreateComponent
之后真实的创建函数是 DynamicObjectPool::MallocObject 提供的，是从对象池中取出的对象，
该函数的实现如下：

```
template <typename T>
template <typename ... Targs>
T* DynamicObjectPool<T>::MallocObject(Targs... args) {
    ...
    auto pObj = _free.front();
    _free.pop();
    ...
    pObj->ResetSN();
    pObj->AwakeFromPool(std::forward<Targs>(args)...);
    ...
    return pObj;
}
```

从空闲对象池中取出一个对象，调用该对象的 AwakeFromPool 函数，这正是继承自
IAwakeFromPoolSystem 接口所实现的函数。以 NetworkListen 类为例，它创建时的代码如下：

```
CreateComponent<NetworkListen>(std::string("127.0.0.1"), 2233)
```

则它在对象池中被唤醒时，调用函数参数如下：

```
NetworkListen::AwakeFromPool(std::string ip, int port)
```

在 MallocObject 函数中唤醒了一个未使用的对象，同时完成了初始化工作，图 6-6 描述了
整个流程。

总的来说，跨线程生成对象这个过程有点复杂，你可能充满疑惑，为什么我们要大费周
章地跨线程生成对象？要回答这个问题，关键的一点就是依赖关系。

我们生成的组件是从对象池中提取出来的，在调用 AwakeFromPool 函数初始化时，是一
个非常不确定的调用。在这个过程中可能产生新的组件或实体，也可以调用一些组件或实体，
如果一个组件在初始化时需要调用的是线程中的实体，那么在主线程中新建组件就会产生异常。

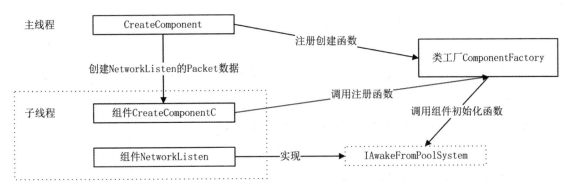

图 6-6　创建组件的流程

关于动态创建组件就介绍到这里。总之，我们通过动态创建组件创建了 Account 组件和 NetworkListen 组件。Account 组件相对简单，下面重点来看一下在 ECS 框架下，NetworkListen 组件中的数据发生了些什么样的改变。

6.3.3　ECS 框架下的网络通信

在 login 工程中，为了适应 ECS 设计思路，重构了 Account 类，也重构了 HttpRequestAccount 类，逻辑功能修改并不大。在 robots 工程中，Robot 类去掉了构造函数和 Init 初始化函数，由 AwakeFromPool 函数统一处理，其他逻辑保持不变。Robot 和 RobotMgr 的优化仅限于修改了几个实现的接口，这里就不再一一进行比较了。

从这些细节中可以发现，实际上，当前的 ECS 框架将 ThreadObject 的功能进行了拆分。因为并不是每个类都需要实现 Update、处理协议这类操作，使用接口的方式让每个类按需实现接口，这样的设计使得类变得更加简洁。

下面我们用重构的 login 工程与 robot 工程来重点看网络部分的相关重构。本节的参考源代码位于 06_05_login 目录中。

关键点 1：Network 类

首先来看网络部分的代码移入新框架中需要重点修改的部分。Network 类修改前是一个 ThreadObject，重载并实现了 ThreadObject 的函数；Network 类修改后是一个 Entity 对象。旧定义与新定义对比如下：

```
class Network : public ThreadObject, public ISocketObject { ... }
class Network : public Entity<Network>, public IMessageSystem, public INetwork
{ ... }
```

Network 类中的函数基本保持不变，在新框架中，Network 类继承了 IMessageSystem 接口，也就是说它需要实现 RegisterMsgFunction 函数，可以对自己关心的协议注册处理函数。除此之外，增加了 INetwork 接口，其定义如下：

```
class INetwork :public ISocketObject {
public:
    virtual ~INetwork() = default;
```

```
virtual void SendPacket(Packet*& pPacket) = 0;
};
```

该接口是为了跨线程时使用的，不论何时都可以向一个 Network 调用 SendPacket 函数发送 Packet 数据，这一流程是做了加锁处理的。

关键点 2：NetworkListen 类和 NetworkConnector 类

在 NetworkListen 类中，新旧代码的功能没有大的变化。重构后的类增加了 IAwakeFromPoolSystem 接口，希望从对象池中获取数据。NetworkListen 类还实现了 IUpdateSystem 接口用于更新，实现网络层的数据收发功能。与之前的处理一样，Update 函数本身没有任何修改，只是它的调用主体与之前不一样了。NetworkListen 类的定义如下：

```
class NetworkListen :public Network, public IUpdateSystem, public
IAwakeFromPoolSystem<std::string, int> {
public:
    void AwakeFromPool(std::string ip, int port);
    void Update() override;

protected:
    virtual int Accept();
};
void NetworkListen::AwakeFromPool(std::string ip, int port) {

    if (::listen(_masterSocket, SOMAXCONN) < 0) {
        std::cout << "::listen failed." << _sock_err() << std::endl;
        return;
    }
    ...
}
```

旧框架中的 Listen 函数被 AwakeFromPool 替代。创建完成之后，网络监听就做完了。不需要编写任何多余的代码调用额外的函数。连接 NetworkConnector 类的情况与 NetworkListen 的情况基本一致，仅做了实现接口的变更。

- 重构前定义：class NetworkConnector : public Network { … }。
- 重构后定义：class NetworkConnector : public Network, public IUpdateSystem, public IAwakeFromPoolSystem <std::string, int> { … }。

在重构前后，基本流程并没有发生大的改变，函数 Connect 的显式调用改为初始化时的隐式调用。

```
void NetworkConnector::AwakeFromPool(std::string ip, int port) {
    ...
    Connect(ip, port);
}
```

每个在对象池中的对象都在 AwakeFromPool 函数中实现了自身特点的编码，这使得所有类具有一致性，底层不关心类的真正作用，只需要调用 AwakeFromPool 函数即可。

关键点 3：NetworkLocator 组件

为了便于发送协议，新增名为 NetworkLocator 的组件，该组件是一个全局组件。这是一个网络层的定位组件，因为在某个进程中可能存在多个 Network 网络实例，这些网络对象可能是对外连接的 NetworkConnector，也可能是一个监听对象 NetworkListen。NetworkLocator 组件的作用是为了快速找到 NetworkListen 或 NetworkConnector 的实例，用于发送数据。组件定义在 network_locator.h 文件内：

```
class NetworkLocator : public Component<NetworkLocator>, public
IAwakeFromPoolSystem<> {
public:
    void AwakeFromPool() override {};
    void BackToPool() override;
    void AddListenLocator(INetwork* pNetwork, NetworkType networkType);
    INetwork* GetListen(NetworkType networkType);
    ...
private:
    std::mutex _lock;
    std::map<APP_TYPE, std::map<int, INetwork*>> _connectors;
    // 可能存在两个 listen，即 tcp 和 http 同时存在
    std::map<NetworkType, INetwork*> _listens;
};
```

在 ServerApp 类的构造函数中，这个组件就被创建出来了，放在了主线程中。

```
ServerApp::ServerApp(APP_TYPE  appType) {
    ...
    _pThreadMgr->AddComponent<NetworkLocator>();
}
```

当 NetworkListen 类被唤醒时，调用了 NetworkLocator::AddListenLocator 函数，将其注册到 Locator 组件中。根据类型将创建的 NetworkListen 指针放在 std::map<NetworkType，INetwork*>字典中以备使用。

```
    void NetworkListen::AwakeFromPool(std::string ip, int port) {
        auto pNetworkLocator =
ThreadMgr::GetInstance()->GetComponent<NetworkLocator>();
        pNetworkLocator->AddListenLocator(this, NetworkTcpListen);
        ...
    }
    void NetworkLocator::AddListenLocator(INetwork* pNetwork, NetworkType
networkType) {
```

```
    std::lock_guard<std::mutex> guard(_lock);
    _listens[networkType] = pNetwork;
}
```

需要发送数据时，IMessageSystem 中提供了一个静态函数 SendPacket，在 SendPacket 中使用到了 NetworkLocator 组件，其实现如下：

```
void IMessageSystem::SendPacket(Packet* pPacket) {
    auto pNetworkLocator = ThreadMgr::GetInstance()->GetComponent
<NetworkLocator>();
    auto pNetwork = pNetworkLocator->GetNetworkConnector(pPacket->
GetSocket());
    if (pNetwork != nullptr) {
        pNetwork->SendPacket(pPacket);
        return;
    }
    // 最后试着向 listen 发送数据
    pNetwork = pNetworkLocator->GetListen(NetworkTcpListen);
    pNetwork->SendPacket(pPacket);
}
```

在发送 Packet 数据时，根据 Packet 中的 Socket 值可以找到一个对应的 INetwork 实例，这个 INetwork 实例可能是 NetworkConnector，也可能是 NetworkListen 中的一个 Socket 通道。因此，先找一找有没有对应的 NetworkConnector 实例，如果没有找到，就转到 NetworkListen 中进行处理。目前，我们的工程还比较简单，所以只会转到 NetworkListen 进行处理。

6.3.4 执行效率

到目前为止，框架有了一些变化。虽然加入了对象池，但是在 Packet 的使用上还是沿用的创建对象的方式，这一点在随后的示例中会进行修改。现在，已经可以在这个新的框架上运行数据了，虽然它还不完美，但是基础的组件已经可以在其中运行了。我们来看看测试结果，运行 1000 个账号的执行效率：

```
[root@localhost bin]# ./logind
Login-Connecting over. time:0.230887s
Login-Connected over. time:0.230958s
Login-Logined over. time:1.25748s
```

执行 1000 个账号的登录大约需要 1.2 秒。在本次重构中，我们摆脱了 ThreadObject 这个基类，再也不需要有冗长的继承关系了，实现了按需继承。理解 ECS 的思路与流程之后，为了巩固这个思路，我们为框架增加两个工具类：一个是 YAML 配置读取；另一个是 log4 日志打印。接下来深入应用一下这个新的框架体系。

6.4　YAML 文件

我们建立了服务端基本框架，不过作为一个可以运营的游戏来说，这还是太少了，仅仅只是开始。回头看看，我们完成了不少工作，在随后的章节会进一步增加功能点。首先需要增加的功能点是服务器的配置。

需要说明一下，对于游戏开发来说有两种配置：

（1）策划文档的配置。

（2）程序运行时的配置。

策划文档与游戏逻辑息息相关。例如，有多少张地图，有多少个 NPC，每个 NPC 有什么样的属性，每个角色有多少技能，每个技能有什么效果。策划文档的配置方案在程序端的实现非常多样，可以用 CSV，可以用 TXT，可以挂 Lua 脚本，也可以使用 Python，方法多种多样，没有好坏之分。

另一种配置是运行时的服务端参数配置，这种配置与游戏逻辑没有直接关系，却是运行服务的重要配置。将一些在代码中的参数暴露在配置文件中，不重新编译程序就可以得到我们想要的效果。例如，在配置线程个数时，现在的方案是在代码中写死 3 个线程，如果每次都修改代码，那么肯定是不够方便的。除此之外，请求验证账号的 URL 也是写死在代码中的，这肯定是不合理的。鉴于此，需要有一个服务端参数配置文件。

参数配置的文件类型是很多样的，有 INI、XML，当然也可以挂 Lua、Python 等脚本语言。在本书中使用 YAML 文件进行配置。YAML 已有 20 多年的历史，与 XML 这类标记性语言不同，它有着非常强的可读性，无冗余标记，近几年日渐流行起来。我们还是先安装编译需要的 YAML 库版本，再来介绍如何使用它。

6.4.1　YAML 编译安装

本书使用的 YAML 库为 yaml-cpp，我们为本书下载的版本存放在本书配套源代码根目录的 lib 目录下。

关键点 1：编译 Linux 版

在安装 Linux 环境时，我们可以先在 yum 仓库下查看有没有现成可用的版本。具体查看步骤如下：

```
[root@localhost ~]# yum search yaml-cpp
yaml-cpp-debuginfo.x86_64 : Debug information for package yaml-cpp
yaml-cpp-devel.x86_64 : Development files for yaml-cpp
...
[root@localhost ~]# yum info yaml-cpp-devel.x86_64
```

使用 info 指令可以看到，yum 仓库是 0.5 版本。这个版本需要 boost 支持，如果要使用该版本，那么还需要安装 boost 库，0.6 以后的版本不再使用 boost，所以我们下载 0.6.2 版本。

（1）下载 yaml-cpp 源代码，下载地址为 https://github.com/jbeder/yaml-cpp/tags，本书下载的文件为 yaml-cpp-yaml-cpp-0.6.2.tar.gz。源代码的 dependence 目录中提供了该文件。

（2）在 Linux 下解压并进入目录。执行 CMake 配置工程，编译动态库。

```
[root@localhost dependence]# tar xf yaml-cpp-yaml-cpp-0.6.2.tar.gz
[root@localhost dependence]# cd yaml-cpp-yaml-cpp-0.6.2/
[root@localhost yaml-cpp-yaml-cpp-0.6.2]# cmake3 -DCMAKE_CXX_FLAGS=
"-std=c++14" -DBUILD_SHARED_LIBS=on ./
```

（3）执行 make，将编译工程安装到系统目录下：

```
[root@localhost yaml-cpp-yaml-cpp-0.6.2]# make
[root@localhost yaml-cpp-yaml-cpp-0.6.2]# make install
```

（4）在我们的框架中使用 YAML 时，修改 CMakeLists.txt 文件的 CMAKE_CXX_FLAGS 属性，增加-lyaml-cpp 参数。

关键点 2：编译 Windows 版

在 Windows 下编译 YAML 需要用到 Windows 版的 CMake。本书已经准备了编辑好的 Windows 库，如果读者对编译部分不感兴趣，那么可以跳过这一小段。

（1）打开 cmake-gui.exe。在 source code 栏写上 YAML 的源代码目录，build 目录是输出目录，可以随便命名目录名，只要方便使用即可。

（2）单击 Configure 按钮来配置工程，会弹出配置界面，选择编译器指向我们安装的 Visual Studio，平台选择 Win32，注意编译生成的版本是 x86 版本。

（3）单击 Generate 生成工程。打开 build 目录就会发现已有 YAML_CPP.sln 工程文件，启动编译器，只需要编译 yaml-cpp static md。在编译过程中，可能会出现 xceptions.h(123): error C3646: "_NOEXCEPT"（未知重写说明符）的错误。打开 exceptions.cpp 和 exceptions.h 两个文件，屏蔽如下代码：

```
//#ifdef _MSC_VER
//    #define YAML_CPP_NOEXCEPT _NOEXCEPT
//#else
    #define YAML_CPP_NOEXCEPT noexcept
//#endif
```

（4）最后生成的文件位于目录 yaml-cpp-yaml-cpp-0.6.2\build\Debug\ 中。将文件 libyaml-cppmdd.lib 复制到根目录下的 libs\windows 公共目录中，以后所有的工程都可以使用。

（5）库生成之后，还需要将 yaml-cpp-yaml-cpp-0.6.2\include 目录复制到本书源代码根目录 include\windows 下。这样，在 Windows 下所有工程都可以使用该目录。

（6）打开目录 06_06_yaml 中的工程，修改 login、robots 工程的配置，选择"连接器"→ "输入" → "附加依赖项"，追加 libyaml-cppmdd.lib 库。

这样，我们就可以在项目中使用 YAML 了。

6.4.2 读取 YAML 配置文件

本节的参考源代码位于 06_06_yaml 目录中，在该目录新增了一个 res 目录，其中有一个新的 engine.yaml 配置文件。

YAML 语法中没有 Tab 制表符，只有空格，一旦输入了 Tab 制表符，YAML 就会报错。如果读者之前没有接触过 YAML，这里有一个简单的对比方式，看看 XML 文件与 YAML 文件的区别：

```
<?xml version="1.0" encoding="utf-8"?>
<ServerConfig>
    <LoginConfig
    thread_num="2"
    url_login="HTTP://192.168.0.120/member_login_t.php"
    ip="192.168.0.100" port="5550"/>
</ServerConfig>
```

相同内容，采用 YAML 文件配置如下：

```
login:
  thread_num: 2
  url_login: HTTP://192.168.0.120/member_login_t.php
  ip: 127.0.0.1
  port: 5550
```

从上面的对比中可以看出 YAML 比 XML 更加简洁，没有多余的无关紧要的文字。YAML 对于列表的配置也相当简洁。与 XML 格式的对比如下：

```
<LoginConfig>
    <Login id="1" ip="192.168.0.100" port="5551"/>
    <Login id="2" ip="192.168.0.100" port="5552"/>
</LoginConfig>
```

采用 YAML 配置如下：

```
login:
  apps:
    - id: 1
      ip: 192.168.0.100
      port: 5551
    - id: 2
      ip: 192.168.0.100
      port: 5552
```

后者的配置更让人一目了然，"-"语法简洁地标识出了数组。服务端的配置文件常用的还是 INI 类型的文件，INI 是一个赋值型的配置文件，一个属性对应一个值，比 XML 简洁，但在数组配置上表现得非常差，要配置出一个数组是非常难的。因此，我们选择 YAML 作为服务器参数的配置文件。

在 engine.yaml 文件中定义了 login 工程和 robot 工程的属性，按照之前章节的介绍，后面还会有 game、space 工程的相关配置。在本例中，该文件的内容如下：

```
login:
  thread_num: 2
  url_login: http://192.168.0.120/member_login_t.php
  ip: 127.0.0.1
  port: 5550
robot:
  thread_num: 2
```

对于 login 和 robots 工程而言都是需要多线程的，字段 thread_num 指定了子线程的数量。而在 login 工程配置中，当前比较多变的数据就是验证账号的接口，将其提取出来，即 url_login 字段，同时还将监听地址和端口，分别存于 ip 和 port 字段中。

定义好需要的数据之后，下面需要为 YAML 编写一个读取类，其类在 libserver 工程的 yaml.h 中。首先为每一个配置数据属性定义结构，定义如下：

```
struct YamlConfig {
    virtual ~YamlConfig() {}
};
struct AppConfig :public YamlConfig {
    int ThreadNum{ 1 };
};;
struct CommonConfig : public AppConfig {
    std::string Ip{ "127.0.0.1" };
    int Port{ 8080 };
};
struct LoginConfig : public CommonConfig {
    std::string UrlLogin;
};
struct RobotConfig : public AppConfig { };
```

为 login 工程属性编写了一个结构 LoginConfig，基于 CommonConfig 结构。这里编写了好几个基类，这样做的好处在于，将来可能还有其他的结构，这样可以将一些共用的属性集合起来。LoginConfig 拥有 3 个属性：IP、Port 和 UrlLogin，还有一个来自基类的 ThreadNum 属性，用于定义进程中启动几个线程。而 RobotConfig 只有 ThreadNum 属性。

在工程中，读取 YAML 文件的 Yaml 类，定义如下：

```
class Yaml : public Singleton<Yaml> {
public:
```

```
    Yaml();
    YamlConfig* GetConfig(APP_TYPE appType);
private:
    void LoadConfig(APP_TYPE appType, YAML::Node& config);
private:
    std::map<APP_TYPE, YamlConfig*> _configs;
};
```

Yaml 类实例全局唯一，是一个单例，该类中值得注意的是 std::map<APP_TYPE, YamlConfig*>字典和 GetConfig 函数，该函数是根据服务进程的类型返回一个 YamlConfig 结构指针。它的实现代码如下：

```
Yaml::Yaml() {
    auto pResPath = ResPath::GetInstance();
    if (pResPath == nullptr) {
        std::cout << "yaml awake failed. can't get ResPath." << std::endl;
        return;
    }
    const std::string path = pResPath->FindResPath("/engine.yaml");
    YAML::Node config = YAML::LoadFile(path);
    LoadConfig(APP_TYPE::APP_LOGIN, config);
    LoadConfig(APP_TYPE::APP_ROBOT, config);
}
YamlConfig* Yaml::GetConfig(const APP_TYPE appType) {
    if (_configs.find(appType) != _configs.end()) {
        return _configs[appType];
    }
    return nullptr;
}
```

Yaml 类构造函数里实现了对 YAML 文件的分析。函数 GetConfig 从字典 std::map<APP_TYPE, YamlConfig*>中取出数据。在读取 YAML 文件时使用了一个新的工具类 ResPath，用于找到配置文件所在的位置，该类的定义保存在 res_path.h 文件中。其主要逻辑分成两步：

（1）从环境变量中取出 GENGINE_RES_PATH 属性。我们可以在系统的环境变量中指定游戏 res 的目录。

（2）如果没有环境变量，就直接从执行文件的上一层目录内找到 res 目录。

ResPath 类的具体代码可以查看源代码，这里不再过多地阐述。读出文件之后使用库函数 YAML::LoadFile 将文件加载为 YAML 库中的 Node 格式，再对其进行详细处理。文件加载分析函数如下：

```
void Yaml::LoadConfig(const APP_TYPE appType, YAML::Node& config) {
    std::string appTypeName = AppTypeMgr::GetInstance()->GetAppName(appType);
```

```
        YAML::Node node = config[appTypeName];
    if (node == nullptr)
        return;
    AppConfig* pAppConfig;
    switch (appType) {
    case APP_LOGIN: {
        auto pConfig = new LoginConfig();
        pConfig->UrlLogin = node["url_login"].as<std::string>();
        pAppConfig = pConfig;
        break;
    }
    case APP_ROBOT: {
        auto pConfig = new RobotConfig();
        pAppConfig = pConfig;
        break;
    }
    default: {
        pAppConfig = new CommonConfig();
        break;
    }
    }
    auto pCommon = dynamic_cast<CommonConfig*>(pAppConfig);
    if (pCommon != nullptr) {
        pCommon->Ip = node["ip"].as<std::string>();
        pCommon->Port = node["port"].as<int>();
    }
    pAppConfig->ThreadNum = node["thread_num"].as<int>();
    _configs.insert(std::make_pair(appType, pAppConfig));
}
```

从 YAML 文件中可以看出，每一个进程都有一个对应的结构。login 工程对应 LoginConfig 结构，该结构基于 AppConfig。从代码中可以看出，将 YAML 文件中的 url_login 属性读取出来，赋值给 LoginConfig 的 UrlLogin 属性，这是账号登录时需要调用的验证 URL 地址。之前是固定在代码中的，现在修改如下：

```
void HttpRequestAccount::AwakeFromPool(std::string account, std::string
password) {
    ...
    auto pYaml = Yaml::GetInstance();
    const auto pLoginConfig =
dynamic_cast<LoginConfig*>(pYaml->GetConfig(APP_LOGIN));
    _url = pLoginConfig->UrlLogin;
}
```

　　这样，在每次账号请求时使用的是在 YAML 文件中配置的地址。修改账号验证的 URL 不需要再重新编译代码了。除了登录的账号验证 URL 之外，我们还配置了进程监听的 IP 和端口。在 login 进程初始化时，从 YAML 文件中读取出地址与端口，作为 NetworkListen 类的参数。其实现代码如下：

```
void LoginApp::InitApp() {
    auto pYaml = Yaml::GetInstance();
    const auto pLoginConfig =
dynamic_cast<LoginConfig*>(pYaml->GetConfig(_appType));
    _pThreadMgr->CreateComponent<NetworkListen>(pLoginConfig->Ip,
pLoginConfig->Port);
    ...
}
```

　　在 robots 工程中，连接 login 时，可以从 YAML 配置中读取出 login 的连接地址。

```
void Robot::AwakeFromPool(std::string account) {
    ...
    auto pYaml = Yaml::GetInstance();
    const auto pLoginConfig =
dynamic_cast<LoginConfig*>(pYaml->GetConfig(APP_LOGIN));
    this->Connect(pLoginConfig->Ip, pLoginConfig->Port);
}
```

　　本小节简单地说明了 YAML 的配置文件及其读取方式，在后续的章节中，我们还会对 engine.yaml 文件做大量的配置，将所有的服务端启动参数放在 engine.yaml 文件中，以避免分散配置带来的麻烦。

6.4.3　合并线程

　　在 engine.yaml 文件中有一个配置项为 thread_num，设置了当前进程中的线程数量。其生成线程的代码实现如下：

```
ServerApp::ServerApp(APP_TYPE appType) {
    ...
    const auto pLoginConfig =
dynamic_cast<AppConfig*>(Yaml::GetInstance()->GetConfig(_appType));
    for (int i = 0; i < pLoginConfig->ThreadNum; i++) {
        _pThreadMgr->CreateThread();
    }
    ...
}
```

　　启动进程的时候会根据这个值创建相对应的线程实例。当我们将线程配置为 0 时，这表示不使用线程，这时主线程就变成了进程中的唯一线程。因为程序不再启动多线程，所以整个程序就变为单线程运行。在某些情况下，单线程便于我们查找程序中的 Bug，为了在调试时具有这个功能，因而工程中提供了这类兼容单线程和多线程的代码。

在协议分发时，协议是分发到各个线程中的。当没有多线程时，协议直接放到主线程的 EntitySystem 中处理。因为是单线程，实体和组件对象都需要放在主线程中。和 Thread 类一样，主线程中的 ThreadMgr 也是一个 EntitySystem，所以完全可以实现这样的转换。下面来看 Update 函数对于创建实体的处理方式：

```cpp
void ThreadMgr::Update() {
    _create_lock.lock();
    if (_createPackets.CanSwap()) {
        _createPackets.Swap();
    }
    _create_lock.unlock();
    auto pList = _createPackets.GetReaderCache();
    for (auto iter = pList->begin(); iter != pList->end(); ++iter) {
        const auto packet = (*iter);
        if (_threads.size() > 0) {
            if (_threadIndex >= _threads.size())
                _threadIndex = 0;
            _threads[_threadIndex]->AddPacketToList(packet);
            _threadIndex++;
        } else {
            // 单线程
            AddPacketToList(packet);
        }
    }
    pList->clear();
    EntitySystem::Update();
}
```

集合 createPackets 存放着跨线程创建组件的协议，在动态创建类的时候，如果是多线程，就分发到某个子线程中处理，但是如果是单线程，就直接由当前主线程的 EntitySystem 处理。这时生成的类自然就在主线程中。

在多线程中，ThreadMgr 类管理的只是一些公用的组件。在单线程中，逻辑组件也被放置到了主线程中。如果将 robots 工程的线程配置数变为 0，那么所有的 Robot 类会被放置在主线程中。

在使用线程配置时，看上去合并线程和扩展线程都相当方便。因为框架严格遵循了 Actor 的原则，使得组件与组件之间的耦合几乎为零，两个交集为零的实体，不论放在哪里都无所谓。

Account 类需要 HttpRequestAccount 类的结果，但是 Account 类并不依赖于 HttpRequestAccount 类，也和 HttpRequestAccount 实例没有任何关系，所以 Account 类是否与 HttpRequestAccount 类放在同一个线程显然并不重要。而这些类到底是放在主线程还是子线程也不重要。只要它处于某个 EntitySystem 中，就会起到自己应尽的责任。

6.5 log4cplus 日志

6.4 节讲解了服务端的配置，本节将讲解服务端的日志。服务端有两种日志：一种是常规日志，用于后台的打印输出，以便在需要时查看；另一种是对游戏逻辑内的物品进行跟踪的日志，这类日志需要存入数据，以方便进行物品跟踪，其数据也可为分析策划所用。本节阐述的日志是第一类。

日志系统我们采用名为 log4cplus 的第三方库。用过 j2EE 开发的人都非常熟悉，Apache 有一个比较常用的日志系统 log4j，log4cplus 可以视为 log4j 的 C++版本，其使用灵活，线程安全，下载地址为 https://github.com/log4cplus/log4cplus/releases。我们下载一个较新的版本 log4cplus-2.0.4.tar.gz，该下载文件已经放在本书源代码 dependence 目录下了。

6.5.1 log4cplus 的编译安装

在本书源代码根目录的 lib 目录下已经准备了编译好的 Windows 版的库，编译版本为 Visual Studio 2019 debug x86，如果读者对编译部分不感兴趣，那么可以跳过这一节。

关键点 1：编译 Linux 版

（1）解压缩进入目录中，执行./configure：

```
[root@localhost dependence]# tar xf  log4cplus-2.0.4.tar.gz
[root@localhost dependence]# cd log4cplus-2.0.4/
[root@localhost log4cplus-2.0.4]# ./configure
```

（2）执行 make，编译工程，安装到系统目录下：

```
[root@localhost log4cplus-2.0.4]# cmake3 -DCMAKE_CXX_FLAGS="-std=c++14"
-DBUILD_SHARED_LIBS=on ./
[root@localhost log4cplus-2.0.3]# make
[root@localhost log4cplus-2.0.4]# make install
```

（3）工程中使用 log4cplus 时，修改 CMakeLists.txt 文件的 CMAKE_CXX_FLAGS 属性，增加-llog4cplus 参数。

（4）修改环境变量：

```
[root@localhost log4cplus-2.0.4]# find /usr/ -name liblog4cplus.so
/usr/local/lib64/liblog4cplus.so
```

安装完成之后，看一下 SO 文件的位置，位于/usr/local/lib64 下。这个路径没有在环境变量下。使用 vim 打开"~/.bash_profile"，在 LD_LIBRARY_PATH 中增加/usr/local/lib64。

关键点 2：编译 Windows 版

（1）解压缩 log4cplus-2.0.4.tar.gz，在 msvc14 目录下打开 log4cplus.sln 解决方案。

其中 log4cplus.vcxproj 编译出来的是一个动态库，log4cplusS.vcxproj 为静态库，这里选用静态库。同样，生成的 lib 放在根目录的 libs\windows 目录中。在 Windows 下编译需要注意运行库和字符集的设置，我们的原工程采用的是 Unicode 字符集，在编译 log4cplus 时，字符集需要修改为"使用 Unicode 字符集"。

（2）增加 Include 文件。与 YAML 一样，将 log4cplus-2.0.4\include 下的 log4cplus 复制到根目录的 include\windows 目录下。

（3）这一步与 YAML 的步骤一致。在 login 和 Robot 工程中打开"属性"页，选择"连接器"→"输入"→"附加依赖项"，在最后加上 log4cplusSD.lib。

6.5.2　配置文件

在使用 log4cplus 时，首先需要为它编写一个配置文件。本节工程的源代码位于 06_07_log4 目录，在 res 目录下创建一个 log4 目录，编写一个 log4_login.properties 的配置文件，这是 login 进程的配置文件。log4_login.properties 的内容如下：

```
#不能有空行，至少以#开头
log4cplus.rootLogger=DEBUG, ALL_MSGS_TO_CONSOLE, ALL_MSGS_TO_FILE
#
log4cplus.appender.ALL_MSGS_TO_CONSOLE=log4cplus::ConsoleAppender
log4cplus.appender.ALL_MSGS_TO_CONSOLE.layout=log4cplus::PatternLayout
log4cplus.appender.ALL_MSGS_TO_CONSOLE.layout.ConversionPattern=%d -> [%p]
- %m%n
#
log4cplus.appender.ALL_MSGS_TO_FILE=log4cplus::RollingFileAppender
log4cplus.appender.ALL_MSGS_TO_FILE.MaxFileSize=1MB
log4cplus.appender.ALL_MSGS_TO_FILE.MaxBackupIndex=100
log4cplus.appender.ALL_MSGS_TO_FILE.layout=log4cplus::PatternLayout
log4cplus.appender.ALL_MSGS_TO_FILE.layout.ConversionPattern=%d -> [%p]
- %m%n
log4cplus.appender.ALL_MSGS_TO_FILE.File=./log4_login.log
```

解释一下此文件的含义。

（1）log4 的输出分成几个等级，包括 TRACE、DEBUG、INFO、WARNING、ERROR、FATAL，一个等级比一个等级高。如果用圈层结构进行说明，那么 TRACE 层位于最外圈，包括 FATAL；而 FATAL 层不包括 TRACE。在上面的文件中，指定以 DEBUG 等级输出日志，也就是说除了 TRACE 之外，其他的日志都要打印。当配置指定为 DEBUG 层级时，高于 DEBUG 的所有宏是有效的，TRACE 是无效的。如果在配置中写入的是 INFO，那么 LOG_DEBUG 的调用也是无效的。在正式上线时，可以屏蔽掉调试阶段的 DEBUG 层级的打印数据。

（2）log4 有几种记录方式，如控制台或文件，每一种记录方式都需要用到 Logger 实例。在上面的文件中，我们指定了 log4cplus.rootLogger。

```
log4cplus.rootLogger=DEBUG, ALL_MSGS_TO_CONSOLE, ALL_MSGS_TO_FILE
```

该 Logger 是默认的 Logger，每一个 Logger 实例写入的文件不同。假设还需要写一个 Logger，可以这样定义：

```
log4cplus.logger.GM=DEBUG, GM_MSGS_TO_FILE
```

这样，就有一个新的仅记录 GM 指令的日志了。

（3）Appender 是对 Logger 的一个补充，用它来指定一些属性，例如以特定格式输出到终端，这些终端是指定屏幕或文件等。

在上面的文件中，对 log4cplus.appender 指定了 ALL_MSGS_TO_CONSOLE 和 ALL_MSGS_TO_FILE。我们对 ALL_MSGS_TO_CONSOLE 和 ALL_MSGS_TO_FILE 进行不同格式的配置：

```
log4cplus.appender.ALL_MSGS_TO_CONSOLE=log4cplus::ConsoleAppender
log4cplus.appender.ALL_MSGS_TO_FILE=log4cplus::RollingFileAppender
```

终端有几种方式，包括 ConsoleAppender（控制台）、RollingFileAppender（限制大小的文件）和 DailyRollingFileAppender（按计划产生文件）。无论哪一种都需要配置排版布局，即消息如何展示出来，也就是属性 layout。layout 常用的是 log4cplus::PatternLayout 属性，可以在打印数据中使用表示符，就如同 C++的 printf 中的%d 之类的标识。

log4cplus::PatternLayout 是一个模板布局。设置了 PatternLayout，就必须设置 ConversionPattern，设置如下：

```
log4cplus.appender.GM_MSGS_TO_FILE.layout=log4cplus::PatternLayout
log4cplus.appender.GM_MSGS_TO_FILE.layout.ConversionPattern=%d -> [%p]
- %m%n
```

在输出格式时使用了%d，表示的是 UTC 时间；如果要使用当前本地时间，那么可以用%D。%p 表示输出层级，%m 表示输出打印数据，%n 是换行符。除此之外，还有一些其他的常用表示符，%F 输出文件名，%L 输出文件行。

（4）输出到文件时有两个常用配置：一个是 RollingFileAppender；另一个是 DailyRollingFileAppender。DailyRollingFileAppender 会每天生成一个文件。在配置这两个属性时用到了 MaxBackupIndex 属性，该属性表示最大存在的文件数。当存储的文件数目超过 MaxBackupIndex+1 时，会删除最早生成的文件，保证整个文件数目等于 MaxBackupIndex，确保日志系统产生的文件不会越堆越多，超过硬盘的大小。

在 RollingFileAppender 配置中，MaxFileSize 属性用于限制文件大小。

在 DailyRollingFileAppender 中有两个特有的属性：

- Schedule：可用值为 MONTHLY、WEEKLY、DAILY、TWICE_DAILY、HOURLY、MINUTELY。
- DatePattern：DatePattern 格式化之后的文本作为文件名字的后缀。例如当指定 Schedule 为 DAILY 时，DatePattern 可以设置为%Y-%m-%d，表示使用了年月日来作为日志文件的名字。

（5）Filter 过滤器，简单来说过滤器可以为我们过滤掉不重要的数据，而留下重要的数据。修改 log4cplus.rootLogger 如下：

```
log4cplus.rootLogger=DEBUG, ERROR_TO_FILE, ALL_MSGS_TO_CONSOLE,
ALL_MSGS_TO_FILE
    #
log4cplus.appender.ERROR_TO_FILE=log4cplus::RollingFileAppender
log4cplus.appender.ERROR_TO_FILE.MaxFileSize=1MB
log4cplus.appender.ERROR_TO_FILE.MaxBackupIndex=100
log4cplus.appender.ERROR_TO_FILE.File=./log4_login_error.log
log4cplus.appender.ERROR_TO_FILE.filters.1=log4cplus::spi::LogLevelMatchFi
lter
log4cplus.appender.ERROR_TO_FILE.filters.1.LogLevelToMatch=ERROR
log4cplus.appender.ERROR_TO_FILE.filters.1.AcceptOnMatch=true
log4cplus.appender.ERROR_TO_FILE.filters.2=log4cplus::spi::DenyAllFilter
log4cplus.appender.ERROR_TO_FILE.layout=log4cplus::PatternLayout
log4cplus.appender.ERROR_TO_FILE.layout.ConversionPattern=%d -> [%p] %l
- %m%n
```

上面的配置中增加了一个名为 ERROR_TO_FILE 的新输出，在这个输出中使用了 filter，目的是过滤其他打印日志，只留下 ERROR 层级之上的日志。在打印日志时，同时把代码的文件和行号显示出来，即 ConversionPattern 的%l。

过滤信息使用 filter 属性，过滤方式为 log4cplus::spi::LogLevelMatchFilter，按 LogLevel 进行匹配过滤，条件是上面设置的 LogLevelToMatch=ERROR。一个 filter 可以有多个条件，filter 的执行顺序是后写的条件会先被执行，以上面的代码为例，在执行时会先执行 filters.2 的过滤条件，关闭所有过滤器，然后执行 filters.1 匹配 ERROR 信息。filter 的匹配方式有以下几种：

- LogLevelMatchFilter：匹配一个LogLevel，过滤条件包括LogLevelToMatch和AcceptOnMatch（true|false）。
- LogLevelRangeFilter：匹配一个范围，过滤条件包括LogLevelMin、LogLevelMax和AcceptOnMatch。
- StringMatchFilter：匹配LogLevel字符串，过滤条件包括StringToMatch和AcceptOnMatch。

对于 log4cplus，我们有一个大概的印象即可，关于 log4cplus 的更多说明，在 log4cplus 中有写好的注释和 API 说明。也可以参考其官网说明，这里就不再一一列举了。

6.5.3 使用 log4cplus

讲完了定义格式，我们来看看如何使用这个配置。为了在代码中调用 log4clpus，工程中专门编写了一个 Log4 类。在 libserver 工程的 log4.h 文件中的定义如下：

```
class Log4 : public Singleton<Log4> {
public:
```

```
    Log4(int appType);
    ~Log4();
    static std::string GetMsgIdName(Proto::MsgId msgId);
protected:
    void DebugInfo(log4cplus::Logger logger) const;
private:
    APP_TYPE _appType{ APP_TYPE::APP_None };
};
```

在该类生成时完成了初始化，初始化代码如下：

```
Log4::Log4(int appType) {
    _appType = static_cast<APP_TYPE>(appType);
    auto pResPath = ResPath::GetInstance();
    auto pAppTypeMgr = AppTypeMgr::GetInstance();
    const std::string filename = strutil::format("/log4/log4_%s.properties",
pAppTypeMgr->GetAppName(_appType).c_str());
    std::string filePath = pResPath->FindResPath(filename);
    if (filePath.empty()) {
        std::cout << " !!!!! log4 properties not found! filename:" <<
filename.c_str() << std::endl;
        return;
    }
    log4cplus::initialize();
    const log4cplus::tstring configFile =
LOG4CPLUS_STRING_TO_TSTRING(filePath);
    log4cplus::PropertyConfigurator config(configFile);
    config.configure();
    LOG_DEBUG("Log4::Initialize is Ok.");
}
```

Log4 类的初始化工作主要是读取 properties 文件与调用 log4cplus::initialize 函数。在上面的代码中，根据传入的进程类型读取了不同的配置文件进行初始化。初始化完成之后，类的使用十分简单，只需要调用宏定义即可。宏定义在 log4_help.h 文件中，主要有 LOG_TRACE、LOG_DEBUG、LOG_INFO、LOG_WARN 和 LOG_ERROR 等常规宏。鉴于篇幅，这里就不一一列举了。

工程中为每种 LogLevel 写了一个宏。为了便于区分，警告 LOG_WARN 和出错 LOG_ERROR 这两个宏有不同的颜色。鉴于 Windows 和 Linux 下的控制台前景色调用方式不同，对于颜色部分写了两个版本。在 Linux 下的颜色，本书专门编写了一个脚本，位于本书源代码的 linux 目录下，名为 color.sh。可以看到在 Linux 下，控制台可以打印出一些颜色与背景。读者可以自行执行查看。

有了 Log4 类之后，之前使用 std::cout 的地方都可以使用相应的宏来替换。来看一个应用场景，编译执行本小节的源代码，在使用命令行输入时，输入一个随机串 "lfdsf"，程序就会提示输入出错的信息。因为将 std::cout 修改为 LOG_ERROR 时，当输入错误时会出现红色的提示，非常醒目。

Log4 类在控制台输出时显然比原生的 std::cout 更有优势，可以更容易分辨日志的类型。除此之外，Log4 还留下了一个日志文件，方便在进程运行时留下日志，以便以后查用。

当框架越来越大时，打印信息就变得越来越臃肿，为了在这些打印中找到关键信息，颜色输出就会变得很重要。现在执行 login 进程，打印信息如下：

```
[root@localhost bin]# ./logind
app type:8 id:1
GENGINE_RES_PATH=/root/game/06_07_log4/res
[log4] root appender name:ERROR_TO_FILE
[log4] root appender name:ALL_MSGS_TO_CONSOLE
[log4] root appender name:ALL_MSGS_TO_FILE
[DEBUG] - Log4::Initialize is Ok.
[DEBUG] - Yaml awake is Ok.
[INFO] - epoll model. listen 127.0.0.1:5550
```

其中，[INFO]调用的是 LOG_INFO，而[DEBUG]调用的是 LOG_DEBUG。

6.6 总 结

本章在原有框架的基础上做了一个重要的重构，即引入了 ECS 设计原则，将工程优化为组件与实体的框架。组件与实体的设计方式脱离了继承的桎梏，结合 Actor 的设计思路，使得组件与组件之间解耦。

同时，本章为整个框架增加了两个重要的基础功能：增加了 YAML 文件，对服务端进行配置；增加了 log4cplus 进行日志打印。第 7 章将用组件的方式实现一系列非常重要的功能——数据库的相关操作。

第7章

MySQL 数据库

存储是网络游戏开发中不可缺少的部分。在存储方面，不同的游戏公司采用不同的数据库，有使用 MySQL 的，也有使用 MongoDB 的，本书中采用主流的 MySQL 数据库。本章主要介绍 C++与 MySQL 之间的交互，本章包括以下内容:

❀ 对数据库进行读、写操作。
❀ 对数据库进行更新。

7.1 MySQL Connector/C

调用 MySQL 时，使用的第三方库为 MySQL 的 Connector/C。本书没有使用 Connector/C++。Connector/C++与 Connector/C 的区别在于 C++版本采用了类的方式操作数据库，而 C 语言版本只提供 API，根据框架的自身特点，C 语言版本可能更适合一些，而且它更方便、高效。

关键点 1: Linux 系统配置

在 Linux 下不需要进行任何操作，在安装数据库环境时已经在系统中安装了开发环境，只需要在使用时修改 CMakeLists.txt 文件即可。本节的源代码位于 07_01_db 目录，打开 dbmgr 工程中的 CMakeLists.txt，新增一行:

```
target_link_libraries(${MyProjectName} -L/usr/lib64/mysql -lmysqlclient
-lpthread -lz -lm -lssl -lcrypto -ldl)
```

关键点 2: Windows 系统配置

在 Windows 系统中，使用该库的简单方式是直接在本机上安装 MySQL 5.7，因为本书在 Linux 系统中使用的是 5.X 版本，所以在 Windows 系统中也使用 5.X 版本，以免接口不一致。安装 MySQL 之后，头文件和需要的动态库或静态库都有了，可以直接使用 libmysql.lib 与 libmysql.dll 两个文件。如果不想在本地安装 MySQL，又想使用静态库，那么可以自行编译。

MySQL 自身使用的是 Connector/C，所以编译最新的 Connector/C 库可以从 MySQL 源代码中进行编译。

本书已经在 lib 目录中准备好了 Windows 版本的动态库，可以直接使用。使用时需要修改系统的环境变量 Path，指向本书源代码根目录下的 lib\windows 目录，否则在运行 dbmgr 时会提示找不到 libmysql.dll。

7.2 连接时使用的函数说明

要使用 MySQL Connector/C ，就需要对它的基础 API 有一个了解，本节先来了解需要用到的函数。

函数 1：初始化库

```
int mysql_library_init(int argc, char **argv, char **groups)
void mysql_library_end(void)
```

函数 mysql_library_init 和 mysql_library_end 是一对用于初始化和释放的函数。mysql_library_init 需要在调用其他函数之前调用，用来初始化 MySQL 库。而 mysql_library_end 调用可以释放内存，在调用 mysql_close 之后调用，以帮助释放内存数据。

函数 2：创建一个数据库对象指针

```
MYSQL *mysql_init(MYSQL *mysql)
```

该函数有两种用法：一种是传入 MySQL 对象；另一种是传入 nullptr 参数。两种调用都会返回 MySQL 对象指针，如果有传入值，传入返回的对象就是同一个；如果传入的参数为 nullptr，就会返回一个实例。这两者的差别在于谁来管理 MySQL 对象的实例，如果是在外部创建的对象，在调用 mysql_close 之后就需要手动释放该对象，以免造成内存泄漏。如果是由 mysql_init 创建的对象，就只需要关闭连接。

函数 3：销毁现有对象指针

```
void mysql_close(MYSQL *mysql)
```

该函数用于关闭一个连接，如果 MySQL 实例是库生成的，该函数就会同时释放该对象。

函数 4：连接函数

```
MYSQL *mysql_real_connect(MYSQL *mysql, const char *host, const char *user,
const char *passwd, const char *db, unsigned int port, const char *unix_socket,
unsigned long client_flag)
```

在这个函数中，第 5 个参数为想要连接的数据库的名字，可以为 nullptr，表示只是想产生一个连接，但不选择具体数据库，后续调用其他函数选定具体的数据库。

当我们连接一个给定名字的数据库时，如果这个数据库不存在，就会出现错误，而 MySQL

对象也不可再用，需要关闭。鉴于这种情况，在第一次连接时就可以将数据库名设为 nullptr，让它进行一个默认的连接，再调用 mysql_select_db 函数进行数据库的选择，若选择失败，则说明所需的数据库不存在，这时可以创建需要的数据库。

在连接函数中，最后一个参数 client_flag 是一系列的常量，在本书的示例程序中使用了 CLIENT_FOUND_ROWS，官方的解释如下：

```
CLIENT_FOUND_ROWS: Return the number of found (matched) rows, not the number
of changed rows
```

即返回匹配的行数，而不是修改行数。

若函数 mysql_real_connect 的返回值是 nullptr，则连接失败；若成功，则返回值为 MySQL 的对象指针。

函数 5：设置属性

```
int mysql_options(MYSQL *mysql, enum mysql_option option, const void *arg)
```

该函数是在 mysql_init 之后、mysql_real_connect 之前调用的，对 MySQL 对象进行一些属性设置。在本书的框架中用到了两个常用的属性：

- MYSQL_OPT_CONNECT_TIMEOUT：设置连接超时。
- MYSQL_OPT_RECONNECT：是否自动连接。

更多的枚举可以在头文件 mysql.h 中查看。

函数 6：选择数据库

```
int mysql_select_db(MYSQL *mysql, const char *db)
```

该函数输入一个需要连接的数据库名。返回值 0 表示成功，非 0 即为出错编号。该函数指定一个数据库作为当前选中的数据库。在调用该函数时，如果用户没有指定数据库的权限就会出错。

函数7：错误代码

```
unsigned int mysql_errno(MYSQL *mysql)
```

在每一个函数调用之后，如果出现错误，就可以通过调用函数 mysql_errno 得到当前错误的编号。

函数 8：ping 函数

```
int mysql_ping(MYSQL *mysql)
```

该函数检查连接是否处于正常工作中。

在函数 mysql_options 的设置中，可以打开自动连接的开关，当网络断开时，调用 mysql_ping 会自动重新连接。

7.3　数据库连接组件

介绍完了主要函数，接下来看看框架是如何应用这些 API 函数来连接 MySQL 的。用一个实际例子说明，本节源代码位于 07_01_db 目录中。在源代码中新增一个 dbmgr 工程，用来处理与数据库相关的操作。

7.3.1　MysqlConnector 组件

在 dbmgr 工程中新增一个 MysqlConnector 类，提供一些数据库操作，其定义可以在 mysql_connector.h 文件中找到。

```
class MysqlConnector : public MysqlBase, public Entity<MysqlConnector>, public
IMessageSystem, public IAwakeFromPoolSystem<> { ... }
class MysqlBase {
public:
    bool ConnectInit();
    virtual void Disconnect();
    ...
protected:
    DBConfig _dbCfg;
    MYSQL* _pMysql{ nullptr };
    MYSQL_RES* _pMysqlRes{ nullptr };
    ...
};
```

MysqlConnector 类基于 MysqlBase 类，该类中实现了 IMessageSystem 接口，处理诸如查询角色或创建角色这样的协议。MysqlBase 类则提供了连接 MySQL 数据库以及读取与查询的一些基本功能。下面详细分析一下代码。

7.3.2　连接数据库

对于连接数据库来说，首先需要连接给定名字的数据库，这部分功能是在初始化时完成的：

```
void MysqlConnector::AwakeFromPool() {
    auto pYaml = Yaml::GetInstance();
    auto pConfig = pYaml->GetConfig(APP_DB_MGR);
    auto pDbCfig = dynamic_cast<DBMgrConfig*>(pConfig);
    _pDbCfg = pDbCfig->GetDBConfig(DBMgrConfig::DBTypeMysql);
    if (_pDbCfg == nullptr) {
        LOG_ERROR("Failed to get mysql config.");
        return;
    }
```

```
    Connect();
}
```

当 MysqlConnector 类从对象池中唤醒时，它会首先执行 AwakeFromPool 函数，在执行该函数时，从配置数据中读出数据库的配置信息，配置数据位于 engine.yaml 文件中。在 dbmgr 的配置中有两组数据：一组是关于 Redis 的；另一组是关于 MySQL 的。这些配置包括数据库 IP、端口、数据库名、字符集等，在本例中，取出 MySQL 相关的配置并保存在 MysqlConnector 类中。初始化函数最后调用了函数 Connect 进行连接，调用了基类的连接函数 MysqlBase::ConnectInit。该函数进行了一些连接前的基本操作，初始化操作成功之后，调用 mysql_real_connect 函数发起一个连接。如果经检查没有错误，就认为连接成功。

在基类中初始化 MysqlBase::ConnectInit 函数的实现代码如下：

```
bool MysqlBase::ConnectInit() {
    Disconnect();                                 // 如果已有一个连接，就先销毁
    _pMysql = mysql_init(nullptr);                // 由库创建出 MySQL 对象
    if (_pMysql == nullptr) {
        CheckMysqlError();
        LOG_ERROR("mysql_init == nullptr");
        return false;
    }
    // 设置连接等待时间，这里设置的是 10 秒
    int outtime = 10;
    mysql_options(_pMysql, MYSQL_OPT_CONNECT_TIMEOUT, &outtime);
    bool reConnect = false;                       // 不自动重连
    mysql_options(_pMysql, MYSQL_OPT_RECONNECT, &reConnect);
    return true;
}
```

在基类函数中，创建了 MySQL 指针并对它进行了属性的设置，在此设置了两个属性：一个是连接时的超时设定；另一个用于设定是否自动重连。本例中采用了不自动重连，手动定时查看的方式。

7.3.3　关闭连接

如果在连接过程中出现异常，就可以调用 Disconnect 函数关闭已生成的连接，以便重新连接。关闭连接函数的代码如下：

```
void MysqlConnector::Disconnect() {
    CleanStmts();
    MysqlBase::Disconnect();
}
void MysqlBase::Disconnect() {
    ...
    if (_pMysql != nullptr) {
        mysql_close(_pMysql);
```

```
        _pMysql = nullptr;
    }
}
```

在关闭连接时调用了库函数 mysql_close 以释放内存。虽然在游戏框架上使用了多线程，但是对于一个 MysqlConnector 对象而言，它遵照 Actor 原则，代码没有耦合性，因而线程是安全的。如果需要，那么可以启动多个线程来执行数据库操作，每一个线程都生成一个独立的 MysqlConnector 实例，每一个线程都相当于一个 MySQL 客户端，互不影响。

7.4   写入数据时使用的函数说明

厘清了数据库的连接与关闭操作之后，再来说说对数据库的插入和更改操作。MySQL 库同样提供了一系列函数供我们使用，首先要了解"预处理"这个概念。

什么是预处理呢？

对于需要多次执行的语句，预处理是一种非常高效的方式，其原理是一次生成语句，每次执行时传入参数，以减少数据的传递。一次生成语句的好处是不用每次对 SQL 语句进行解析，极大地提高了效率。预处理就像一个函数，每次执行时只需要填入不同的参数，就能得到不同的结果。几个重要的预处理函数如下：

函数 1：创建一个预处理

```
MYSQL_STMT *mysql_stmt_init(MYSQL *mysql)
```

MySQL 库的预处理使用一个名为 MYSQL_STMT 的结构，调用该函数即可创建一个 MYSQL_STMT 指针，返回值不是 nullptr 时则为成功。

函数 2：销毁一个预处理

```
my_bool mysql_stmt_close(MYSQL_STMT *stmt)
```

该函数销毁传入的 MYSQL_STMT 指针。

函数 3：初始化预处理

```
int mysql_stmt_prepare(MYSQL_STMT *stmt, const char *stmt_str, unsigned long
length)
```

该函数将一个 SQL 语句写入预处理结构中，第二个参数即为 SQL 语句，该语句不需要有结束符分号，即不需要符号";"。传入的 SQL 语句在参数的位置用"?"代替。

调用该函数，返回值为非 0 时，表示有错误，可以用 mysql_stmt_error 函数查看错误编码。

函数 4：出错检查

```
const char *mysql_stmt_error(MYSQL_STMT *stmt)
```

一旦发现某个预处理函数有异常或出错，就可以通过调用该函数来获取错误描述。

函数 5：绑定参数

```
my_bool mysql_stmt_bind_param(MYSQL_STMT *stmt, MYSQL_BIND *bind)
```

前面传入的 SQL 语句中，关于动态参数的部分是用"?"来代替的。而函数 mysql_stmt_bind_param 是专门为这些"?"准备的，利用 MYSQL_BIND 结构提供参数。像函数一样，一个预处理在实际执行阶段需要绑定实际的参数。

函数 6：执行

```
int mysql_stmt_execute(MYSQL_STMT *stmt)
```

绑定完参数之后的预处理指针就可以调用执行函数来执行。如果返回结果不为 0，就表示有错误。

函数 7：获取执行结果个数

```
my_ulonglong mysql_stmt_affected_rows(MYSQL_STMT *stmt)
```

预处理执行之后，我们可以通过该函数来获取结果行的个数，即当前执行的预处理结果中有多少行数据。

7.5 写入数据示例

一个完整的插入数据的步骤是这样的：首先根据 SQL 语句创建预处理，在需要使用时传入参数，然后调用执行函数得到结果。

以创建角色为例，先创建"创建角色的预处理"，并将这个预处理实例存入一个字典中，便于每次使用时快速调用。当创建角色的协议发送到 dbmgr 进程时，调用预处理实例并传入参数，这些参数是玩家名字和玩家的初始数据。最后，调用执行函数写入数据库中。下面用一个实际例子加以说明，本节的源代码位于 07_01_db 目录中。

7.5.1 创建预处理

在 MysqlConnector 类创建之初就初始化两个预处理：一个是插入玩家数据的预处理；另一个用于更新玩家数据。

```
void MysqlConnector::InitStmts() {
    DatabaseStmt* stmt = CreateStmt("insert into player ( sn, account, name,
savetime, createtime ) value ( ?, ?, ?, now(), now() )");
    _mapStmt.insert(std::make_pair(DatabaseStmtKey::StmtCreate, stmt));

    stmt = CreateStmt("update player set base=?, misc=?,savetime=now() where
sn = ?");
```

```
    _mapStmt.insert(std::make_pair(DatabaseStmtKey::StmtSave, stmt));
}
```

代码中为两个预处理绑定了两个枚举：DatabaseStmtKey::StmtCreate 用于创建角色；DatabaseStmtKey::StmtSave 用于更新角色数据。同时，将生成的对象存入字典中，以便使用时方便索引。在上面的代码中，预处理被写入了一个封装好 DatabaseStmt 的结构中。DatabaseStmt 的原型如下：

```
struct DatabaseStmt {
    MYSQL_STMT *stmt{ nullptr };
    MYSQL_BIND *bind{ nullptr };
    char *bind_buffer{ nullptr };
    int bind_index;
    int bind_buffer_index;
};
```

在这个结构体中存储了预处理结构 MYSQL_STMT 的指针以及一个 MYSQL_BIND 的指针，该指针是为了绑定参数而服务的，是一个数组。表 7-1 列举了 DatabaseStmt 结构的每一个值的定义。

表 7-1　DatabaseStmt 结构表

参　　数	说　　明
stmt	MYSQL_STMT 指针
bind	MYSQL_BIND 指针数组
bind_buffer	该属性是一个内存地址块，这个内存地址块是为了存储绑定数据的，给了它一个宏定义长度：#define MAX_BIND_BUFFER 40960。绑定的数据，即使是二进制数据，总大小也不会超过 40960
bind_buffer_index	内存块中当前的读写地址位置偏移值
bind_index	bind_index 为当前 bind 的位置偏移值。bind 数组每增加一个数据，bind_index 自增一次

生成 DatabaseStmt 结构的代码如下：

```
DatabaseStmt* MysqlConnector::CreateStmt(const char* sql) const {
    int str_len = strlen(sql);
    DatabaseStmt* stmt = new DatabaseStmt();
    int param_count = 0;
    stmt->stmt = mysql_stmt_init(_pMysql);  // 从 MySQL 库中创建 MYSQL_STMT 指针
    if (mysql_stmt_prepare(stmt->stmt, sql, str_len) != 0) {
        return nullptr;  // 失败
    }
    for (int i = 0; i < str_len; i++) {
        if ((sql[i] == '?') || (sql[i] == '@'))
            param_count++; // 统计参数个数
    }
```

```
if (param_count > 0) {
    stmt->bind = new MYSQL_BIND[param_count];//为每个参数创建 MYSQL_BIND 空间
    memset(stmt->bind, 0, sizeof(MYSQL_BIND) * param_count);
    stmt->bind_buffer = new char[MAX_BIND_BUFFER]; // 数据备用空间
} else {
    stmt->bind = nullptr;
    stmt->bind_buffer = nullptr;
}
return stmt;
}
```

从上面的代码中不难看出，有多少个参数就要生成多少个 MYSQL_BIND 数据结构。图 7-1 展示了结构的内存数据。例如 INSERT INTO tabel1 VALUES(?,?,?)，参数个数为 3，所以这里 DatabaseStmt 中的属性 bind 是一个 MYSQL_BIND[3] 的数组指针。在生成 DatabaseStmt 结构时，在结构中生成了一块用于缓存数据的 buffer，用于存放参数。

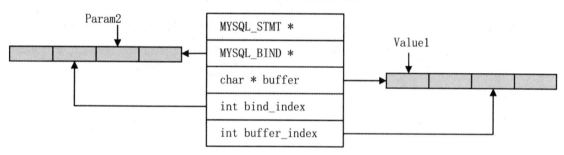

图 7-1　DatabaseStmt 内存结构

下面用一个实际例子来说明结构中这些数据的用途。

7.5.2　用预处理创建角色

创建角色时，创建角色的协议被 MysqlConnector 类捕捉到，它的处理函数为 HandleCreatePlayer，其实现如下：

```
void MysqlConnector::HandleCreatePlayer(Packet* pPacket) {
    auto protoCreate = pPacket->ParseToProto<Proto::CreatePlayerToDB>();
    auto protoPlayer = protoCreate.player();
    DatabaseStmt* stmt = GetStmt(DatabaseStmtKey::StmtCreate);
    if (stmt == nullptr)
        return;
    ...
    // create
    ClearStmtParam(stmt);
    AddParamUint64(stmt, protoPlayer.sn());
    AddParamStr(stmt, protoCreate.account().c_str());
```

```
    AddParamStr(stmt, protoPlayer.name().c_str());
    ...
    if (ExecuteStmt(stmt)) {
        protoRs.set_return_code(Proto::CreatePlayerReturnCode::CPR_Create_OK);
    }
    ...
}
```

收到创建协议之后，从预处理字典中取出了已经准备好的 DatabaseStmt。随后调用了 ClearStmtParam、AddParamUint64 和 AddParamStr 三个函数，分别是为了清理旧数据、压入一个 uint64 参数和压入一个字符串到预处理结构中。下面来分别看一看这几个参数的实现。

```
void MysqlConnector::ClearStmtParam(DatabaseStmt* stmt) {
    stmt->bind_index = 0;
    stmt->bind_buffer_index = 0;
}
```

函数 ClearStmtParam 用于清除上一次的数据，让缓存回到最初状态。

创建角色的 SQL 语句"insert into player（sn, account, name, savetime, createtime）value（?, ?, ?, now(), now()）"有 3 个参数，分别是 uint64 和两个 string。下面重点来看 AddParamUint64 和 AddParamStr 函数。

```
void MysqlConnector::AddParamUint64(DatabaseStmt* stmt, uint64 val) {
    MYSQL_BIND* pBind = &stmt->bind[stmt->bind_index];
    pBind->buffer_type = MYSQL_TYPE_LONGLONG;
    pBind->buffer = &stmt->bind_buffer[stmt->bind_buffer_index];
    pBind->is_unsigned = true;
    *static_cast<uint64*>(pBind->buffer) = val;
    stmt->bind_index++;
    stmt->bind_buffer_index += sizeof(uint64);
}
```

函数 AddParamUint64 将一个 uint64 的值绑定到 MYSQL_BIND 结构中。首先需要取出对应这个 uint64 属性的 MYSQL_BIND，即如下一句代码：

```
MYSQL_BIND *mbind = &stmt->bind[stmt->bind_index];
```

这里有一个潜规则，默认在设置参数时是按 SQL 语句的"？"顺序设置的，即（sn, account, name），顺序为 uint64、string、string，如果按 string、string、uint64 就会出错。

结构 MYSQL_BIND 非常复杂，简单列举一下需要用到的几个重要属性：

```
typedef struct st_mysql_bind {
    unsigned long *length;              /* 指向输出长度的指针 */
    void *buffer;                       /* 读写数据的缓冲区 */
    enum enum_field_types buffer_type;  /* buffer type */
```

```
my_bool is_unsigned;                    /* 设置，如果整数类型是无符号整数 */
...
} MYSQL_BIND;
```

下面就参数逐一说明。

（1）buffer 为数据缓冲区。输入时，参数数据值绑定到缓冲区 buffer 中，供 mysql_stmt_execute 使用；输出时，将结果绑定到缓冲区 buffer 中，供 mysql_stmt_fetch 使用。对于日期和时间数据类型，缓冲区应指向 MYSQL_TIME 结构。

（2）buffer_type 为数据类型，常用的有 MYSQL_TYPE_LONG、MYSQL_TYPE_BLOB 等。

（3）is_unsigned 表示数据是否是无符号类型。

（4）*length 属性指向一个 unsigned long*无符号长整型指针。该属性只用在字符或二进制数据上。输入时，设置*length 为 buffer 中的参数值的实际长度，供 mysql_stmt_execute 使用。数值类数据如 long 或 long long，*length 没有用，因为 buffer_type 值决定了数值的长度。

得到 MYSQL_BIND 指针之后，需要对其进行初始化。每一个 MYSQL_BIND 实例都需要外部提供一块内存给它存储数据。而我们创建的 DatabaseStmt 结构正好提供了一块内存用来存储这些数据。以下语句是基于 uint64 数据进行的一个赋值。

```
pBind->buffer_type = MYSQL_TYPE_LONGLONG;
pBind->buffer = &stmt->bind_buffer[stmt->bind_buffer_index];
pBind->is_unsigned = true;
*static_cast<uint64*>( pBind->buffer ) = val;
```

首先设置这个 MYSQL_BIND 的数据类型为 MYSQL_TYPE_LONGLONG，再设置缓存区，自定义结构中的 buffer 提供了一大块连续的数据块，这里派上了用场，在第二行代码中，将数据地址赋值给缓存。是无符号类型，第三行代码属性 is_unsigned 设为 true。最后的语句将缓存的可写位移进行偏移。

```
stmt->bind_index++;
stmt->bind_buffer_index += sizeof( uint64 );
```

偏移的值为写入数值的内存长度。这里的 uint64 即为 sizeof(uint64)。以上是给一个数值赋值，AddParamStr 函数用于给字符串赋值，在 uint64 的例子中，数值的长度是一定的，而字符串的长度却不一定，AddParamStr 的实现如下：

```
void MysqlConnector::AddParamStr(DatabaseStmt* stmt, const char* val) {
    MYSQL_BIND* pBind = &stmt->bind[stmt->bind_index];
    int len = strlen(val);
    pBind->buffer_type = MYSQL_TYPE_STRING;
    pBind->buffer = &stmt->bind_buffer[stmt->bind_buffer_index];
    pBind->length = (unsigned long*)&
stmt->bind_buffer[stmt->bind_buffer_index + len + 1];
    engine_strncpy((char*)pBind->buffer, len + 1, val, len + 1);
```

```
    *(pBind->length) = len;
    pBind->buffer_length = len;
    stmt->bind_index++;
    stmt->bind_buffer_index += (len + 1 + sizeof(unsigned long*));
}
```

同样，先得到 MYSQL_BIND 指针，设置 buffer_type 为 MYSQL_TYPE_STRING，参数是字符串时，MYSQL_BIND 的 buffer 属性就有了意义，它会指向字符串的地址，这里将 DatabaseStmt 结构中 buffer 的当前指针分配给它，并调用 strncpy 函数将传入的串复制到这块内存块中，同时 MYSQL_BIND 的 length 需要指定一个 unsigned long*指针，这个指针指向的地址赋值为输入字符串的长度。

值得注意的是，在 MYSQL_BIND 结构中，buffer 和 length 都是指针，指针指向的是一个外部地址，这样的做法有利于精减内存，没必要在 MySQL 库内部再为这些参数开辟内存块来存储数据。注意最后一行代码：

```
stmt->bind_buffer_index += ( len + 1 + sizeof( unsigned long* ) );
```

DatabaseStmt 中已经用了缓存，不能再使用，需要设置一个偏移值。

图 7-2 展示了 DatabaseStmt 的真实内存结构。从内存结构中可以清楚地看到所有参数的值都被保存在了缓存中，数值型类型因为长度是固定的，不需要开辟空间保存长度。而字符型参数除了要保存内容之外，还要有一个空间来保存它的长度。

在图 7-2 的内存结构中，第一个参数为 uint64，第二个参数为 string。DatabaseStmt 结构中 MYSQL_BIND 数组的长度为 2，保存了两个 MYSQL_BIND 数据。第一个 MYSQL_BIND 结构中的 buffer 指向了 uint64 的地址，取数据时，直接从这块缓冲中取出对应类型的大小即可。第二个参数是 string 类型的，MYSQL_BIND 结构中的 buffer 指向了缓冲区中的某个地址，从这个地址上可以读出一个字符串，而字符串的长度则存储在 MYSQL_BIND 结构中的 length 中，length 也是一个指针，该指针指向了一个 unsigned long 类型的指针，在这个指针上存储着长度。该指针的真实地址值也在 buffer 缓冲中。

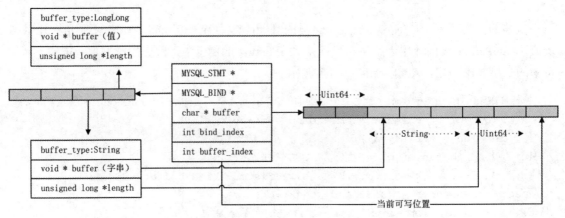

图 7-2　DatabaseStmt 内存结构实例

因为采用了缓存的方式，所以看上去比较复杂。在这一小节中，我们直接操纵了内存块，这是 C++与其他语言的一个区别。从这个例子中，我们能更好地理解内存和类型的关系。写数据时提供的缓存类型是 char*，但在这个缓存中放置了 unit64、string 和 long。C++的这种特性虽然好用，但使用时需要特别注意，以免产生内存越界。

7.6　查询数据时使用的函数说明

前面介绍了写入数据操作，本节介绍查询数据的方法。其步骤为：使用 SQL 语句进行查询时，不同的 SQL 语句获取的数据不同，但是都可以得到一个 MYSQL_RES 集合，遍历集合，最后将行数据转换成自定义的内存数据。其中涉及的 API 函数如下：

函数 1：查询函数

```
int mysql_query(MYSQL *mysql, const char *stmt_str)
int mysql_real_query(MYSQL *mysql, const char *stmt_str, unsigned long length)
```

库中提供了两个查询函数。函数 mysql_query 执行指定的 SQL 语句，参数 stmt_str 可以不带 SQL 语句的结束符 "；"，但必须是有结束符的字符串，即最后以 '\0' 字符结尾。mysql_query 函数使用的 SQL 语句不能带二进制数据，如果需要带二进制数据，就需要使用函数 mysql_real_query。从函数定义上能看得出来，mysql_real_query 函数执行 SQL 语句的时候，使用的参数是 char*和它的长度。这个 char*的字符串是允许存在 '\0' 这种结束符的。这就是这两个函数本质上的区别。

如果要查看执行该语句后的结果，那么可以在 mysql_query 调用之后调用函数 mysql_field_count 查看有多少列数据。如果执行的语句不是一个 select，那么 mysql_field_count 调用的结果可能为 0。另外，执行操作也可以由 mysql_query 来完成，即传入的 SQL 语句可以不是一个 select 语句。

函数 2：读取结果

```
MYSQL_RES *mysql_store_result(MYSQL *mysql)
```

调用 mysql_query 函数之后可以用 mysql_store_result 得到结果，该函数将全部结果缓存到 MYSQL_RES 结构中并返回，MYSQL_RES 用完之后需要使用 mysql_free_result 释放数据。

函数 mysql_store_result 返回为空时，不意味着失败。如果执行语句是 insert 语句，mysql_store_result 就会返回空，因为 insert 语句并没有集合可以返回。

函数 3：获取结果中有多少列

```
unsigned int mysql_num_fields(MYSQL_RES *result)
```

调用函数 mysql_store_result 的结果不为空时，可以调用 mysql_num_fields 来判断有多少列。

函数 4：读取字段

```
MYSQL_FIELD *mysql_fetch_field(MYSQL_RES *result)
```

该函数的使用相当于一个迭代器，对 MYSQL_RES 的列数据进行一个迭代，当返回值为空时表示没有更多的列了。

函数 5：获取行

```
MYSQL_ROW mysql_fetch_row(MYSQL_RES *result)
```

同理，函数 mysql_fetch_row 也是一个迭代器，迭代的是 MYSQL_RES 集合，也就是 mysql_store_result 得到的集合。

7.7 查询数据示例

一个完整的查询数据步骤为：首先组织一条 SQL 语句，调用 mysql_query 得到一个结果集，再通过调用 mysql_fetch_row 函数得到 MYSQL_ROW 行数据。而每一行的具体数据则是由 MYSQL_ROW 类的操作函数读取数据的。下面我们用一个例子加以说明，本节的源代码位于 07_01_db 目录中。

7.7.1 Query 查询函数

在 MysqlBase 类中，函数 Query 封装了 mysql_query 函数。其实现如下：

```cpp
bool MysqlBase::Query(const char* sql, my_ulonglong& affected_rows) {
    if (nullptr != _pMysqlRes) {
        mysql_free_result(_pMysqlRes);
        _pMysqlRes = nullptr;
    }
    if (mysql_query(_pMysql, sql) != 0) {
        LOG_ERROR("Query error:" << mysql_error(_pMysql) << " sql:" << sql);
        return false;
    }
    // maybe query is not a select
    _pMysqlRes = mysql_store_result(_pMysql);
    if (_pMysqlRes != nullptr) {
        _numFields = mysql_num_fields(_pMysqlRes);
        _pMysqlFields = mysql_fetch_fields(_pMysqlRes);
    }
    affected_rows = mysql_affected_rows(_pMysql);
    return true;
}
```

上面的代码使用了 MySQL 库提供的函数 mysql_query，得到了一个 MYSQL_RES 集合，将这个集合的指针保存在类变量 pMysqlRes 中，该属性是结构 MYSQL_RES 的指针。同时，将列数据保存在变量 pMysqlFields 中，该属性是结构 MYSQL_FIELD 的指针，可以称它为字段数据。

这里一下解释为什么会有字段数据，以及它的作用是什么。

使用 select 语句时，例如 "select sn, name from player" 和 "select name, sn from player" 的字段数据是不一样的。调用函数 mysql_fetch_fields 得到返回集合的字段信息，对于第一条语句来说，sn 在前，name 在后。第二条语句正好相反。MYSQL_FIELD 主要是对字段描述的一个结构，对于 sn 来说，描述它的结构为 MYSQL_FIELD，name 也会生成一个 MYSQL_FIELD。结构 MYSQL_FIELD 其中的一个字段 enum_field_types type 表示当前这个字段的真实类型。那么，对于上面两条 select 语句，第一条语句的第一个字段类型和第二条语句的第一个字段类型显然是不相同的。

7.7.2　查询玩家数据

以查询玩家数据这一流程来具体说明查询函数的使用方法。首先，当收到查询玩家协议 L2DB_QueryPlayerList 时，MysqlConnector 类的处理函数 HandleQueryPlayerList 的实现如下：

```cpp
void MysqlConnector::HandleQueryPlayerList(Packet* pPacket) {
    auto protoQuery = pPacket->ParseToProto<Proto::QueryPlayerList>();
    QueryPlayerList(protoQuery.account(), pPacket->GetSocket());
}
void MysqlConnector::QueryPlayerList(std::string account, SOCKET socket) {
    my_ulonglong affected_rows;
    std::string sql = strutil::format("select sn, name, base, item, misc from
player where account = '%s'", account.c_str());
    if (!Query(sql.c_str(), affected_rows)) {
        LOG_ERROR("!!! Failed. MysqlConnector::HandleQueryPlayerList. sql:" <<
sql.c_str());
        return;
    }
    Proto::PlayerList protoRs;
    protoRs.set_account(account.c_str());
    Proto::PlayerBase protoBase;
    if (affected_rows > 0) {
        std::string tempStr;
        MYSQL_ROW row;
        while ((row = Fetch())) {
            auto pProtoPlayer = protoRs.add_player();
            pProtoPlayer->set_sn(GetUint64(row, 0));
            pProtoPlayer->set_name(GetString(row, 1));

            GetBlob(row, 2, tempStr);
```

```
        protoBase.ParseFromString(tempStr);
        pProtoPlayer->set_level(protoBase.level());
        pProtoPlayer->set_gender(protoBase.gender());
    }
}
// 没有找到也需要返回 pResultPacket
SendPacket(Proto::MsgId::L2DB_QueryPlayerListRs, socket, protoRs);
}
```

在查询玩家数据时，直接使用了 SQL 语句 "select sn, name, base, item, misc from player where account = '%s'"，接着调用了之前封装好的函数 Query，当返回数据时，调用了 Fetch 函数，其定义如下：

```
MYSQL_ROW MysqlBase::Fetch() const {
    if (_pMysqlRes == nullptr)
        return nullptr;
    return mysql_fetch_row(_pMysqlRes);
}
```

从上面的代码可以看出，调用 mysql_fetch_row 函数从集合中取出了当前行的数据。while ((row = Fetch()))不断取出当前行的数据，直到这个集合被遍历完为止。对于行数据，首先调用 GetUint64 函数取出当前行中的 sn 数据，调用 GetString 函数取出当前行中的 name 数据，后面以此类推。函数 GetUint64 的实现方法如下：

```
uint64 MysqlBase::GetUint64(MYSQL_ROW row, int index) {
    if (row[index] == nullptr) {
        LOG_ERROR("!!! Failed. MysqlConnector::GetUint64");
        return 0;
    }
    return atoll(row[index]);
}
```

看看 MYSQL_ROW 的定义：

```
typedef char **MYSQL_ROW; /* return data as array of strings */
```

它指向了一个数组地址，可以根据不同的类型直接转换成不同的数据。在这些类型中，有一个特别需要注意的是二进制 Blob 数据，取得 Blob 的函数实现如下：

```
void MysqlBase::GetBlob(MYSQL_ROW row, int index, std::string& protoStr) const {
    unsigned long* pLengths = mysql_fetch_lengths(_pMysqlRes);
    long blobLength = pLengths[index];
    if (blobLength <= 0) {
        protoStr = "";
        return;
    }
```

```
    char* blobByte = new char[blobLength + 1];
    GetBlob(row, index, blobByte, blobLength);
    blobByte[blobLength] = '\0';
    protoStr = blobByte;
    delete[] blobByte;
}
int MysqlBase::GetBlob(MYSQL_ROW row, int index, char* buf, unsigned long size)
const {
    unsigned int l = size > 0 ? size : 0;
    if (row[index] == nullptr) {
        LOG_ERROR("!!! Failed. MysqlConnector::GetBlob");
        return 0;
    }
    unsigned long* lengths = mysql_fetch_lengths(_pMysqlRes);
    if (lengths[index] < l)
        l = lengths[index];
    memcpy(buf, row[index], l);
    return l;
}
```

在获取 Blob 数据时，首先需要知道 Blob 的长度，调用 mysql_fetch_lengths 函数从数据集合中得到一个长度数组。根据当前字段所在的 index 下标，在长度数组中找到这个字段的长度。为了读取二进制数据，需要创建一块内存，调用 memcpy 函数完全复制数据。取得数据之后，再传递到上层调用中。

7.8　数据表的创建与更新

前面几节详细地介绍了 MySQL 的一些 API 的使用，本节讨论一下数据库的创建与更新问题。一般来说，服务端每一个版本的代码都对应一个相应的 SQL 文件。导入 SQL 文件到数据库之后，服务器才可以正常地使用数据库。但这项功能要求在编译源代码的同时维护一系列 SQL 文件。长期来讲，这是一件非常令人恼火的事情，代码版本与 SQL 版本不一致时就会出错。

鉴于此，我们将数据库的结构写入 C++的源代码中，并随着版本的推进进行自动更新。这样就可以把目光专注在源代码上，不需要维护 SQL 文件了。图 7-3 展示了创建与更新数据库的流程。

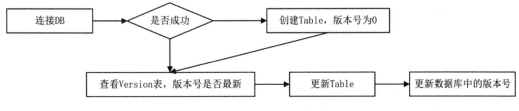

图 7-3　创建与更新数据库

概述一下这个流程，首先连接数据库，查看数据库是否连接成功，如果失败，就查询出错的编号；如果编号为 1049，就表示数据库不存在。官方对于 1049 的解释如下：

```
Error: 1049 SQLSTATE: 42000 (ER_BAD_DB_ERROR)
Message: Unknown database '%s'
```

如果数据库不存在，此时就需要创建一个数据库，并进行数据库的所有表格的创建，同时创建一个名为 Version 的表，用来记录当前版本号，初始的版本号为 0，根据当前代码的版本号进行升级。

如果数据库连接成功，就查询数据库表 version 中的版本号，以对应当前代码的版本号进行升级。更新完成之后有一个重要的操作，即将数据库中 version 表中的版本号定为当前代码的版本号。

下面是更新数据库的类 MysqlTableUpdate，在 07_01_db 目录的 dgmgr 工程的 mysql_table_update.cpp 文件中。其类定义如下：

```cpp
class MysqlTableUpdate :public MysqlBase, public Singleton<MysqlTableUpdate> {
public:
    void Check();
private:
    bool CreateDatabaseIfNotExist();
    bool UpdateToVersion();          // 检查 DB 数据，更新到最新版本
    bool Update00();                 // 00 版本的数据修改
private:
    typedef std::function<bool(void)> OnUpdate;
    std::vector<OnUpdate> _update_func;
    int const _version = 0;
};
```

在 MysqlTableUpdate 类中存储了一个当前数据库代码的版本号，即 version，每一次变更数据库之后，这个变量就要加 1。现在它是第 0 个版本号。

MysqlTableUpdate 类是在 main.cpp 中被创建的。也就是说在 dbmgr 启动之初就对数据库进行了更新检查。

```cpp
int main(int argc, char* argv[]) {
    mysql_library_init(0, nullptr, nullptr);
    ...
    auto pTableUpdateObj = MysqlTableUpdate::Instance();
    pTableUpdateObj->Check();
    pTableUpdateObj->DestroyInstance();
    ...
    return 0;
}
```

在启动线程之前，调用 MysqlTableUpdate::Check 检查当前数据库版本是否为最新版本。检查数据库函数代码如下：

```cpp
void MysqlTableUpdate::Check() {
    if (!ConnectInit())
        return;
    auto pYaml = Yaml::GetInstance();
    auto pDbMgrCfig = dynamic_cast<DBMgrConfig*>(pYaml->GetConfig
(APP_DB_MGR));
    _pDbCfg = pDbMgrCfig->GetDBConfig(DBMgrConfig::DBTypeMysql);
    if (_pDbCfg == nullptr) {
        LOG_ERROR("Init failed. get mysql config is failed.");
        return;
    }
    if (mysql_real_connect(_pMysql, _pDbCfg->Ip.c_str(), _pDbCfg->User.c_str(),
_pDbCfg->Password.c_str(), nullptr, _pDbCfg->Port, nullptr, CLIENT_FOUND_ROWS)) {
        mysql_select_db(_pMysql, _pDbCfg->DatabaseName.c_str());
    }
    int mysqlerrno = CheckMysqlError();
    if (mysqlerrno == ER_BAD_DB_ERROR) {
        // 1049: Unknown database 没有找到数据库, 就新建一个
        if (!CreateDatabaseIfNotExist()) {
            Disconnect();
            return;
        }
        // 创建成功之后, 选择到当前数据库
        mysql_select_db(_pMysql, _pDbCfg->DatabaseName.c_str());
        mysqlerrno = CheckMysqlError();
    }
    if (mysqlerrno > 0) {
        Disconnect();
        return;
    }
    // 检查版本, 自动更新
    if (!UpdateToVersion()) {
        LOG_ERROR("!!!Failed. Mysql update. UpdateToVersion");
        return;
    }
    ...
}
```

下面我们详细分析这一段代码。

7.8.1　创建表

在检查数据库时，首先创建一个 MySQL 连接，此时并没有选择数据库，函数 mysql_real_connect 中关于数据库名的参数值为 nullptr。连接成功之后，调用 mysql_select_db

函数试探数据库是否存在，如果返回错误码为 ER_BAD_DB_ERROR（1049），就认为可以创建一个数据库。创建数据库函数代码如下：

```cpp
bool MysqlTableUpdate::CreateDatabaseIfNotExist() {
    // 是否存在数据库，如果不存在就创建
    std::string querycmd = strutil::format("CREATE DATABASE IF NOT EXISTS %s;",
_pDbCfg->DatabaseName.c_str());
    my_ulonglong affected_rows;
    if (!Query(querycmd.c_str(), affected_rows)) {
        LOG_ERROR("!!! Failed. MysqlConnector::CreateDatabaseIfNotExist.
cmd:" << querycmd.c_str());
        return false;
    }
    // 连接 DB 之后，选择指定的数据库
    if (mysql_select_db(_pMysql, _pDbCfg->DatabaseName.c_str()) != 0) {
        LOG_ERROR("!!! Failed. MysqlConnector::CreateDatabaseIfNotExist:
mysql_select_db:" << LOG4CPLUS_STRING_TO_TSTRING(_pDbCfg->DatabaseName));
        return false;
    }
    // 设置数据库的字符集，从 YAML 配置中读取需要的字符集
    if (mysql_set_character_set(_pMysql, _pDbCfg->CharacterSet.c_str()) != 0){
        LOG_ERROR("!!! Failed. MysqlConnector::CreateDatabaseIfNotExist:
Could not set client connection character set to " <<
LOG4CPLUS_STRING_TO_TSTRING(_pDbCfg->CharacterSet));
        return false;
    }
    // 设置数据库区分字母大小写，配置文件中为 utf8_general_ci
    querycmd = strutil::format("ALTER DATABASE CHARACTER SET %s COLLATE %s",
_pDbCfg->CharacterSet.c_str(), _pDbCfg->Collation.c_str());
    if (!Query(querycmd.c_str(), affected_rows)) {
        LOG_ERROR("!!! Failed. MysqlConnector::CreateDatabaseIfNotExist.
cmd:" << LOG4CPLUS_STRING_TO_TSTRING(querycmd.c_str()));
        return false;
    }
    // 创建一个 version 表，使用了 InnoDB 方式
    std::string create_version =
        "CREATE TABLE IF NOT EXISTS `version` (" \
        "`version` int(11) NOT NULL," \
        "PRIMARY KEY (`version`)" \
        ") ENGINE=%s DEFAULT CHARSET=%s;";
    std::string cmd = strutil::format(create_version.c_str(), "InnoDB",
_pDbCfg->CharacterSet.c_str());
    if (!Query(cmd.c_str(), affected_rows)) {
```

```
        LOG_ERROR("!!! Failed. MysqlConnector::CreateTable. " <<
LOG4CPLUS_STRING_TO_TSTRING(cmd));
        return false;
    }
    // 创建一个 player 表
    std::string create_player =
        "CREATE TABLE IF NOT EXISTS `player` (" \
        "`sn` bigint(20) NOT NULL," \
        "`name` char(32) NOT NULL," \
        "`account` char(64) NOT NULL," \
        "`base` blob," \
        "`item` blob," \
        "`misc` blob," \
        "`savetime` datetime default NULL," \
        "`createtime` datetime default NULL," \
        "PRIMARY KEY (`sn`)," \
        "UNIQUE KEY `NAME` (`name`)," \
        "KEY `ACCOUNT` (`account`)" \
        ") ENGINE=%s DEFAULT CHARSET=%s;";
    cmd = strutil::format(create_player.c_str(), "InnoDB",
_pDbCfg->CharacterSet.c_str());
    if (!Query(cmd.c_str(), affected_rows)) {
        LOG_ERROR("!!! Failed. MysqlConnector::CreateTable" <<
LOG4CPLUS_STRING_TO_TSTRING(cmd));
        return false;
    }
    // 创建完成后，修改 version 表中的 version 字段，设为初始的 0 号版本
    cmd = "insert into `version` VALUES ('0')";
    if (!Query(cmd.c_str(), affected_rows)) {
        LOG_ERROR("!!! Failed. MysqlConnector::CreateTable." <<
LOG4CPLUS_STRING_TO_TSTRING(cmd));
        return false;
    }
    return true;
}
```

顾名思义，CreateDatabaseIfNotExist 函数是在数据库不存在时创建一个全新的供游戏使用的数据库。在上面的代码中创建了两张表，两条 SQL 语句分别创建了 version 和 player 表。创建 player 表时，同时创建了几个索引，用于快速查询。数据表创建完成之后，执行了一条 SQL 语句："insert into 'version' VALUES ('0')"，即当前版本为 0 号的初始版本。

在创建 player 表时使用了一个关键字 InnoDB。InnoDB 和 MyISAM 是使用 MySQL 时常用的两个表类型。如果需要，那么这里也可以替换成 MyISAM。

7.8.2　更新表

在整个开发或上线的过程中，数据表不可能是一成不变的。有需要时，需要对表结构进行更新。创建表完成之后调用了 UpdateToVersionDB 进行升级，升级代码如下：

```
bool MysqlTableUpdate::UpdateToVersion() {
    my_ulonglong affected_rows;
    std::string sql = "select version from `version`";
    if (!Query(sql.c_str(), affected_rows))
        return false;
    MYSQL_ROW row = Fetch();
    if (row == nullptr)
        return false;
    int version = GetInt(row, 0);
    if (version == _version)
        return true;
    // 如果 DB 版本不匹配，就升级 DB
    for (int i = version + 1; i <= _version; i++) {
        if (_update_func[i] == nullptr)
            continue;
        if (!_update_func[i]()) {
            LOG_ERROR("UpdateToVersion failed!!!!!, version=" << i);
            return false;
        }
        LOG_INFO("update db to version:" << i);
        // 成功之后，更改 DB 的版本
        std::string cmd = strutil::format("update `version` set version = %d", i);
        if (!Query(cmd.c_str(), affected_rows)) {
            LOG_ERROR("UpdateToVersion failed!!!!!, change version failed.
version=" << i);
            return false;
        }
    }
    return true;
}
```

更新时首先查询当前数据库的版本号，再从注册的更新列表 update_func 中取得更新函数来更新每一个版本。如同在 CreateDatabaseIfNotExist 中做的一样，最后一步将 version 表中的 version 字段修改为当前的 DB 版本号。列表 update_func 的下标从 0 开始。在初始化时绑定好了 version 为 0 的函数为 Update00。

```
MysqlTableUpdate::MysqlTableUpdate() {
    // 注册更新函数，按下标执行，注意顺序
    _update_func.push_back(BindFunP0(this, &MysqlTableUpdate::Update00));
```

```
}
bool MysqlConnector::Update00( ) {
    return true;
}
```

Update00 实现为空，我们没有进行任何操作。现在执行 dbmgr 工程来测试创建数据库的
流程。执行之前需要配置 dbmgr 工程数据，在 engine.yaml 文件中为 dbmgr 连接的 MySQL 配
置 IP 和端口，如果你的 IP、端口与库中的配置不同，就需要修改。

7.8.3　测试更新与创建组件

第一次运行 dbmgr 工程，程序输出信息如下：

```
[DEBUG] - Mysql update connect. 192.168.0.120:3306 starting...
[ERROR] - [CheckMysqlError]MysqlConnector::CheckError. mysql_errno=1049,
mysql_error=Unknown database 'e_gamedata'
[DEBUG] - Mysql. try create database:e_gamedata
[DEBUG] - Mysql Update successfully! addr:192.168.0.120:3306
```

首先连接数据库，反馈回 1049 编号的错误，这时试着创建一个 e_gamedata 数据库。用工
具打开数据库，会发现已经创建了两个表，其内部结构与我们期望的一致。

```
MariaDB [e_gamedata]> show tables;
+---------------------+
| Tables_in_e_gamedata |
+---------------------+
| player              |
| version             |
+---------------------+
2 rows in set (0.00 sec)
MariaDB [e_gamedata]> show columns from player;
+------------+------------+------+-----+---------+-------+
| Field      | Type       | Null | Key | Default | Extra |
+------------+------------+------+-----+---------+-------+
| sn         | bigint(20) | NO   | PRI | NULL    |       |
| name       | char(32)   | NO   | UNI | NULL    |       |
| account    | char(64)   | NO   | MUL | NULL    |       |
| base       | blob       | YES  |     | NULL    |       |
| item       | blob       | YES  |     | NULL    |       |
| misc       | blob       | YES  |     | NULL    |       |
| savetime   | datetime   | YES  |     | NULL    |       |
| createtime | datetime   | YES  |     | NULL    |       |
+------------+------------+------+-----+---------+-------+
8 rows in set (0.01 sec)
```

再来测试一下更新效果，使用以下步骤：

（1）在 mysql_table_update.h 文件中找到变量 version，在旧数据的基础上加 1，即 1。

（2）增加版本 1 的更新函数 Update01。

（3）修改 MysqlTableUpdate 类的构造函数，增加更新函数注册：

```
MysqlTableUpdate::MysqlTableUpdate() {
    // 注册更新函数，按下标执行，注意顺序
    _update_func.push_back(BindFunP0(this, &MysqlTableUpdate::Update00));
    _update_func.push_back(BindFunP0(this, &MysqlTableUpdate::Update01));
}
```

（4）实现 Update01 函数，代码如下：

```
bool MysqlTableUpdate::Update01() {
    std::string sql = "ALTER TABLE `player` ADD COLUMN `testa` blob NULL
AFTER `misc`;";
    my_ulonglong affected_rows;
    if (!Query(sql.c_str(), affected_rows)) {
        LOG_ERROR("!!! Failed. MysqlTableUpdate::Update01. ");
        return false;
    }
    return true;
}
```

在上面的代码中，在 player 表的列 misc 之后添加一个二进制、名为 testa 的列。更新后执行，其打印数据如下：

```
[DEBUG] - Mysql update connect. 192.168.0.120:3306 starting...
[INFO] - update db to version:1
[DEBUG] - Mysql Update successfully! addr:192.168.0.120:3306
```

因为已经有了数据库，没有出现 1049 编号的错误，所以不会走创建数据库的流程，而是直接连接到数据库上，并进行对应版本号 1 的更新。打开数据库会发现有两个改变：第一个改变是 player 表中多了 testa 列；另一个改变是 version 表中的 version 列被更改为 1。

```
MariaDB [e_gamedata]> show columns from player;
+------------+------------+------+-----+---------+-------+
| Field      | Type       | Null | Key | Default | Extra |
+------------+------------+------+-----+---------+-------+
| sn         | bigint(20) | NO   | PRI | NULL    |       |
| name       | char(32)   | NO   | UNI | NULL    |       |
| account    | char(64)   | NO   | MUL | NULL    |       |
| base       | blob       | YES  |     | NULL    |       |
| item       | blob       | YES  |     | NULL    |       |
| misc       | blob       | YES  |     | NULL    |       |
| testa      | blob       | YES  |     | NULL    |       |
| savetime   | datetime   | YES  |     | NULL    |       |
```

```
| createtime | datetime  | YES  |     | NULL    |       |
+-----------+-----------+------+-----+---------+-------+
9 rows in set (0.00 sec)
MariaDB [e_gamedata]> select * from version;
+---------+
| version |
+---------+
|       1 |
+---------+
1 row in set (0.00 sec)
```

当然，在真实的开发过程中，从一个版本到另一个版本，数据库的修改可能非常复杂，修改的可能不止一张表。

7.9　数据表中的数据结构与 protobuf 结构

现在，框架已经在数据库中建立了 player 表，本节要讨论的是 player 表与 protobuf 的关系。在 player 表中的字段 base 使用了二进制数据，在本书的案例中，这些二进制数据都是 protobuf 结构的。

看到这里可能有些不习惯，大部分人都比较倾向于在数据库的表中创建给定的列。例如，player 表中有等级 Level 列、经验 Exp 列，打开表格时，就可以直观地看到这些数据，现在将这些数据放到一个二进制的结构中，看上去就不直观了。

那么，为什么还要将这些数据变成不那么直观的二进制数据呢？

如果读者曾经有过做游戏的经验，那么一定有数据库升级的经历。游戏运营之后，基于策划的要求新增了某些功能，需要将某些数据存储到数据库中，于是创建了一个新的数据表，其中可能有 col1、col2、…、col5 等好几个存储列。运营了一个月之后，新的要求来了，需要对这个功能进行修改，需要删除 col2、col3，增加 col6、col7。

7.8 节讲的更新数据库结构的操作可以帮上忙，编写一个新的更新函数。

但现在有一个更好的方案，不需要更改列就可以实现数据的删除与新增。更新数据时不需要再编写更新函数，也就是使用 protobuf 定义的结构作为存储数据结构。作为协议使用时，protobuf 方便的序列化特性被广泛使用。除此之外，它还有一个非常给力的特性就是兼容性，这个特性用于存储时也非常给力。

从整体效率上来看，使用二进制存取的方式要高于多列存取的方式。这是由于二进制压缩了表的列数，只需要几个列就可以表示大量的数据。列的多少在 MySQL 的存取上也会影响效率。下面通过例子来看如何将 protobuf 存到 MySQL 中。本节的源代码依然存放在 07_01_db 目录中。工程 libserver 中新建了一个 db.proto 文件，该文件中定义的结构是存储在数据库中的结构，定义如下：

```
syntax = "proto3";
package Proto;
...
enum Gender {
    none = 0;
    male = 1;
    female = 2;
}
message PlayerBase {
    Gender gender = 1;
    int32 level = 2;
}
message LastWorld {
    int32 world_id = 1;
    int64 world_sn = 2;
    Vector3 position = 3;
}
message PlayerMisc {
    LastWorld last_world = 1;      // 公共地图
    LastWorld last_dungeon = 2;    // 副本地图
    ...
}
message Player {
    uint64 sn = 1;
    string name = 2;
    PlayerBase base = 3;
    PlayerMisc misc = 4;
}
```

在上面的结构中，Proto::Player 就是最终的 Player 表。目前只用到了 sn、name、base 三个列，其他的列暂时无用。PlayerBase 结构就是 base 列的数据结构，这个结构中有一个 int32 类型的 level 数据，还有一个枚举类型来表示性别，以便区分显示模型。PlayerMisc 是 misc 列的数据结构，保存了位置数据，last_world 表示公共地图的位置，last_dungeon 表示副本地图的位置。

图 7-4 从整体上展示了数据库的结构。protobuf 中的数据是一个可以嵌套的结构，也可以随时随意地增加与删除属性。在编码时，只有一个规则需要注意，就是属性编号不能重用。假如之前的 4 号属性我们不再使用，可以将这个 4 号定义直接删除，这大大简化了我们的工作量，不再需要编写数据库更新函数了。

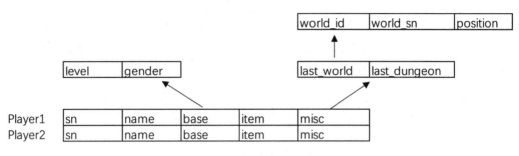

图 7-4　玩家数据结构

7.10　角色查询与创建流程

数据库的操作是整个框架的基础，下面将之前的功能整合起来。在第 6 章的例子中，机器人已经登录到了 login 进程中，梳理一下登录之后的流程：在进程 login 中验证完成之后，需要向 dgmgr 进程发起查询角色的协议，如果返回数据没有角色，就由客户端发起创建角色的协议。整个流程如图 7-5 所示。

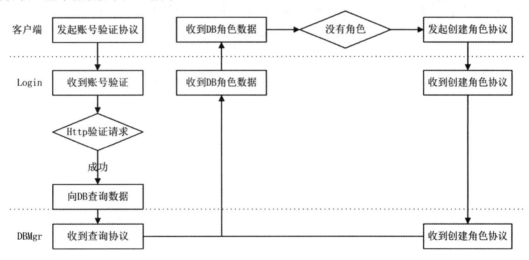

图 7-5　创建、读取角色的流程

对于客户端来说，需要发起的协议有两个：一个是账号验证协议；另一个是创建角色协议。需要处理的协议是收到角色列表协议。

对于 login 工程来说，需要处理 3 个协议：验证账号、收到角色列返回数据以及收到创建角色协议的处理。

对于 dbmgr 工程来说，需要处理两个协议：一个是查询角色协议；另一个是创建角色协议。

7.10.1　为 login 进程与 dbmgr 进程创建连接类

在前面的案例中，协议总是从客户端（robots 进程）传来的，现在服务端是多进程了，验证账号在 login 进程中，而创建角色在 dbmgr 进程中，这两个进程是如何传递消息的呢？

首先，login 和 dbmgr 都打开了监听端口，但 login 的监听端口是为了玩家连接，而 dbmgr 打开监听端口则是为了其他进程方便连接到它。所以，在 login 工程的 main.cpp 文件中加入了一个新的 NetworkConnector 组件。

```cpp
int main(int argc, char* argv[]) {
    const APP_TYPE curAppType = APP_TYPE::APP_LOGIN;
    ServerApp app(curAppType, argc, argv);
    app.Initialize();
    ...
    auto pYaml = Yaml::GetInstance();
    auto pCommonConfig = pYaml->GetIPEndPoint(curAppType);
    pThreadMgr->CreateComponent<NetworkListen>(pCommonConfig->Ip,
pCommonConfig->Port);
    pThreadMgr->CreateComponent<NetworkConnector>((int)APP_TYPE::APP_DB_MGR,
0);
    ...
}
```

监听组件 NetworkListen 传入了参数监听的 IP 与端口，而连接组件 NetworkConnector 传入的参数为 AppType。在 NetworkConnector 初始化时，我们通过 AppType 从 YAML 配置文件中读出了需要连接的 AppType 的 IP 与端口。

在上面的代码中，希望可以连接到 dbmgr 的端口。当 NetworkConnector 类从对象池中被唤醒之后，它做了如下操作：

```cpp
void NetworkConnector::AwakeFromPool(int appType, int appId) {
    auto pYaml = Yaml::GetInstance();
    auto pComponent = pYaml->GetIPEndPoint((APP_TYPE)appType, appId);
    if (pComponent == nullptr) {
        LOG_ERROR("can't find yaml config.");
        return;
    }
    Connect(pComponent->Ip, pComponent->Port);
    auto pNetworkLocator = ThreadMgr::GetInstance()->GetComponent
<NetworkLocator>();
    pNetworkLocator->AddConnectorLocator(this, (APP_TYPE)appType, appId);
}
```

在初始化的同时，将这个网络类放到了 NetworkLocator 组件中，方便发送数据时的定位。这样，login 进程就与 dbmgr 进程有了一个网络连接。

7.10.2　找到指定的 NetworkConnector 实例

新流程需要向 dbmgr 发起一个查询请求，那么 login 是如何找到 dbmgr 的连接实例的呢？继续向下走这个流程，验证账号请求结束之后，在其处理函数中有如下实现：

```cpp
void Account::HandleAccountCheckToHttpRs(Packet* pPacket) {
    auto proto = pPacket->ParseToProto<Proto::AccountCheckToHttpRs>();
    auto pPlayer = _playerMgr.GetPlayer(proto.account());
    if (pPlayer == nullptr)    {
        std::cout << "can't find player. account:" << proto.account().c_str()
<< std::endl;
        return;
    }
    Proto::AccountCheckRs protoResult;
    protoResult.set_return_code(proto.return_code());
    SendPacket(Proto::MsgId::C2L_AccountCheckRs, pPlayer->GetSocket(),
protoResult);
    // 验证成功，向 DB 发起查询
    if (proto.return_code() == Proto::AccountCheckReturnCode::ARC_OK) {
        Proto::QueryPlayerList protoQuery;
        protoQuery.set_account(pPlayer->GetAccount().c_str());
        SendPacket(Proto::MsgId::L2DB_QueryPlayerList, protoQuery, APP_DB_MGR);
    }
}
```

函数 HandleAccountCheckToHttpRs 是 HTTP 请求的返回处理函数。它首先从返回协议中取出账号，以验证登录玩家对象是否还存在，因为每一步都是异步操作，所以每一次消息到来时，玩家都有可能已经下线了。如果验证成功，就向 dbmgr 发送 L2DB_QueryPlayerList 协议。组织协议看上去并不复杂，只传入了账号数据，最后调用了 SendPacket 函数发送数据。SendPacket 函数的定义在 message_system.h 文件中，有两个定义，代码如下：

```cpp
void SendPacket(const Proto::MsgId msgId, const SOCKET socket,
google::protobuf::Message& proto);
    void SendPacket(const Proto::MsgId msgId, google::protobuf::Message& proto,
APP_TYPE appType, int appId = 0);
```

当需要向网络层发送消息时，现有两种发送方式，一种类似 Robot 类，创建一个 Socket，主动连接到服务端，这类连接可以从 Player 类上拿到 Socket 值；另一种是服务端进程之间的数据发送，这时我们只需要向一个指定的 APP_TYPE 上发送数据即可。其实现如下：

```cpp
void IMessageSystem::SendPacket(const Proto::MsgId msgId,
google::protobuf::Message& proto, APP_TYPE appType, int appId) {
    auto packet = CreatePacket(msgId, 0);
    packet->SerializeToBuffer(proto);
    SendPacket(packet, appType, appId);
}
    void IMessageSystem::SendPacket(Packet* packet, APP_TYPE appType, int appId) {
```

```
    auto pNetworkLocator = ThreadMgr::GetInstance()->GetComponent
<NetworkLocator>();
    auto pNetwork = pNetworkLocator->GetNetworkConnector(appType, appId);
    if (pNetwork != nullptr) {
        packet->SetSocket(pNetwork->GetSocket());
        pNetwork->SendPacket(packet);
        return;
    }
    ...
}
```

在上面的代码中，从主线程中取出 NetworkLocator 组件，从中取得了 dbmgr 的 INetwork
实例发送数据。初始化 NetworkConnector 时，已经向 NetworkLocator 组件注册过数据了，所
以 NetworkLocator 可以找到连接到 dbmgr 的 NetworkConnector 实例，直接发送数据。

7.10.3　创建角色

对于数据库查询角色的功能，我们在阐述 MySQL 函数的时候已经讲解过了，这里不再多
说。玩家数据最终会传递到客户端，也就是我们的测试 robots 进程中，Robot 类收到一个空的
玩家数据，这时它会发起一个创建角色的协议，协议编号为 C2L_CreatePlayer。在这个创建角
色协议里，客户端一般会带上自己设定的参数，例如玩家名、玩家性别等。login 进程收到这
个协议的处理函数为 Account::HandleCreatePlayer，这个函数最终将数据传递到了 dbmgr 进程，
使用的协议编号为 L2DB_CreatePlayer。这里我们不再详细讲述。

7.10.4　机器人登录创建角色测试

在 07_01_db 目录的工程中同时也准备了 robots 测试工程。现在需要启动两个服务端进程
login 和 dbmgr。在启动之前确保 engine.yaml 文件中的数据库地址正确，不需要手动操作数据
库，程序会自动创建数据库，并更新数据表。如果先启动的是 login，就会看到它一直不断地
出现 re connect（重新连接）打印数据。因为它一直在试图连接到 dbmgr 上，所以直到启动好
dbmgr 进程之后，login 的 re connect 行为才会停止。

启动 robots 之后，输入"login -a test"可以进行 test 登录，在 Robot 类中，我们完成了自
动登录和自动创建角色的功能。第一次登录，dbmgr 进程上会有以下打印消息：

```
[INFO] - HandlePlayerCreate sn:55650694413156386 account:test name:test-2086
[DEBUG] - player list. account:test player list size:1 socket:700
```

为 test 账号创建了一个名为 test-2086 的角色，这个名字是随机取的。登录 MySQL 数据库，
看看我们刚才新建的玩家数据：

```
MariaDB [e_gamedata]> select sn, name, account, base from player;
+-------------------+-----------+---------+------+
| sn                | name      | account | base |
+-------------------+-----------+---------+------+
| 55650694413156386 | test-2086 | test    | NULL |
+-------------------+-----------+---------+------+
1 row in set (0.00 sec)
```

当然，如果登录已经创建过角色的账号，那么将不会再创建角色。关于 Robot 类的代码实现细节可参考源代码，由于篇幅有限，这里就不再赘述。

7.11 总　　结

本章介绍了对数据库的使用，数据库是游戏存储的基本组件。第 8 章将进一步优化这个 ECS 框架。但不需要担心，在这些改造中，我们几乎不用变更这些基于 Actor 原则的类，因为它们在某种程度上来说真的是与世隔绝，与外界没有任何耦合。

第8章

深入学习组件式编程

本章将继续深入学习组件式编程，同时进一步深入学习 ECS 体系中的 System 部分。在本章中将有一个全新的 EntitySystem 系统以及全新的 UpdateSystem、MessageSystem 系统。为了方便调试新建了 allinone 工程，将所有进程的所有功能都放在一起。除此之外，进一步优化对象池，让它以线程为单位，去掉对象池的锁。在深入应用之后，对于定时器函数的需求越来越多，所以在本章中加入了一个时间堆的组件。本章包括以下内容：

- ⊛ 全新的 System 系统。
- ⊛ 引入 allinone 工程。
- ⊛ IAwakeSystem 接口与对象池。
- ⊛ 时间堆。

8.1 新的系统管理类 SystemManager

在前面的代码中编写了一个 EntitySystem 来管理组件和实体，除此之外，还没有深入谈到 System 部分的内容。System 可以理解为游戏逻辑的动作部分。任何一个框架都有动作部分，我们熟悉的 Update 更新操作就是一个动作。在前面的框架中，驱动 Update 的方式是给 EntitySystem 增加 std::list<IUpdateSystem*>队列，这个队列中的每一个组件继承 IUpdateSystem 接口，并实现 Update 函数每帧的调用。伪代码如下：

```
void EntitySystem::Update() {
    for(auto one : updataObjs){
        one->Update();
    }
}
```

下面分析这种流程带来的问题。假设除了 IUpdateSystem 外，还有一个 IStartSystem 用于组件的首次调用，那么按照之前的逻辑，就需要在 EntitySystem 类中再增加一个 std::list<IStartSystem*>队列。

随着游戏功能的增加，要做的动作会不断增加，如果有 10 个 System，就要建 10 个相关集合，为每个集合编写调用函数，这使得 EntitySystem 变得越来越不可维护，这不符合之前一直强调的解耦思维。

一旦 System 多起来，按目前这个流程处理起来就会越来越麻烦。如果我们新加了一个 MoveSystem 用来处理移动相关的操作，就需要建立一个 IMoveSystem 接口，在这个接口定义一个虚函数 UpdateMove。在 EntitySystem 中维护 IMoveSystem 的列表去调用 UpdateMove，所做的工作依然不少。

一个组件想要处理的功能越多，需要继承的接口就越多。它可能要继承 IUpdateSystem，还要继承 IMoveSystem，也许还有其他更多的接口。以此类推，显然为每个 System 独立维护一个列表有数据冗余。

现在，我们需要颠覆这个逻辑，丢掉面向对象的接口，完全以组件的方式来实现系统功能。简单来说，不再使用 IUpdateSystem 这类的接口，而是改用 UpdateComponent 组件来替代它，拥有这个组件就拥有这个功能，而每一个类都可以为自己创建一个 UpdateComponent 组件，不再需要继承特定的基类。在一些特殊的情况下，甚至可以在某些时间给某些 Entity 加上 UpdateComponent 组件。下面来看新的系统是如何设计的。

本节的源代码位于目录 08_01_system 中，从旧框架到新框架，需要完成如下几步：

（1）将所有 System 从 EntitySystem 中抽取出来，让 EntitySystem 成为一个单纯的只管理组件与实体的类。

（2）创建一个新的 SystemManager 类，用来管理所有的系统。

（3）将 Thread 类和 ThreadMgr 类这两个类的基类替换为 SystemManager 类。

先来看一下新的 SystemManager 类，其定义在 entity_system.h 文件中。

```
class SystemManager : virtual public IDisposable {
public:
    SystemManager();
    virtual void Update();
    ...
protected:
    MessageSystem* _pMessageSystem;
    EntitySystem* _pEntitySystem;
    std::list<ISystem*> _systems;
    ...
};
```

从名字可以看出，SystemManager 是一个管理系统的类。SystemManager 类的构造函数如下：

```
SystemManager::SystemManager() {
    _pEntitySystem = new EntitySystem(this);
    _pMessageSystem = new MessageSystem(this);
    _systems.emplace_back(new UpdateSystem());
    ...
}
```

SystemManager 在构造函数中初始化了 3 个系统，分别是 EntitySystem（实体系统）、MessageSystem（消息系统）和 UpdateSystem（更新系统）。

（1）EntitySystem，负责所有组件和实体的管理，所有组件实例在这个类中都可以找到。如果是多线程，EntitySystem 就只负责本线程中的组件。

（2）MessageSystem，负责处理从网络层或从别的线程中发来的 Packet 消息。

（3）UpdateSystem，处理需要不断更新的数据的组件。

除了 EntitySystem 之外，所有系统都继承自 ISystem 基类。前面介绍过 EntitySystem 类，严格来说它不算是一个系统，它没有动作，是所有系统的基础，因为它管理着所有实体与组件。

除了目前这几个系统之外，在后面还会有其他的系统。在 SystemManager 类中，只有 MessageSystem 和 EntitySystem 被单独处理，其他的系统类实例都放在一个队列中。对于 SystemManager 类来说，它并不关心每一个系统有什么作用，这是每个具体的系统自己去实现的。

SystemManager 管理类比较简单，这些基于 ISystem 的系统之间有一些依赖关系，但并没有耦合。如果要做一个角色运动轨迹，例如 MoveSystem 系统，这个系统进入系统管理类，就可以很好地对某些玩家的运动做出计算，但如果没有它，整个框架不会有问题，框架还是一样运行，只是玩家不能运动而已。

这种不耦合的设计方式可以编写出非常复杂的功能，但在代码上给人非常简洁的感觉。下面一个一个来看这些基本系统的工作原理。

8.1.1 实体系统 EntitySystem

首先要讲的是 EntitySystem 类，作为数据管理类，它是所有系统的基础，其定义如下：

```
class EntitySystem : public IDisposable {
public:
    template <class T, typename... TArgs>
    T* AddComponent(TArgs... args);

    template <typename... TArgs>
    IComponent* AddComponentByName(std::string className, TArgs... args);

    template<class T>
    ComponentCollections* GetComponentCollections();

    void Update();
    ...
```

```
private:
    // 所有对象
    std::map<uint64, ComponentCollections*> _objSystems;
    ...
};
```

新的 EntitySystem 类中没有任何动作接口，现在它是一个纯数据类。在类中新增了一种 ComponentCollections 数据，用来保存实体或组件，该类的作用是将一系列相似的组件放在一起，即所有更新组件 UpdateComponent 实例是放在一个 ComponentCollections 实例中的，当需要取得更新组件时，取到对应的 ComponentCollections 实例即可，ComponentCollections 定义在 component_collections.h 文件中：

```
class ComponentCollections :public IDisposable {
public:
    void Add(IComponent* pObj);
    void Remove(uint64 sn);
    ...
private:
    // uint64 为其父类 Entity 的 sn，一个 sn 不可能存在多个同一个类型的组件
    std::map<uint64, IComponent*> _objs;
    std::map<uint64, IComponent*> _addObjs;
    std::list<uint64> _removeObjs;
};
```

ComponentCollections 类的数据组织和之前提到的 CacheRefresh 类有相似之处，它是一个组件的集合，为了避免死锁，增加数据或删除数据时都会提前缓存，而后在下一帧处理。

框架中通过 EntitySystem 类来创建组件，创建组件时 ComponentCollections 实例被创建，其代码如下：

```
template <class T, typename ... TArgs>
T* EntitySystem::AddComponent(TArgs... args) {
    auto pComponent = DynamicObjectPool<T>::GetInstance()->MallocObject
(_systemManager, std::forward<TArgs>(args)...);
    AddComponent(pComponent);
    return pComponent;
}
template<class T>
inline void EntitySystem::AddComponent(T* pComponent) {
    const auto typeHashCode = pComponent->GetTypeHashCode();
    auto iter = _objSystems.find(typeHashCode);
    if (iter == _objSystems.end()) {
        _objSystems[typeHashCode] = new ComponentCollections(pComponent->
GetTypeName());
    }
```

```
        auto pEntities = _objSystems[typeHashCode];
        pEntities->Add(dynamic_cast<IComponent*>(pComponent));
    }
```

还记得之前提到过的，在整个框架中有 3 个可以创建组件的途径。不论是哪种情况，生成组件的函数都是由 EntitySystem 提供的，也就是上面定义的 AddComponent 或 AddComponentByName 函数。这两个函数调用了类工厂函数，前面已经讲解过，这里不再多说。

以创建监听类为例，看看它的实例是如何生成并被放置在 ComponentCollections 集合中的。在进程启动时，线程管理类调用了 CreateComponent 函数，意图创建一个 NetworkListen 实例。最终，在某个线程中调用了 AddComponentByName 函数，NetworkListen 类会被创建出来。创建出来的实例进入了一个 ComponentCollections 实例，EntitySystem 的工作也就完成了。

EntitySystem 现在的任务只是管理这些组件的实例。EntitySystem 类中也有一个 Update 函数，但是新函数 Update 的意义和之前完全不一样：

```
void EntitySystem::Update() {
    for (auto iter : _objSystems) {
        iter.second->Swap();
    }
}
```

在 EntitySystem::Update 中，现在只做了一件事情，就是对于每一个 ComponentCollections 类调用了 Swap 函数。在 ComponentCollections 类定义中，可以看到它采用了 CacheRefresh 的方式，有 3 组数据：一组是当前正常运行有效的组件集合，一组是新增的组件数据，另一组是需要删除的组件。Swap 函数就是将新增与删除的组件合并到有效组件集合中。之所以分成 3 组是为了不形成死循环。

实体和组件是一个相互循环的结构，实体可以创建无数个实体作为自己的组件，这些创建出来的实体也可以创建无数个新的实体，这个逻辑可以无限地嵌套下去。

当游戏功能足够复杂时，就会出现这样一种情况：在某一帧对所有拥有 UpdateComponent 组件的实体进行遍历更新操作时，其中一个实体 A 触发了某种特殊情况，生成一个新实体 B，而生成的这个新实体 B 也有一个 UpdateComponent 组件。这时，整个更新组件集合，也就是管理 UpdateComponent 集合的 ComponentCollections 类的数据会发生改变，但这显然不是应该改变的时机，因为它还在循环遍历执行更新操作。

因此，不论是增加还是删除组件都放到下一帧去执行，这样可以有效地避免冲突。

既然 EntitySystem 的 Update 什么也没有做，那么读者一定会好奇 NetworkListen 的 Update 函数是怎么被调用的呢？这就要提到新的更新系统 UpdateSystem。

8.1.2　更新系统 UpdateSystem

更新系统由两个类组成：一个是组件类 UpdateComponent；另一个是系统类 UpdateSystem。这两个类的关系是，UpdateComponent 相当于一个标记，它在某个实体上打上了一个需要更新的标记，而 UpdateSystem 是通过 EntitySystem 找到这些有标记的实体进行更新操作。

关键点 1：组件 UpdateComponent

还是以 NetworkListen 为例来看代码有什么不同。

```
class Network : public Entity<Network>, public INetwork { }
class NetworkListen :public Network, public IAwakeFromPoolSystem<std::string,
int> { }
```

从定义可以看出，类 NetworkListen 变得更简洁了，去掉了 IUpdateSystem 接口的实现函数。那么 NetworkListen 是如何实现更新的呢？关键代码在它的唤醒函数中：

```
void NetworkListen::AwakeFromPool(std::string ip, int port) {
    // update
    auto pUpdateComponent = AddComponent<UpdateComponent>();
    pUpdateComponent->UpdataFunction = BindFunP0(this,
&NetworkListen::Update);
    ...
    return;
}
```

在 NetworkListen 被初始化时增加了 UpdateComponent 组件。这个组件加入之后，更新的操作就可以转移给该组件。NetworkListen 类的更新函数被绑定到了这个新创建的组件上。

按照这种思路，我们可以对任何一个类添加 UpdateComponent 组件，而不破坏这个类本身的数据，也不再需要过多的继承。所有的类都是扁平的，没有层次关系。

接下来，这个绑定的函数在 UpdateComponent 组件中是如何起作用的呢？先来看看组件的定义，它的定义在 update_component.h 文件中：

```
class UpdateComponent :public Component<UpdateComponent>, public
IAwakeFromPoolSystem<> {
public:
    void AwakeFromPool() override;
    void BackToPool() override;
    std::function<void()> UpdataFunction{ nullptr };
};
```

组件相对简单，有一个 std::function 用于回调实体的更新函数，毕竟每个实体的更新操作都是不一样的。在 NetworkListen 类初始化的代码中，将 NetworkListen::Update 函数绑定到了 UpdateComponent 组件的 std::function 变量上，这个函数会在更新系统 UpdateSystem 中被执行。

关键点 2：系统 UpdateSystem

系统类 UpdateSystem 定义在 update_system.h 文件中：

```
class UpdateSystem : virtual public ISystem {
public:
    void Update(EntitySystem* pEntities) override;
};
```

所有的 System 都继承自 ISystem 类，都必须实现 Update(EntitySystem* pEntities)函数。下面是 UpdateSystem 的更新操作代码：

```
void UpdateSystem::Update(EntitySystem* pEntities) {
    auto pCollections =
pEntities->GetComponentCollections<UpdateComponent>();
    if (pCollections == nullptr)
        return;
    pCollections->Swap();
    auto lists = pCollections->GetAll();
    for (const auto one : lists) {
        const auto pComponent = one.second;
        const auto pUpdateComponent =
static_cast<UpdateComponent*>(pComponent);
        pUpdateComponent->UpdataFunction();
    }
}
```

在上面的代码中，先从 EntitySystem 中取出所有 UpdateComponent 组件进行遍历，执行其组件绑定的更新函数，以达到每个组件更新的目的。图 8-1 展示了这个流程。最外层的调用入口只有一个，也就是 SystemManager::Update 函数。在 SystemManager 中，每一帧都会调用所有系统的 Update 函数，而对于 UpdateSystem 而言，UpdateSystem::Update 的作用就是遍历所有 UpdateComponent 组件绑定的更新函数。NetworkListen 类的更新函数 Update 只是其中之一。

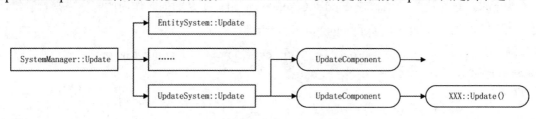

图 8-1　SystemManager 更新流程

虽然 EntitySystem 实体和 UpdateComponent 相互拥有对方的指针，但是从本质上来说，它们是两个相互独立的类。EntitySystem 实体提供一个绑定函数，而 UpdateComponent 组件负责执行该绑定函数。对于每个 UpdateComponent 实例来说，它不了解，也不关心实 EntitySystem 体到底在更新函数中做了些什么，整个 UpdateSystem 系统只完成更新函数的调用。

8.1.3　消息系统 MessageSystem

一个基本的框架除了基本的更新操作之外，还有一个重要的功能是协议的收发。在最初的框架中，将这两个功能融合到了 ThreadObject 基类中。随后，有了 EntitySystem 类之后，协议的收发变成了继承 IMessageSystem 接口。

现在有了消息系统，我们为协议的处理写了一个名为 MessageSystem 的系统。它涉及的文件比较多，有 message_callback.h、message_component.h、message_system.h 和 message_system_help.h。

关键点 1：组件 MessageComponent

重点来看组件 MessageComponent，其定义在 message_component.h 文件中，定义如下：

```
class MessageComponent : public Component<MessageComponent>, public
IAwakeFromPoolSystem<IMessageCallBackFunction*> {
public:
    void AwakeFromPool(MessageCallBackFunctionInfo* pCallback) override;
    void BackToPool() override;
    bool IsFollowMsgId(Packet* packet) const;
    void ProcessPacket(Packet* packet) const;
protected:
    IMessageCallBackFunction* _pCallBackFuns{ nullptr };
};
```

该组件承担了之前 IMessageSystem 接口的工作，主要任务是注册每个组件关心的协议并绑定处理函数。根据不同的需求，参数可以选择不同的 MessageCallBackFunctionInfo 实现类，具体代码在之前已经介绍过了，这里不再赘述。回顾一下之前的消息系统。

- 第一版：从网络底层读上来数据，将这些数据组织成一个Packet类，然后将这些类放到各个线程中，线程中的每个对象继承自基类ThreadObject，每个对象都要实现处理消息的基础函数。
- 第二版：在深入编码之后，我们发现并不是所有组件都需要处理消息。然后设计了一个IMessgaeSystem接口，继承了该接口的组件可以收到Packet消息。

现在，将 IMessgaeSystem 接口去掉了，只要有了 MessageComponent 组件就可以处理消息，这将产生一些非常灵活而便捷的操作。例如，在某些条件下，实体 A 可以处理 1、2 号协议，当它的状态发生改变时，可以删除这个 MessageComponent 组件，增加一个新的 MessageComponent 组件，这时可以处理 3、4 号协议。对于一些复杂的情况，也可以更改 1、2 号协议的处理方式。

关键点 2：系统 MessageSystem

在之前的消息处理中，当 Packet 到来之后，EntitySystem 收到数据并将它保存在本地。作为一个管理组件的类，EntitySystem 存储 Packet 数据显然是不太合理的。现在，需要将这一部分数据转到 MessageSystem 系统中。任何时候调用 MessageSystem::AddPacketToList 都可以将一个 Packet 缓存到 MessageSystem 系统中。MessageSystem 类的定义如下：

```
class MessageSystem :virtual public ISystem {
public:
    void Update(EntitySystem* pEntities) override;
    void AddPacketToList(Packet* pPacket);
    ...
private:
```

```
        static void Process(Packet* pPacket, std::map<uint64, IComponent*>& lists);
private:
    std::mutex _packet_lock;
    CacheSwap<Packet> _cachePackets;
    ...
};
```

这些函数的具体实现和用法前面已经讲解过了，这里不再赘述。实现方式并没有多大改变，改变的是它的调用方式。

8.1.4 测试执行效率

综上所述，完成了现阶段所有功能的优化，在 08_01_system 目录中的工程，所有实体去掉了 IUpdateSystem 接口与 IMessageSystem 接口。现在整体框架变得更加扁平。以登录类 Account 为例，类的定义更加简洁，它的新定义如下：

```
class Account :public Entity<Account>, public IAwakeFromPoolSystem<> { }
```

而之前的定义如下：

```
class Account :public Component<Account>, public IMessageSystem, public
IAwakeFromPoolSystem<> { }
```

新定义更加简洁。在完成本小节之前，对整个框架的性能做一个测试。看一看运行 1000 个账号的执行效率：

```
[root@localhost bin]# ./logind
...
Login-Connecting over. time:0.354992s
Login-Connected over. time:1.14729s
Login-Logined over. time:1.72766s
Login-SelectPlayer over. time:2.05091s
```

多次反复测试，从连接到 login 进程，经过查询角色、选中角色这一系列事件，1000 个账号在 2 秒左右完成。

现在有一个新的问题凸显出来，当我们测试工程时变得非常麻烦，因为需要同时启动 dbmgr 和 login。如果能够合并起来，只要启动一个进程就好了。因此，下一节要加入一个新的工程，在所有代码不改动的情况下，将 dbmgr 工程和 login 工程的所有功能合并到一个进程中，方便测试使用。

8.2 allinone 工程

在以往的工程中，将一个工程合并到另一个工程是一个相当大的挑战，本书中的框架比较特别，严格遵照 Actor 模型的原则做了解耦的操作，因此将 dbmgr 和 login 合并成一个工程非常简单。如果能将它们合并在一起同时启动，那么可以极大地方便开发与提高测试效率。

8.2.1 新工程 allinone

对于底层框架来说，login 和 dbmgr 为什么功能不一样，完全是因为它们加载了不同的组件。鉴于此，增加一个名为 allinone 的工程，将 login 和 dbmgr 中所有的组件加载到一个进程中，是不是可以实现所有的功能了呢？答案是肯定的。

打开本节源代码的 08_02_allinone 目录，使用 make-all.sh 脚本进行编译，编译完成之后，在 bin 目录下会生成 4 个可执行文件：allinone、dbmgr、login 和 robots。现在启动服务端，可以不需要启动 dbmgr 和 login，而是直接启动 allinone，可以达到相同的效果。

为了共用代码，将 login 工程的组件添加整理成函数，放在 login.h 文件中，将 dbmgr 工程中的组件添加整理成函数，放在 dbmgr.h 文件中。

这样做的好处在于，不需要在 allinone 工程中再编写一遍加载 login 或 dbmgr 组件的代码。如果在 allinone 工程中再编写一段相似的加载代码，就容易忘记在 allinone 工程中加入 login 组件，造成组件遗漏的情况。牢记编码的一个原则，相似的代码绝不重复出现，重复的代码在后期维护困难，且易于产生 Bug。下面来看 login.h 文件的内容：

```
inline void InitializeComponentLogin(ThreadMgr* pThreadMgr) {
    pThreadMgr->CreateComponent<RobotTest>();
    pThreadMgr->CreateComponent<Account>();
}
```

在该函数中仅加载了 Account 组件和一个测试用的 RobotTest 组件。login 作为一个单独的线程启动时，增加的并不止这两个组件，它的 main 函数如下：

```
int main(int argc, char* argv[]) {
    ...
    auto pThreadMgr = ThreadMgr::GetInstance();
    InitializeComponentLogin(pThreadMgr);

    auto pYaml = Yaml::GetInstance();
    auto pCommonConfig = pYaml->GetIPEndPoint(curAppType);
    pThreadMgr->CreateComponent<NetworkListen>(pCommonConfig->Ip,
pCommonConfig->Port);
    pThreadMgr->CreateComponent<NetworkConnector>((int)APP_TYPE::APP_DB_MGR, 0);
    ...
    return 0;
}
```

可以看到，在进程中还有一个 NetworkListen 组件用于监听，另一个 NetworkConnector 组件用于连接 DB 进程。不过，这两个组件在 allinone 工程中是不需要的。

同理，工程 dbmgr 的加载组件函数在 dbmgr.h 文件中。目前只使用了 MysqlConnector 组件：

```cpp
inline void InitializeComponentDBMgr(ThreadMgr* pThreadMgr) {
    pThreadMgr->CreateComponent<MysqlConnector>();
}
```

现在，在新工程 allinone 中引用这两个文件，工程 allinone 的 main 函数如下：

```cpp
int main(int argc, char* argv[]) {
    const APP_TYPE curAppType = APP_TYPE::APP_ALLINONE;
    ServerApp app(curAppType, argc, argv);
    app.Initialize();

    auto pThreadMgr = ThreadMgr::GetInstance();

    // dbmgr
    InitializeComponentDBMgr(pThreadMgr);

    // login
    InitializeComponentLogin(pThreadMgr);

    auto pYaml = Yaml::GetInstance();
    auto pCommonConfig = pYaml->GetIPEndPoint(curAppType);
    pThreadMgr->CreateComponent<NetworkListen>(pCommonConfig->Ip,
pCommonConfig->Port);

    ...
    return 0;
}
```

在上面的代码中加入了 dbmgr 和 login 的所有组件，同时打开了一个监听端口，用于客户端登录使用，这个监听端口与 login 工程中的配置一致。其配置文件在 engine.yaml 文件中，新增了一个 allinone 的属性，用于 allinone 工程的配置。

整个 allinone 只有一个 main.cpp 文件，其他都是引用的 login 和 dbmgr 的文件。而在 Linux 系统下，我们需要修改 CMakeLists.txt 文件中对源代码目录设置的相关部分。CMakeLists.txt 文件的部分编码如下：

```cmake
aux_source_directory(. SRCS)
aux_source_directory(../login SRCS)
list(REMOVE_ITEM SRCS "../login/main.cpp")
aux_source_directory(../dbmgr SRCS)
list(REMOVE_ITEM SRCS "../dbmgr/main.cpp")
```

不论是 dbmgr 还是 login 工程，在编译执行文件时只需要将自己目录下的文件编入即可。但是 allinone 工程需要将 login 和 dbmgr 的源代码都纳入编译目录，不过需要剔除两个工程中的 main.cpp 文件，毕竟每个进程中只能有一个 main 函数。

8.2.2 协议是如何被转发的

合并组件之后，另一个让人疑惑的地方是发送协议。在启动 login 进程时会向 dbmgr 发起一个网络连接，但是现在它们在一个进程中，没有网络连接了，那么应该如何发送消息呢？

以 login 进程向 dbmgr 发送查询玩家的数据协议为例回顾一下这段代码：

```cpp
void Account::HandleAccountCheckToHttpRs(Packet* pPacket) {
    auto proto = pPacket->ParseToProto<Proto::AccountCheckToHttpRs>();
    ...
    // 验证成功，向 DB 发起查询
    if (proto.return_code() == Proto::AccountCheckReturnCode::ARC_OK) {
        Proto::QueryPlayerList protoQuery;
        protoQuery.set_account(pPlayer->GetAccount().c_str());
        MessageSystemHelp::SendPacket(Proto::MsgId::L2DB_QueryPlayerList,
protoQuery, APP_DB_MGR);
    }
}
```

当需要将一个消息发送到指定的进程时，最终调用的是 MessageSystemHelp 类中的 SendPacket 函数。

```cpp
void MessageSystemHelp::SendPacket(const Proto::MsgId msgId,
google::protobuf::Message& proto, APP_TYPE appType, int appId) {
    auto packet = CreatePacket(msgId, 0);
    packet->SerializeToBuffer(proto);
    SendPacket(packet, appType, appId);
}
void MessageSystemHelp::SendPacket(Packet* packet, APP_TYPE appType, int appId){
    if ((Global::GetInstance()->GetCurAppType() & appType) != 0) {
        // 正好在当前进程中，直接转发，例如 curapptype==all 的时候
        DispatchPacket(packet);
    } else {
        auto pNetworkLocator = ThreadMgr::GetInstance()->GetEntitySystem()->
GetComponent<NetworkLocator>();
        auto pNetwork = pNetworkLocator->GetNetworkConnector(appType, appId);
        if (pNetwork != nullptr) {
            packet->SetSocket(pNetwork->GetSocket());
            pNetwork->SendPacket(packet);
        } else {
            LOG_ERROR("can't find network. appType:" << AppTypeMgr::
GetInstance()->GetAppName(appType).c_str() << " appId:" << appId);
        }
    }
}
```

在上面的代码中，首先创建了一个 Socket 默认值为 0 的 Packet，接着判断 AppType。AppType 枚举很早就在使用了，但是没有认真介绍过它。它标记了一个进程的类型，其定义如下：

```
enum APP_TYPE {
    APP_DB_MGR = 1,
    APP_GAME_MGR = 1 << 1,
    APP_SPACE_MGR = 1 << 2,
    APP_LOGIN = 1 << 3,
    APP_GAME = 1 << 4,
    APP_SPACE = 1 << 5,
    APP_ROBOT = 1 << 6,
    APP_APPMGR = APP_GAME_MGR | APP_SPACE_MGR,
    APP_ALLINONE = APP_DB_MGR | APP_GAME_MGR | APP_SPACE_MGR | APP_LOGIN |
APP_GAME | APP_SPACE,
};
```

这个枚举值不是单纯的数字，而是使用了位标志。使用位标志是为了可以混合类型。在上面的代码中有一句：

```
if ((Global::GetInstance()->GetCurAppType() & appType) != 0)
```

这句代码兼容了所有可能的情况。我们可以任意将多个 AppType 融合到一个进程中，在发送数据时，如果发现目标进程正好在本进程当前的 AppType 中，那么要做的事情是使用 DispatchPacket 发送消息即可。

以 dbmgr 为例，需要向 dbmgr 发送数据时，当前的 AppType 为 APP_ALLINONE，说明当前进程中有 dbmgr 的所有组件，这时只需要广播消息，dbmgr 的组件就可以收到该消息。

使用 allinone 进程启动服务时，所有的组件都在一个进程中，这时 GetCurAppType() & appType 必然不会为 0，这就形成了内部的转发包。

以上是发送的流程，那么接收时呢？当 dbmgr 收到查询玩家数据的 Packet 时，需要返回一个消息，它是如何返回的呢？还是以查询角色为例，MysqlConnector 类收到查询角色协议的处理函数如下：

```
void MysqlConnector::HandleQueryPlayerList(Packet* pPacket) {
    auto protoQuery = pPacket->ParseToProto<Proto::QueryPlayerList>();
    QueryPlayerList(protoQuery.account(), pPacket->GetSocket());
}
void MysqlConnector::QueryPlayerList(std::string account, SOCKET socket) {
    ...
    MessageSystemHelp::SendPacket(Proto::MsgId::L2DB_QueryPlayerListRs,
socket, protoRs);
}
```

在创建回应包时传入了 pPacket->GetSocket()的值，假如 dbmgr 和 login 之间有真正的网络连接，那么这里一定是真正的 Socket 文件符，但是在 allinone 工程中，这里只可能为 0。发送这个协议的函数如下：

```
void MessageSystemHelp::SendPacket(const Proto::MsgId msgId, const SOCKET
socket, google::protobuf::Message& proto) {
```

```
    const auto pPacket = CreatePacket(msgId, socket);
    pPacket->SerializeToBuffer(proto);  // 序列化结构
    SendPacket(pPacket);
}
void MessageSystemHelp::SendPacket(Packet* pPacket) {
    // 找不到 Network，就向所有线程发送协议
    if (pPacket->GetSocket() == 0) {
        DispatchPacket(pPacket);
        return;
    }
    auto pNetworkLocator = ThreadMgr::GetInstance()->GetEntitySystem()->
GetComponent<NetworkLocator>();
    auto pNetwork = pNetworkLocator->GetNetworkConnector(pPacket->
GetSocket());
    if (pNetwork != nullptr) {
        pNetwork->SendPacket(pPacket);
        return;
    }
    // 最后试着向 listen 发送数据
    pNetwork = pNetworkLocator->GetListen(NetworkTcpListen);
    pNetwork->SendPacket(pPacket);
}
```

在发送包的时候，若 Socket 等于 0，则表示该包需要向所有线程进行转发。完成这两个功能点，我们的 allinone 工程就完成了。

8.2.3　查看线程中的所有对象

编译 08_02_allinone 目录，运行一下，看看效果。

```
[root@localhost 08_02_allinone]# ./make-all.sh
[root@localhost 08_02_allinone]# make
```

最后在 bin 目录下多生成了一个 allinone 可执行文件。allinone 已经具备了 dbmgr 和 login 的所有功能，可以启动 robots 进程进行登录测试。

现在整个框架有了多线程、多进程的配置，当我们不需要多进程时，启动 allinone 就变成了单进程；当我们不再需要多线程时，在 engine.yaml 文件中可以配置线程的个数，配置为 0 时只有主线程。

启动 allinone 进程之后，输入 "thread -entity" 查看线程中对象的分布情况，如表 8-1 所示。

使用单线程，所有的实体都在主线程中。在配置两个线程时，实际上再加上主线程就有了 3 个线程。Console 类是放在主线程上的，所以表的右侧最后一个线程应该就是主线程，主线程上除了 Console 外，还有 NetworkLocator 类，而其他两个线程的组件是 login 和 dbmgr 所有的组件，基本是均匀分布的。

表 8-1　单线程与多线程的内存对象

单　线　程	多　线　程
thread id:139630582573184	thread id:140470474872576
Console count:1	Account count:1
Account count:1	MysqlConnector count:1
RobotTest count:1	total count:2
NetworkListen count:1	thread id:140470466479872
MysqlConnector count:1	RobotTest count:1
NetworkLocator count:1	NetworkListen count:1
total count:6	total count:2
	thread id:140470628587648
	Console count:1
	NetworkLocator count:1
	total count:2

指令 thread 的功能由 ConsoleCmdThread 和 ConsoleThreadComponent 组件实现。ConsoleCmdThread 发送指令，每个线程初始化时都加载了一个 ConsoleThreadComponent 组件，该组件的任务是处理 ConsoleCmdThread 发送的协议，收到协议时就会将当前线程中的数据打印出来。读者可以在工程中查看这两个组件的实现源代码。

8.2.4　测试执行效率

修改 engine.yaml 文件中 allinone 的线程配置，将其改为 5 个。也就是说，将 login 和 dbmgr 中的组件均匀地放到了 5 个线程中，robots 线程也修改为 5 个。现在，运行 1000 个账号的执行效率如下：

```
[root@localhost bin]# ./allinoned
...
Login-Connecting over. time:0.450946s
Login-Connected over. time:0.454s
Login-Logined over. time:1.68313s
Login-SelectPlayer over. time:1.71794s
```

1000 个账号从登录到选择角色花费了不到 2 秒，因为有多线程，即使将所有的组件都放进一个进程中，其效率也不太会受到影响。

8.3　线　程　分　类

在 8.2 节中，从打印出来的线程数据中会发现 NetworkListen 组件被随机放置到了某个线程中，但这并不是我们想要的，我们希望 NetworkListen 类可以独占一个线程。除此之外，我们可能还希望能启动两个或多个 MysqlConnector 组件，毕竟 1000 个账号同时登录时，用几个线程来读取数据库的数据肯定快过用一个线程来读取数据库的数据。

在 dbmgr 进程中，创建 MysqlConnector 组件时调用的函数为 CreateComponent。将随机挑选一个进程生成对象实例。该功能现在已经无法满足我们的需要，为了保证性能，希望每个 MysqlConnector 可以独占进程，这又引出了一个新的问题。

假设有两个线程，每个线程中都有 MysqlConnector 实例，那么查询玩家的协议是否会被执行两次？毕竟现在所有协议是分发给所有线程的。

为了解决这两个问题，有必要对线程类型进行一个规划，有些线程对于协议的处理是互斥的。所谓互斥，就是像 MysqlConnector 组件一样，只需要在多个线程中挑选一个线程处理即可，而另一些线程是完全平等的，如逻辑线程。因此，定义了线程枚举 ThreadType。

```
enum ThreadType {
    MainThread = 1 << 0,
    ListenThread = 1 << 1,    // 监听线程
    ConnectThread = 1 << 2,
    LogicThread = 1 << 3,    // 逻辑线程
    MysqlThread = 1 << 4,    // 数据库线程
    AllThreadType = MainThread | LogicThread | ListenThread | ConnectThread |
MysqlThread
};
```

本例中的代码参考 08_03_thread 目录。在线程管理类 ThreadMgr 中，维护的不再是一个又一个线程实例对象，而是一个又一个线程集合。这些线程集合中存放着某一类线程的所有实例，编写着一些属于这些线程的规则。

```
class ThreadMgr :public Singleton<ThreadMgr>, public SystemManager {
    ...
private:
    std::map<ThreadType, ThreadCollector*> _threads;
};
```

从 ThreadMgr 类中的变量定义可以看出，某种类型的线程放在一个 ThreadCollector 集合中，例如所有处理逻辑的线程都放在一个 ThreadCollector 集合中，而所有处理数据库的线程都放在另一个 ThreadCollector 集合中。ThreadCollector 类在 thread_collector.h 文件中，其定义如下：

```
class ThreadCollector :public IDisposable {
public:
    ...
    virtual void HandlerMessage(Packet* pPacket);
    virtual void HandlerCreateMessage(Packet* pPacket);
protected:
    ThreadType _threadType;
```

```
    CacheRefresh<Thread> _threads;
    size_t _index{ 0 };
};
```

ThreadCollector 类维护了某种类型线程实例的列表。除了 ThreadCollector 类之外，还有一个它的扩展类 ThreadCollectorExclusive。

```
class ThreadCollectorExclusive :public ThreadCollector {
public:
    ...
    virtual void HandlerMessage(Packet* pPacket) override;
    virtual void HandlerCreateMessage(Packet* pPacket) override;
private:
    size_t _index;
};
```

ThreadCollectorExclusive 类处理的是互斥的情况，可用于 MySQL 线程上。逻辑线程和数据库线程最大的区别在于对于协议的处理。当一个协议到来时，数据库线程只需要挑选一个线程实例处理协议即可，而逻辑线程需要将协议发送到所有线程实例中。以下是两个类对于协议的处理方式：

```
void ThreadCollector::HandlerMessage(Packet* pPacket) {
    auto pList = _threads.GetReaderCache();
    for (auto iter = pList->begin(); iter != pList->end(); ++iter) {
        (*iter)->GetMessageSystem()->AddPacketToList(pPacket);
    }
}
void ThreadCollectorExclusive::HandlerMessage(Packet* pPacket) {
    auto vectors = *(_threads.GetReaderCache());
    vectors[_index]->GetMessageSystem()->AddPacketToList(pPacket);
    _index++;
    _index = _index >= vectors.size() ? 0 : _index;
}
```

在逻辑线程集合中收到一个协议，一定是广播出去的。例如，收到网络断开协议，因为不知道在整个线程中有哪些组件关心这些协议，所以一定是对逻辑进程集合整个广播。而对于一个存储协议来说，处理流程则不相同，为了让数据库操作分散，每一个数据库线程都是完全一样的，它们有同样的组件。这时 ThreadCollectorExclusive 类的执行方式是采用轮询的方式，以达到均衡的目的。

打开本例中的 res 目录，修改 engine.yqml 配置。在 allinone 下，将逻辑线程数量改为 1，而数据库线程 thread_mysql 改为 2。运行 allinone，使用指令"thread -entity"查看内存的线程及其中的所有组件。打印信息如下：

```
[DEBUG] - ***************************
 thread id:140593884665984
```

```
thread type:MainThread
    7Console count:1
    14NetworkLocator count:1
total count:2
[DEBUG] - ************************
thread id:140593722488576
thread type:MysqlThread
    14MysqlConnector count:1
total count:1
[DEBUG] - ************************
thread id:140593714095872
thread type:MysqlThread
    14MysqlConnector count:1
total count:1
[DEBUG] - ************************
thread id:140593730881280
thread type:LogicThread
    7Account count:1
    9RobotTest count:1
total count:2
[DEBUG] - ************************
thread id:140593705703168
thread type:ListenThread
    13NetworkListen count:1
total count:1
```

　　进程中一共有 5 个线程，包括主线程、监听线程、两个数据库线程和一个逻辑线程。将 NetworkListen 监听放到了一个专门的进程中。逻辑线程 LogicThread 中有 Account 类以及 RobotTest 类，而 MysqlThread 类型的两个线程是完全一模一样的。现在分类之后，各种线程的功能更加明确了。

　　为了进一步测试数据库线程是否按我们的要求在工作。打开 mysql_msg.cpp 文件，在选择角色函数中加入一行打印数据，在打印数据中加上线程 Id。启动 robots 进程并登录账号，就会看到每次登录时选择的是不同的数据库线程，有兴趣的读者可以自行测试。

8.4　IAwakeSystem 接口与对象池

　　在前面的示例代码中，采用的是全局对象池，即一种类型的对象池只有一个实例。在多线程中使用对象池，操作已使用、未使用的集合时进行了加锁操作。

　　本节继续优化框架，将全局对象池变更为线程对象池。一般来说，线程中创建的对象都在线程内使用，这些对象是不需要加锁的。

本节的源代码位于 08_04_pool 目录中，在这个示例中将消灭所有以创建方式创建组件的操作，所有组件将通过线程中的对象池来生成，同时我们还会写一个指令用于随时查看各个线程中的所有组件。

8.4.1 DynamicObjectPoolCollector 对象池集合

在前面的工程中，需要生成一个组件时要取得该组件的对象池实例，其代码如下：

```
DynamicObjectPool<Class>::GetInstance()
```

如果有多个不同的类对象池，就有多个 DynamicObjectPool 实例，为了便于管理，引入一个新类 DynamicObjectPoolCollector，其作用是维护 DynamicObjectPool 集合。

这个新类由 SystemManager 来管理，相当于每个 ECS 体系中都有一个对象池管理类。DynamicObjectPoolCollector 类的定义文件为 object_pool_collector.h，来看看它的定义：

```cpp
class DynamicObjectPoolCollector : public IDisposable {
public:
    DynamicObjectPoolCollector(SystemManager* pSys);
    void Dispose();
    template<class T>
    IDynamicObjectPool* GetPool();
    void Update();
private:
    std::map<uint64, IDynamicObjectPool*> _pools;
    SystemManager* _pSystemManager{ nullptr };
};
```

该类中提供了一个 GetPool 模板函数用于提取适合的对象池，实现代码如下：

```cpp
template<class T>
IDynamicObjectPool* DynamicObjectPoolCollector::GetPool() {
    const auto typeHashCode = typeid(T).hash_code();
    auto iter = _pools.find(typeHashCode);
    if (iter != _pools.end()) {
        return iter->second;
    }
    auto pPool = new DynamicObjectPool<T>();
    pPool->SetSystemManager(_pSystemManager);
    _pools.insert(std::make_pair(typeHashCode, pPool));
    return pPool;
}
```

从上面的代码可以看出，当需要某种类型的对象池时，如果 DynamicObjectPoolCollector 类中还没有该对象池，就无条件地创建一个。

DynamicObjectPoolCollector 类实例是在 SystemManager 类创建时产生的，其代码如下：

```
SystemManager::SystemManager() {
    _pEntitySystem = new EntitySystem(this);
    _pMessageSystem = new MessageSystem(this);
    ...
    _pPoolCollector = new DynamicObjectPoolCollector(this);
}
```

在 SystemManager 创建时，同时创建了一个 DynamicObjectPoolCollector 类来管理当前整个体系中的所有对象。因为每一个线程都是一个 ECS 体系结构，也就是说每个线程有一个自己的 DynamicObjectPoolCollector 对象池管理实体。

从全局的对象池管理到 SystemManager 中的对象池管理，在内存上并没有任何优化，将对象池作为全局对象时，一个关于 ConnectObj 类的对象池一旦生成，将生成 50 个缓存。当这个对象池放在线程上时，同样也是 50 个缓存，它不会变少，也不会增多，但是在代码上去掉了锁。

一个对象池实例不会对所有线程共用，它一定属于某个特定的线程，每个线程有自己的对象池实例。当我们对进程和线程进行合并时，合并到最后，整个变成单进程、单线程，此时全局只有一个 SystemManager，而对象池管理类也只有一个。

按之前的逻辑，对象池管理类是一个全局对象时，即使是单进程，加锁的代码依然需要运行。而现在优化之后，对象池变成了 ECS 框架的一部分，变得更容易理解了。

在旧框架中，当我们需要创建一个对象时，往往是这样调用的：

```
DynamicObjectPool<T>::GetInstance()->MallocObject()
```

函数 MallocObject 必定是加锁的。现在不论在哪一个组件中创建对象，我们都可以如下调用：

```
auto pCollector = pSysMgr->GetPoolCollector();
auto pPool = (DynamicObjectPool<T>*)pCollector->GetPool<T>();
T* pComponent = pPool->MallocObject();
```

生成组件时，从本线程中的 SystemManager 类中取出本线程的对象池管理类，再由对象池管理类找到该类型的对象池，最后生成对象。调用函数 MallocObject 不再加锁。

8.4.2　全局单例对象

在本节的示例中，除了 ThreadMgr 类之外，几乎去掉了所有全局单例对象。主要原因是单例太难管理，单例使用前要调用生成函数，退出程序时也需要调用销毁函数。在实际编码中，在生成单例类时，要么忘记调用 Instance 函数来生成它，要么忘记编写 DestroyInstance 函数来销毁它。

现在，有了对象池，将所有类对象的生成都直接放到对象池中，也包括这些单例类，例如 Yaml、ResPath 类等。先看看这些全局类的生成方式：

```
void ThreadMgr::InitializeGloablComponent(APP_TYPE ppType, int appId) {
    // 全局 Component
```

```
    GetEntitySystem()->AddComponent<ResPath>();
    GetEntitySystem()->AddComponent<Log4>(ppType);
    GetEntitySystem()->AddComponent<Yaml>();
    GetEntitySystem()->AddComponent<NetworkLocator>();
    ...
}
```

现在从上面的代码中可以看出，Log4、Yaml 这些单例类都变成了一个个组件，对于整个框架来说更容易管理。但这引出了一个新的问题，Log4、Yaml 都是只需要生成一个对象，而组件生成时使用的是对象池，在对象池中生成多个缓冲不是一种浪费吗？

为了从根本上解决这个问题，我们引入了两个 IAwakeSystem 接口。

理论上来说，IAwakeSystem 并不是典型的 ECS 中的 System。顾名思义，AwakeSystem 这是一个唤醒操作。对于接触过 Unity 的读者来说，对 Awake 函数应该并不陌生，在 Unity 中创建一个组件，在 Start、Update 函数调用之前必定会调用 Awake 函数。这与我们的 IAwakeSystem 系统有异曲同工之效。

在整个框架中，所有的组件都继承自 IAwakeSystem 或 IAwakeFromPoolSystem 接口。打开 system.h 文件，其定义如下：

```
template <typename... TArgs>
class IAwakeSystem : virtual public ISystem {
public:
    IAwakeSystem() = default;
    virtual ~IAwakeSystem() = default;
    virtual void Awake(TArgs... args) = 0;
    static bool IsSingle() { return true; }
};
template <typename... TArgs>
class IAwakeFromPoolSystem : virtual public ISystem {
public:
    IAwakeFromPoolSystem() = default;
    virtual ~IAwakeFromPoolSystem() = default;
    virtual void Awake(TArgs... args) = 0;
    static bool IsSingle() { return false; }
};
```

上面两个接口中都有一个类的静态函数 IsSingle，即当我们拿到要生成的类时，就知道它是不是一个单例。下面来看一下 Yaml 类的定义：

```
class Yaml : public Component<Yaml>, public IAwakeSystem<> { }
```

对比一下网络连接类：

```
class ConnectObj : public Entity<ConnectObj>, public
IAwakeFromPoolSystem<SOCKET> { }
```

Yaml 类读取配置文件全局只需要一个，所以它只是一个单例，而 ConnectObj 可以生成多个实例，所以需要为它多准备一些实例备用。在对象池生成对象时，调用了 IsSingle 函数，调用方式如下：

```
template <typename T>
template <typename ... Targs>
T* DynamicObjectPool<T>::MallocObject(Targs... args) {
    if (_free.size() == 0) {
        if (T::IsSingle()) {
            T* pObj = new T();
            pObj->SetPool(this);
            _free.push(pObj);
        } else {
            for (int index = 0; index < 50; index++) {
                T* pObj = new T();
                pObj->SetPool(this);
                _free.push(pObj);
            }
        }
    }
    ...
}
```

如果空闲队表中没有对象了，又不是单例，就一次初始化 50 个对象。如果是单例，那么只需要创建一个对象。当然，即使是单例，从上面的代码可以看出，如果还想创建的话，依然可以继续创建第二个实例。IsSingle 这个静态函数的任务是区分一次创建一个或多个备用实例。区分一个对象是不是单例，有时还需要从线程的角度出发，例如 NetworkListen 的定义如下：

```
class NetworkListen :public Network, public IAwakeSystem<std::string, int> { }
```

我们将它定义为一个单例，从逻辑上来说，每一个 NetworkListen 都是独占线程的，所以备用实例没有什么作用。类似的还有 login 工程中的 Account 类，这个类负责登录时的账号管理，本质上来说它也不需要有备用实例。

8.4.3　查看线程中的所有对象

现在，对象都是由对象池中创建出来的。数据易于管理，便于查看。为了监控这些数据，工程中新写了一个查看当前内存中所有对象的指令 "thread -pool"。

编译 08_04_pool 目录下的所有工程，执行 bin 目录下的 allinone。启动之前检查一下 engine.yaml 中数据库的 IP 与端口是否与本地的配置一致。为了便于查看数据，将 thread_logic 和 thread_mysql 都设为 1。启动成功之后，再启动 robots 进程，批量登录 1000 个账号，大约需要 2 秒钟，关闭 robots 进程，回到 allinone 的终端，输入 "thread -pool" 指令。如果不了解当前线程有哪些可以使用的指令，可以输入 help 查看。使用 help 指令可以列出当前进程中可以使用的所有指令。

执行了"thread -pool"指令之后，可以看到当前进程中所有的对象，指令的实现代码不做详细解释，有兴趣的读者可以看看源代码。

下面分析一下这个打印数据。现在进程中有 4 个线程，包括主线程、逻辑线程、数据库线程和监听线程。在配置多线程时，一定会多出一个监听线程，而在单线程中，thread_logic 和 thread_mysql 的值都为 0，监听组件是放在主线程中的，不会另启线程。

先来看看主线程中的所有组件：

```
- thread type:MainThread
- total:  1   free:   0   use:  1   call:  1    16CreateComponentC
- total: 50   free:  49   use:  1   call:  1    15UpdateComponent
- total:  1   free:   0   use:  1   call:  1    7Console
- total: 50   free:  48   use:  2   call:  2    16MessageComponent
- total:  1   free:   0   use:  1   call:  1    22ConsoleThreadComponent
- total:  1   free:   0   use:  1   call:  1    4Yaml
- total:  1   free:   0   use:  1   call:  1    4Log4
- total:  1   free:   0   use:  1   call:  1    14NetworkLocator
- total:  1   free:   0   use:  1   call:  1    7ResPath
```

第一列 total 表示在对象池中该对象一共有多少个实例，包括已使用的和还没有使用的。第二列为空闲可以使用的对象个数，第三列为正在使用中的对象个数，第四列 call 表示之前对象被调用了多少次，最后一列是类名。

在主线程中放置了全局组件 Console、Yaml、Log4、NetworkLocator 和 ResPath。类名前面的数字是 Linux 系统底层类名函数的显示，但不影响我们辨识。从上面的数据可以看出，正在使用的 UpdateComponent 组件有一个，MessageComponent 组件有两个。UpdateComponent 组件来自于 Console 组件，而两个 MessageComponent 组件分别来自 CreateComponentC 和 ConsoleThreadComponent 组件。CreateComponentC 和 ConsoleThreadComponent 这两个组件是每个线程必备的组件，CreateComponentC 组件是用于跨线程创建组件的组件，而 ConsoleThreadComponent 组件则是辅助查看内存数据的组件，它是一个测试阶段的工具组件。

再来看一下数据库线程中组件的统计情况，除了基础的组件之外，还多了一个数据库专有的 MysqlConnector 组件：

```
- thread type:MysqlThread
- total:  1   free:   0   use:  1   call:  1    16CreateComponentC
- total: 50   free:  47   use:  3   call:  3    16MessageComponent
- total:  1   free:   0   use:  1   call:  1    22ConsoleThreadComponent
- total:  1   free:   0   use:  1   call:  1    14MysqlConnector
```

在数据库线程中，特有的组件为 MysqlConnector，在对象池中，我们只为它创建了一个实例，也没有准备备用实例，因为不需要。

监听线程的特有组件是 NetworkListen 和 ConnectObj，监听线程的对象分配如下：

```
- thread type:ListenThread
- total:    1    free:     0    use:    1    call:      1     16CreateComponentC
- total:    1    free:     0    use:    1    call:      1     13NetworkListen
- total:   50    free:    49    use:    1    call:      1     15UpdateComponent
- total:   50    free:    47    use:    3    call:      3     16MessageComponent
- total:    1    free:     0    use:    1    call:      1     22ConsoleThreadComponent
- total:1050    free: 1050    use:    0    call:   1001     10ConnectObj
```

在上面的数据中，空闲的 ConnectObj 有 1050 个，正在使用的是 0 个，使用过 1001 次。这个数据是在登录了 1000 个账号并关闭之后的数据。1000 个 Robot 会启动 1000 个 ConnectObj。而 RobotMgr 类也会有一个网络连接，所以会多一个 ConnectObj。连接关闭之后，这些 ConnectObj 被回收，放置到了空闲队列中。批量生成时是按 50 个批量生成的，所以现有总对象是 1050 个。

最后来看逻辑线程的数据：

```
- thread type:LogicThread
- total:    1    free:     0    use:    1    call:      1     16CreateComponentC
- total:1000    free:     0    use:1000    call:   1000     15UpdateComponent
- total:1000    free:     0    use:1000    call:   1000     18HttpRequestAccount
- total:    1    free:     0    use:    1    call:      1     7Account
- total:    1    free:     0    use:    1    call:      1     9RobotTest
- total:   50    free:    46    use:    4    call:      4     16MessageComponent
- total:    1    free:     0    use:    1    call:      1     22ConsoleThreadComponent
```

在逻辑线程中，有两个主要的组件 Account 和 RobotTest。Account 用于账号登录验证，而 RobotTest 用于机器人登录情况的时长统计。除了基础组件之外，在逻辑线程中还有一个 HttpRequestAccount 组件被调用了 1000 次，这是用于账号 HTTP 请求的组件，现在正在使用的有 1000 个。显然这是一个 Bug，因为数据已经取到了，但是对象却没有释放。同时每个 HttpRequestAccount 都有一个更新组件，有 1000 个 UpdateComponent 组件也没有被释放。

从上面的分析可以看出，对象池不仅提高了执行效率，它更是一个对内存对象进行管理的工具。对象池的数据分析可以使我们更加容易对所有对象进行监控。

除了几条线程中的对象之外，还有一个特殊的组件对象 Packet，打印信息中包含它所在对象池中的数据：

```
- total:8050    free:    40    use:8010    call:   8010     6Packet
```

我们没有释放过 Packet，每次都在创建，一共产生了近 8000 多个对象。Packet 的释放是比较复杂的，因为一个 Packet 会进入一个或几个线程中，线程的处理具有不确定性，不知道什么时候对这个 Packet 的处理就完成了。所以要高效重用 Packet 类需要有一套新的规则。

综上，现在有两个问题急需解决：一个问题是 HttpRequestAccount 组件没有被释放；另一个问题是 Packet 数据没有被释放。我们将这两个问题都归为销毁对象的问题。

8.5　主动销毁对象

本节要谈论的是在对象池中的对象应该如何主动销毁呢？本例中的参考源代码在 08_05_packet 目录中。销毁组件或实例有两种需求：一种是在本线程中销毁，适合一般的对象；另一种是像 Packet 类这类跨线程实例。下面我们分别介绍这两种对象的销毁方式。

8.5.1　一般组件销毁

当不再需要一个组件时，有两种可以销毁的方式：

（1）如果组件是通过实体 AddComponent 这个途径增加的，那么调用 Entity::RemoveComponent 函数即可销毁。

（2）如果是没有实体的组件（例如 HttpRequest），就可以直接调用该线程中的 EntitySystem::RemoveComponent 函数销毁。以 HttpRequest 为例看一下它是如何销毁自己的，代码实现如下：

```
void HttpRequest::Update() {
    switch (_state) {
    ...
    case HttpResquestState::HRS_Over: {
        ProcessOver();
        _state = HttpResquestState::HRS_NoActive;
        GetSystemManager()->GetEntitySystem()->RemoveComponent(this);
    }
    break;
    case HttpResquestState::HRS_Timeout: {
        ProcessTimeout();
        _state = HttpResquestState::HRS_NoActive;
        GetSystemManager()->GetEntitySystem()->RemoveComponent(this);
    }
    ...
}
```

在 HttpRequest 组件中，功能正常完成或者超时都会调用 EntitySystem:: RemoveComponent 将自己移除。具体看一下在 EntitySystem 类中移除组件的代码：

```
void EntitySystem::RemoveComponent(IComponent* pObj) {
    const auto entitySn = pObj->GetSN();
    const auto typeHashCode = pObj->GetTypeHashCode();
    auto iterObj = _objSystems.find(typeHashCode);
    if (iterObj == _objSystems.end()) {
        return;
    }
```

```
    ComponentCollections* pCollector = iterObj->second;
    pCollector->Remove(entitySn);
}
void ComponentCollections::Remove(uint64 sn) {
    _removeObjs.emplace_back(sn);
}
```

在每个线程中，EntitySystem 都拥有所有的对象实体，这些实体是按类型不同而放到
ComponentCollections 中的。当我们要销毁一个组件时，将该组件从 ComponentCollections 中
移除，重新放回对象池即可。需要说明的是，HttpRequest::Update 是在 UpdateSystem 中被调
用的，当 HttpRequest 被销毁时，它的所有组件也将被删除。也就是说，HttpRequest 类的
UpdateComponent 组件在自己的 Update 函数中意图销毁自己。

运行代码的时候，我们并没有发现异常，也没有引起冲突，是因为 ComponentCollections
将需要删除的对象进行了缓冲，放到了删除列表中，在下一帧才会真正删除。

8.5.2　引用计数销毁对象

Packet 对象的销毁比较复杂，因为它会穿越多个线程。Packet 对象的销毁采用了引用计数
销毁的方式。流程图如图 8-2 所示，展示了整个过程。

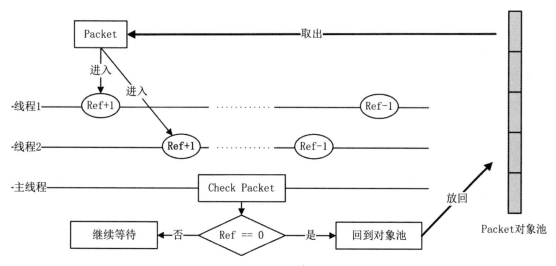

图 8-2　Packet 从生成到销毁流程

当一个协议到达时，它被封装成了 Packet 类，这个 Packet 类的指针将穿越所有线程，查
看是否有某个组件对自己感兴趣。当它进入线程时计数加 1，退出线程时计数减 1。而在主线
程中则不断地检查计数，归 0 时，该对象将被回收。下面来看看具体的实现，在 Packet 类中
定义了计数，代码如下：

```
class Packet : public Entity<Packet>, public Buffer, public
IAwakeFromPoolSystem<Proto::MsgId, SOCKET> {
    public:
```

```
    // ref
    void AddRef();
    void RemoveRef();
    void OpenRef();
    bool CanBack2Pool();
    ...
private:
    std::atomic<int> _ref{ 0 };
    bool _isRefOpen{ false };
};
```

对 Packet 类增加了 AddRef、RemoveRef 函数，用来进行计数。计数是在多线程中进行的，所以变量采用了 std::atomic 类型来处理。std::atomic 是一个原子操作，底层已经加锁，不需要额外加锁。函数 AddRef 对引用计数加 1，而函数 RemoveRef 对引用计数减 1，当我们使用对象时，它的引用计数加 1；当引用计数重新变为 0 时，表示所有使用已结束，可以销毁了。

对于每一个线程来说必然有一个 MessageSystem 系统处理协议，Packet 进入 MessageSystem 类处理队列，则计数加 1，处理完成之后计数减 1。下面来看一下主要代码：

```
void MessageSystem::AddPacketToList(Packet* pPacket) {
    std::lock_guard<std::mutex> guard(_packet_lock);
    _cachePackets.GetWriterCache()->emplace_back(pPacket);
    pPacket->AddRef();                      // 进入时 Ref 加 1
}
void MessageSystem::Update(EntitySystem* pEntities) {
    ...
    auto lists = pCollections->GetAll();
    auto packetLists = _cachePackets.GetReaderCache();
    for (auto iter = packetLists->begin(); iter != packetLists->end(); ++iter) {
        auto pPacket = (*iter);
        Process(pPacket, lists);
        pPacket->RemoveRef();               // 离开时 Ref 减 1
    }
    _cachePackets.GetReaderCache()->clear();
}
```

下面是分发协议的代码，这是 Packet 进入各线程中的必经函数：

```
void ThreadMgr::UpdateDispatchPacket() {
    ...
    auto pList = _packets.GetReaderCache();
    for (auto iter = pList->begin(); iter != pList->end(); ++iter) {
        auto pPacket = (*iter);
        ...
        for (auto iter = _threads.begin(); iter != _threads.end(); ++iter) {
            iter->second->HandlerMessage(pPacket);
```

```
        }
        pPacket->OpenRef();
    }
    pList->clear();
}
void ThreadCollector::HandlerMessage(Packet* pPacket) {
    auto pList = _threads.GetReaderCache();
    for (auto iter = pList->begin(); iter != pList->end(); ++iter) {
        iter->second->GetMessageSystem()->AddPacketToList(pPacket);
    }
}
```

处理 Packet 时将 Packet 通知到各个线程集合，而线程集合再将 Packet 加入各个线程中。该加入操作完成之后调用了 OpenRef 函数，这个函数开始了 Packet 的检查。在 Packet 生成到加入线程之前，引用计数都是 0，显然这时检查计数是不合适的。只有当 OpenRef 这个开关打开之后，也就是说 Packet 已经放置到线程中才是检查的时机。

```
void Packet::OpenRef() {
    _isRefOpen = true;
}
bool Packet::CanBack2Pool() {
    if (!_isRefOpen)
        return false;
    if (_ref == 0)
        return true;
    return false;
}
```

如果 CanBack2Pool 函数返回 true，这个 Packet 就认为被用完了，恢复到对象池中，等下次使用。

以上是 Packet 类的销毁流程，现在还是以 1000 个账号来测试内存数据的情况。进入 08_05_packet 目录，编译后启动 allinone 进程，再启动 robots 进程，批量登录 1000 个账号，登录完成之后，按 Ctrl+C 组合键退出 robots 进程，在 allinone 进程中输入"thread -pool"，这回打印数据如下：

```
-  total:1550   free:1550   use:   0   call:8011   6Packet
```

从登录 1000 个账号到退出一共产生了 8000 多个协议。当前正在使用的为 0 个，对象池中有 1550 个，也就是巅峰状态时，在内存中一共存在 1500 多个 Packet 类。使用完成之后，它们都被正常释放了。再使用 valgrind 工具来检查一下内存：

```
[root@localhost bin]# valgrind --tool=memcheck --leak-check=full ./allinoned
```

依然是登录 1000 个账号，登录成功后，按 Ctrl+C 组合键退出 robots 进程，让所有对象全部回到对象池。在 allinone 进程中输入"-exit"或按 Ctrl+C 组合键来安全退出。如果没有完全释放内存，就会报一些内存错误。在 08_05_packet 工程中，我们已经修改了内存的释放问题，所以没有内存方面的这类报错。

再来测试一下将 Yaml::BackToPool 函数内容屏蔽掉，编译运行，退出时就会有几个报错，都是关于 Yaml 的：

```
==4115== 544 (80 direct, 464 indirect) bytes in 1 blocks are definitely lost
in loss record 48 of 56
==4115==    at 0x4C2A462: operator new(unsigned long)
(vg_replace_malloc.c:344)
==4115==    by 0x61AA34: Yaml::LoadConfig(APP_TYPE, YAML::Node&)
(yaml.cpp:78)
```

因为屏蔽掉 Yaml::BackToPool 函数，在 Yaml::LoadConfig 创建了新的对象，但是没有销毁它。valgrind 工具立刻敏锐地发现了该问题。在编码时可以随时调用 valgrind 来查看内存数据。

8.6 时 间 堆

至此，整个框架已经可以良好运行，也解决了内存问题，但是还欠缺一个基础功能。考虑这种情况，当调用一个 HttpRequest 向外请求一个 HTTP 时，由于某些原因请求没有回应，登录就会一直卡在这里，客户端发送了 C2L_AccountCheck 协议，但是一直没有得到回应，它只有等待下去。login 进程中的 Account 类也很无奈，HttpRequest 没有给它反馈，Account 类自然也没有办法给客户端反馈数据。分析一下产生这个问题的原因，是因为没有对 HttpRequest 定时检查，如果开始时就设置一个 10 秒期限，在 10 秒之后还没有反馈，就认为请求失败了，即使后面请求来了，也认为是失败的，这个问题就迎刃而解了。

本节要讨论的是对于服务端来说必不可少的定时器。除了 HttpRequest 需要定时器外，我们可以看看 RobotMgr 这个类，为了查看所有 robot 对象的状态，写了一个定时打印，放在 Update 函数中：

```cpp
void RobotMgr::Update() {
    ...
    auto pGlobal = Global::GetInstance();
    if (_nextShowInfoTime > pGlobal->TimeTick)
        return;

    _nextShowInfoTime = timeutil::AddSeconds(pGlobal->TimeTick, 2);
    ShowInfo();
}
```

定时打印采用的逻辑是记录下一次的打印时间，如果时间到来，就调用 ShowInfo 函数打印信息。同时，在当前时间的基础上增加两秒，设为下一次的打印时间。

我们知道 Update 函数是每帧调用的，每一帧的循环中都会判断一次是否到了触发时间。

假如进程每秒调用 100 次，也就是说在两秒内有 200 次 if 判断。如果在整个框架中存在大量这种时间判断，其实也在消耗性能，而且这段代码看上去也不够优雅。所以，我们需要采用一种新的机制，以最少的判断来执行时间函数调用，也就是下面要讲到的时间堆。要了解时间堆是什么，需要先了解一下二叉树。

　　以图 8-3 为例来看一下二叉树结构。所谓二叉树，是一种重要的非线性数据结构，直观地看，它很像自然界中的树，二叉树的一个节点上有两个分支。为什么定时器中要使用二叉树呢？假如有 3 个时间调用的函数，调用时间分别是 11 点、9 点和 10 点，如图 8-4 为例，在这个二叉树中，首先建立了 11 点的节点，当 9 点的节点插入二叉树时，顶点变成 9 点。当 10 点的节点插入到这个二叉树时，其值插入到了 9 点节点的右侧，顶点依然还是 9 点。

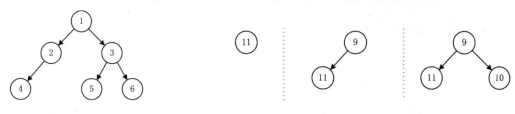

图 8-3　二叉树　　　　　　　　　　　　　　　　图 8-4　二叉树形成

　　这样一棵树，它的最小顶点一定是最小的时间节点。如果有一个新的需求，需要把 10:30 的值插入树中，取出顶点来判断需要插入的 10:30 是否大于当前顶点。如果大于当前顶点，就取出顶点的子节点继续比较，直到找到一个适合自己的位置。如果小于当前顶点，那么它一定是新的顶点。这也是我们制作时间定时器的原理。

　　讲完了二叉树的逻辑，还需要了解二叉树的存储。二叉树的存储有非常多的方式，常见的有数组存储和链表存储。

　　二叉树的存储正好满足 2 的 N 次方规律，即顶层为 1，一层为 2，二层为 4，三层为 8，以此类推。因为每个节点都有两个子节点，所以 array[2 的 Level 次方-1]即为 Level 层的开始节点，如图 8-5 所示。

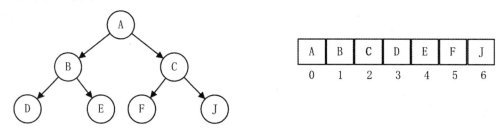

图 8-5　二叉树内存存储结构

　　除了使用数组存储之外，还可以使用链表。链表存储的结构中，每个节点前后各有一个指针指向下一个节点。

　　数组存储和链表存储各有优劣，数组存储的访问速度更快，可以一步算出节点所在的位置，但是数组存储有空节点存在的情况。当树非常大时，数组存储比链表存储占用的内存更多，因为需要为节点占位。而链表存储虽然速度不及数组方式，却是按需存取节点的，不存在空节点的问题。

我们要制作的定时器就是基于二叉树的原理，名为时间堆。时间堆包括最大时间堆和最小时间堆。将整个二叉树进行排序，顶点是最小时间间隔，为最小时间堆；最下层的叶子节点为最大时间间隔，为最大时间堆。前面我们列举了最小时间堆的例子，顶点是距离现在时间最近的一个时间节点，当节点 9 被取出来之后，整个时间堆再次进行排序，从剩余的节点中找到最小的一个时间节点，并将这个节点设为顶点。

在一个线程中有这样一个时间堆，那么每一帧只需要有限的判断，判断当前时间与顶点时间的大小，即可得知是否要触发这个定时器的调用。如果最近的一个调用时间都没有到来，那么这个堆中的其他时间节点肯定不会触发。假设有 100 个定时器，按照之前的代码逻辑，需要编写 100 个触发判断函数，而现在被压缩在了顶点上，只需要一次判断。

8.6.1 堆实现代码

要实现这样一个二叉树，还要实现时间堆的排序，我们需要编写算法。所幸，在 C++标准中已经为我们提供了一个堆操作，std 标准库中的堆是基于集合的方式实现的。我们先来看一个堆的例子，源代码位于 08_06_heap 目录中。本例很简单，读者可以编译执行后查看结果。

```cpp
int main() {
    std::vector<int> data{ 9, 1, 6, 3, 8, 9 };
    Show(data);

    std::cout << "执行 make_heap." << std::endl;
    make_heap(data.begin(), data.end(), std::greater<int>());
    Show(data);

    PopData(data);
    PopData(data);

    PushData(data, 5);
    PushData(data, 1);

    PopData(data);
    return 0;
}
```

在 main 函数中定义了一个 vector，随机给了几个值，然后调用 make_heap 函数让它变成一个堆数据。随后对数据进行了两次 PopData 弹出操作，两次 PushData 添加数据的压入操作，分别增加了 5 和 1，最后执行了 PopData 弹出操作。弹出函数 PopData 的定义如下：

```cpp
void PopData(std::vector<int>& data) {
    // 弹出 heap 顶元素，将其放置于区间末尾
    pop_heap(data.begin(), data.end(), std::greater<int>());
    std::cout << "弹出数据: " << data.back() << std::endl;
    data.pop_back();
    Show(data);
}
```

在弹出数据时调用了 pop_heap 函数,该函数会重新调整整个堆空间,将顶层数据取出来,放在 vector 数据的最后以便使用。添加数据的 PushData 函数的定义如下:

```
void PushData(std::vector<int>& data, const int value) {
    std::cout << "往堆中添加元素: " << value << std::endl;
    data.push_back(value);
    push_heap(data.begin(), data.end(), std::greater<int>());
    Show(data);
}
```

在堆数据中增加了新节点后,调用 push_heap 函数对整个 heap 数据进行数据整理排序。执行后得到如表 8-2 所示的结果。

表 8-2　时间堆结果列表

代码调用序列	结　果
data{ 9, 1, 6, 3, 8, 9 };	原始数据:9 1 6 3 8 9,顶端:9
调用了 make_heap 之后	调整后的数据列表:1 3 6 9 8 9,顶端:1
PopData(data);	弹出数据 1 之后的数据列表:3 8 6 9 9,顶端:3
PopData(data);	弹出数据 3 之后的数据列表:6 8 9 9,顶端:6
PushData(data, 5);	添加元素 5 之后的数据列表:5 6 9 9 8,顶端:5
PushData(data, 1);	添加元素 1 之后的数据列表:1 6 5 9 8 9,顶端:1
PopData(data);	弹出数据 1 之后的数据列表:5 6 9 9 8,顶端:5

在本例中主要使用了 3 个重要的函数:

(1)make_heap 函数的作用是重新排列给定范围内的元素,使它们形成堆。

(2)pop_heap 函数的作用是弹出堆顶元素,将堆顶元素移动到集合的最后,并重新排列剩下的元素。值得注意的是,之前的顶元素被放在了最后,并从堆数据中删除,相当于堆数据减 1。

(3)push_heap 函数的作用是对最后一个元素进行插入,插入堆中的适当位置。也就是说,在调用 push_heap 之前,插入的新元素一定是在数据的最尾端。

在 std 标准库中,对于堆有两种已实现的计算,默认是最大堆 less<T>和最小堆 greater<T>,当然也可以自己定义排序算法,std 支持自定义算法的定义。也就是说,我们可以对堆中的数据给出一个自定义的排序算法。

准备工作已经完成了,如果我们的时间调用函数采用时间堆的方式,就需要在这个堆中注册许多待执行的函数,而每一次只需要访问一下堆顶的函数是否到了执行时间,这样就节省了判断时间,代码又不会过于烦琐。下面通过 std 这个堆算法来实现定时器功能。

8.6.2　时间堆组件

本小节要使用最小堆的概念写一个定时器,源代码位于 08_07_timer 目录。在文件 timer_component.h 中先看一下定时器的定义:

```
using TimerHandleFunction = std::function<void(void)>;
struct Timer {
    timeutil::Time NextTime;              // 下次调用时间
    TimerHandleFunction Handler;          // 调用函数
    int DelaySecond;                      // 首次执行时延迟秒
    int DurationSecond;                   // 间隔时间(秒)
    int CallCountTotal;                   // 总调用次数（0 为无限）
    int CallCountCur;                     // 当前调用次数
    uint64 SN;                            // 方便删除数据时找到 Timer
};
```

在 8.6.1 小节对堆进行测试时，测试代码中只保存了一个 int，但是实际使用时，在时间堆中每个节点都是 Timer 结构，这种结构包括总调用次数、调用时间间隔、当前调用次数、调用函数和下次调用时间等。如果总调用次数为 0，这个节点就是一个无限次数的循环定时器。属性 DelaySecond 是首次执行时延时，这个属性和时间间隔有一定的区别。打个比方，HTTP 请求的超时检查不需要马上执行，所以需要设置首次执行时的延时。但在 RobotMgr 类输出信息时，定时器需要马上执行。

除了定义定时器的结构外，还需要有一个定时器的组件 TimerComponent，定义如下：

```
class TimerComponent :public Entity<TimerComponent>, public IAwakeSystem<> {
public:
    void Awake() override;
    uint64 Add(int total, int durations, bool immediateDo, int
immediateDoDelaySecond, TimerHandleFunction handler);
    void Remove(std::list<uint64>& timers);
    bool CheckTime();
    Timer PopTimeHeap();
    void Update();
    ...
private:
    std::vector<Timer> _heap;
};
```

从组件 TimerComponent 的定义中可以看出，它是一个单例，对于一个线程来说，只需要有一个 TimerComponent 组件。在初始化时为该组件增加 UpdateComponent 组件，以方便每一帧检查是否有到了时间的函数需要执行。TimerComponent 组件的初始化与更新函数如下：

```
void TimerComponent::Awake() {
    auto pUpdateComponent = AddComponent<UpdateComponent>();
    pUpdateComponent->UpdataFunction = BindFunP0(this,
&TimerComponent::Update);
}
```

```
void TimerComponent::Update() {
    while (CheckTime()) {
        Timer data = PopTimeHeap();
        data.Handler();
        if (data.CallCountTotal != 0)
            data.CallCountCur++;
        if (data.CallCountTotal != 0 && data.CallCountCur >= data.CallCountTotal){
            //delete pNode; 取出之后，不再加入堆中
        } else {
            // 重新加入堆中
            data.NextTime = timeutil::AddSeconds(Global::GetInstance()->
TimeTick, data.DurationSecond);
            Add(data);
        }
    }
}
```

在更新函数中，首先检查是否有需要执行的节点，判断函数非常简洁：

```
bool TimerComponent::CheckTime() {
    if (_heap.empty())
        return false;
    const auto data = _heap.front();
    return data.NextTime <= Global::GetInstance()->TimeTick;
}
```

对比一下节点的时间与当前时间，如果节点的时间大于当前时间，就说明还没有到调用时间，如果节点的时间小于或等于当前时间，就说明定时器时间已过，需要马上执行。调用 PopTimeHeap 函数将顶点弹出堆，执行后再次判断它是否需要进入堆中再次执行。值得注意的是，在调用 CheckTime 函数时用了 while，原因就是在时间堆中可能存在多个满足条件的节点。

在每个线程中都有一个 TimerComponent 组件实例，每个 EntitySystem 中都有一个独立的 TimerComponent 组件负责该进程所有需要按时间调用的事件。在线程启动时，该组件就被创建出来了。

每个组件都有可能需要定时器，为了方便组件调用定时器，修改了 IComponent 组件，增加了一个关于定时器的函数。

```
class IComponent : virtual public SnObject {
protected:
    void AddTimer(const int total, const int durations, const bool immediateDo,
const int immediateDoDelaySecond, TimerHandleFunction handler);
    std::list<uint64> _timers;
    ...
};
```

```
void IComponent::AddTimer(const int total, const int durations, const bool
immediateDo, const int immediateDoDelaySecond, TimerHandleFunction handler) {
    auto obj = GetSystemManager()->GetEntitySystem()->GetComponent
<TimerComponent>();
    const auto timer = obj->Add(total, durations, immediateDo,
immediateDoDelaySecond, std::move(handler));
    _timers.push_back(timer);
}
```

传入的参数依次为最大调用次数、调用间隔、是否马上执行、马上执行时间间隔。将一个定时器加入 TimerComponent 组件之后，在 Component 中留下了它的唯一标识码 SN，这是为了删除使用的。每个组件都可以创建自己的定时器，而且可以创建多个，这些定时器的标识被存放在组件的 times 列表中。当组件被销毁时，这些定时器也会被销毁。

```
void IComponent::ComponentBackToPool() {
    BackToPool();
    if (!_timers.empty()) {
        auto pTimer = _pSystemManager->GetEntitySystem()->GetComponent
<TimerComponent>();
        if (pTimer != nullptr)
            pTimer->Remove(_timers);

        _timers.clear();
    }
    ...
}
```

下面来看时定器的应用。以 RobotMgr 为例，RobotMgr 类在每一段时间需要显示一下当前登录的机器人的状态，现在使用定时器后，它的代码如下：

```
void RobotMgr::Awake() {
    ...
    AddTimer(0, 2, false, 0, BindFunP0(this, &RobotMgr::ShowInfo));
}
```

在旧的代码中，需要维护一个变量记录下次执行的时间点，现在不用了。现在这些数据都在 TimerComponent 组件中，不需要做额外的工作。在初始化 RobotMgr 时调用定时器注册函数 AddTimer 即可。AddTimer 函数最终调用的是 TimerComponent::Add，该函数的实现如下：

```
uint64 TimerComponent::Add(const int total, const int durations, const bool
immediateDo, const int immediateDoDelaySecond, TimerHandleFunction handler) {
    Timer data;
    data.SN = Global::GetInstance()->GenerateSN();
    data.CallCountCur = 0;
```

```
        data.CallCountTotal = total;
        data.DurationSecond = durations;
        data.Handler = std::move(handler);
        data.NextTime = timeutil::AddSeconds(Global::GetInstance()->TimeTick,
durations);
        if (immediateDo) {
            data.NextTime = timeutil::AddSeconds(Global::GetInstance()->TimeTick,
immediateDoDelaySecond);
        }
        Add(data);
        return data.SN;
    }
    void TimerComponent::Add(Timer& data) {
        _heap.emplace_back(data);
        if (_heap.size() == 1) {
            make_heap(_heap.begin(), _heap.end(), CompareTimer());
        } else {
            push_heap(_heap.begin(), _heap.end(), CompareTimer());
        }
    }
```

从 RobotMgr 初始化代码中不难看出在 RobotMgr 中注册的这个定时器是一个无限执行的函数，它的间隔时间为 2 秒，不需要立刻执行。当这个定时器被加入组件 TimerComponent 中的 std::vector<Timer> 之后，调用了标准库中的 push_heap 函数进行堆计算，让这个时间堆中最近一个当前时间点的节点位于这个堆的最顶端，方便 TimerComponent 组件在下一帧时调用 CheckTime 函数时使用。

将 Timer 结构放入或取出堆时，自定义了一个排序类 CompareTimer。

```
struct CompareTimer {
    constexpr bool operator()(const Timer& _Left, const Timer& _Right) const {
        return (_Left.NextTime > _Right.NextTime);
    }
};
```

对每个节点的下一次调用时间做了对比。

在 08_07_timer 目录的工程中，对 HttpRequestAccount 类的超时使用了定时器，这里不再进行代码讲解，原理与前面一致。

本节引入了定时器，组件中只需要调用一个 AddTimer 函数就可以生成一个定时器。除了时间堆之外，还有一种定时器的模式叫时间轮。时间轮比时间堆效率更高，因为插入和取出时，时间轮都没有时间成本，但时间轮的数据结构更为复杂。本书不再对时间轮进行讲述，如果读者感兴趣，可以上网搜索该算法。

8.7　总　　结

本章完成了 ECS 框架中关于系统部分的改造，已经彻底从继承类的编程思路中跳转出来，变成了面向组件编程。本章是对基础框架的一个补充，在第 7 章的基础框架之上增加了线程的类型，不同的线程处理 Packet 有不同的策略。本章还优化了对象池，方便进一步监控内存对象的生命周期。同时引入了时间堆的概念，并加入了定时器功能。定时器是一个非常基础的功能，在逻辑代码中会经常使用。

至此，这个分布式系统搭建的框架部分基本完成了，后面的章节将重点放在上层应用上。

第9章

服务器管理进程与 HTTP

在最初的构想中，我们的框架有多个 login 进程，它是服务器的第一道屏障，玩家只有登录成功才可能进入游戏。当有多个 login 的时候就涉及一个问题，客户端到底该从哪个 login 登录呢？这是本章要解决的问题。本章包括以下内容：

⊛ 提出一个多进程登录方案。
⊛ HTTP 分析。
⊛ 新的网络标识。

9.1　启动多个 login 进程

到目前为止，框架还只有一个 login 进程，单 login 极易形成瓶颈，所以本节需要为整个架构设置多个 login 进程。要架设多个 login，首先需要进行多个 login 的配置，打开 engine.yaml 文件，重新配置如下：

```
login:
 thread_num: 2
 url_login: HTTP://192.168.1.120/member_login_t.php
 url_method: "get"
 apps:
  - id: 101
    ip: 127.0.0.1
    port: 5401
  - id: 102
    ip: 127.0.0.1
    port: 5402
```

在 login 属性之下配置了一个 apps，这是一个列表类，YAML 语法用到了 "-"。现在配置了两个 login 信息，其中属性 id（libserver 库中 ServerApp 类中的 AppId 属性）是为了区分到底启动的是哪一个 login。现在，启动 login 时需要带上参数，例如 "./login.exe -sid=101" 是启动 AppId 为 101 的 login。

本节的源代码位于目录 09_01_appmgr 中，在 ServerApp 初始化时，ServerApp::Initialize 函数对命令行参数进行了分析。分析出来的 AppId 保存到全局的 Global 类中，以方便读取。现在有了多个 login，那么问题来了，对于客户端来说，登录游戏时应该使用哪一个 login 呢？

解决这个问题有两种方案：一种方案是从运维的角度来解决，利用 Nginx 的功能，这种方式在后面讨论；另一种方案是通过游戏的逻辑数据来解决，做一个简单的登录策略，每个玩家登录时，可以通过某种方式得知玩家在线最少的 login 的 IP 和端口。

现在登录问题进一步演变为该如何得到最小负载的 login。我们向哪个服务器发送这个请求可以得到答案呢？为了解决这个问题，需要新建一个工程，用来维护所有的 login，将其称为 appmgr。除了当前的 login 进程之外，appmgr 将来还会维护 game 进程。

9.2　appmgr 进程

在之前的例子中，robots 进程登录服务器时是通过一个具体的 IP 和端口来进行网络连接的，但是在新的流程中，因为有无数个 login 进程，所以并没有一个具体的 IP 和端口，而且随着游戏的进展，这些 IP 和端口还可能动态地增减。在此基础上，需要有一个 appmgr 进程，如图 9-1 所示，这个进程的作用是动态收集 login 的信息，再以某种方式通知客户端。

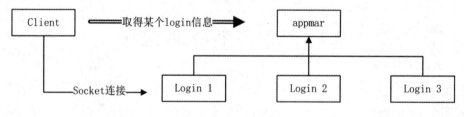

图 9-1　appmgr 登录数据

login 进程启动之后会定期向 appmgr 发送自己当前的状态，这样 appmgr 就被动地收集到了所有 login 的数据。而客户端登录时，只需要向 appmgr 询问即可得到最小负载的 login 信息。

本节源代码位于 09_01_appmgr 目录中，打开 appmgr 工程的 login_sync_component.h 文件，其中定义了收集组件，名为 LoginSyncComponent。该组件的主要作用是收集所有 login 进程的同步信息，其类定义和基类定义如下：

```cpp
class LoginSyncComponent :public SyncComponent, public IAwakeSystem<> {
public:
    void Awake() override;
    void BackToPool() override;
};
class SyncComponent :public Entity<SyncComponent> {
public:
    void AppInfoSyncHandle(Packet* pPacket);
```

```
    bool GetOneApp(APP_TYPE appType, AppInfo& info);
    ...
protected:
    std::map<int, AppInfo> _apps;
};
```

基类组件 SyncComponent 将收集到的数据保存在字典 std::map<int, AppInfo>中，Key 值为
AppId，Value 值为结构 AppInfo，AppInfo 的定义如下：

```
struct AppInfo {
    APP_TYPE AppType;
    int AppId;
    std::string Ip;
    int Port;
    int Online;
    SOCKET Socket;
};
```

目前功能比较简单，这个结构也非常简单，AppInfo 结构中只有一个 Online 属性，用于记
录在这个 AppId 对应的进程中有多少玩家在线。

LoginSyncComponent::Awake 初始化函数中注册了 login 同步消息 MI_AppInfoSync 的处理
函数。对于 LoginSyncComponent 组件来说，它并不关心谁发送了数据，只关心 MI_AppInfoSync
协议本身的内容，谁发送来的并不重要。当 LoginSyncComponent 收到 MI_AppInfoSync 协议
时，交给它的基类处理。处理该协议的函数实现如下：

```
void SyncComponent::AppInfoSyncHandle(Packet* pPacket) {
    auto proto = pPacket->ParseToProto<Proto::AppInfoSync>();
    const auto iter = _apps.find(proto.app_id());
    if (iter == _apps.end()) {
        AppInfo syncAppInfo;
        syncAppInfo.Parse(proto);
        syncAppInfo.Socket = pPacket->GetSocket();
        _apps[syncAppInfo.AppId] = syncAppInfo;
    } else {
        const int appId = proto.app_id();
        _apps[appId].Online = proto.online();
        _apps[appId].Socket = pPacket->GetSocket();
    }
}
```

该协议中会收集 AppType、AppId 以及当前的在线人数，LoginSyncComponent 将这些数
据缓存起来，以备需要时使用。

MI_AppInfoSync 协议是由 login 进程发出的，在 login 工程的 Account 类中。Account 类
增加了一个定时器，每隔几秒就将自己的信息发送出去。

```
void Account::Awake() {
    AddTimer(0, 10, true, 2, BindFunP0(this, &Account::SyncAppInfoToAppMgr));
    ...
}
void Account::SyncAppInfoToAppMgr() {
    Proto::AppInfoSync protoSync;
    protoSync.set_app_id(Global::GetInstance()->GetCurAppId());
    protoSync.set_app_type((int)Global::GetInstance()->GetCurAppType());
    protoSync.set_online(_playerMgr.Count());
    MessageSystemHelp::SendPacket(Proto::MsgId::MI_AppInfoSync, protoSync,
APP_APPMGR);
}
```

在这个定时器中，每 10 秒调用一次 SyncAppInfoToAppMgr 函数。每隔 10 秒，Account 类根据当前玩家的数据向 appmgr 进程发送在线情况。协议数据最终被送到了 LoginSyncComponent 组件中。

打开 09_01_appmgr 目录，编译后运行 allinone 工程，来看看收到了些什么数据。在工程中新写了一个 app 指令，利用 app -info 查看当前进程中 app 的情况。

```
app -info
[DEBUG] - appId:  0 type:allinone online:0
```

当我们使用 robots 进程登录一个玩家之后，在 allinone 终端输入"app -info"，情况发生了一些变化。

```
[DEBUG] - appId:  0 type:allinone online:1
```

可以拆分进程再测试一次。启动 dbmgr、appmgr 和两个 login 进程，用 robots 登录一个玩家到其中一个进程上。注意启动 login 时需要参数"./login -sid=101"。在 appmgr 终端输入"app -info"可以看到如下信息：

```
[DEBUG] - appId: 101 type:login online:1
[DEBUG] - appId: 102 type:login online:0
```

启动了两个 login，登录一个账号之后，AppId 为 101 的 login 进程上就会有一个玩家在线。玩家进入 id 为 101 的 login 之后，数据会被通知到 appmgr 进程上。

现在有了数据，但还是没有解决多服务器登录的问题，因为 robots 总是连接到 AppId 为 101 的进程上。

前面完成了数据的收集工作，接下来要解决的问题是：客户端通过什么方式从 appmgr 中知道 login 的这些状态呢？鉴于客户端与 appmgr 进程只有一次性的通信，这里我们采用 HTTP 弱连接方式。具体方法是，appmgr 进程提供一个 HTTP 端口——例如 appmgr 的 IP 为 192.168.0.100，开放一个 HTTP 服务——端口为 8081，提供一个 192.168.0.100:8081/login 请求，该请求返回一个 JSON 数据，类似{"ip": "192.168.0.100", "port":5002}，让调用者知道当前在 192.168.0.100 的 5002 端口上有一个可以进行连接的 login 进程。

总之，在登录时，robots 进程开始并不知道它能够连接哪一个 login，它会先向 appmgr 发起一个 HTTP 请求，appmgr 根据当前所有 login 的动态信息给它一个合适的用于登录的 IP 和端口，robots 进程收到之后再进行网络连接。

鉴于此，现在需要在框架中加入 HTTP 的处理，提供 HTTP 服务。

这样做有两个好处：第一，HTTP 是短连接，用完就释放，比 TCP 快，同时 HTTP 本身有自己的协议体，不需要再创建协议结构；第二，除了用在登录上外，提供 HTTP 接口还可以用于查看现有服务器的状态。之前我们提供了一些控制台指令来查看服务器的当前状态，但在真正运营的时候不能每一次都用指令来查看当前数据，所以必须有一种方式可以将这些数据提供给外部的第三方显示，这里第三方工具可能是一个后台的 Web 工具，使用 HTTP 就可以方便地展示在网页上，而不需要登录后台输入指令。

要提供 HTTP 服务，就不得不从 HTTP 开始分析。这个协议是我们日常使用的，其实非常简单。

9.3 HTTP

首先需要了解 HTTP 是怎么回事。我们每天的生活都离不开 HTTP，如网上浏览、网上购物都在使用 HTTP。不要觉得这个协议很神秘，以我们现在的知识储备量完全可以解决它。在第 1 章介绍过网络协议，那么 HTTP 和我们自定义的协议有什么区别呢？游戏逻辑中的协议是由我们自己定义格式的，而 HTTP 是一种全球都需要遵循的规范。

本书中自定义协议的格式是由一个长度字段加上 PacketHead 结构和一个二进制流三部分组成的。HTTP 的格式大同小异。它没有长度字段，由协议头加上协议体所组成。HTTP 的头部长度比我们自定义的头部结构更长。在游戏逻辑中，协议都是采用二进制的方式传输的，但 HTTP 的内容采用的是文本格式。下面用实例来说明一个常规的 HTTP 请求协议的头部结构。步骤如下：

（1）打开 09_02_http 目录，修改 log4_help.h 文件，打开 LOG_HTTP_OPEN 宏。

（2）使用根目录下的 make-all.sh 脚本编译工程。

（3）进入 bin 目录，执行 "./allinoned"。

（4）新开一个终端，使用 curl 命令查看 http://127.0.0.1:7071/login 请求。其结果如下：

```
[root@localhost ~]# curl http://127.0.0.1:7071/login
{
    "ip" : "127.0.0.1",
    "port" : 5401,
    "returncode" : 0
}
```

在本例中，我们打开了一个新的端口 7071，用来接收 HTTP 相关的请求。在另一个终端使用 curl 命令向服务端发起一个请求。服务端收到请求后，打印出来的头部数据如下：

```
GET /login http/1.1
User-Agent: curl/7.29.0
Host: 127.0.0.1:7071
Accept: */*
(空行\r\n)
```

众所周知，HTTP 是一个文本格式的协议，上面的打印结果就是证明。不需要任何转换，只需要把收到的数据打印出来，我们就可以看到 HTTP 的数据结构。它就是一个文本。如果用浏览器访问 7071 端口上的 login 请求，头部数据的打印输出就不一样了：

```
GET /login http/1.1
Host: 127.0.0.1:7071
User-Agent: Mozilla/5.0 (Windows NT 10.0; Win64; x64; rv:69.0) Gecko/20100101
Firefox/69.0
Accept: text/html,application/xhtml+xml,application/xml;q=0.9,*/*;q=0.8
Accept-Language:
zh-CN,zh;q=0.8,zh-TW;q=0.7,zh-HK;q=0.5,en-US;q=0.3,en;q=0.2
Accept-Encoding: gzip, deflate
DNT: 1
Connection: keep-alive
Upgrade-Insecure-Requests: 1
(空行\r\n)
```

多了很多头部属性数据，但是总的来说，其格式并没有改变。HTTP 的格式如下：

第一行：1.请求方式(GET) 2.空格 3.方法名(/login) 4.空格 5.HTTP 版本 6.回车符\r\n
第二行：1.头部属性名 2.冒号 3.头部属性值 4.回车符\r\n
...
第 N 行：1.头部属性名 2.冒号 3.头部属性值 4.回车符\r\n
头结束：回车符\r\n

从第二行开始，可以叠加多个属性，头部的结束行必须是回车符。也就是说，在分析协议时，发现有连续两个\r\n，头部数据就结束了。

常用的 HTTP 请求方式有两种：一种是 GET，另一种是 POST。当我们在浏览器中输入网页地址或单击一个链接的时候，一般使用的是 GET 方法，旨在从服务器获取一些数据。而当我们登录或者填写表单的时候，一般使用的是 POST 方法，旨在将这些数据推送到服务器上。

读者一定很好奇，请求被发送到了 HTTP 端口上，那么浏览器是如何显示数据的呢？

在框架中，当我们向服务端发送了验证账号协议之后，服务器会返回给客户端一个验证账号结果协议。HTTP 请求是一样的道理，服务端收到 HTTP 请求之后，向连接的 Socket（套接字）写入了数据，这些写入的数据被显示到了浏览器上。

这里就涉及 HTTP 返回数据协议格式，在服务端可以看到输出信息：

```
http/1.1 200 OK
Connection: close
```

```
Content-Type: application/json; charset=utf-8
Content-Length:58
(空行\r\n)
{
    "ip" : "127.0.0.1",
    "port" : 5401,
    "returncode" : 0
}
```

HTTP 返回协议的头部格式如下：

第一行：1.HTTP 版本 2.空格 3.状态码 4.状态码描述 5.回车符\r\n
第二行：1.头部属性名 2.冒号 3.头部属性值 4.回车符\r\n
...
第 N 行：1.头部属性名 2.冒号 3.头部属性值 4.回车符\r\n
头结束：回车符\r\n

返回协议的第一行与请求协议略有不同，接下来几行和请求协议一样，都是属性名:属性值的结构，直到两个\r\n 结束。如果将头部数据打印出来，那么这两个\r\n 表现为一个空行。随后进入协议体。协议体就是真正在浏览器中显示的数据。

在浏览器中输入"http://192.168.0.120:7071/login"，该请求在浏览器上显示为：

`{ "ip" : "192.168.0.120", "port" : 5401, "returncode" : 0 }`

从这个显示可见，真正的数据部分也就是除开头之外的部分。在返回协议中，属性 Connection: close 表示主动要求断开连接。Content-Length 的属性值得我们注意，它的值就是整个协议体的长度。

在某些情况下，Content-Length 属性不存在，这时的返回数据可能是按块传递的。当返回数据非常大，不便于计算长度时，就可以按块来传递数据。假设有 100KB 的网页数据，这 100KB 的数据可能是几次传递到浏览器上的，但头部数据只传递一次，后面收到的数据格式为：长度+协议体。直到收到两个\r\n 结束协议体，表示整个数据接收完成。

简而言之，按块传递时，发送数据是分成几次发送的，但是头部数据只有一次。后面我们会详细讲解这一部分的内容。

在返回协议中，另一个属性 Content-Type 表示这个协议体中的格式是什么，它的值非常多，如果填上 text/plain 就表示纯文本，text/html 是常规网页的显示数据，表示协议体中是一个 HTML 格式的文本，本例中返回的是 application/json，表示内容是 JSON 格式的数据。简单了解了 HTTP 的格式后，下面在框架中实现一个 HTTP 服务。

9.4　使用 Mongoose 分析 HTTP 格式

由于已经有非常多 HTTP 的第三方开源工程，本书不会再重新编写一个库。框架中采用的第三方库为 Mongoose，其源代码地址为 https://github.com/cesanta/mongoose。该库非常简单，但如果全部采用 Mongoose 库的逻辑，与框架逻辑结合起来就会比较混乱，所以没有完整地使用这个库，只使用了两个文件：mongoose.h 和 mongoose.c。这两个文件的作用是分析 HTTP 请求协议的格式。

将这两个文件直接引入 libserver 中，框架并不使用 Mongoose 服务器，只是根据现有的框架，使用它的函数来减少 HTTP 的分析工作，毕竟 Mongoose 库就是用于 HTTP 服务的，在分析方面肯定做得比我们更好，考虑得更全面。

本节和后面关于 HTTP 的章节，示例都在 09_02_http 目录中。既然要开放 HTTP 服务，必然需要一个监听类，依然还是使用 NetworkListen 类。为了区分游戏逻辑层和 HTTP 监听的不同，在 network_type.h 文件中新定义了一个枚举：

```
enum class NetworkType {
    None = 0,
    TcpListen = 1 << 0,
    TcpConnector = 1 << 1,
    HttpListen = 1 << 2,
    HttpConnector = 1 << 3,
};
```

下面是 NetworkListen 类的定义：

```
class NetworkListen : public IAwakeSystem<std::string, int>, public
IAwakeSystem<int, int> {
public:
    void Awake(std::string ip, int port) override;
    void Awake(int appType, int appId) override;
    ...
}
```

现在，NetworkListen 类有两种创建方式：当以<int,int>参数创建时，表示输入两个 int 类型的数据，分析的是 AppType 与 AppId，创建出来的 NetworkListen 实例是 TCP 监听，即游戏逻辑需要使用的监听。

当以<string, int>参数创建时，表示输入的是 IP 与端口，创建出来的 NetworkListen 实例用于 HTTP 的监听。下面来详细分析 NetworkListen 如何实现对 HTTP 的处理。

9.4.1　HTTP 类型

不论是游戏的端口监听还是 HTTP 的端口监听，要接收数据都需要创建一个 Socket，其调用代码如下：

```
SOCKET Network::CreateSocket() const {
    _sock_init();
    SOCKET socket;
    if (_networkType == NetworkType::HttpListen || _networkType ==
NetworkType::HttpConnector)
```

```
        socket = ::socket(AF_INET, SOCK_STREAM, IPPROTO_IP);
    else
        socket = ::socket(AF_INET, SOCK_STREAM, IPPROTO_TCP);
    ...
    return socket;
}
```

在创建 Socket 的时候,TCP 监听使用了 ::socket(AF_INET, SOCK_STREAM, IPPROTO_TCP),
注意最后一个参数 IPPROTO_TCP。也就是说，要用 TCP 的方式来创建一个 Socket。HTTP
监听时使用的是 IPPROTO_IP，是一种很简单的传输方式，也是一种无状态的传输方式。

使用 IPPROTO_TCP 时，TCP 底层有一套机制保证传递到网络上的数据是有序的且不遗
漏，但 IPPROTO_IP 不是这样，IPPROTO_IP 没有 TCP 的 3 次握手，但这种方式更快。

假设在这里 HTTP 监听或 HTTP 连接也采用 IPPROTO_TCP，可不可以？当然可以。HTTP
协议体与它的传输方式没有任何关系，完全可以使用 IPPROTO_TCP 来传输它，只是作为一个
一次性连接没有必要而已。HTTP 在网络传输中丢掉就丢掉，丢掉超时可以再发，所以使用更
为简单的 IPPROTO_IP。

如果读者曾经看过一些 Web 开发相关的图书，会提到 Session、Cookie 之类的内容，这并
不是 HTTP 底层特有的，而是我们使用的框架逻辑附加给它的。本书中的示例并没有 Session
和 Cookie 的概念，我们实现的是比较简单的 HTTP 服务，而 Session 和 Cookie 是业界约定俗
成的，导致大部分源代码都以 Session 作为 Web 连接的处理类。

9.4.2　接收 HTTP 数据

创建好监听之后，当收到 HTTP 请求时，首先会在网络层产生一个 Socket 描述符，这和
TCP 监听没有什么两样。当底层有数据需要读取，封装为 Packet 时，分析数据写了一个
GetHttpPacket 的分支:

```
Packet* RecvNetworkBuffer::GetPacket() {
    auto pNetwork = _pConnectObj->GetParent<Network>();
    auto iType = pNetwork->GetNetworkType();
    if (iType == NetworkType::HttpConnector || iType ==
NetworkType::HttpListen)
        return GetHttpPacket();

    return GetTcpPacket();
}
```

GetTcpPacket函数用于TCP监听模式下,取出来的数据是自定义的协议。函数GetHttpPacket
则是对于HTTP的分析，将网络层数据转换成内存中使用的Packet类。下面来看看具体实现:

```
Packet* RecvNetworkBuffer::GetHttpPacket() {
    if (_endIndex < _beginIndex) {
        // 有异常，关闭网络
```

```
        _pConnectObj->Close();
        LOG_ERROR("http recv invalid.");
        return nullptr;
    }
    const unsigned int recvBufLength = _endIndex - _beginIndex;
    const auto pNetwork = _pConnectObj->GetParent<Network>();
    const auto iType = pNetwork->GetNetworkType();
    const bool isConnector = iType == NetworkType::HttpConnector;

    // 分析出头部的数据
    http_message hm;
    const unsigned int headerLen = mg_parse_http(_buffer + _beginIndex,
_endIndex - _beginIndex, &hm, !isConnector);
    if (headerLen <= 0)
        return nullptr;

    unsigned int bodyLen = 0;
    const auto mgBody = mg_get_http_header(&hm, "Content-Length");
    if (mgBody != nullptr) {
        bodyLen = atoi(mgBody->p);
        // 整个包的长度不够，再等一等
        if (bodyLen > 0 && (recvBufLength < (bodyLen + headerLen)))
            return nullptr;
    }


    bool isChunked = false;
    const auto mgTransferEncoding = mg_get_http_header(&hm, "Transfer-Encoding");
    if (mgTransferEncoding != nullptr && mg_vcasecmp(mgTransferEncoding,
"chunked") == 0) {
        isChunked = true;

        // 后面的数据还没有到达
        if (recvBufLength == headerLen)
            return nullptr;

        bodyLen = mg_http_get_request_len(_buffer + _beginIndex + headerLen,
recvBufLength - headerLen);
        if (bodyLen <= 0)
            return nullptr;

        bodyLen = _endIndex - _beginIndex - headerLen;
    }
    // 数据接收完毕之后创建一个 Packet 类
```

```
        Packet* pPacket = MessageSystemHelp::ParseHttp(_pConnectObj, _buffer +
_beginIndex + headerLen, bodyLen, isChunked, &hm);
```

```
        // 从网络缓存中删除已读取的数据
        RemoveDate(bodyLen + headerLen);
        return pPacket;
    }
```

上面的代码看上去比较枯燥，涉及缓存中字节的读取，使用的是第三方库函数，分别说明如下：

（1）mg_parse_http 函数，从一个 buffer 中提出 HTTP 的头部信息，结构为 http_message。

（2）mg_get_http_header 函数，从头部信息中取得某个属性的值。

（3）mg_http_get_request_len 函数，从传入的字符串中找到两个\r\n，返回长度。

取得 HTTP 头部信息之后，如果有长度属性 Content-Length，就按长度读出数据；如果没有长度属性，就需要检查数据是不是按块发送的。按块发送时，头部属性中可以读出 Transfer-Encoding 属性。如果该属性值为 chunked，就表示协议体是按块发送的，需要收集所有块数据，再将这些数据组织到 Packet 中，并发送给其他组件。当数据接收完成之后，调用 MessageSystemHelp::ParseHttp 函数生成供框架使用的 Packet 类。下面是它的实现：

```
Packet* MessageSystemHelp::ParseHttp(NetworkIdentify* pIdentify, const char*
s, unsigned int bodyLen, const bool isChunked, HTTP_message* hm) {
    Proto::HTTP proto;
    if (bodyLen > 0) {
        if (isChunked) {
            const auto end = s + bodyLen;
            mg_str tmp;
            while (true) {
                const int len = std::atoi(s);
                if (len == 0)
                    break;
                s = mg_skip(s, end, "\r\n", &tmp);
                s = mg_skip(s, end, "\r\n", &tmp);
                proto.mutable_body()->append(tmp.p, tmp.len);
            }
        } else {
            proto.mutable_body()->append(s, bodyLen);
        }
    }
    Proto::MsgId msgId = Proto::MsgId::MI_HttpRequestBad;
    if (hm->method.len > 0) {
        // 请求
        do {
            if (mg_vcasecmp(&hm->method, "GET") == 0) {
```

```
                if (mg_vcasecmp(&hm->uri, "/login") == 0) {
                    msgId = Proto::MsgId::MI_HttpRequestLogin;
                    break;
                }
            }
        } while (false);
    } else {
        proto.set_status_code(hm->resp_code);
        msgId = Proto::MsgId::MI_HttpOuterResponse;
    }
    auto pPacket = CreatePacket(msgId, pIdentify);
    pPacket->SerializeToBuffer(proto);
    return pPacket;
}
```

在分析请求时，当前仅处理了 login 请求，其他所有请求都是非法的。在框架中，为了使 HTTP 与自定义协议一致，定义了一个 Proto::Http 结构来暂存数据。定义如下：

```
message Http {
    string body = 1;
    int32 status_code = 2;
}
```

综上所述，收到数据时，使用 Mongoose 库提供的函数分析 http_message 结构。该结构中的数据有两种情况，可能是一个请求数据头，也可能是一个响应返回数据头。

当收到的数据是一个外部请求时，其 http_message::method::len 值一定大于 0。即使在浏览器中输入的是 127.0.0.1:7071，没有带任何后续方法，这个值也是大于 0 的，因为 method 是以 "/" 开头的，空方法 method 的值为 "/"， method::len 等于 1。

当收到的数据是响应返回数据时，说明是框架主动向外部的 HTTP 服务器发起的一个请求返回的数据，例如验证账号时，我们需要向 Nginx 发送一个请求，收到返回时，http_message::resp_code 中就有当前返回的状态值，这个状态值是有标准的，404 是大家比较熟悉的一个值，表示找不到这个请求的处理方式，无法处理。如果一切数据正常，状态值就是 200。这些值是 HTTP 的常规值，是约定俗成、不可改变的。网络层只负责将这些数据分析出来，至于数据是请求还是响应返回，返回的是成功还是失败，作为网络层来说并不关心，只需要将它发送到框架中，再由框架中的其他组件去处理。

回到 RecvNetworkBuffer::GetPacket 函数中，无论它分析出来的 Packet 数据是用于 HTTP 还是逻辑层面的协议，最终这个 Packet 会进入 ThreadMgr::DispatchPacket 函数对协议进行分发。

9.4.3　处理 HTTP 数据的协议号

既然将 HTTP 数据打包成了 Packet 数据，那么这些 HTTP 的 Packet 必然有协议号。打开 proto_id.proto 的定义文件：

```
// HTTP listen 的请求（外部请求）
MI_HttpBegin         = 10000;
MI_HttpInnerResponse = 10001;          // 响应数据
MI_HttpRequestBad    = 10002;
MI_HttpRequestLogin  = 10003;
MI_HttpEnd           = 10499;
// HTTP connector 的消息（内部请求，外部返回）
MI_HttpOuterRequest  = 10500;          // 内部向外请求
MI_HttpOuterResponse = 10501;          // 外部响应数据
```

工程中将协议号分成了两种：

- 情况1：从框架外部向框架发起请求，例如收到127.0.0.1:7071/login消息时，它对应的协议号为MI_HttpRequestLogin，除此之外，没有处理的都是MI_HttpRequestBad消息，返回404编码。当有请求被框架捕捉到时，处理完成之后会向网络层发送一个返回数据，这时返回包的 Packet 协议号为 MI_HttpInnerResponse，所有的请求返回的消息协议号都是MI_HttpInnerResponse。

- 情况2：框架向外部HTTP服务发起请求，例如Nginx上有一个验证用户的请求，这时使用MI_HttpOuterRequest和MI_HttpOuterResponse分别作为请求与返回协议编号。只有一个协议号，一旦我们有多个请求同时发送，它们会冲突吗？答案是不会。即使只有一个协议号，但是Socket却不同，所以处理的ConnectObj也是不同的。

下面来澄清"请求"这个概念，如果我们的服务器端口为 8081，外部访问 127.0.0.1:8081/login 就是一个请求。在源代码中只实现了 login 请求，其他的请求都被认为是一个 Bad 请求。如果访问一个网站时输入一个随机的地址，例如 www.baidu.com/fdfsf，百度会提示我们访问的页面不存在，这就是一个 Bad 请求，因为百度服务器上根本没有处理随机输入的 fdfsf 请求。

总之，通过 NetworkType 的类型可以区分出逻辑协议与HTTP，且为此生成了不同的 Packet 类，这些 Packet 类会广播到所有线程中，关心协议的组件会去处理。

下面我们通过实例进一步理解这个流程。

9.4.4　收到 HTTP 请求是如何响应的

当收到外部发起的login请求时，这个请求被封装成Packet，其MsgId为MI_HttpRequestLogin。处理组件类是LoginSyncComponent，存放在appmgr工程的login_sync_component.h文件中。

```
void LoginSyncComponent::Awake() {
    ...
    // http
    pMsgCallBack->RegisterFuntion(Proto::MsgId::MI_HttpRequestLogin,
BindFunP1(this, &LoginSyncComponent::HandleHttpRequestLogin));
}
```

为什么选择 LoginSyncComponent 来处理 login 请求呢？很显然，因为 login 请求涉及的数据在 LoginSyncComponent 类中。该类中包含当前全部有效的 login 进程数据。在上面的代码中，当类从对象池中被唤醒时，在 Awake 函数中设置了 MI_HttpRequestLogin 的处理函数为 HandleHttpRequestLogin，实现代码如下：

```cpp
void LoginSyncComponent::HandleHttpRequestLogin(Packet* pPacket) {
    Json::Value responseObj;
    AppInfo info;
    if (!GetOneApp(APP_LOGIN, info)) {
        responseObj["returncode"] = 4;
        responseObj["ip"] = "";
        responseObj["port"] = 0;
    } else {
        responseObj["returncode"] = 0;
        responseObj["ip"] = info.Ip;
        responseObj["port"] = info.Port;
    }
    std::stringstream jsonStream;
    _jsonWriter->write(responseObj, &jsonStream);
    MessageSystemHelp::SendHttpResponse(pPacket, jsonStream.str().c_str(),
jsonStream.str().length());
}
bool SyncComponent::GetOneApp(APP_TYPE appType, AppInfo& info) {
    if (_apps.size() == 0) {
        LOG_ERROR("GetApp failed. no more. appType:" << GetAppName(appType));
        return false;
    }
    // 找到第一个同类型数据
    auto iter = std::find_if(_apps.begin(), _apps.end(), [&appType](auto
pair){
            return (pair.second.AppType & appType) != 0;
        });
    if (iter == _apps.end()) {
        LOG_ERROR("GetApp failed. no more. appType:" << appType);
        return false;
    }
    // 遍历后面的数据，找到最小值
    auto min = iter->second.Online;
    int appId = iter->first;
    for (;iter != _apps.end();++iter) {
        if (min == 0)
            break;
        if ((iter->second.AppType & appType) == 0)
            continue;
        if (iter->second.Online < min) {
            min = iter->second.Online;
```

```
        appId = iter->first;
    }
}
// 数据加 1，以避免瞬间落在同一个 App 上，下次同步数据会将其覆盖为真实值
_apps[appId].Online += 1;
info = _apps[appId];
return true;
}
```

从基类的 GetOneApp 函数中取到一个真实的 login 进程的数据，将数据压入 Json::Value 结构中，封装为 JSON 并转换为串，最后调用 MessageSystemHelp::SendHttpResponse 函数向网络层发送数据。其实现代码如下：

```
void MessageSystemHelp::SendHttpResponse(NetworkIdentify* pIdentify, const
char* content, int size) {
    SendHttpResponseBase(pIdentify, 200, content, size);
}
    void MessageSystemHelp::SendHttpResponseBase(NetworkIdentify* pIdentify, int
status_code, const char* content, int size) {
    auto pNetworkLocator =
ThreadMgr::GetInstance()->GetEntitySystem()->GetComponent<NetworkLocator>();
    auto pNetwork = pNetworkLocator->GetListen(NetworkType::HttpListen);
    if (pNetwork == nullptr) {
        LOG_ERROR("can't find network. http send failed.");
        return;
    }

    Packet* pPacket = CreatePacket(Proto::MsgId::MI_HttpInnerResponse,
pIdentify);
    std::stringstream buffer;
    buffer << "http/1.1 " << status_code << " " << mg_status_message(status_code)
<< "\r\n";
    buffer << "Connection: close\r\n";
    buffer << "Content-Type: application/json; charset=utf-8\r\n";
    buffer << "Content-Length:" << size << "\r\n\r\n";
    if (size > 0) {
        buffer.write(content, size);
    }
    pPacket->SerializeToBuffer(buffer.str().c_str(), buffer.tellp());
    pNetwork->SendPacket(pPacket);
}
```

发送数据的时候，先找到 NetworkType::HttpListen 的网络实例，再组织一个返回格式，然后将数据写入。在写入数据时，可以看到完全是一个文本的写入规则。本例的返回数据比较简单，采用 Content-Length 指定长度的方式。

9.4.5 发送 HTTP 返回数据流程

在发送返回数据时，依然是将返回数据写入一个 Packet 中，其 MsgId 为 MI_HttpInnerResponse，但这个 Packet 中的 Buffer 数据与之前的所有 Buffer 数据不同，以往向其中写入的是一个 protobuf 的结构，但在 HTTP 返回中写的是一个字符串。Packet 最终会发送到网络底层的缓冲区中。下面是底层写入 HTTP 结构的 Packet 和逻辑 Packet 的代码：

```
void SendNetworkBuffer::AddPacket(Packet* pPacket) {
    const auto dataLength = pPacket->GetDataLength();
    TotalSizeType totalSize = dataLength + sizeof(PacketHead) +
sizeof(TotalSizeType);
    // 长度不够，扩容
    while (GetEmptySize() < totalSize) {
        ReAllocBuffer();
        //std::cout << "send buffer::Realloc._bufferSize:" << _bufferSize <<
std::endl;
    }
    // 对于HTTP来说没有自定义头
    const auto msgId = pPacket->GetMsgId();
    if (!NetworkHelp::IsHttpMsg(msgId)) {
        // 1.整体长度
        MemcpyToBuffer(reinterpret_cast<char*>(&totalSize),
sizeof(TotalSizeType));
        // 2.头部
        PacketHead head;
        head.MsgId = pPacket->GetMsgId();
        MemcpyToBuffer(reinterpret_cast<char*>(&head), sizeof(PacketHead));
    }
    // 3.数据
    MemcpyToBuffer(pPacket->GetBuffer(), pPacket->GetDataLength());
}
```

当协议是 HTTP 时，上面的代码做了分支的处理，它没有自定义的头部数据了。HTTP 的头在 Packet 类的 Buffer 中已经写好了，所以直接发送即可，这样它就会发送到浏览器上。整个处理请求数据的流程如图 9-2 所示。

图 9-2 清楚地呈现了 HTTP 数据在框架中的走向。简单来说，是先读取数据生成请求 Packet，Packet 到达处理函数之后，再将返回数据组织成一个返回 Packet，返回 Packet 传递回网络层发送给对方。这样就形成了一个完整的 HTTP 响应。

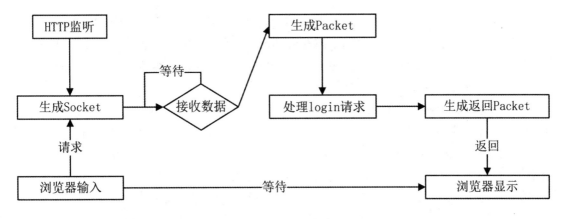

图 9-2 HTTP 请求流程

9.5 为 Packet 定义新的网络标识

在本例中，除了增加 HTTP 部分外，还有一个网络层的变化。在前面的示例中，为了让读者更容易理解网络层，我们仅采用 Socket 值来标识一个网络，简化了网络层的一些数据。

使用 Socket 单一值来标识一个网络通道其实是有不确定性的。既然给了一个通行牌，每人一个，为什么会有不确定性呢？它的不确定性主要归于异步。当我们使用多线程一瞬间密集向一个端口发起连接请求时，Socket 值可能重用。说得更具体一点，当上千个连接同时发送某个网络端口时，创建 Socket 会有一个报错，Windows 系统下是 10035，Linux 系统下是 35，对于这个错误，大部分情况下认为不是错误，原因是对端口处理不过来了，对于发来的请求没有回应，但这个通道并没有关闭，是一个等待状态。当对端处理完成时，它会向连接端发起一个写指令。这时，这个通道就打开了。

在我们的框架中，当大量机器人密集向服务器发起 Socket 连接，又是多线程连接时，在 Windows 下非常容易出现 Socket 同值的情况，因为 Windows 下的 Socket 值是随机的。也就是说，两个 Robot 类可能共用了一个 Socket 值，听上去似乎不可能，可以做一个实验，用 2000 个线程同时连接一个端口，就会发现有概率创建相同值的 Socket。

假设有一个 Socket 值为 1001，被两个 Robot 类分配到了。对于网络层来说，当第一个对象连接时，服务器处理不过来，返回了 35 错误，这个请求在服务端可能已经被抛弃了，但 Robot A 认为可以等待，并没有关闭这个 Socket，第二个 Robot B 刚好又分配到了 1001，它向服务器发起了一个连接请求，这时服务器同意了，这样 Robot A 和 Robot B 都拿到了这个号码牌，它们都认为自己已经连接成功。A 和 B 轮询了同一个 Socket 值，注意通道只有一个。这是一种逻辑上的错误，这种情况在 Linux 和 Windows 上都可能出现。

即使没有出现上述情况，还有另一种情况。假设 Robot A 使用值为 1001 的 Socket 进行登录，在这个过程中，某些原因导致底层网络中断，这时底层网络会向逻辑层发送一个断开消息，在这个消息还在消息队列中等待下一帧处理的时候，逻辑层在同一帧对 1001 发送了一条数据，这条数据放在了发送队列中待发送。好巧不巧，这时有一个新来的玩家 Robot B 登录了，正好重用了 1001。这将产生什么样的后果呢？很有可能在下一帧，这个新上线的 Robot B 将莫明其妙地收到一条数据，这条数据原本是想发给 Robot A 的。发送 Packet 包中，标记的 Socket 为 1001，发送给 Robot B 并没有错。因为值为 1001 的 Socket 已经重新被分配给 Robot B 了，但实际上我们想要的效果并不是这样的。

综上所述，单纯依靠 Socket 来标识一个玩家是行不通的，需要使用一种新的网络身份法则。在这个新的网络身份中，我们不再使用单一的 Socket 值来定义一个网络通道。框架中定义了一个新的 NetworkIdentify 结构，该定义在 09_02_http 工程的 socket_object.h 文件中。在这个结构中有两个关键值：SocketKey 和 ObjectKey。相当于绳子的两边，一边绑定 Socket 数据，另一边绑定逻辑层的对象数据。一个 Packet 到达网络层需要对这两个值进行判断。

针对上面的情况，假如 Robot A 已经断开，新来 Robot B，即使 SocketKey 与 Packet 中的 SocketKey 完全一致，但 ObjectKey 必然与旧的 ObjectKey 不一致，只要有不一致，Packet 就需要被丢弃。结构 NetworkIdentify 定义如下：

```
struct NetworkIdentify {
public:
    NetworkIdentify() = default;
    NetworkIdentify(SocketKey socketKey, ObjectKey objKey);

    SocketKey GetSocketKey() const { return _socketKey; }
    ObjectKey GetObjectKey() const { return _objKey; }

protected:
    SocketKey _socketKey{ INVALID_SOCKET, NetworkType::None };
    ObjectKey _objKey{ ObjectKeyType::None , {0, ""} };
};
```

框架中至少有 4 种不同类型的 NetworkType，SocketKey 结构标识出 NetworkType，方便找到目标。SocketKey 结构和 ObjectKey 结构定义如下：

```
struct SocketKey {
    SOCKET Socket;
    NetworkType NetType;
    ...
};
struct ObjectKey {
    ObjectKeyType KeyType{ ObjectKeyType::None };
    ObjectKeyValue KeyValue{ 0, "" };
    ...
}
```

ObjectKey 结构的使用是多样的，其枚举如下：

```
enum class ObjectKeyType {
    None = Proto::NetworkObjectKeyType::ObjectKeyTypeNone,
    Account = Proto::NetworkObjectKeyType::ObjectKeyTypeAccount,
```

```
App = Proto::NetworkObjectKeyType::ObjectKeyTypeApp,
};
```

在使用枚举时，采用了在 protobuf 中定义的枚举，有 3 个值：None、Account 和 App。如果是 Robot 类或客户端与服务端的连接，就为 ObjectKeyType::Account。除了玩家之外，需要进行网络连接的还有可能是 App 之间的连接。下面用实例代码来说明新机制。

9.5.1　使用网络标识创建一个连接

在前面的工程中，在线程中创建 Robot 对象时，每个 Robot 对象都是一个 NetworkConnector，每个 NetworkConnector 都有一个 Update 事件需要处理，毕竟每帧都需要查看数据。如果有 1000 个 Robot 登录，就有 1000 个对象，这 1000 个对象要执行 1000 次::select 或::epoll 操作。

再来看一看 NetworkListen 对象是如何处理的，因为所有的对象都来自监听端口，所以所在的连接在监听上的对象都在一个 NetworkListen 中，即使有 1000 个连接，每一帧也仅执行一次::select 或::epoll 函数。

鉴于此，在 09_02_http 目录中重构了 NetworkConnector 类，希望它能够像 NetworkListen 对象一样，即使有 1000 个对象，每一帧也只执行一次::select 或::epoll 函数。将 NetworkConnector 类改为一个容器，而不再是一个 NetworkConnector 类实例对应一个网络通道。在这个容器中，每个 ConnectObj 都是一个连接通道，进程内所有的对外连接都由 NetworkConnector 类维护。

按照之前的流程，在创建 NetworkConnector 时就会将需要连接的 IP 和端口传递给类实例，现在它变成了容纳多个连接的容器。一个指定的连接是如何产生的呢？

连接一般都是主动的，不像监听产生的通道是在监听类中被动产生的。在工程中有两种主动连接：

- 一种是 login 进程需要主动连接到 appmgr 进程上。
- 另一种是像 Robot 类，要求连接到某个指定的 login 进程上。

这两种连接方式不同，采用了不同的处理流程。login 进程到 appmgr 之间的连接是可控的，是预先已经十分明确的，所以采用的是初始化创建。打开 login 工程中的 main.cpp 文件，创建 NetworkConnector 类的代码如下：

```
pThreadMgr->CreateComponent<NetworkConnector>(ConnectThread, false,
(int)NetworkType::TcpConnector, (int)(APP_APPMGR|APP_DB_MGR));
```

在创建 NetworkType::TcpConnector 类型的 NetworkConnector 类时，参数已经说明了 NetworkConnector 要优先创建两个 App 连接，分别指向 appmgr 和 dbmgr 两个进程。

再来看看 Robot 的主动连接，采用的是协议方式。当 Robot 需要进行一个连接时，无论是对 login 还是 HTTP 的连接都需要发起一个协议 MI_NetworkConnect。对应的协议体结构为 Proto::NetworkConnect，结构定义如下：

```
message NetworkConnect {
    int32 network_type = 1;
    NetworkObjectKey key = 2;
    string ip = 3;
```

```
    int32 port = 4;
}
```

该结构的第一个属性 network_type 指定连接的类型是进行 TCP 连接还是进行 HTTP 连接，属性 key 给出连接的 ObjectKey。对于 Robot 来说，它需要给出一个类似{ObjectKeyType::Account, {0, Account}}这样的键（Key）。最后在这个协议中还要给出连接对方的地址与端口，毕竟没有网络地址怎么实现网络连接呢。

处理协议 MI_NetworkConnect 的是 NetworkConnector 类。来看看它对协议的处理实现：

```
void NetworkConnector::HandleNetworkConnect(Packet* pPacket) {
    auto proto = pPacket->ParseToProto<Proto::NetworkConnect>();
    if (proto.network_type() != (int)_networkType)
        return;
    ObjectKey key;
    key.ParseFromProto(proto.key());
    ConnectDetail* pDetail = new ConnectDetail(key, proto.ip(), proto.port());
    _connecting.AddObj(pDetail);
}
```

NetworkConnector 类在 login 工程中有两个实例：一个用来处理 HTTP；另一个用来处理游戏逻辑协议。处理 HTTP 的 NetworkConnector 实例，主要任务是向外部（本书中是 Nginx）发送 HTTP 请求；而处理游戏逻辑 TCP 协议的 NetworkConnector 实例，主要任务是处理 login 主动向外发起的 TCP 连接，例如连接到 dbmgr 和连接到 appmgr 的网络连接。

因此，开始处理函数时就对 NetworkType 进行了判断，与自己不符合的协议不进行处理。随后，框架中增加了一个 ConnectDetail 结构用于尝试连接，每一个想要创建连接的请求，其数据都会存在于一个 ConnectDetail 结构中，等待下一帧处理。下一帧，ConnectDetail 结构被删除，一个新的 ConnectObj 生成。尝试连接的代码在每帧中处理如下：

```
void NetworkConnector::Update() {
    // 有新的连接请求
    if (_connecting.CanSwap())
        _connecting.Swap(nullptr);
    // 创建新的连接
    if (!_connecting.GetReaderCache()->empty()) {
        auto pReader = _connecting.GetReaderCache();
        for (auto iter = pReader->begin(); iter != pReader->end(); ++iter) {
            if (Connect(iter->second)) {
                _connecting.RemoveObj(iter->first);
            }
        }
    }
    Epoll();
    OnNetworkUpdate();
}
```

在这段代码中没有加锁，因为协议处理与 Update 操作是串行的，所以没有必要加锁。当 NetworkConnector 在执行 Update 函数时，发现有了新的连接数据，ConnectDetail 实例就会被取出来，调用 Connect 函数尝试连接，给它创建一个 ConnectObj。

关于 NetworkConnector::Connect(ConnectDetail* pDetail)这个函数的具体实现，这里就不再详细讲解了，可参见源代码。总之，它让一个请求转换成一个处于 Connecting 状态的 ConnectObj。

需要注意的是，在之前的逻辑中，认为一个 ConnectObj 一定是一个可用的网络连接，但现在它不是了。它有了一个状态：

```
enum class ConnectStateType {
    None,
    Connecting,
    Connected,
};
```

对于 NetworkConnector 类来说，它维护的 ConnectObj 数据大部分先是处于 Connecting（连接中）状态，随后才是 Connected（已连接）状态。而对于 NetworkListen 实例来说，它维护的 ConnectObj 数据全部是 Connected 状态，因为一个通过::accept 函数得到的通道一般都是已经完成了 3 次握手的连接。因此，在 NetworkListen 类中的 ConnectObj 对象不存在 Connecting 这个状态。

不论是 NetworkListen 还是 NetworkConnector，如果产生了断线，这个 ConnectObj 就被删除了。一个 ConnectObj 被销毁之后，断线协议一定会发送到逻辑上层。如果它是一个玩家，就有相应的下线处理。如果这个连接的 ObjectType 表明它是一个服务端进程之间的连接，那么一个重连接协议将被发起，协议号依然是 MI_NetworkConnect，具体的代码可参见 NetworkLocator 组件。

9.5.2　使用网络标识发送数据

为了适应新的网络身份机制，需要改造 ConnectObj 连接对象。首先它一定是一个 NetworkIdentify，拥有网络标识，一头绑定了网络，另一头绑定了一个逻辑层的对象。在创建 ConnectObj 时需要输入 NetworkIdentify 相关数据。ConnectObj 类的唤醒函数定义如下：

```
class ConnectObj : public Entity<ConnectObj>, public NetworkIdentify, public
IAwakeFromPoolSystem<SOCKET, NetworkType, ObjectKey, ConnectStateType> {
public:
    void Awake(SOCKET socket, NetworkType networkType, ObjectKey key,
ConnectStateType state) override;
    ...
}
```

同时，还为 ConnectObj 准备了一个状态。这一点不难理解，连接是一个异步过程，只有确认已经连接成功了，才认为这个通道是可用的。当网络层传来可读或可写时，这个通道就成功创建了，这时会调用函数 ChangeStateToConnected 来改变 ConnectObj 的状态。

```
void ConnectObj::ChangeStateToConnected() {
    _state = ConnectStateType::Connected;
    if (GetObjectKey().KeyType == ObjectKeyType::App) {
        auto pLocator =
ThreadMgr::GetInstance()->GetEntitySystem()->GetComponent<NetworkLocator>();
        pLocator->AddNetworkIdentify(GetObjectKey().KeyValue.KeyInt64,
GetSocketKey(), GetObjectKey());
    } else {
        // 通知逻辑层连接成功了
        MessageSystemHelp::DispatchPacket(Proto::MsgId::MI_NetworkConnected,
this);
    }
}
```

一旦成功连接，需要向逻辑层发送一个 MI_NetworkConnected 协议，通知之前给我们 ObjectKey 的对象连接成功了，同时将当前的 SocketKey 赋值给 ObjectKey 的对象。还是以 Robot 为例，看看 MI_NetworkConnected 协议的处理。Robot 类中对于该协议的处理函数为 HandleNetworkConnected，在 Robot 类从对象池中被唤醒时，进行了协议号的处理函数的注册，其注册与实现代码如下：

```
void Robot::Awake(std::string account) {
    // message
    auto pMsgCallBack = new MessageCallBackFunctionFilterObj<Robot>();
    AddComponent<MessageComponent>(pMsgCallBack);
    pMsgCallBack->GetPacketObject = [this](NetworkIdentify* pIdentify) {
        if (_objKey == pIdentify->GetObjectKey())
            return this;
        return static_cast<Robot*>(nullptr);
    };
    pMsgCallBack->RegisterFunctionWithObj(Proto::MsgId::MI_NetworkConnected,
BindFunP2(this, &Robot::HandleNetworkConnected));
    ...
}
void Robot::HandleNetworkConnected(Robot* pRobot, Packet* pPacket) {
    if (_socketKey.NetType != NetworkType::None && _socketKey.Socket !=
INVALID_SOCKET) {
        // 有新的连接后，旧的连接需要关闭
        MessageSystemHelp::DispatchPacket(Proto::MsgId::
MI_NetworkRequestDisconnect, this);
    }
    _socketKey = pPacket->GetSocketKey();
}
```

Robot 在生成时注册了 MI_NetworkConnected 协议的处理函数。当收到连接成功之后，会将生成的 SocketKey 赋值给自己本地的 SocketKey。在注册这个函数时，注意使用的是 RegisterFunctionWithObj 方法。这是一个过滤流程，一般情况下，协议是无差别发送给所有线程的，但是 RegisterFunctionWithObj 需要调用 GetPacketObject 函数来过滤对象，以避免收到不需要的数据。上面的代码中有对于 GetPacketObject 的实现，当 ObjectKey 一致时，就是我们需要接收 Packet 的对象了。

对于 Robot 的状态类来说，一开始没有连接成功之前，它都是处于正在连接 RobotStateHttpConnecting 状态，这是等待 HTTP 连接的状态。Robot 类模拟了客户端的操作，首先会发起一个 HTTP 请求，得到一个可以登录的 login 进程信息，连接成功之后，再发起真正的登录操作。在等待 HTTP 连接的状态下，每一帧都在监听是否连接成功，其处理函数在状态类中，实现如下：

```
RobotStateType RobotStateHttpConnecting::OnUpdate() {
    auto socketKey = _pParentObj->GetSocketKey();
    if (socketKey.Socket != INVALID_SOCKET) {
        if (socketKey.NetType != NetworkType::HttpConnector) {
            LOG_ERROR("error.");
        }
        MessageSystemHelp::SendHttpRequest(_pParentObj, _ip, _port, _method,
nullptr);
        return RobotStateType::HTTP_Connectted;
    }
    return GetState();
}
```

当 Robot::HandleNetworkConnected 收到网络层的消息，更改了自己的 SocketKey 时，RobotStateHttpConnectting 状态马上就会反应过来，发现 Socket 已经不是一个非法值了。这时，此状态认为已经连接成功，会向网络通道发起一个 HTTP 请求。调用的是函数 MessageSystemHelp::SendHttpRequest，在这个请求中没有参数，最后一个值为 nullptr。同时，Robot 的状态变成了 RobotStateType::http_Connectted。

9.5.3　向外部请求 HTTP 数据

前面我们讲了如何响应从外部发起的 HTTP 请求，现在讨论一下向外部的 HTTP 服务发送一个请求的流程。这个流程在验证账号和 Robot 类向 appmgr 请求 login 进程信息时都会用到。

以 Robot 类为例向 appmgr 请求数据时，调用代码如下：

```
MessageSystemHelp::SendHttpRequest(_pParentObj, _ip, _port, _method, nullptr);
```

该函数的实现如下：

```
void MessageSystemHelp::SendHttpRequest(NetworkIdentify* pIdentify,
std::string ip, const int port, const std::string method, std::map<std::string,
```

```
std::string>* pParams) {
        Packet* pPacket = CreatePacket(Proto::MsgId::MI_HttpOuterRequest,
pIdentify);
        std::stringstream buffer;
        buffer << "GET " << method;
        if (pParams != nullptr) {
            buffer << "?";
            for (auto iter = pParams->begin(); iter != pParams->end(); ++iter) {
                buffer << iter->first << "=" << iter->second << "&";
            }
        }

        buffer << " HTTP/1.1" << "\r\n";
        buffer << "Host: " << ip.c_str() << ":" << port << "\r\n";
        buffer << "Content-Type: application/json; charset=utf-8" << "\r\n";
        buffer << "Accept: */*,text/*,text/html" << "\r\n";
        buffer << "\r\n";

        pPacket->SerializeToBuffer(buffer.str().c_str(), buffer.tellp());
        SendPacket(pPacket);
    }
```

在该函数中写了一个 HTTP 格式的请求协议，并将数据发送出去。当 ConnectObj 收到返回协议时，数据封装成 MI_HttpOuterResponse 协议号的 Packet，这个 Packet 在 ConnectObj 中生成，附加上了 ConnectObj 类的 NetworkIdentify 信息，该信息只会与唯一一个 Robot 对应。在 Robot 中对于这个协议的处理如下：

```
void Robot::HandleHttpOuterResponse(Robot* pRobot, Packet* pPacket) {
    auto protoHttp = pPacket->ParseToProto<Proto::HTTP>();
    const int code = protoHttp.status_code();
    if (code == 200) {
        const auto response = protoHttp.body();
        Json::CharReaderBuilder readerBuilder;
        Json::CharReader* jsonReader = readerBuilder.newCharReader();
        Json::Value value;
        jsonCPP_STRING errs;
        const bool ok = jsonReader->parse(response.data(), response.data() +
response.size(), &value, &errs);
        if (ok && errs.empty()) {
            const auto code = value["returncode"].asInt();
            if (code == Proto::LoginHttpReturnCode::LHRC_OK) {
                _loginIp = value["ip"].asString();
                _loginPort = value["port"].asInt();
                ChangeState(RobotStateType::Login_Connectting);
```

```
        }
    } else {
        LOG_ERROR("json parse failed. " << response.c_str());
    }
    delete jsonReader;
} else {
    LOG_ERROR("http response error:" << code << "\r\n" <<
protoHttp.body().c_str());
}
}
```

收到正确的数据后，Robot 会得到正确的 login 进程的 IP 地址，此时调用了 ChangeState (RobotStateType::Login_Connectting)，Robot 类的状态从 HTTP 阶段修改为与 login 正在连接的状态。之后的流程就不再介绍了，回到了之前熟悉的工程流程上。流程图如图 9-3 所示，总结了这些步骤。

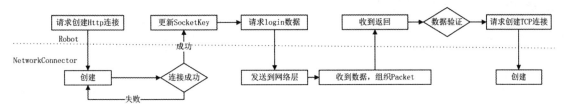

图 9-3　Robot 登录流程

现在，启动 robots 进程，批量登录 1000 个账号，这 1000 个账号的网络处理都会集中到一个 NetworkConnector 中处理。

除了 Robot 类之外，login 进程在验证账号时向 Nginx 发送了一个 PHP 请求，用于模拟平台账号验证。之前是使用 curl 第三方库实现的。现在框架实现了自己的 HTTP 处理，可以不再需要 curl 库了。其实现原理和 Robot 类向服务端发送 HTTP 请求一致。简而言之，当 Account 类收到 C2L_AccountCheck 账号验证协议后，发起一个 MI_NetworkConnect 协议想要创建一个连接，在协议的 ObjectKey 标志中带上自己的标识。当这个请求成功之后，会收到来自底层的 MI_NetworkConnected 协议，表示连接成功，随后向这个网络标识发送一个 HTTP 的验证请求。请求发送之后会收到 MI_HttpOuterResponse 协议，得到验证的结果。具体功能参见源代码，这里不再阐述。

9.6　HTTP 分块

在前面的章节中阐述了 HTTP 的协议格式与框架中的 HTTP 数据的收发流程。本节我们回到 HTTP 格式上，再来说明一下 HTTP 的块数据传递是怎么回事。

单从代码来看很难厘清它的格式。为了测试数据分块，在 robots 工程中写了一个测试类 TestHttpLogin，本节的源代码依然在 09_02_http 目录中。

启动 robots 进程，启动完成之后输入"http -check test test"，这个指令发起了一个验证账号的 HTTP 请求。这个 HTTP 请求是 Nginx 下的一个 PHP 接口。修改 engine.yaml 文件，确保配置中的 IP 正确。其调用之后的请求数据如下：

```
http -check test test
connected. socket:6 networkType:HttpConnector connect type:Account value:test
GET /member_login.php?account=test&password=test& http/1.1
Host: 192.168.0.120:80
Content-Type: application/json; charset=utf-8
Accept: */*,text/*,text/html
```

返回数据如下：

```
http/1.1 200 OK
Server: nginx/1.12.2
Content-Type: text/html; charset=utf-8
Transfer-Encoding: chunked
Connection: keep-alive
X-Powered-By: PHP/5.4.16
(回车空行)
10(长度)
{"returncode":2}
0(长度)
(回车空行)
```

从打印输出的数据来看，在请求返回数据中并没有 Content-Length 属性，没有长度也就不知道请求返回数据有多长，但有 Transfer-Encoding: chunked 属性说明数据是按块传递的。要理解这个原理，可以举一个例子，我们刷新网页时会先弹出一部分内容，过一会儿再弹出全部内容。

基于用户体验，在 HTTP 中有一个机制，不依赖头部的长度也可以快速知道传输的内容。也就是说，HTTP 头结束之后，即在/r/n/r/n 之后的数据是一个数据串，这个串的格式是：长度+/r/n+数据+/r/n。长度值不包括它结尾的结束符（\r\n），也不包括分块数据结尾的结束符。最后一个分块长度值必须为 0，对应的分块数据没有内容，表示协议结束。

如果一个网页有 100KB，发送请求之后返回了头部，这时头部就有属性 Transfer-Encoding: chunked。表 9-1 整理了每一步的数据内容，以帮助理解这个过程。

表 9-1　HTTP 分块数据

发送数据	说　明
第一次收到数据	头部\r\n
第二次收到数据	20(长度)\r\n 内容\r\n
第三次收到数据	10(长度)\r\n 内容\r\n
第 N 次收到数据	...
结束	0\r\n(或者 \r\n\r\n)

当然，在真正的网络传输过程中，并不是真的一次一次这样规整地收到数据，有可能第二段数据与第三段数据一起到达网络缓冲区，也有可能到达网络缓冲区的只有第二段一半的数据。鉴于此，回到代码中，在 RecvNetworkBuffer::GetHttpPacket 函数分析数据时有一个等待长度的操作：

```
bool isChunked = false;
const auto mgTransferEncoding = mg_get_http_header(&hm, "Transfer-Encoding");
if (mgTransferEncoding != nullptr && mg_vcasecmp(mgTransferEncoding, "chunked")
== 0) {
    isChunked = true;
    // 后面的数据还没有到达
    if (recvBufLength == headerLen)
        return nullptr;

    bodyLen = mg_http_get_request_len(_buffer + _beginIndex + headerLen,
recvBufLength - headerLen);
    if (bodyLen <= 0)
        return nullptr;

    bodyLen = _endIndex - _beginIndex - headerLen;
}
```

在这一段代码中，mg_http_get_request_len 函数本来是用来判断 request 头部分长度的，但是我们用这个函数来判断块数据是否接收完成。它们有一个共同的标志就是以双/r/n 或 0\r\n 结束。一定要等到结束符到来，这个块的返回结果才是完整的，只有所有块都接收完成了，生成的 Packet 才是完整的。

9.7　机器人测试批量登录

在本章中解决了两个问题：

（1）HTTP 的监听数据如何处理外部对服务端的请求并正确返回。

（2）HTTP 的请求数据如何处理向外部 HTTP 服务发送请求并正确返回。

关于 HTTP 的内容就写到这里，鉴于之前关于网络的内容已经有很多了，这部分尽量减少网络相关内容，以避免枯燥，但是 09_02_http 目录中的项目与之前的项目在网络机制上非常不同，如果没有理解，不妨调试一下源代码。不同之处主要表现在两个方向：

（1）网络识别不再是 Socket，而是 NetworkIndentify 结构。

（2）在网络内存组织上的不同。旧工程中的每个连接都要生成一个 NetworkConnector，而最新工程是放在一个 NetworkConnector 中的。这两者之间的比较可以对网络模型有一个更加深刻的认识。一个进程中的两个线程，如果数据要共享的话，就必须加锁，但是对于网络通道来说，只要 Socket 是给定的，那么它在任何一个线程都可以读出数据。即使是监听 Socket，也与其监听对象的通道是独立的，即一方的关闭与异常不会影响另一方。

为了证明这个观点，我们可以做一个测试，修改一下监听的 NetworkListen::Update，在头部增加几行代码：

```cpp
void NetworkListen::Update() {
    if (!_connects.empty() && _masterSocket != INVALID_SOCKET) {
        DeleteEvent(_epfd, _masterSocket);
        _sock_close(_masterSocket);
        _masterSocket = INVALID_SOCKET;
    }
    _mainSocketEventIndex = -1;
    epoll();
    ...
}
```

在头部的 if 中，我们写了一个条件判断，如果 connects 集合不为空，就将监听端口从 epoll 的队列中移除，并将它关闭。也就是说，只要有一个网络通道打开，我们不再关心监听端口的数据。即使不关心监听端口，但已打开的通道却并没有受限，还是可以正常地收发数据的。这时，再启动一个 robots 进程来进行登录，却无法登录成功了，因为监听端口已经关闭，数据没有在逻辑层处理了。

这个例子说明，无论是::epoll 函数还是::select 函数中传入的每一个 Socket 值都是独立的，它们之间没有因果关系。即使将一个监听的 Socket 和一个主动连接生成的 Socket 放在一起调用::epoll 函数或::select 函数，也是完全没有问题的。可能网络通道生成的方式不同，但是一旦生成，在读取或写入数据时就是完全相同并且独立的。

按照这个思路，是不是可以将连接类和监听类合并起来呢？我们将这个问题留给读者自己思考，可以在 09_02_http 的项目中动手试一试。希望通过本章的介绍，读者能对网络底层收发有更加深刻的认识。

下面对 Robot 类的登录步骤进行简短的总结，以梳理分布式登录的流程。在之前的工程中，login 进程只有一个，Robot 类直接连接到 login 进程上。现在 login 有了多个进程，登录流程需要做出调整，首先向 appmgr 发起一个 HTTP 请求，得到 login 进程的登录地址。着重看一下新增部分的代码，首先需要重新定义 Robot 类的状态，Robot 类增加了 Http_Connecting 和 Http_Connected 两个新的状态。在 Http_Connecting 态下，Robot 需要向服务端发送一个 HTTP 连接，如果连接成功就进入 Http_Connected 状态，发起 HTTP 请求得到一个 JSON 数据，分析出登录的 login 进程的 IP 地址，再发起 TCP 连接。Robot 的状态在 libserver 工程中的 robot_state_type.h 文件中：

```cpp
enum class RobotStateType {
    None = -1,
    HTTP_Connecting = 0,          // HTTP 请求
    HTTP_Connected,
```

```
Login_Connecting,              // 正在连接 Login
Login_Connected,              // 连接成功
Login_Logined,                // 登录成功
...
};
```

一旦 Robot 实例生成，它的初始状态是一个 Http_Connecting。状态的进入函数事件实现如下：

```
void RobotStateHttpConnecting::OnEnterState() {
    Proto::NetworkConnect protoConn;
    protoConn.set_network_type((int)NetworkType::HttpConnector);
    ObjectKey key{ ObjectKeyType::Account, {0, _pParentObj->GetAccount()} };
    key.SerializeToProto(protoConn.mutable_key());

    const auto pYaml = ComponentHelp::GetYaml();
    const auto pCommonConfig =
dynamic_cast<CommonConfig*>(pYaml->GetConfig(APP_APPMGR));
    protoConn.set_ip(pCommonConfig->Ip.c_str());
    protoConn.set_port(pCommonConfig->HttpPort);

    _ip = pCommonConfig->Ip;
    _port = pCommonConfig->HttpPort;
    _method = "/login";

    MessageSystemHelp::DispatchPacket(Proto::MsgId::MI_NetworkConnect,
protoConn, nullptr);
}
```

状态类从 engine.yaml 配置文件中取读了 appmgr 的 HTTP 地址与端口，同时创建一个新的 HTTP 连接。engine.yaml 这个配置本来是在服务器上的，因为 Robot 和服务端的进程是放在一起的，所以直接读取了。在真实游戏部署的时候，一般采用域名的方式来获取登录进程数据。

发送连接请求之后，Robot 就只有等待了。当连接成功时，NetworkConnector 类会发送一个 MI_NetworkConnected 协议。Robot 处理这个协议时，将重置自己的 SocketKey。一旦状态检查到 SocketKey 发生了改变，就会马上做出反应，将状态改为 Http_Connected，且将请求数据发送出去。HTTP 返回数据是 JSON 类型的，如果解析成功，Robot 就会进入 Login_Connecting 状态。

关闭之前打开的 LOG_HTTP_OPEN 宏，重新编译一下工程，来看看 Robot 进程测试 1000 个账号登录的效率。

```
[root@localhost bin]# ./robotsd
...
Http-Connecting over. time:0.153479s
Http-Connected over. time:0.919222s
```

```
Login-Connecting over. time:1.40633s
Login-Connected over. time:2.04906s
Login-SelectPlayer over. time:3.07127s
```

经过几次反复的测试，登录 1000 个账号的时间在 3 秒之内，上面的数据给出了每一个阶段消耗的时间。数据是在 Linux 下测试的，比起之前的登录流程增加了 1000 个 HTTP 数据的请求。

9.8　总　　结

本章中，我们为框架增加了 HTTP 的格式分析，提供了 HTTP 服务。在分布式登录中，启动了多个 login 进程，这些进程会定时将自己的当前状态发送到 appmgr 进程中，appmgr 提供了 HTTP 服务，客户端可以通过 HTTP 请求得到一个用于登录的 login 进程的信息，以实现登录。

现在，我们已经从多个 login 中选择了一个进程登录，第 10 章将进入 game 游戏逻辑进程。

第 **10** 章

分布式登录与 Redis 内存数据库

本章将建立最终的框架需要的所有进程，即增加 game 和 space 进程。同时，引导玩家进入 game 进程中，在这个过程中使用了 Redis 内存数据库。本章包括以下内容：

⊛ 增加 game 和 space 工程。
⊛ Redis 内存数据库的使用。
⊛ 完善登录流程。

10.1 game 与 space 的定位

本节将建立最终的框架需要的所有进程，即增加 game 和 space 进程。图 10-1 展示了 game 和 space 进程之间的关系。

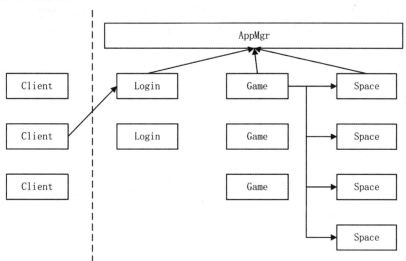

图 10-1 进程分布

客户端通过 HTTP 请求到一个合适的 login 进程进行账号验证，验证成功之后，login 会分配一个合适的 game 进程给客户端进行连接，game 进程提供玩家角色加载，如果有多角色进行选角操作，space 进程就为其分配最终的地图实例。

以 MOBA 游戏的流程为例，当我们登录游戏进行玩家对战匹配之后会进入副本，这个副本的真实数据就运行在 space 进程上。space 进程对玩家是不可见的，game 进程会进行代理。

为什么要把 game 和 space 分开，放在一起不是更容易开发吗？

当然是为了容纳更多的玩家，假如 game 进程中可以连接一万个玩家，这一万个玩家可能在 10 个 space 进程中玩游戏，从而分散了计算压力。space 承载了副本功能，但除了这个功能之外，还可以有其他功能。例如，我们可以创建一个特别的聊天组件，在这个组件中处理所有玩家的聊天信息，并将它们发送到目的地。

space 进程很重要的作用是实现聚合功能。例如，我们可以将游戏中的帮派系统放在 space 上，在这个系统中处理所有帮派相关的事宜。假设有两个玩家分别在 game1 和 game2 进程中，他们属于同一帮派，两个玩家登录时，帮派系统会收到他们登录的信息，如果在 game1 上的玩家推送了一个帮派聊天协议，最终这个协议会到达帮派系统在 space 的实例上，帮派系统会将这个协议发送到本帮派所有玩家的客户端上。正是因为有了帮派系统的存在，所以不需要关心对方是否存在于本进程中。

总之，space 进程是为了解决聚合问题，运行在 space 进程上的每一个实体都应当是一个空间。这里的空间可以是地域上的空间，也可以是逻辑上的空间，空间中的对象需要相互交互。

现在，框架中有 6 个进程，但是这些进程可以根据具体需求调整。可能在某些需求下，需要将 login 和 game 进程合并，这个过程非常容易。因为所有 login 的组件都是 Actor 模式的，放在任何进程中都可以正常工作，这里不再详述，可参见 allinone 工程。

接下来需要明确一个问题，这些进程两两之间如何连接必须要有一个规范。设计原则如下：

1. space 进程

    1.1 所有 space 进程都开放一个监听端口。

    1.2 所有 space 进程都连接所有 game 进程，向其发送本进程的状态，也就是说，所有 game 进程上都有所有 space 进程的当前状态信息。这些状态包括在线人数。

2. game 进程

    2.1 所有 game 进程都自动连接所有 space 端口。

    2.2 所有 game 进程都开放一个监听端口，用于客户端连接。

    2.3 所有 game 进程都连接 appmgr 进程，向其发送本进程的状态。appmgr 会将这些数据发送给 login 进程，以便任何 login 了解所有 game 进程信息，择优选择进入。

    2.4 所有 game 进程都连接 dbmgr，用于数据读取。

3. login 进程

    3.1 所有 login 进程都开放一个监听端口，用于客户端连接。

    3.2 所有 login 进程都连接 appmgr，向其发送本进程的状态，以便 HTTP 请求时，appmgr 了解所有 login 进程信息，择优进入。

4. appmgr 进程

    4.1 appmgr 只有一个唯一实例，提供 HTTP 端口，用于客户端 HTTP 请求。

5. dbmgr 进程

    5.1 dbmgr 只有一个唯一实例，提供 DB 存储。

剔除一些细节，从头梳理一下，一个完整的登录流程是这样的：

（1）客户端通过 HTTP 连接得到一个可用于登录的 login 进程的 IP 和端口。

（2）连接到 login 进程上进行账号验证，成功登录之后，创建角色和选择角色，目前大部分游戏都是单一角色，可能没有选择角色这一功能。选定角色之后，login 进程会分析所有 game 进程的数据，选择一个合适的发送给客户端，并同时生成 token。

（3）客户端通过 token 连接到 game 进程上，正式开始游戏，进入某个地图。

（4）收到进入地图的协议，game 进程首先向 appmgr 发起请求，判断是否有该地图的实例，如果没有，就马上在一个合适的 space 中创建一个地图实例。同时，在 game 进程中生成 WorldProxy 实例用于代理地图数据，WorldProxy 一旦生成，所有数据均会转发至 space 进程，game 进程则作为一个中转进程，类似网关进行数据转发。地图建立成功之后，向客户端发送进入地图协议，加载地图与玩家模型，玩家正式进入地图。

如果读者第一次接触游戏，最后一步一定让读者有一种头晕目眩的感觉。先来考虑前 3 步，如何登录 game 进程，虽然登录看上去只有短短几步，但是需要考虑的东西却不少。以验证账号为例，如果有玩家使用同一个账号同时在 login1 和 login2 进程登录，该如何处理呢？我们先将这个问题放在这里，在后面的章节中再来解决，本节先为所有进程建立两两连接的网络，把框架建立起来。

在有些架构中，在网络连接部分，在需要时才建立网络连接。例如 game 和 space 进程，开始可能没有建立 game 与任何 space 进程的网络通信，需要时才建立一个，但是这种连接有一定的风险性，可能会丢失数据。创建一个网络需要时间，当我们发送数据时才创建网络，这就涉及 Packet 的缓存问题，Packet 需要缓存到它依赖的网络创建好了再发送。

鉴于此，本书的框架中选择在所有进程初始化时就连接所有需要连接的目的地。这样，在玩家需要跳转到 space2 上时，如果 space2 出现异常宕机，在 game 进程上就会抛出一个断线协议。当玩家发送跳转协议时，可以检测到该网络连接已经找不到了，从而向客户端发送异常提示。

本节讨论的多进程项目已经在 10_01_game 目录中创建出来了，增加了 game 和 space 两个新的工程。目前 space 没有任何组件，只是一个空工程。在 10_01_game 目录的项目中，我们加入了登录 game 的操作。先来运行一下看看结果，再分析具体的代码。先启动 allinone，再启动 robots，登录一个账号进行测试：

```
login -a test
test begin
Http-Connecting over. time:4e-06s
Http-Connected over. time:0.00738s
Login-Connecting over. time:0.017818s
Login-Connected over. time:0.021281s
Login-SelectPlayer over. time:0.048624s
Game-Connecting over. time:0.059159s
Game-Connected over. time:0.063525s
```

从 Robot 类的状态来看，一个账号从登录到最后完成了 7 个状态的功能，最终这个 Robot 成功登录 game 进程。登录成功的标志是 Robot 类向 game 进程发送 C2G_LoginByToken 协议，使用 token 登录，服务端返回 C2G_LoginByTokenRs 协议，如果成功，Robot 的状态就变为 Game-Connected。

测试 10_01_game 工程时有两种启动方式，第一种是 allinone，这种方式很简单；第二种是以多进程启动。现在我们至少需要启动 5 个进程，它们分别是：

```
[root@localhost bin]# ./dbmgrd
[root@localhost bin]# ./appmgrd
[root@localhost bin]# ./logind -sid=101
[root@localhost bin]# ./gamed -sid=201
[root@localhost bin]# ./spaced -sid=301
```

进程的参数 101 和 201 是在 engine.yaml 文件中配置的，根据配置可以读出相关的监听地址。下面来看 login 启动后的打印：

```
[root@localhost bin]# ./logind -sid=101
...
connected appType:appmgr appId:0  socket:9 networkType:TcpConnector connect
type:App
connected appType:dbmgr appId:0  socket:10 networkType:TcpConnector connect
type:App
```

进程 login 连接上了 appmgr 和 dbmgr。这部分代码在 NetworkConnector 初始化时就加上了，前面已经讲过。下面来看 game 进程启动后的打印输出：

```
[root@localhost bin]# ./gamed -sid=201
...
connected appType:dbmgr appId:0  socket:488 networkType:TcpConnector connect
type:App
connected appType:appmgr appId:0  socket:492 networkType:TcpConnector connect
type:App
connected appType:space appId:301  socket:508 networkType:TcpConnector
connect type:App
```

game 进程连接了 id 为 301 的 space 进程。如果这时关闭 301 进程，game 进程就会敏锐地察觉到并打印以下信息：

```
[DEBUG] - remove appType:space appId:301
```

这时打开 301 进程，game 会马上重新连接上去。在整个框架中，当我们用多进程的方式启动时，不需要启动顺序，所有的进程都会对自己需要的连接进行自动重连。总之，我们已经将所有需要的进程进行了两两连接，在后面使用的过程中只需要配置好数据即可。可以在 engine.yaml 的 space 下配置多个需要开启的 space 进程。关于自动重连接网络的部分，本节不再详细介绍。下面从代码分析的角度看看 Robot 是如何从 login 进程跳转到 game 进程的，它是根据什么来选择跳转以及跳转的，之后如何验证正误。

10.1.1 选择合适的 game 进程

进程 login 如何知道在众多的 game 进程中哪一个是合适的呢？有无数种方法可以达到这个目的，但这里我们只讨论两种方案：

第一种方案是让 game 进程向第三方的 appmgr 进程定时发送自己的状态信息，例如有多少人在线，当 login 进程需要时，向 appmgr 请求数据，从而获得一个负载最小的 game 进程。这个方案是一个异步方案，而且每次向 appmgr 请求数据时必然要经过一个串行处理。appmgr 上需要编写一个组件来处理这个消息，当协议到达这个消息时就进行串行的处理，从而会降低效率。

图 10-2 展示了这两种方案的流程。左边是第一种方案，右边是第二种方案。再来看看第二种方案。

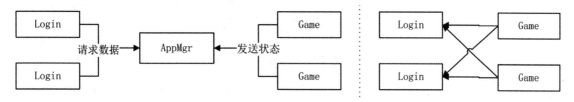

图 10-2 选择 Game 进程

在第二种方案中，game 与 login 两两通信，game 定时向所有 login 进程发送自己的状态信息。当 login 进程需要时，不需要异步过程，直接就知道哪个 game 进程负载最小。但是这个方案有一个问题，如果有两个人分别处于 login1 和 login2 进程上，在一瞬间两个 login 进程分析出来的数据得到的最小负载的 game 进程是同一个进程，这意味着从短时间来看，负载可能不是精确均衡的，从长期来看，这个问题会得以解决。

除此之外，第二种方案还有一个问题，如果我们有 10 个线程，也就是说每个 game 都必须连接 10 个 login，连接这 10 个 login 的原因只是为了发送状态数据，显然有点不值。为此，合并一下两种方案。login 进程不要直接和 game 进程产生网络连接，game 进程向 appmgr 进程发送自己的状态，但是每隔两秒，appmgr 进程将收集到的数据推送给所有 login。这样既减少了网络连接，在 login 进程上分配 game 进程时又不需要使用异步数据。

下面来看具体实现的步骤。本节源代码位于 10_01_game 目录中。先来梳理一下思路。如果要均衡玩家在各个 game 进程中，是否需要知道每个进程中到底有多少玩家？一个 game 进程中可能有无数地图，这些地图上有无数玩家，而这些地图是分散在各个线程中的。因此，需要放置一个收集组件，让每个地图定时向这个收集组件发送当前地图的人数。同时，这个收集组件定时向 appmgr 进程发送它的统计数据。

在 game 进程中增加了新组件 WorldProxyGather，就是用来做这件事情的。它的主要代码如下：

```
void WorldProxyGather::Awake() {
    AddTimer(0, 10, true, 2, BindFunP0(this, &WorldProxyGather::SyncGameInfo));
    ...
```

```
        pMsgCallBack->RegisterFunction(Proto::MsgId::MI_WorldProxySyncToGather,
BindFunP1(this, &WorldProxyGather::HandleWorldProxySyncToGather));
    }
    void WorldProxyGather::SyncGameInfo() {
        Proto::AppInfoSync proto;
        const int online = std::accumulate(_maps.begin(), _maps.end(), 0, [](int
value, auto pair) {
            return value + pair.second.Online;
        });
        proto.set_app_id(Global::GetInstance()->GetCurAppId());
        proto.set_app_type((int)Global::GetInstance()->GetCurAppType());
        proto.set_online(online);
        MessageSystemHelp::SendPacket(Proto::MsgId::MI_AppInfoSync, proto,
APP_APPMGR);
    }
```

在 WorldProxyGather 组件从对象池中被唤醒时，为它增加了一个每 10 秒调用的定时器，该定时器调用 SyncGameInfo 函数向 appmgr 进程发送数据。

在这个组件中，在线玩家的数据是保存在一个字典中的，这是由其他类通知 WorldProxyGather 而形成的，在 WorldProxyGather 组件中，它关心一个名为 MI_WorldProxySyncToGather 的协议。在工程里，全局搜索这个协议，会发现它在 WorldComponentGather 组件中定时发送。

登录 game 进程，还没有进入具体地图的玩家汇聚在大厅中，在代码中即 Lobby 类。Lobby 类是一个类似地图的类，它是无形的。这个类生成时被挂上了一个组件 WorldComponentGather。该组件可以挂在任何一个需要发送在线数据的 World 类中，定时发送的协议如下：

```
    void WorldComponentGather::SyncWorldInfoToGather() const {
        Proto::WorldProxySyncToGather proto;
        proto.set_world_sn(GetSN());
        proto.set_world_proxy_sn(GetSN());
        proto.set_world_id(dynamic_cast<IWorld*>(_parent)->GetWorldId());
        const int online =
_parent->GetComponent<PlayerCollectorComponent>()->OnlineSize();
        proto.set_online(online);
        MessageSystemHelp::DispatchPacket(Proto::MsgId::
MI_WorldProxySyncToGather, proto, nullptr);
    }
```

WorldComponentGather 组件定时从其父类的 PlayerCollectorComponent 组件取出当前玩家的数量，发送 MI_WorldInfoSyncToGather 协议，并不关心谁会收到它，这个组件的责任就是组织这些数据并定时发送，任务简单明了。

无论我们有多少个 game 进程，每个进程上有多少个地图，只要地图实例上挂上了 WorldComponentGather 组件，都会将数据传递给本进程中的 WorldProxyGather 组件。而 WorldProxyGather 组件定时将这些数据发送到 appmgr 进程中，appmgr 又定时将这些数据广播到所有 login 进程中，这样 login 就有了 game 进程的数据。图 10-3 展示了这一系列流程。无论我们登录时落在哪一个 login 进程上，都可以得到所有 game 进程的当前状况，从而选择一个最优的进程登录。

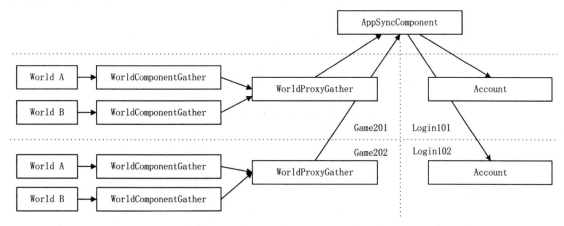

图 10-3　采集数据流程

10.1.2　使用 token 登录 game 进程

当 login 进程中的 Account 类选择好可以登录的 game 进程时，它会发送一个 L2C_GameToken 协议到客户端。发送的代码如下：

```
void Account::HandleSelectPlayer(Packet* pPacket) {
    ...
    auto pPlayer = pPlayerMgr->GetPlayerBySocket
(pPacket->GetSocketKey().Socket);
    ...
    Proto::GameToken protoToken;
    AppInfo info;
    if (!GetOneApp(APP_GAME, &info)) {
        protoToken.set_return_code(Proto::GameToken_ReturnCode_
GameToken_NO_GAME);
    } else {
        protoToken.set_return_code(Proto::GameToken_ReturnCode_
GameToken_OK);
        protoToken.set_ip(info.Ip.c_str());
        protoToken.set_port(info.Port);
        protoToken.set_token("");
    }
    MessageSystemHelp::SendPacket(Proto::MsgId::L2C_GameToken, pPlayer,
protoToken);
    }
```

这里编写了一行特别的代码，将 token 设置为空。有关 token 的生成将在 10.2 节讲解。当

Robot 收到协议之后，从协议中取出可以登录的地址，这里它会断开与 login 的通信，转而登录 game 进程。Robot 会带上 login 进程发给它的 token，登录 game 进程的协议为 C2G_LoginByToken。而 game 进程的 Lobby 类中处理了该协议。

```
void Lobby::HandleLoginByToken(Packet* pPacket) {
    auto pPlayerCollector = GetComponent<PlayerCollectorComponent>();
    auto proto = pPacket->ParseToProto<Proto::LoginByToken>();
    auto pPlayer = pPlayerCollector->AddPlayer(pPacket, proto.account());
    if (pPlayer == nullptr) {
        MessageSystemHelp::DispatchPacket(Proto::MsgId::
MI_NetworkRequestDisconnect, pPacket);
        return;
    }
    LOG_DEBUG("enter game. account:" << proto.account().c_str());
    Proto::LoginByTokenRs protoLoginGameRs;
    protoLoginGameRs.set_return_code(Proto::LoginByTokenRs::LGRC_OK);
    MessageSystemHelp::SendPacket(Proto::MsgId::C2G_LoginByTokenRs, pPacket,
protoLoginGameRs);
}
```

作为一个测试登录的工程，game 进程收到这个协议之后进行了打印输出，没有实际做出正误判断，同时发出一个返回协议 C2G_LoginByTokenRs，通知客户端已登录成功。关于 Robot 的状态以及状态的切换，这里我们就不再多说了，感兴趣的读者可以看一下源代码。

10.1.3　Player 组件

在 10_01_game 目录的工程中新增了一个 libplayer 库，它的目的是将逻辑与底层框架分开。在这个 libplayer 库中，我们新建了几种数据便于以后使用，涉及地图的是 IWorld 类，涉及玩家的类有 Player 类以及玩家管理组件 PlayerCollectorComponent。关于玩家的类都是 Entity 类，也就是说这些类可以加载无数个组件。以往在编写逻辑代码时，如果 Player 中有一个邮件系统信息，那么写法可能为"class Player { Mail _mail; }"，在 Player 中生成一个 Mail 实例或采用继承的关系"class Player: public Mail"来定义邮件数据。

现在要颠覆这个观点了，因为 Entity 类就是一个大容器。所谓容器，就是你给它什么，它就表现什么。一个空杯子装上蓝色的水就是蓝色的，装上红色的水就是红色的。

要实现邮件系统，可以编写一个 MailComponent 加载到 Player 类中，代码如下：

```
Player->AddComponent<MailComponent>();
```

使用时，用 GetComponent 函数取出：

```
auto pMail = Player->GetComponent<MailComponent>();
```

使用组件的方式，代码显得更加简洁，还有另一个很好的用途就是重用。当我们把一些原子功能编写到组件内时，这些组件就可以被不同的实体加载，以达到功能复用的目的。

在目录 10_01_game 工程的在 login 进程中，Account 类有 PlayerCollectorComponent 组件管理玩家。在 game 工程中也给 Lobby 类加上了 PlayerCollectorComponent 组件。PlayerCollectorComponent 组件主要是管理 Player 的类，而 Player 类是一个空杯子，我们给这个空杯子装上什么组件，它就有什么特性。因此，即使是相同的类，在 login 进程和 game 进程中的表现完全不同。下面查看一下 PlayerCollectorComponent 的定义：

```
class PlayerCollectorComponent :public Component<PlayerCollectorComponent>,
public IAwakeFromPoolSystem<> {
public:
    Player* AddPlayer(NetworkIdentify* pIdentify, std::string account);
    void RemovePlayerBySocket(SOCKET socket);
    Player* GetPlayerBySocket(SOCKET socket);
    Player* GetPlayerByAccount(std::string account);
    ...
private:
    // <socket, Player*>
    std::map<SOCKET, Player*> _players;
    // <account, socket>
    std::map <std::string, SOCKET> _accounts;
};
```

在该组件中，我们维护了一个 Player 列表，保存了 Socket 与 Player 的对应关系。在 login 进程中，Player 维护的是一些登录信息，这是 login 进程中所特有的，所以为这样的需求编写了 PlayerComponentAccount 组件，加载到 Player 实体上。

同样是 Player 类，它在 game 进程中并没有 PlayerComponentAccount 组件，也不需要。

10.2　Redis 及其第三方库

在 10.1 节中遗留了一个问题没有处理，就是 token 的生成以及验证方式。只有将这部分内容完成，整个登录流程才算真正完成了。生成 token 是在 login 进程中，而验证 token 却是在 game 进程中，如何让一个数据在两个进程之间共享，这是我们需要解决的问题。

为了解决这个问题，使用到了 Redis 内存数据库。现在有一个新的知识点——Redis，先来看看它是什么。

和 MySQL 不同，Redis 是一个非关系型数据库，它是 Key-Value 数据库，由一系列的列表和字典构成，既可持久化保存，又可以只保存在内存中。Redis 因为是内存数据库，性能比 MySQL 高一些，而 Redis 也提供锁机制，非常适合进程之间的数据交互。除了用在 token 上外，任何需要进程交互或暂存数据的功能都可以使用 Redis。

10.2.1　Redis 的安装

使用 Redis，除了安装 Redis 本身之外，还需要安装 hiredis 库，hiredis 库主要提供编码时操纵 Redis 的一些 API 函数。在 Linux 下安装命令如下：

```
yum -y install --enablerepo=epel redis
yum -y install --enablerepo=epel hiredis
yum -y install --enablerepo=epel hiredis-devel
```

Redis 默认安装的配置文件位于/etc/redis.conf，使用 vim 打开该文件，默认的端口为 6379。在 Linux 安装 Redis 还需要修改配置，找到 bind 127.0.0.1 改为 bind 192.168.0.120 127.0.0.1，其中 192.168.0.120 是本地 IP 地址，修改成开启的虚拟机 IP 地址。这样，Redis 既可以被外部访问，又可以被本地访问。外部访问时可以用于测试和查看数据。

启动 Redis 的命令如下：

```
[root@localhost ~]# systemctl start redis
```

设置为开机启动的命令如下：

```
[root@localhost ~]# systemctl enable redis
```

本书源代码的 dependence 目录中提供了一个已编译好的用于查看 Redis 数据的工具 redis-desktop-manager。其 GitHub 主页为 https://github.com/uglide/RedisDesktopManager/releases。

如果没有特别指定，Redis 默认的数据库就指向 select(0)，即 db0。默认的 Redis 是没有账号和密码的，大部分情况下 Redis 在内部网络中使用，不需要设置账号和密码。

在本书工程中使用 hiredis 时，需要修改工程的 CMakeLists.txt 文件，在属性 target_link_libraries 上增加-lhiredis。

Windows 系统要操作 Redis，需要取得 hiredis 库的 Windows 版，其下载地址为 https://github.com/MicrosoftArchive/redis/releases。本书源代码的 dependence 目录中提供了一个 3.2.100 版本。解压后进入 redis-win-3.2.100\msvs 目录，打开 RedisServer.sln 工程，编译 Hiredis 和 Win32_Interop 工程，需要编译出 32 位版本。在编译之前修改运行库的设置，设置为"多线程调试 DLL(/MDd)"。编译完成后，将生成的 hiredis.lib 和 Win32_Interop.lib 放入源代码目录 libs\windows 中，以便于后面的工程调用。

除此之外，要在 Windows 系统中使用 Redis，还需要做一些善后工作：

（1）打开 redis-win-3.2.100\deps 目录，将 hiredis 目录复制到根目录 include\windows 下，成为 include\windows\hiredis 子目录。

（2）在 include\windows\hiredis 目录下新建一个 Win32_Interop 目录，将位于 redis-win-3.2.100\src\Win32_Interop 目录下的文件 win32_types_hiredis.h 复制过来。

（3）修改 hiredis.h 文件：

- 修改前：#include "../../src/Win32_Interop/win32_types_hiredis.h"。
- 修改后：#include "Win32_Interop/win32_types_hiredis.h"。

这样做的目的是让头文件脱离原工程，如果是多人协作，不用每个人都下载 Redis 编译修改，只需要调用编译好的 lib 和 include 目录就可以马上使用。准备工作做完之后，还需要在使用 Redis 的工程中加入 lib 引用。目前使用 Redis 的工程为 login 和 game 工程。本节参考源代码位于 10_02_redis 目录中，工程已配置完成。

10.2.2　Redis 命令行命令

在深入使用 Redis 之前，需要进一步了解什么是 Redis。Redis 是一个 Key-Value 数据类型的数据库，数据存放在内存中，所以它的读取速度相当快，需要时，它的数据也可以像 MySQL 一样保存在硬盘上。在 Linux 中，我们可以使用 redis-cli 来连接 Redis。下面具体来看 Redis 的一些常用命令。

```
[root@localhost ~]# redis-cli
127.0.0.1:6379>
```

首先执行 redis-cli 进入，因为没有修改默认端口，所以默认进入的本地端口为 6379。使用--help 来查看 redis-cli 命令：

```
-h <hostname>        Server hostname (default: 127.0.0.1).
-p <port>            Server port (default: 6379).
```

假如要连接的 Redis 服务不在本地，可以使用"redis-cli -h -p"来指定 IP 地址和端口。下面做一个简单的 Redis 命令测试。

关键命令 1：set 和 get

```
[root@localhost ~]# redis-cli
127.0.0.1:6379>
```

进入 redis-cli，当我们输入 set 之后，会有一个灰色的提示"set key value [EX seconds] [PX milliseconds] [NX|XX]"。我们可以如下使用 set：

```
127.0.0.1:6379> set mykey "hello world"
OK
```

这里的 set 命令相当于给 mykey 一个一对一的值，我们给出的值是一个字符串"hello world"。然后使用 get 命令取出：

```
127.0.0.1:6379> get mykey
"hello world"
```

关键命令 2：setex

命令 setex 的格式为：setex key seconds value。它是 set 的扩展，为一个 key 赋值的同时设置了这个值的生存时间。这条命令非常有用：

```
127.0.0.1:6379> setex mykey2 3 token1
OK
```

将字符串 mykey2 设置为 token1，同时让它存活 3 秒。如果在 3 秒之内使用 get 命令，就会得到之前赋给它的值。

```
127.0.0.1:6379> get mykey2
"token1"
```

如果在 3 秒之后获取，就返回空值。

```
127.0.0.1:6379> get mykey2
(nil)
```

这个功能非常适合用来登录 token。token 一旦生成，为了安全起见，一段时间之后就需要销毁。而销毁的这个过程由 Redis 自行控制，就不需要我们关心了，非常省事。

关键命令 3：setnx

命令 setnx 的格式与 set 一样：setnx key value，用于对一个给定的 key 赋值。它们的区别在哪里呢？setnx 是 SET if Not eXists 的缩写，如果不存在，就设置，这是一个原子操作。如果 key 值已经存在，就返回出错信息。

```
127.0.0.1:6379> setnx key1 1
(integer) 1
127.0.0.1:6379> setnx key1 1
(integer) 0
```

第一次对 key1 赋值时，返回值为 1 表示正确；第二次赋值时，返回值为 0 表示出错。使用 setnx 命令主要是用在账号登录上，它就像是一个开关，当某个账号在线时，如果该账号再次登录，setnx 就会出错。

关键命令 4：expire

命令 expire 的格式为：expire key seconds，是对一个已存在的键（Key）设置生存周期。例如，我们登录时用 setnx 产生的键，就可以对它进行一个 expire 存活时间设置。

目前学习这几条基本的命令即可，其他的命令可以参见 Redis 官方网站。关于这些命令的具体使用，在后面的章节还会讲解到。

10.2.3 hireids 库

在 Linux 和 Windows 系统上都使用了第三方库 hiredis。这个库和 Redis 的关系就好像 MySQL Connector/C 库与 MySQL 的关系。hiredis 库提供 API 函数对数据库进行访问。先了解一下它的几个重要函数：

关键函数 1：redisConnectWithTimeout

作为了一个数据库，当然必不可少就是连接函数。hiredis 库提供的连接函数为 redisConnectWithTimeout，函数参数如表 10-1 所示，函数原型如下：

```
redisContext *redisConnectWithTimeout(const char *ip, int port, const struct
timeval tv);
```

表 10-1　redis 连接函数参数

参　数　名	说　　明
ip	数据库 IP
port	数据库端口
tv	超时 timeval 结构

结构 timeval 定义如下：

```
struct timeval {
__time_t tv_sec;          /* Seconds. */
__suseconds_t tv_usec;   /* Microseconds. */
};
```

tv_sec 为秒数，tv_usec 为微秒数。例如，struct timeval outTime = { 1, 500000 };，即为 1.5 秒，500 000 微秒为 0.5 秒。

调用 redisConnectWithTimeout 函数之后，其返回值为 redisContext 指针，若为 null，则表示不成功；若不为 null，并且返回的 redisContext 中的 err 不为 null，则也认为是不成功的，此时需要检查一下返回值中的出错标志。

关键函数 2：释放连接函数

不再用 Redis 时，需要手动释放之前的连接实例，其原型如下：

```
void redisFree(redisContext *c);
```

参数 redisContext 的指针是创建时生成的指针。

关键函数 3：命令执行函数

操作 Redis 数据时，一般情况下都是采用命令方式。执行 Redis 命令的函数为 redisCommand，类似于 MySQL 的 SQL 语句的执行。其函数原型有几种模板：

```
void *redisCommand(redisContext *c, const char *format, va_list ap);
void *redisCommand(redisContext *c, const char *format, ...);
void *redisCommandArgv(redisContext *c, int argc, const char **argv, const
size_t *argvlen);
```

函数 redisvCommand 返回 redisReply 指针。向 Redis 查询数据，返回结果类都是 redisReply 指针，但想象一下，我们查询一个数据，有时候可能想得到一个字符串，有时候可能想得到一个数值，怎么来区分呢？redisReply 类中提供一个名为 type 的属性，可以得到执行的结果的类型，返回类型定义如下：

```
#define REDIS_REPLY_STRING 1
#define REDIS_REPLY_ARRAY 2
#define REDIS_REPLY_INTEGER 3
```

```
#define REDIS_REPLY_NIL 4
#define REDIS_REPLY_STATUS 5
#define REDIS_REPLY_ERROR 6
```

分别表示字符串、数据、数值、空、状态和出错几种类型。后面具体用到的时候，我们再深入讲解这些类型。

关键函数 4：释放查询结果

通过 redisCommand 函数得到的结果指针 redisReply 不使用时需要释放，调用函数 freeReplyObject 释放。其原型如下：

```
void freeReplyObject(void *reply);
```

综上，基本常用的就是这几个函数。下面通过具体的编码来了解 hiredis 库中的这些函数的使用。

10.2.4 组件 RedisConnector

本节的源代码位于目录 10_02_redis 中。为了更好地使用 Redis，为它编写了一个新组件 RedisConnector，源代码位于 libserver 工程的 redis_connector.h 文件中，其定义如下：

```
class RedisConnector :public Entity<RedisConnector>, public IAwakeSystem<> {
public:
    void Awake() override;
    bool Connect();
    bool Disconnect();
    ...
protected:
    bool Ping() const;
    bool Setex(std::string key, std::string value, int timeout) const;
    bool SetnxExpire(std::string key, int value, int timeout) const;
    void Delete(std::string key) const;
    ...
};
```

组件 RedisConnector 从对象池中被唤醒时进行了数据库的连接，连接目的地配置在 engine.yaml 文件中，组件 RedisConnector 的初始代码如下：

```
void RedisConnector::Awake() {
    ...
    auto pYaml = ComponentHelp::GetYaml();
    const auto pConfig = pYaml->GetConfig(APP_DB_MGR);
    auto pDBConfig = dynamic_cast<DBMgrConfig*>(pConfig);
    auto pRedisConfig = pDBConfig->GetDBConfig(DBMgrConfig::DBTypeRedis);
    if (pRedisConfig == nullptr) {
```

```
            LOG_ERROR("Init failed. get redis config is failed.");
            return;
        }
        _ip = pRedisConfig->Ip;
        _port = pRedisConfig->Port;
        // time function
        AddTimer(0, 2 * 60, false, 0, BindFunP0(this, &RedisConnector::CheckPing));
        Connect();
    }
```

初始化时指定了一个定时器，从绑定函数名可以看出进行了 ping 操作。该定时器每两分钟进行一次 ping 操作。在初始化时，连接数据库的函数如下：

```
bool RedisConnector::Connect() {
    const struct timeval outTime = { 1, 500000 };  // 1.5 seconds
    redisContext* c = redisConnectWithTimeout(_ip.c_str(), _port, outTime);
    if (c == nullptr || c->err) {
        if (c) {
            LOG_ERROR("RedisConnector::Connect. errno=" << c->err << ", error="
<< c->errstr);
            redisFree(c);
        } else {
            LOG_ERROR("RedisConnector error: can't allocate redis context");
        }
        return false;
    }
    // 选择 (1) 号数据库
    int db_index = 1;
    std::string sql = strutil::format("select %d", db_index);
    redisReply* pRedisReply = static_cast<redisReply*>(redisCommand(c,
sql.c_str()));
    if (nullptr == pRedisReply) {
        LOG_ERROR("RedisConnector::Connect. errno=" << c->err << ", error=" <<
c->errstr);
        redisFree(c);
        return false;
    }
    if (!(pRedisReply->type == REDIS_REPLY_STATUS && strncmp(pRedisReply->str,
"OK", 2) == 0)) {
        LOG_ERROR("RedisConnector::Connect. errno=" << c->err << ", error=" <<
c->errstr);
        freeReplyObject(pRedisReply);
        redisFree(c);
        return false;
```

```
    }
    freeReplyObject(pRedisReply);
    _pRedisContext = c;
    LOG_DEBUG("\tRedisConnector::Connect: successfully!");
    return Ping();
}
```

连接时使用了 hiredis 的 redisConnectWithTimeout 函数，成功连接之后做了一个 ping 调用：

```
bool RedisConnector::Ping() const {
    if (_pRedisContext == nullptr)
        return false;
    redisReply* pRedisReply =
static_cast<redisReply*>(redisCommand(_pRedisContext, "PING"));
    if (nullptr == pRedisReply) {
        LOG_ERROR("RedisConnector::ping: errno=" << _pRedisContext->err << "
error=" << _pRedisContext->errstr);
        return false;
    }
    if (!(pRedisReply->type == REDIS_REPLY_STATUS && strncmp(pRedisReply->str,
"PONG", 4) == 0)) {
        LOG_ERROR("RedisConnector::ping: errno=" << _pRedisContext->err << "
error=" << _pRedisContext->errstr);
        freeReplyObject(pRedisReply);
        return false;
    }
    freeReplyObject(pRedisReply);
    return true;
}
```

在上面的代码中，使用了 hiredis 中的 redisCommand 函数，该函数执行了一条命令。在 redisCommand 中使用的命令可以在 Shell 中使用。例如，上面使用的 ping 可以在 Shell 中使用，结果如下：

```
[root@localhost ~]# redis-cli
127.0.0.1:6379> ping
PONG
```

在调用了 redisCommand(_pRedisContext, "PING")代码之后，返回 redisReply 指针。在 RedisConnector::Ping 函数中，判断返回值是否是一个 PONG，非 PONG 值都认为是失败。如果 ping 失败了，就会在定时器中再次重新连接。

组件 RedisConnector 作为 Redis 的基础组件，另外还提供了一些常用函数，如 Setex 函数就是将 setex 命令进行了封装，更多细节不再一一细述。下面来看 Redis 在框架中的应用。

10.2.5 Redis 在 login 中的应用

前面有一个问题没有处理。如果一个玩家用两个客户端登录同一个账号，如果有两 login 进程这两次登录既可能同时落在同一个 login 进程上，又可能落在两个 login 进程上。如果落在不同的 login 进程上，那么它们之间肯定只有一个能登录，我们如何来限制这种事情发生呢？

这就是本节要用 Redis 处理的问题，如何跨进程检查账号是否在线。

本节的源代码位于目录 10_02_redis 中。在 10.2.4 小节，介绍了在 libserver 库中编写了一个 RedisConnector 组件，现在派上了用场。在 login 的工程中创建一个 RedisLogin 组件，其定义在 redis_login.h 文件中，定义如下：

```
class RedisLogin : public RedisConnector {
private:
    void RegisterMsgFunction() override;

    void HandleLoginTokenToRedis(Packet* pPacket);
    void HandleAccountQueryOnline(Packet* pPacket);

    void HandleAccountSyncOnlineToRedis(Packet* pPacket);
    void HandleAccountDeleteOnlineToRedis(Packet* pPacket);
};
```

RedisLogin 类继承自基础的 RedisConnector 类，有 3 个任务：第一个任务是验证账号是否在线；第二个任务是生成可以登录 game 进程的 token；第三个任务是给在线账号生成在线标志。下面逐一进行说明。

关键点 1：验证账号是否在线

当收到一个客户端验证账号的协议时，Account 类会转发一个协议向 Redis 询问登录的账号是否有相同的账号在线，协议号为 MI_AccountQueryOnlineToRedis。组件 RedisLogin 收到了这个协议，它是这样处理的：

```
void RedisLogin::HandleAccountQueryOnline(Packet* pPacket) {
    auto proto = pPacket->ParseToProto<Proto::AccountQueryOnlineToRedis>();
    auto account = proto.account();
    Proto::AccountQueryOnlineToRedisRs protoRs;
    protoRs.set_account(account.c_str());
    protoRs.set_return_code(Proto::AccountQueryOnlineToRedisRs::SOTR_Offline);

    // 是否正在登录
    if (!SetnxExpire(RedisKeyAccountOnlineLogin + proto.account(),
Global::GetInstance()->GetCurAppId(), RedisKeyAccountOnlineLoginTimeout))
        protoRs.set_return_code(Proto::AccountQueryOnlineToRedisRs::
SOTR_Online);

    // Game 是否在线
```

```
    if (GetInt(RedisKeyAccountOnlineGame + proto.account()) != 0)
        protoRs.set_return_code(Proto::AccountQueryOnlineToRedisRs::
SOTR_Online);

    MessageSystemHelp::DispatchPacket(Proto::MsgId::
MI_AccountQueryOnlineToRedisRs, protoRs, nullptr);
    }
```

在这个函数中，向 Redis 数据库查询了两条数据：第一条是 RedisKeyAccountOnlineLogin；第二条是 RedisKeyAccountOnlineGame。从名字上可以看出，第一条是想知道这个账号是否在 login 进程上，第二条则是查看它是否在 game 进程上。看看如下两个定义：

```
#define RedisKeyAccountOnlineLogin  "engine::online::login::"  // 角色登录
#define RedisKeyAccountOnlineLoginTimeout  6 * 60
#define RedisKeyAccountOnlineGame  "engine::online::game::"    // 角色在线
#define RedisKeyAccountOnlineGameTimeout  6 * 60
```

使用这两条数据时采用了字典型（含键值对的数据，Key-Value Pair）的数据库。它们的格式都是 Key::账号名。每个账号不同，Redis 数据库中保存的键也不同，例如以账号名为 test 的账号登录，则它在 login 进程中的在线标志位为 engine::online::login::test，也就是上面定义的 RedisKeyAccountOnlineLogin + 账号名，组成了字典中的键。

在查询过程中调用了 SetnxExpire 函数，用于查询当前账号是否在其他 login 上登录过。所有的 login 进程连接的是同一个 Redis，如果登录过，那么该键（Key）必有值（Value）。函数 SetnxExpire 的实现如下：

```
    bool RedisConnector::SetnxExpire(std::string key, const int value, const int
timeout) const {
        if (_pRedisContext == nullptr) {
            LOG_WARN("RedisContext == nullptr. connect failed.");
            return false;
        }
        std::string command = strutil::format("SETNX %s %d", key.c_str(), value);
        redisReply* pRedisReply = static_cast<redisReply*>(redisCommand
(_pRedisContext, command.c_str()));
        if (pRedisReply->type != REDIS_REPLY_INTEGER || pRedisReply->integer != 1){
            // 没有设置成功，可能已经有值，也可能 Redis 挂掉，都认为已经在线
            LOG_COLOR(LogColorPurple, "[SETNX] failed 1. command:" <<
command.c_str() << " pRedisReply->type:" << pRedisReply->type << "
pRedisReply->integer:" << pRedisReply->integer);
            freeReplyObject(pRedisReply);
            return false;
        }
        freeReplyObject(pRedisReply);

        // 成功之后，为这个值设置一个时间限制，在这个时间内不能重复登录
        command = strutil::format("EXPIRE %s %d", key.c_str(), timeout);
```

```
    pRedisReply = static_cast<redisReply*>(redisCommand(_pRedisContext,
command.c_str()));
    if (pRedisReply->type != REDIS_REPLY_INTEGER || pRedisReply->integer != 1){
        // 没有设置成功，可能有异常，可能 Redis 挂掉，都认为已经在线
        LOG_COLOR(LogColorPurple, "[EXPIRE] failed 2. command:" <<
command.c_str() << " pRedisReply->type:" << pRedisReply->type << "
pRedisReply->integer:" << pRedisReply->integer);
        freeReplyObject(pRedisReply);
        return false;
    }

    freeReplyObject(pRedisReply);
    return true;
}
```

在上面的函数中使用了 setnx 和 expire 两个命令，它们在前面的章节中都已经讲过。如果两个玩家在两个 login 进程上同时登录，他们同时触发 setnx 命令向同一个键（Key）写值（Value），其中有一个必定会失败。因为 setnx 是一个原子操作，它本身是带锁的，执行该命令必定是一个串行操作，如果第一个操作成功，再想要写入值，就必定会失败。

命令 setnx 执行成功之后，再调用 expire 函数给键加一个限时销毁的时长，此后游戏逻辑中不再对这个数据进行操作时，由 Redis 去分担一部分销毁工作。

函数 SetnxExpire 既完成了查询，又完成了设值。这样就可以保证同一账号不会在多个 login 上登录。

关键点 2：生成 token

当所有的验证选择角色完成之后，需要生成一个 token，这个 token 需要在 login 与 game 进程中同时访问，所以将它保存在 Redis 中成为一个很好的选择。在 Account 类中，验证账号成功之后，将发起一个 MI_LoginTokenToRedis 协议，该协议是根据账号和所选角色生成一个 token，该协议的处理函数如下：

```
void RedisLogin::HandleLoginTokenToRedis(Packet* pPacket) {
    auto protoToken = pPacket->ParseToProto<Proto::LoginTokenToRedis>();
    auto account = protoToken.account();
    auto playerSn = protoToken.player_sn();
    auto token = Global::GetInstance()->GenerateUUID();
    // 将 tokeninfo 序列化为一个串，存入 Redis
    Proto::TokenInfo protoInfo;
    protoInfo.set_token(token);
    protoInfo.set_player_sn(playerSn);
    std::string tokenString;
    protoInfo.SerializeToString(&tokenString);
    const std::string key = RedisKeyAccountTokey + account;
    const int timeoue = RedisKeyAccountTokeyTimeout;
```

```
        if (!Setex(key, tokenString, timeoue)) {
            token = "";
            LOG_ERROR("account:" << account.c_str() << ". failed to set token.");
        }
        // 将生成的 token 返回给 Account 类
        Proto::LoginTokenToRedisRs protoRs;
        protoRs.set_account(account.c_str());
        protoRs.set_token(token.c_str());
        MessageSystemHelp::DispatchPacket(Proto::MsgId::MI_LoginTokenToRedisRs,
protoRs, nullptr);
    }
```

在上面的代码中，生成 token 使用了 Global::GenerateUUID，可以参见源代码。这里使用了两套方案：在 Windows 下使用的是 GUID；在 Linux 下使用的是 UUID。如果 Linux 环境下还没有安装 UUID，那么需要安装 UUID，只需执行命令行：yum install libuuid-devel。在上面的代码中生成 token 之后，调用 Setex 函数发送了一条 setex 命令。

该命令的键定义如下：

```
#define RedisKeyAccountTokey  " engine::token::"
#define RedisKeyAccountTokeyTimeout  2 * 60
```

对于一个名为 test 的账号，生成的 token 键是 engine::token::test。而键的值是一个 string。该 string 是由 Proto::TokenInfo 结构序列化而来的，其中包括 token 与角色 Id。函数 Setex 实现如下：

```
bool RedisConnector::Setex(std::string key, std::string value, const int
timeout) const {
    const std::string command = strutil::format("SETEX %s %d %s", key.c_str(),
timeout, value.c_str());
    return Setex(command);
}
bool RedisConnector::Setex(std::string command) const {
    redisReply* pRedisReply = static_cast<redisReply*>
(redisCommand(_pRedisContext, command.c_str()));
    if (pRedisReply->type != REDIS_REPLY_STATUS || strncmp(pRedisReply->str,
"OK", 2) != 0) {
        LOG_COLOR(LogColorPurple, "[SETEX] failed. command:" << command.c_str()
<< " pRedisReply->type:" << pRedisReply->type << " pRedisReply->str:" <<
pRedisReply->str);
        freeReplyObject(pRedisReply);
        return false;
    }
    freeReplyObject(pRedisReply);
    return true;
}
```

命令 setex 自带一个有效时间，在存储 token 时，采用的有效时间为 RedisKeyAccountTokeyTimeout 定义的 2 分钟。

关键点 3：写入在线标志

通过 Redis，在登录时可以保证同一账号进行串行登录，但是它依然有一个潜在的风险，这个登录标记有一个时限。分析代码可以发现 RedisKeyAccountOnlineLogin 这个键在玩家要求进行账号验证之前就产生了，但是账号验证是一个不确定的事件，向外部发起一个 HTTP 请求。假设我们将 RedisKeyAccountOnlineLogin 键的超时设为 10 秒，10 秒之后 HTTP 请求还没有返回，Redis 会将这个键销毁。但真实情况可能是在第 11 秒 HTTP 返回结果，这中间有 1 秒的时间差，如果在这 1 秒内，该账号再次发起登录，就会产生异常。

因此，需要有一种机制，只要玩家还在 login 进程上，就定时不断地向 Redis 写入在线的标志。将这个功能交给一个新组件 PlayerComponentOnlineInLogin 来完成。这个组件在 Redis 验证成功之后、HTTP 验证开始之前被加载到 Player 对象上。

```
void Account::HandleAccountQueryOnlineToRedisRs(Packet* pPacket) {
    auto protoRs = pPacket->ParseToProto<Proto::
AccountQueryOnlineToRedisRs>();
    ...
    // 在线组件
    pPlayer->AddComponent<PlayerComponentOnlineInLogin> (pPlayer->
GetAccount());
    // 验证账号，发起一个 HTTP 请求
    MessageSystemHelp::CreateConnect(NetworkType::HttpConnector,
pPlayer->GetObjectKey(), _httpIp.c_str(), _httpPort);
}
```

该组件被初始化时，向时间堆写入了每隔一段时间就要调用的函数。这个时间正好是 Redis 设置在线标志销毁的一半时间，即在 Redis 要销毁在线标志之前会重新写入在线标志，并将它的时间重置。

```
void PlayerComponentOnlineInLogin::Awake(std::string account) {
    _account = account;
    AddTimer(0, (int)(RedisKeyAccountOnlineLoginTimeout*0.5), true, 0,
BindFunP0(this, &PlayerComponentOnlineInLogin::SetOnlineFlag));
}
void o ::SetOnlineFlag() const {
    // 设置在线标志
    Proto::AccountSyncOnlineToRedis protoSync;
    protoSync.set_account(_account.c_str());
    MessageSystemHelp::DispatchPacket
(Proto::MsgId::MI_AccountSyncOnlineToRedis, protoSync, nullptr);
}
```

函数 SetOnlineFlag 的任务就是向 Redis 发送一条在线标志设置消息，而 Redis 组件收到这个消息之后调用了 Setex 函数。

```
void RedisLogin::HandleAccountSyncOnlineToRedis(Packet* pPacket) {
    auto proto = pPacket->ParseToProto<Proto::AccountSyncOnlineToRedis>();
    const std::string key = RedisKeyAccountOnlineLogin + proto.account();
    const std::string value = std::to_string(Global::GetInstance()
->GetCurAppId());
    Setex(key, value, RedisKeyAccountOnlineLoginTimeout);
}
```

函数 Setex 会将键存活时间进行重新设置。综上所述，只要账号还在 login 进程中，Redis 中的在线标志就会一直存在。基于此，如果同一账号再次登录，就会发现在 Redis 中这个在线标志已经存在，不能再次登录了。

关键点 4：效果测试

打开 log4_help.h 文件，打开宏 LOG_REDIS_OPEN。编译工程，我们用 robots 登录看一下数据。使用 robots 登录账号 test，可以看到有如下的打印输出：

```
[DEBUG] -   @@ SETNX. key:SETNX engine::online::login::test 0
[DEBUG] -   @@ EXPIRE. key:EXPIRE engine::online::login::test 360
[DEBUG] -   @@ SETEX. key:SETEX engine::online::login::test 360 0
[DEBUG] - account:test. gen token:03f291ba-b401-4406-892b-941f6d7dc152
[DEBUG] -   @@ DEL. key:del engine::online::login::test
[DEBUG] -   @@ DEL. key:del engine::token::test
[DEBUG] -   @@ SETEX. key:SETEX engine::online::game::test 360 1
```

打印信息的最后两步是由 game 进程产生的，后面再进行讨论。Redis 的流程示意图如图 10-4 所示。

图 10-4　Redis 生成 token

首先，向 Redis 执行了一个 SETNX 原子操作，使用 EXPIRE 为这个值在线标志设置了生命周期 360 秒。随着组件 PlayerComponentOnlineInLogin 的生成，为 engine::online::login::test 键重置

了它的生命周期，随后，生成了一个 token 值。账号 test 登录 game 进程之后，组件 PlayerComponentOnlineInLogin 被销毁，导致了 DEL. key:del engine::online::login::test 的发生。

10.2.6　Redis 在 game 中的应用

客户端登录 game 进程发起的第一个协议是 C2G_LoginByToken，处理该协议的类为 Lobby 类。连接上 game 进程之后，就可以发起该协议，发送 token 以请求登录。怎么理解这个 token 呢？我们登录 login 时发送了账号和密码，这里的 token 也扮演着这样的角色。只是这个 token 的过程玩家并不知道。

在进程 game 中，为了处理请求 token 的协议增加了一个 RedisGame 类，这个类与之前的 RedisLogin 的原理是一致的。RedisGame 有两个任务：第一个任务是查询已知的账号是否存在 token；第二个任务是为当前在 game 进程中的玩家设置在线标志。

关键点 1：查询一个已知账号的 token

处理 C2G_LoginByToken 协议时，从客户端传来的 token 暂存到了 PlayerComponentToken 组件中，对于 Lobby 来说，它并不知道 Redis 数据在哪里，所以向系统广播了 MI_GameTokenToRedis 协议，向其他组件请求当前账号的 token 值。Lobby 中对于 C2G_LoginByToken 的处理实现如下：

```
void Lobby::HandleLoginByToken(Packet* pPacket) {
    ...
    // 添加组件
    pPlayer->AddComponent<PlayerComponentToken>(proto.token());
    pPlayer->AddComponent<PlayerComponentOnlineInGame>
(pPlayer->GetAccount(), 1);
    // 请求 Token
    Proto::GameTokenToRedis protoToken;
    protoToken.set_account(pPlayer->GetAccount().c_str());
    MessageSystemHelp::DispatchPacket(Proto::MsgId::MI_GameTokenToRedis,
protoToken, nullptr);
}
```

MI_GameTokenToRedis 协议发出之后，是由 RedisGame 组件来处理的，实现如下：

```
void RedisGame::HandleGameTokenToRedis(Packet* pPacket) {
    auto protoToken = pPacket->ParseToProto<Proto::GameTokenToRedis>();
    Proto::GameTokenToRedisRs protoRs;
    protoRs.set_account(protoToken.account().c_str());
    const std::string tokenValue = GetString(RedisKeyAccountTokey +
protoToken.account());
    protoRs.mutable_token_info()->ParseFromString(tokenValue);
    Delete(RedisKeyAccountTokey + protoToken.account());
```

```
        MessageSystemHelp::DispatchPacket(Proto::MsgId::MI_GameTokenToRedisRs,
protoRs, nullptr);
    }
```

在查询 Redis 时用到了 GetString 函数，token 字段保存的是 Proto::TokenInfo 结构的序列化字符串。

```
    std::string RedisConnector::GetString(std::string key) const {
        std::string strRs = "";
        std::string command = strutil::format("get %s", key.c_str());
        redisReply* pRedisReply = static_cast<redisReply*>(redisCommand
(_pRedisContext, command.c_str()));
        if (pRedisReply->type != REDIS_REPLY_STRING) {
            LOG_WARN("[GET failed] execute command:" << command.c_str() << "
pRedisReply->type:" << pRedisReply->type);
        } else {
            strRs = pRedisReply->str;
        }
        freeReplyObject(pRedisReply);
        return strRs;
    }
```

在上面的代码中使用了 Redis 的 get 命令，GetString 是对这个命令的一个封装。如果插入的值是 int，返回值就是 REDIS_REPLY_INTEGER。之前插入的对象是序列化的一个字符串，所以这里检查一下返回值类型是不是 REDIS_REPLY_STRING，得到字符串之后再反序列化。得到 token 数据之后，将数据设置到协议结构 Proto::GameTokenToRedisRs 中，看一下 msg.proto 中关于该结构的定义：

```
    message TokenInfo {
        string token = 1;
        uint64 player_sn = 2;
    }
    message GameTokenToRedisRs {
        string account = 1;
        TokenInfo token_info = 2;
    }
```

在 game 进程向 Redis 查询协议的返回结构中包容了有一个 TokenInfo 结构。回到 RedisGame::HandleGameTokenToRedis 函数创建中来，得到 TokenInfo 之后注意，这里我们调用了一个 Delete 函数，删除了键(RedisKeyAccountTokey + protoToken.account())。token 只能使用一次，使用完成之后，将这个键对应的数据删除。

Lobby 类接到 RedisGame 返回的 MI_GameTokenToRedisRs 协议，其处理函数为 Lobby::HandleGameTokenToRedisRs，首先要做的就是验证玩家数据的合法性，前面我们已经反复强调了，每一步都是异步操作。当协议回到 Lobby 类中时，不确定这个玩家是否还在线，有可能已经断线了，所以需要进行一个账号的确认。确认之后，取出之前暂存的

PlayerComponentToken 组件, 对两个 token 进行比较, 如果出错, 就返回给客户端一个出错编号; 如果没有出错, 就打印一句 "enter game"。至此, 玩家从 login 进程成功地登录 game 进程。

关键点 2: 设置在线标志

回看之前的代码, 在 login 进程收到 C2L_AccountCheck 登录协议时, 先向 Redis 发起了一个查询。这个查询分为两部分: 一部分是检查账号是否在 login 进程中; 另一部分是检查账号是否在 game 进程中。

当账号处于正在登录阶段时, login 进程为每一个正在登录的 Player 对象绑定了一个组件 PlayerComponentOnlineInLogin, 该组件的任务是定时向 Redis 写入在线标志, 标志该对象在 login 进程上。game 进程中的在线标志设置原理和 login 进程中完全一致, 其组件名为 PlayerComponentOnlineInGame。 只要玩家一直与 game 进程保持通信状态, 组件 PlayerComponentOnlineInGame 就会定时向 Redis 中写入在线标志。

更多细节可以参见 10_02_redis 目录中的源代码。

10.2.7　从 Redis 删除数据

在 login 和 game 进程中有两个组件定时向 Redis 写入账号在线标志, 当一个机器人类 Robot 退出时, 可以看到类似 "@@ DEL. key:del engine::online::game::test" 这样的打印信息。程序主动删除了 Redis 中的在线标志, 那么这些标志是如何被销毁的呢?

在 Lobby 类中注册了一个函数来处理来自网络层的消息 MI_NetworkDisconnect, 该消息表示有一个 Socket 被关闭了, 以 Lobby 为例的代码如下:

```
void Lobby::Awake() {
    ...
    auto pMsgSystem = GetSystemManager()->GetMessageSystem();
    pMsgSystem->RegisterFunction(this, Proto::MsgId::MI_NetworkDisconnect,
BindFunP1(this, &Lobby::HandleNetworkDisconnect));
}
```

当一个玩家连接到 game 进程又断开了网络时, 底层会分发 MI_NetworkDisconnect 协议, 这正好是 Lobby 关心的协议之一, 处理函数为 HandleNetworkDisconnect。下面是 Lobby 类收到 Socket 断开时的处理方式:

```
void Lobby::HandleNetworkDisconnect(Packet* pPacket) {
    GetComponent<PlayerCollectorComponent>()->RemovePlayerBySocket
(pPacket->GetSocketKey().Socket);
}
void PlayerCollectorComponent::RemovePlayerBySocket(SOCKET socket) {
    const auto iter = _players.find(socket);
    if (iter == _players.end())
        return;
    Player* pPlayer = iter->second;
    _players.erase(socket);
```

```
        _accounts.erase(pPlayer->GetAccount());
        GetSystemManager()->GetEntitySystem()->RemoveComponent(pPlayer);
    }
```

从代码来看，找到这个断开的 Socket 对应的玩家，然后将这个玩家从组件 PlayerCollectorComponent 中移除，以释放内存。那么它是如何触发删除在线标志的呢？这里需要注意，实体销毁时，其附加的组件会同时全部销毁。

在 RemovePlayerBySocket 函数中，移除玩家时调用了 GetEntitySystem::RemoveComponent 函数，这个函数会将当前实体以及在实体上的所有组件移除，同时调用每个组件的 BackToPool 函数。而 Player 类的 PlayerComponentOnlineInGame 组件在销毁时发送了 Redis 数据销毁的协议，其实现如下：

```
void PlayerComponentOnlineInGame::BackToPool() {
    Proto::PlayerDeleteOnlineToRedis protoSync;
    protoSync.set_account(_account.c_str());
    protoSync.set_version(_onlineVersion);
    MessageSystemHelp::DispatchPacket(Proto::MsgId::
MI_PlayerDeleteOnlineToRedis, protoSync, nullptr);
    }
```

MI_PlayerDeleteOnlineToRedis 协议的处理函数在 RedisGame 组件中。

```
void RedisGame::HandlePlayerDeleteOnlineToRedis(Packet* pPacket) {
    auto proto = pPacket->ParseToProto<Proto::PlayerDeleteOnlineToRedis>();
    auto curValue = proto.version();
    const std::string key = RedisKeyAccountOnlineGame + proto.account();
    const auto onlineVersion = this->GetInt(key);
    if (curValue < onlineVersion)
        return;
    Delete(key);
}
void RedisConnector::Delete(std::string key) const {
    // Del 返回值是被删除的数量
    std::string command = strutil::format("del %s", key.c_str());
    redisReply* pRedisReply = static_cast<redisReply*>(redisCommand
(_pRedisContext, command.c_str()));
    ...
    freeReplyObject(pRedisReply);
}
```

在删除过程中，调用基类函数 RedisConnector::Delete 删除了一个键。删除的时候，使用 hiredis 库的 redisCommand 函数执行了一个 del 命令。

这一系列的流程彻底地删除了玩家位于内存和 Redis 中的所有数据。在 login 进程中的在线标志也是一样的删除流程。

10.3　性能瓶颈分析

在目前的框架中，已经让玩家登录了 game 进程，生成了 token，并做出了验证。前面的章节中增加了许多功能，加入了 HTTP 服务，加入了 libplayer 库，建立了 game、space 工程，等等。

本节缓和一下学习节奏，再来讨论一下性能。在 10_01_game 工程中，同时登录 1000 个账号，在 Windows 下的效率已经非常缓慢了，登录 1000 个账号至少花费了在 Linux 下的 20 倍时间。要么是我们在设计上有欠缺，要么就是有瓶颈产生。

如果在开发中产生了瓶颈，但又不知道瓶颈在哪里，那么可以使用本节介绍的通过查看日志来找出瓶颈的方法。

10.3.1　使用日志查看瓶颈

当我们面对一个性能瓶颈的时候，有时候即使使用了工具也找不到产生瓶颈的原因，更不知道该如何优化程序。这里提供一种思路，就是对现有框架的数据进行实时采集与分析，了解数据之后才能分析出问题的本源。

以 10_01_game 目录中的工程为例，在工程中准备了一个宏 LOG_TRACE_COMPONENT _OPEN，用于跟踪 Socket 的日志。这个宏在 libserver 工程的 trace_component.h 文件中。这个宏在工程中默认是打开的。我们来看看它有什么作用？

在 Windows 系统下运行 allinone 进程，再批量登录 500 个账号。登录完成后，robots 进程会出现"Login-SelectPlayer over"的提示。现在可以查看这些数据了，在 robots 控制台输入"trace -account test123"，表示想要看账号 test123 使用的所有 socket 值。

```
trace -account test123
socket: 884 1160
```

账号 test123 在整个登录过程中使用了两个 Socket：一个是 884；另一个是 1160。我们可以分别看看两个 Socket 上的一些关键信息，输入"trace -connect socket"，可看到如下的信息：

```
trace -connect 884
 key:884
...21:03:06.610  create connect != 0 waiting, err=10035 network type:HttpConnector
...21:03:06.610  create. network type:HttpConnector
...21:03:09.636  close.  network type:HttpConnector
...21:03:09.636  create connect != 0 waiting, err=10035 network type:TcpConnector
...21:03:09.636  create. network type:TcpConnector
```

从上面的信息可知，在 884 这个 Socket 上使用了两次：一次是 HTTP 请求；另一次是 TCP 请求。当前这个 TCP 请求还没有断开，说明 test123 使用的可能是 TCP。而 HTTP 请求时的 Socket 可能来自另一个账号。再来看看在 Socket 值 884 上的一些状态：

```
trace -player 884
 key:884
...21:03:07.886  enter state:Http-Connectted
...21:03:07.886  http connected. account:test55 socket:884
...21:03:08.905  enter state:Login-Connectting

...21:03:10.285  enter state:Login-Connectted
...21:03:10.285  send check account. account:test123 socket:884
...21:03:12.710  enter state:Login-SelectPlayer
```

在前 3 行中，Socket 值 884 是一个 HTTP 请求，它的关闭时间是 09 分，到了 10 分时，test123 使用了值为 884 的 Socket，两分钟之后，接收数据完成并进入了 SelectPlayer 状态。

trace 这条命令在 allinone 进程上也可以使用，要查看 trace 命令的更多使用方法，可以执行命令 "trace -help"。使用 "trace -packet 884" 可以看到值为 884 的 Socket 发送与接收过的所有协议，因为太长了，这里就不再一一列举出来了。

Trace 命令只是用于辅助工作，我们不占用篇幅来详细说明它的实现，有兴趣的读者可以直接查看源代码。但是看过这些日志，分析一下性能消耗的原因，可能发生在网络层。为什么从连接成功到选择玩家协议中间花了两分钟？显然是不合理的。

以 MI_NetworkConnected 协议为例，这个协议的作用是当网络连接成功时向目标对象发送成功的消息，并附带 SocketKey。现在我们有 1000 个 Robot 和两次连接（一次是 HTTP 连接，另一次是 TCP 连接），在很短的时间内发送了 2000 次 MI_NetworkConnected 协议。这个协议的注册函数使用的是过滤对象的方式，也就是说这 2000 个协议产生了 2000×1000 次函数对比。协议是无差别地发送到各个对象上的，对这个协议感兴趣的对象 Robot 类有 1000 个，一个协议要对比 1000 次才能找到自己真正的目的地，即使第一个对象调用 GetPacketObject 就找到了目标对象，但是后面的 999 次调用依然会产生，并没有机制让 Packet 找到了目标对象之后就退出分发这个流程。因此，有 2000×1000 次函数调用。而且每个 Packet 都会对所处线程中的对象询问是否对自己的协议号感兴趣，轮询的方式比较耗时。

通过上面的分析，相信读者已经发现了问题所在。显然 Robot 类作为注册处理协议的实体，这个设计思路是不行的。要解决这个问题有两个办法：第一个办法是在 Robot 类上再增加 RobotCollection 类，用于在线程中管理 Robot，由 RobotCollection 类来处理协议，这时协议到来时其命中率将大大增加，只需要调用一次 GetPacketObject 就能够找到目标对象；第二个办法是做一个类似 NetworkLocation 的定位组件，以达到一步找到目标对象的目的。

本书中反复提到了性能测试的重要性。我们在编码的时候常常忽视这一环节，并不是功能效果达到了，功能就做完了。

本节的参考源代码目录为 10_02_redis。在 robots 工程中，每个线程增加了一个 RobotCollection 组件。RobotCollection 管理着本线程中所有的 Robot 对象，而将协议处理提到了 RobotCollection 层面之后，有几个线程就对比几次，调用 RobotCollection::GetMsgObj 函数一次就可以找到 Robot 对象。

虽然增加了新组件，相关协议处理函数从 Robot 迁移到了 RobotCollection 类，但是 robots 工程逻辑并没有改变。

10.3.2　优化 MessageComponent 组件

我们把目光放在底层框架上也会发现问题，首当其冲的就是 MessageComponent 组件。MessageComponent 组件维护了一个字典，关联着 MsgId 和它的处理函数的对应关系。审视一下这个组件，我们可以发现，如果有 1000 个实体都关心网络断开事件，在 MessageSystem 中就有 1000 个 MessageComponent，在这 1000 个 MessageComponent 组件中存放着这 1000 个实体对应网络断开事件的回调函数。图 10-5 的左图展示了这个流程中的内存数据。

MessageComponent 组件阻隔了实体与 MessageSystem 之间的连接，它们彼此不知道对方的存在，但是 MessageComponent 带来了性能上的问题，而且它显然是多余的。鉴于该组件的操作频次，在 MessageSystem 系统中将 MessageComponent 取消，协议号 MsgId 直接注册到 MessageSystem，这样做的好处一目了然，如图 10-5 的右图所示。对于一个确定的协议来说，不再需要遍历所有的 MessageComponent 组件就可以拿到所有需要回调的处理函数。本节的参考源代码目录为 10_02_redis。MessageSystem 的新定义如下：

```cpp
class MessageSystem :virtual public ISystem<MessageSystem> {
public:
    void RegisterFunction(IEntity* obj, int msgId, MsgCallbackFun cbfun);
    template<typename T>
    void RegisterFunctionFilter(IEntity* obj, int msgId, std::function<T *
(NetworkIdentify*)> pGetObj, std::function<void(T*, Packet*)> pCallBack);
    ...
private:
    // message
    std::map<int, std::list<IMessageCallBack*>> _callbacks;
};
```

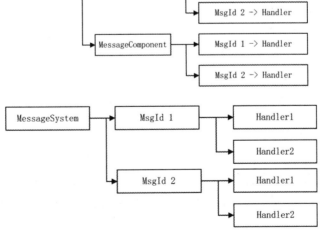

图 10-5　MessageSystem 性能优化

在注册协议函数时，将协议回调函数与 MsgId 绑定起来，这样免去了中间环节。以 Account 类为例，新的协议注册方式如下：

```cpp
void Account::Awake() {
    ...
    auto pMsgSystem = GetSystemManager()->GetMessageSystem();
    pMsgSystem->RegisterFunction(this, Proto::MsgId::C2L_AccountCheck,
BindFunP1(this, &Account::HandleAccountCheck));
    ...
}
```

Account 类需要注册协议时，不再为自己增加一个 MessageComponent 组件，而是直接调用 MessageSystem::RegisterFunction 进行注册，该函数的实现如下：

```cpp
void MessageSystem::RegisterFunction(IEntity* obj, int msgId, MsgCallbackFun
cbfun) {
    auto iter = _callbacks.find(msgId);
    if (iter == _callbacks.end()) {
        _callbacks.insert(std::make_pair(msgId,
std::list<IMessageCallBack*>()));
    }
    const auto pCallback = obj->AddComponent<MessageCallBack>
(std::move(cbfun));
    _callbacks[msgId].push_back(pCallback);
}
```

取消 MessageComponent 组件之后，在 MessageSystem 中提供了两个函数：一个是 RegisterFunction；另一个是 RegisterFunctionFilter。下面来看一下注册函数：

```cpp
template <typename T>
void MessageSystem::RegisterFunctionFilter(IEntity* obj, int msgId, std::
function<T * (NetworkIdentify*)> getObj, std::function<void(T*, Packet*)> fun) {
    auto iter = _callbacks.find(msgId);
    if (iter == _callbacks.end()) {
        _callbacks.insert(std::make_pair(msgId,
std::list<IMessageCallBack*>()));
    }
    auto pCallback = obj->AddComponent<MessageCallBackFilter<T>>();
    pCallback->GetFilterObj = std::move(getObj);
    pCallback->HandleFunction = std::move(fun);
    _callbacks[msgId].push_back(pCallback);
}
```

在 RegisterFunctionFilter 函数中用了过滤的流程，注册协议时需要提供一个过滤函数 GetFilterObj。在 robots 工程的代码中，在为 Robot 类绑定处理函数时使用了 RegisterFunctionFilter 函数，其注册代码如下：

```cpp
void RobotCollection::Awake() {
    auto pMsgSystem = GetSystemManager()->GetMessageSystem();
```

```
pMsgSystem->RegisterFunctionFilter<Robot>(this, Proto::MsgId::
MI_NetworkConnected, BindFunP1(this, &RobotCollection::GetMsgObj),
BindFunP2(this, &RobotCollection::HandleNetworkConnected));
    ...
}
```

收到 MI_NetworkConnected 网络连接协议时，RobotCollection::GetMsgObj 函数跟据 Packet 实例上的网络身份筛选出目标 Robot 类。

```
Robot* RobotCollection::GetMsgObj(NetworkIdentify* pIdentify) {
    auto objKey = pIdentify->GetObjectKey();
    if (objKey.KeyType != ObjectKeyType::Account)
        return nullptr;
    auto iter = _robots.find(objKey.KeyValue.KeyStr);
    if (iter == _robots.end())
        return nullptr;
    return iter->second;
}
```

对于每一个协议，GetMsgObj 函数在线程上只需要调用一次就可以精准找到 Robot 实例，从而极大地提高了性能。

10.3.3　ConnectObj 内存组织

如果将 10_01_game 目录下的工程在 Windows 和 Linux 下进行对比，就会发现在 Windows 系统下远远慢于在 Linux 系统下，接近慢了 10 倍。分析一下代码，除了网络层之外，几乎所有的代码都是共用的。怎么网络底层中采用的 Select 模型会慢这么多？

在 robots 工程中，随着功能的增加经历了 3 次网络连接，第一次是 HTTP 请求，第二次是连接到 login，第三次是登录 game 进程。网络层的负担加重之后，它的性能问题就凸显出来了。下面来看之前的 select 函数中的代码：

```
void Network::Select() {
    for (auto iter = _connects.begin(); iter != _connects.end(); ++iter) {
        ...
    }
    ...
    const int nfds = ::select(_fdMax + 1, &readfds, &writefds, &exceptfds,
&timeout);
    if (nfds <= 0)
        return;

    auto iter = _connects.begin();
    while (iter != _connects.end()) {
        ...
    }
}
```

在 Select 函数调用中有两次循环：第一次是将所有的连接对象加入底层函数::select 需要的集合中；第二次是分析底层函数::select 的返回。这两个循环都不可缺少，这两个循环是 Linux 下 epoll 函数不需要的，这可能是 Select 模式变慢的原因。

在旧的 Network 类中，将连接对象放在一个字典中，代码如下：

```
std::map<SOCKET, ConnectObj*> _connects
```

现在来优化这个数据，使用如下数据结构代替：

```
#define MAX_CLIENT  10000
ConnectObj* _connects[MAX_CLIENT]{};
std::set<SOCKET> _sockets;
```

sockets 集合中存放着当前所有有效的 Socket 值，_connects 组件以数据的方式提供 ConnectObj 对象的访问。也就是说，不再使用字典，而是使用数组的方式来访问连接对象。考虑一种情况，我们登录 1000 个账号，按巅峰值来计算，最多时 ConnectObj 只有 1000 个，将字典换成数组，能大幅度提高整体的性能吗？

框架是按帧运行的，也就是说某些函数是每一帧都要运行的。运行完一帧用的时间越少，其性能就越高。下面用数据来说话，先来看图 10-6 中新数据的内存图。

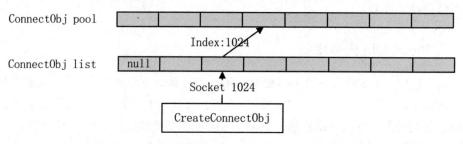

图 10-6 ConnectObj 内存列表

connects 数组在初始化时都是空指针，创建 Socket 时将 Socket 值作为它的下标，因为在 Windows 下 Socket 分配值是随机的，所以使用了 10000 长度的数组。将 Socket 值作为下标之后，依然从对象池中分配一个对象，同时在 connects 数组对应的位置设置指针地址，以达到内存地址一次寻址就能找到对象，而不再需要 Find 操作，从而提升效率。在编码中，遇到类似的问题都可以采用这种处理方式。

这个优化在 10_02_redis 目录中完成。现在可以比较一下 10_01_game 目录中工程的性能和 10_02_redis 目录中工程的性能，同时登录 1000 个账号，会发现不论是在 Windows 还是在 Linux 下都有一定的提升。这两个工程的功能完全一样，只是在数据结构上做了一些优化工作。

10.4 多进程登录协议回顾

截至目前的工程，我们介绍了如何从众多 login 中选择一个进程进行账号验证，同时阐述了如何从众多 game 中选择一个合适的进程进行登录的方案。

将所有细节抛到一边，先从协议入手，梳理一下最终的登录方案需要多少个协议。协议定义文件位于 10_02_redis 目录的 proto_id.proto 文件中。要完成角色登录，需要经历以下几个阶段：

第一个阶段：登录阶段

```
C2L_AccountCheck                 = 1000;              // 1.验证账号
C2L_AccountCheckRs               = 1001;
MI_AccountQueryOnlineToRedis     = 1002;              // 2.验证账号在线
MI_AccountQueryOnlineToRedisRs   = 1003;
```

在这个阶段中，客户端只需要发送 C2L_AccountCheck 协议验证账号，得到 C2L_AccountCheckRs 协议的返回，而服务器要做的事情却不是那么简单。

（1）服务器需要判断当前的账号是否已经在本进程或其他的 login 中登录了，这里涉及一个新问题——跨线程的数据查询。为了方便描述，我们采用 Redis 这个内存数据库。

（2）服务器向 Redis 查询该账号是否已经登录，如果已在其他地方登录，就通知客户端；否则，进行 HTTP 的账号验证。

第二个阶段：角色创建与选择阶段

```
L2DB_QueryPlayerList    = 1010;        // 1.选择角色
L2DB_QueryPlayerListRs  = 1011;
L2C_PlayerList          = 1012;
C2L_CreatePlayer        = 1014;        // 2.选择角色：如果没有角色，就请求创建角色
C2L_CreatePlayerRs      = 1015;
L2DB_CreatePlayer       = 1016;        // 3.选择角色：创建角色
L2DB_CreatePlayerRs     = 1017;
C2L_SelectPlayer        = 1018;        // 4.选择角色
C2L_SelectPlayerRs      = 1019;
```

当验证成功之后，进入第二个阶段，这个阶段的主要目的是创建与选择角色，这个阶段有与数据库的交互。

（1）所有的登录验证都完成，login 向 dbmgr 进程发起对账号所有角色的查询，将数据通过 L2C_PlayerList 协议传递到客户端。

（2）如果没有角色，客户端就会发起 C2L_CreatePlayer 创建角色，协议 C2L_CreatePlayer 中带上创建的一些指定的属性，例如名字、性别等。

（3）如果有角色，客户端就会发起 C2L_SelectPlayer 选择一个角色。

第三个阶段：为跳转进程做准备

```
MI_LoginTokenToRedis    = 1022;      // 1.请求登录的 token
MI_LoginTokenToRedisRs  = 1023;
L2C_GameToken           = 1024;      // 2.将 token 发送给客户端
```

选择好角色之后，就可以进入真正的游戏世界了，在此之前需要做一些准备工作。

（1）当所有验证都成功时，login 进程需要向 Redis 请求一个 token 用于登录指定 game 进程，这个 token 将在几秒之中消失。

（2）将 token 发送到客户端，至此，login 的工作全部完成。

以上 3 个阶段是在 login 进程中完成的，整个 login 进程主要负责账号与登录部分的功能。不要以为这部分的代码很简单，真正到了上线时，由于游戏需要接入的平台很多，这部分的代码也是非常复杂的。

第四个阶段：登录 game

```
C2G_LoginByToken       = 1100;        // 1.登录：客户端请求登录 game
C2G_LoginByTokenRs     = 1101;
MI_GameTokenToRedis    = 1102;        // 2.登录：game 请求登录的 token
MI_GameTokenToRedisRs  = 1103;
```

（1）客户端收到可以登录的 game 进程的信息之后，将 token 发送到 game 进程上要求登录，会收到 C2G_LoginByTokenRs 消息，如果失败，就可能是 token 失效，客户端需要从 login 进程再次登录。

（2）game 进程收到客户端要求登录的协议 C2G_LoginByToken 之后，查询这个 token 是否是有效的，如果有效，就成功进入地图。

至此，整个登录流程就完成了。

10.5　总　　结

本章引入了 Redis，完整实现了登录的整个过程，同时完善了框架中的进程，加入了 game 进程和 space 进程，还引入了 libplayer 库，加入了 Player 基本组件，使用 Redis 保存 token，完成了 token 的验证。

到本章为止，基础组件已经搭建得较为完善，第 11 章将进入真正的游戏世界。

第**11**章

分布式跳转方案

本章主要讲解玩家在 game 进程上跳转地图的流程。在这个过程中，可以看到 Player 组件是如何读取数据的，进一步阐述 game 进程与 space 进程是如何通信的，同时在完成这一系列功能之后，将使用客户端进行登录查看。本章包括以下内容：

⊛ 游戏逻辑配置文件读取。

⊛ 进入地图流程，介绍跳转地图是如何实现的。

⊛ 引入一个 Unity 客户端。

11.1 资源数据配置与读取

框架基本创建完成之后，本章会在其基础之上进行扩展。如果在之前的章节中还没有完全了解这个框架的精髓，那么在本章这些扩展中可以更加深入地了解框架是如何工作的。现在开始第一个扩展：读取资源。本节工程的源代码目录为 11_01_resource。为了便于读写，示例中采用 CSV 数据格式。这种数据格式以文本形式存储表格数据，可以使用 Excel 打开。在工程中有一个编写好的 world.csv 格式的配置，使用文本编辑器打开它，其内容如下：

```
Id,Name,Init,Type,AbPath,ResName,UiResType,PlayerInitPos
1,login,0,1,scenes/login,Login,1,-1
2,lobby,0,2,scenes/roles,Roles,2,-1
...
```

可以看到，CSV 格式的数据是纯文件的，列与列之间用半角的逗号","分隔开，有时也可能用半角的分号";"进行分隔。在本书的示例中，规定使用","。在客户端源代码目录有 Editor 查看器，可以更加直观地看到这些数据的意义。如图 11-1 所示，在编辑器中展示了一些枚举数据的实际意义。

ID	名字	初始地图	类型	AB包路径	资源名	初始UI
1	login	☐	登录	scenes/login	Login	登录界面
2	roles	☐	角色选择	scenes/roles	Roles	选择角色界面
3	jiangxia	☑	公共地图	scenes/jiangxia	jiangxia	无
4	dungeon02	☐	副本地图	scenes/jiangxia	jiangxia	无

图 11-1　资源配置表格

　　这些数据文件是按需求组织起来的，需要什么数据就加什么数据。需要说明的是，并不是所有的游戏逻辑配置文件都是用的 CSV 格式。也有人喜欢使用 XML 格式或其他格式，只是本书框架中是以 CSV 格式来举例的，这种逻辑配置是与游戏逻辑结合起来的。下面我们来看看在服务端如何解析这些数据。

　　配置文件并不是每个服务进程都需要读取，我们将它写成一个独立的库工程，名为 libresource，与 libserver 在同一目录。

　　首先需要有一个总的管理类，管理所有游戏逻辑的配置文件，名为 ResourceManager。在这个类下可能存在 ResourceWorldMgr 和 ResourceItemMgr，分别管理地图和道具的相关配置，其逻辑结构如图 11-2 所示。对于 ResourceWorldMgr 来说，它有一个地图相关的列表需要维护。例如，ID=1 时，对应一个 ResourceWorld 实例；ID=2 时，对应另一个 ResourceWorld 实例。ResourceWorld 就是我们之前看到的 CSV 文件中的某一行。理解了这个逻辑，下面来详细说明代码是如何实现的。

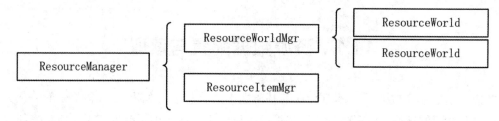

图 11-2　逻辑结构

11.1.1　资源管理类 ResourceManager

先从调用方式讲起，假如需要读取某个资源配置文件，简单的调用方式如下：

```
GetResMgr()->WorldMgr->GetWorld(id)
GetResMgr()->ItemMgr->GetItem(id)
```

先取得一个总的入口，从入口取得需要的地图或道具的管理器，再从管理器中取得想要的一行数据。定义 ResourceManager 类来管理所有资源配置，其定义如下：

```
class ResourceManager :public Entity<ResourceManager>, public IAwakeSystem<>{
public:
    void Awake() override;
    void BackToPool() override;
```

```
public:
    ResourceWorldMgr* Worlds;
};
```

从定义可以看出，ResourceManager 类是一个 Entity 实体，这会引出一个问题，这个实体应该被加载在哪个进程中？考虑到所有进程都可能读取这个实体，将它加载到主线程中比较合适。

在主线程中也有一个 EntitySystem，我们将这个实例命名为 GlobalEntitySystem，其作用是保存那些在多线程中共用的实体或组件。例如 ResPath 类、Log4 类，还有现在讨论的 ResourceManager 这些线程安全的组件。服务端一旦开启，ResourceManager 初始化完成，数据就只读不写，对于只读的数据，在任何线程中都是安全的。以下是 ResourceManager 初始化的代码实现：

```
void ResourceManager::Awake() {
    const auto pResPath = ComponentHelp::GetResPath();
    Worlds = new ResourceWorldMgr();
    if (!Worlds->Initialize("world", pResPath)) {
        LOG_ERROR("world txt Initialize. failed.");
    }
    LOG_COLOR(LogColorYellowEx, "all resource loaded.");
}
```

在 ResourceManager 类中维护了一个指向 ResourceWorldMgr 类的指针，这是一个地图管理类。初始化时，对地图管理类进行了初始加载，指定了它的加载目录与加载文件。函数 Worlds::Initialize 的第一个参数 world 就是它的加载文件，也就是说要在资源目录中找到 world.csv 文件，因为后缀都是.csv，所以这里省略了后缀。

11.1.2　地图资源管理类 ResourceWorldMgr

地图资源管理类的定义如下：

```
class ResourceWorldMgr :public ResourceManagerTemplate<ResourceWorld> {
public:
    bool AfterInit() override;
    ResourceWorld* GetInitMap();
private:
    int _initMapId{ 0 };
};
```

ResourceWorldMgr 类继承自一个模板类，模板类的定义在 resource_mgr_template.h 文件中。除了地图管理之外，随着逻辑功能越来越多会陆续加入很多其他的配置，例如道具、任务等，这些资源配置管理类其实都是相似的，所以编写了一个管理模板类。

```
template<class T>
class ResourceManagerTemplate {
public:
```

```cpp
    bool Initialize(std::string table, ResPath* pResPath);
    virtual bool AfterInit( ) { return true; }
    T* GetResource(int id);

protected:
    bool ParserHead(std::string line);
    bool LoadReference(std::string line);
protected:
    std::string _cvsName;
    std::map<std::string, int> _head;
    std::map<int, T*> _refs;
};
```

每一个管理模板的实现都有一些共有的特性：一个是 CSV 文件格式；另一个是对于表格中表头的处理。ResourceManagerTemplate 类相当于一个表基类，我们先来看模板类中的函数。

（1）Initialize 函数：配置文件初始化数据。

（2）AfterInit 函数：初始化完成之后的操作由具体的继承类实现。

（3）GetResource 函数：根据 Id 取得一个对象实体。

（4）ParserHead 函数：分析 CSV 文件的头。

（5）LoadReference 函数：分析 CSV 文件的行。

在模板类中存储了一个字典数据，用于 Id 与行实例的一一对应：

```cpp
std::map<int, T*> _refs;
```

其中，map 的键（key）是行的 Id。在 world 配置文件中，每一行的开头都有一个 Id，这样设计数据可以很方便地读取某个 Id 的配置对象。在初始化函数时，CSV 文件被一行一行地分析，变成一个一个的实例加载到内存中，其代码如下：

```cpp
template <class T>
bool ResourceManagerTemplate<T>::Initialize(std::string table, ResPath* pResPath) {
    _cvsName = table;
    std::string path = pResPath->FindResPath("/resource");
    path = strutil::format("%s/%s.csv", path.c_str(), table.c_str());
    std::ifstream reader(path.c_str(), std::ios::in);
    if (!reader) {
        LOG_ERROR("can't open file. " << path.c_str( ));
        return false;
    }
    if (reader.eof()) {
        LOG_ERROR("read head failed. stream is eof.");
        return false;
    }
```

```
// 分析第一行，头部标题
std::string line;
std::getline(reader, line);
std::transform(line.begin(), line.end(), line.begin(), ::tolower);
if (!ParserHead(line)) {
    LOG_ERROR("parse head failed. " << path.c_str( ));
    return false;
}
// 循环读出每一行，将每一行转换为一个内存对象
while (true) {
    if (reader.eof())
        break;
    std::getline(reader, line);
    if (line.empty())
        continue;
    std::transform(line.begin(), line.end(), line.begin(), ::tolower);
    LoadReference(line);
}
if (!AfterInit())
    return false;
return true;
}
```

在分析加载文件的过程中，需要注意 ParserHead 和 LoadReference 两个函数，ParserHead 函数用于分析文件的第一行，也就是标题行，而 LoadReference 函数用于分析行数据。ParserHead 函数的实现代码如下：

```
template <class T>
bool ResourceManagerTemplate<T>::ParserHead(std::string line) {
    if (line.empty())
        return false;
    std::vector<std::string> propertyList = ResourceBase::ParserLine(line);
    for (size_t i = 0; i < propertyList.size(); i++) {
        _head.insert(std::make_pair(propertyList[i], i));
    }
    return true;
}
```

静态函数 ResourceBase::ParserLine 将标题数据变成 vector<string>数据。表头数据保存到内存中，变成一个字典<std::string, int>，这个字典的键（Key）为标题，值（Value）为当前标题所在的 index 索引，表示这个标题位于表的第几列。以 resource 目录下的 world.csv 文件为例，其标题依次为：Id, Name, Init, Type, AbPath, ResName, UiResType, PlayerInitPos。头字典中的数据则是：{{Id, 0}, {Name, 1}, {Init, 2}, {Type, 3}, ...}。这样的结构便于通过名字来找到索引列。

每一行都有一个实例与之对应，函数 LoadReference 的实现如下：

```
template <class T>
bool ResourceManagerTemplate<T>::LoadReference(std::string line) {
    auto pT = new T(_head);
    if (pT->LoadProperty(line) && pT->Check()) {
        _refs.insert(std::make_pair(pT->GetId(), pT));
        return true;
    }
    return false;
}
```

在模板函数中，T 类型一定是基于 ResourceBase 类的。加载数据函数，读到某一行，将行数据的处理转交给 ResourceBase::LoadProperty 函数来处理。下面以地图资源类 ResourceWorld 来说明这一过程。

11.1.3 地图资源类 ResourceWorld

基类 ResourceBase 的主要任务是完成一行的加载以及提供一些基础函数供子类调用。该类定义在 resource_base.h 文件中，定义如下：

```
class ResourceBase {
public:
    explicit ResourceBase(std::map<std::string, int>& head) : _id(0),
_head(head) {}
    int GetId() const { return _id; }
    bool LoadProperty(const std::string line);
    static std::vector<std::string> ParserLine(std::string line);
    ...
protected:
    virtual void GenStruct() = 0;    // 生成内存结构
private:
    int _id;
    std::map<std::string, int>& _head;
    std::vector<std::string> _props;
};
```

当我们取到行数据串时，调用的函数是 LoadProperty，将其变为一个内存对象。其实现如下：

```
bool ResourceBase::LoadProperty(const std::string line) {
    std::vector<std::string> propertyList = ParserLine(line);
    // 行最后可能是一个看不见的字符
    if (propertyList.size() < _head.size()) {
```

```
        LOG_ERROR("LoadProperty failed. " << "line size:" << propertyList.size()
<< " head size:" << _head.size() << " \t" << line.c_str());
        return false;
    }
    for (size_t i = 0; i < propertyList.size(); i++) {
        _props.push_back(strutil::trim(propertyList[i]));
    }
    _id = std::stoi(_props[0]);
    GenStruct();
    return true;
}
```

加载函数将行字符串变成 vector<string>数组。具体要生成什么内存数据，是在 GenStruct 函数中实现的，GenStruct 函数是一个虚函数，需要具体的子类去实现。

在基类中，我们将数据分成了两部分：一部分是行数据中重要的数据行 Id；另一部分将这一行所有的数据读到 vector<string>中。读取表头部分和行数据使用的是同一个函数 ParserLine，我们按半角符号将数据拆分了，也就是说每一行（包括表头），数据都装在 std::vector<std::string>中，只是第一行获取的是属性名，而其他行获取的是具体数据。以 ResourceWorld 的配置文件为例：

```
Id,Name,Init,Type,AbPath,ResName,UiResType,PlayerInitPos
1,login,0,1,scenes/login,Login,1,-1
```

如果 CSV 文件中有以上两行，在内存中它的头部数据就是一个 vector<std::string>() { "Id", "Name", ... }，数据行是 vector<std::string>() { "1", "login", ... }。

在 CSV 文件中，所有的字段读取到内存中都是 string 类型的，但在使用时的需求却不一样，例如 Id 需要的是 int 类型，所以在 ResourceBase 基类中提供了一系列取值的函数。例如 GetInt，即按列名取得 int 类型。其实现如下：

```
int ResourceBase::GetInt(std::string name) {
    const auto iter = _head.find(name);
    if (iter == _head.end()) {
        LOG_ERROR("GetInt Failed. id:" << _id << " name:[" << name.c_str() <<
"]");
        DebugHead();
        return 0;
    }
    return std::stoi(_props[iter->second]);
}
```

在 ResourceBase 类中，head 的结构是 std::map<std::string, int>，保存了名字与索引的对应关系。快速取得索引之后，就可以从行数据的 vector<string>中直接取出值了。除了 GetInt 函数之外，该类中还提供了 GetString、GetBool 等一系列函数，方便读取数据。有了这些基础数据，不同的配置文件可以生成不同的内存数据结构。以地图资源类来举例说明。其定义如下：

```
class ResourceWorld : public ResourceBase {
public:
    explicit ResourceWorld(std::map<std::string, int>& head);
    bool Check() override;
    std::string GetName() const;
    ResourceWorldType GetType() const;
    ...
protected:
    void GenStruct() override;
private:
    std::string _name{ "" };
    bool _isInit{ false };
    ResourceWorldType _worldType{ ResourceWorldTypePublic };
    Vector3 _initPosition{ 0,0,0 };
};
```

在这个具体的 ResourceWorld 类中，有了 ResourceWorldType、Vector3 这些属性。重点关注的函数是 GenStruct，该函数是为了生成具体的内存数据而存在的，在每个类中都不一样。ResourceWorld 类中的实现如下：

```
void ResourceWorld::GenStruct() {
    _name = GetString("name");
    _isInit = GetBool("init");
    _worldType = static_cast<ResourceWorldType>(GetInt("type"));
    std::string value = GetString("playerinitpos");
    std::vector<std::string> params;
    strutil::split(value, ',', params);
    if (params.size() == 3) {
        _initPosition.X = std::stof(params[0].c_str());
        _initPosition.Y = std::stof(params[1].c_str());
        _initPosition.Z = std::stof(params[2].c_str());
    }
}
```

GenStruct 函数在基类数据分析时会被调用。在基类中，每一行数据都被保存在一个 std::vector<std::string>中，如果我们使用时再去转换为 bool 或者 int，就太消耗时间了。因此，牺牲了一些内存，采用空间换取时间的方式，在每个行数据被读取上来之后就进行数据的转换。

在 world.csv 文件中，PlayerInitPos 列中的数据相当复杂，使用的是一个(x,y,z)的结构，类似于"369.78,29.35,493.20"。该列表示玩家初始进入地图的位置坐标。在 GenStruct 函数中预先把这些数据转换成需要的内存数据结构 Vector3。

除了 GenStruct 外，在 ResourceBase 基类中还有一个虚函数：

```
virtual bool Check() = 0;
```

当一行数据读到内存中时，调用该函数对这一行数据进行有效性检查，地图类和道具类的校验方式不一样，所以这里让继承的类去实现该函数。目前该功能太过简单，没有什么数据需要检查，所以在代码中，此函数也是一个空函数。

综上所述，我们以地图配置阐述了在服务端读取配置文件的流程，配置文件不单服务端需要用到，客户端也需要用到。表 11-1 解释了 world 文件每一列的用途。

表 11-1 world 文件的配置列表

列 名	说 明
Id	唯一序列号
Name	名字
Init	是不是初始进入的地图，也就是默认出生点
Type	地图类型
AbPath	地图客户端 3D 资源 AB 包名
ResName	在 AB 包中的资源名
UiResType	进入地图时是否有初始加载的 UI 界面，若有则为界面的类型
PlayerInitPos	玩家进入地图的初始坐标

在 world 配置表中，除了包含服务端需要的数据外，同时还有客户端需要的数据。该文件的前两行是关于"登录场景"和"选择角色场景"的数据，是供客户端使用的，在服务端并不会区分这两个场景，这些功能都是在 Account 类中完成的，而 Account 类不是一个场景类。

对于客户端而言，就每一张地图来说，它都有一个地图资源类 ResourceWorld。同时，本书使用的是 U3D，所以有 AbPath 和 ResName 属性，AbPath 是打包文件，一个打包文件中可以有多个资源，ResName 则指定了具体的资源名称。这些数据在服务端是不需要读取的。有关资源配置文件就介绍到这里，在后面真正应用时再进一步讲解。

11.2 地图类 World 与代理类 WorldProxy

现在有了地图的配置数据，玩家可以进入地图了。本节将介绍服务端的地图类。因为是异步多进程，所以内容比单进程更加复杂一些。首先需要理解的概念是 World 和 WorldProxy，这两个概念都很重要，而且相互关联。本节的源代码位于 11_02_world 目录中，下面讲解其重要部分。

图 11-3 展示的是 World 与 WorldProxy 的关系，可以从名字中得知 WorldProxy 是 World 的代理类。当一个玩家进入地图 A 时，地图 A 的实例类为 World A，它的实例在某个 space 进程中，而玩家登录的进程是 game 进程，所以需要有一个 WorldProxy 来帮助玩家对数据进行中转，也就是 WorldProxy 类，每个 WorldProxy 代理一个 World 类。

进入某个地图时，在 game 进程上会为地图 World 实例创建一个代理类，但并不是每个 World 实例在 game 进程上都有代理类，只有 game 进程关心的 World 实例才创建代理类。也就是说，如果 game1 进程中没有玩家访问 World B，就没有 World B 的代理类。一般来说，作为公共地图，每一个 game 进程上都有公共地图的代理类，但是作为副本地图，有些副本代理类仅在本地 game 进程中出现。

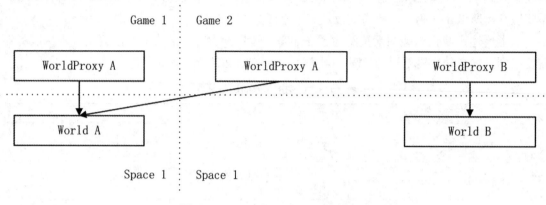

图 11-3　World 与 WorldProxy 的关系

先来看看 11_02_world 工程的结果，编译工程，执行 allinone 和 robots，在 robots 进程中输入 "login -a test"，登录账号 test。在 allinone 控制台中可以看到如下信息：

```
[DEBUG] - enter game. account:test
token:52EE6F81-83CF-428c-943E-045163D1194E
[DEBUG] - create world. id:3
[DEBUG] - create world proxy. Id:3
```

在分布式服务器中进入地图是一个比较复杂的过程，在 11_02_world 工程中完成进入地图的第一步，也就是 World 和 WorldProxy 的创建。当一个玩家进入 game 进程之后，将创建默认进入地图的实例与代理。打开 world.csv 文件，Id 为 3 的地图是配置中默认初始进入的地图。现在我们来分析一下这个过程。

11.2.1　地图类 World

World 类在 space 进程上，而 WorldProxy 类在 game 进程上。从创建顺序上来讲，我们是先创建 World 类，再创建 WorldProxy 类，那么 World 类是何时被创建的呢？

打开 game 工程中的 lobby.cpp 文件，向 Redis 询问数据对客户端传来的 token 进行验证。验证成功之后，就真正进入地图的环节了。注意 lobby 类，该类本身并不是地图，它只是一个处理 game 进程中玩家进入地图的一个中间类。

首先，通过玩家角色数据读到内存中，分析角色数据，就可以分析出这个角色上一次登录的地图信息，这个信息放在了 PlayerComponentLastMap 组件中。

其次，得到了地图信息，知道这个玩家上次登录的地图是否还在，如果不在，就要读取上次登录的公共地图信息，如果玩家是第一次登录的，上次登录的公共地图就是初始 id=3 的地图。第一个玩家登录时，这个地图在 game 进程中并没有实例，所以 game 进程向 appmgr 发起了申请创建的协议。这个事件发生在向 DB 读取数据之后，读取 DB 数据的处理函数是 Lobby::HandleQueryPlayerRs，所以申请创建地图协议的代码需要写在该函数中，实现如下：

```
void Lobby::HandleQueryPlayerRs(Packet* pPacket) {
    ...
    // 分析进入地图
    auto protoPlayer = protoRs.player();
    const auto playerSn = protoPlayer.sn();
    pPlayer->ParserFromProto(playerSn, protoPlayer);
    const auto pPlayerLastMap = pPlayer->AddComponent
<PlayerComponentLastMap>();
    auto pWorldLocator = ComponentHelp::GetGlobalEntitySystem()->
GetComponent<WorldProxyLocator>();
    // 进入副本
    auto pLastMap = pPlayerLastMap->GetLastDungeon();
    if (pLastMap != nullptr && pWorldLocator->IsExistDungeon
(pLastMap->WorldSn)) {
        // 存在副本，跳转
        WorldProxyHelp::Teleport(pPlayer, GetSN(), pLastMap->WorldSn);
        return;
    }
    // 进入公共地图
    pLastMap = pPlayerLastMap->GetLastPublicMap();
    const auto lastMapSn = pWorldLocator->GetWorldSnById(pLastMap->WorldId);
    if (lastMapSn != INVALID_ID) {
        // 存在公共地图，跳转
        WorldProxyHelp::Teleport(pPlayer, GetSN(), lastMapSn);
        return;
    }
    ...
    // 向 appmgr 申请创建地图
    Proto::RequestWorld protoToMgr;
    protoToMgr.set_world_id(pLastMap->WorldId);
    MessageSystemHelp::SendPacket(Proto::MsgId::G2M_RequestWorld, protoToMgr,
APP_APPMGR);
}
```

当第一个玩家进来的时候，是不可能有副本地图和公共地图的，所以向 appmgr 发起了请求协议 G2M_RequestWorld，该协议请求一个地图所在的位置。因为我们要创建的是公共地图，公共地图是全局唯一的，必须采用串行的方式创建，所以 appmgr 是一个不错的选择。同一瞬间，有多个玩家登录多个 game 时，在 appmgr 中的处理也是串行的，不会出错。

在创建公共地图的问题上有非常多的解决方案，这取决于游戏的类型。有些游戏为每个 game 进程中创建一个主城实例，这样可以分担主城压力。在本框架中，认为无论有多少进程，公共地图（如主城）的实例都是全局唯一的。

本节的示例工程提供一种在分布式框架下创建全服唯一公共地图的思路以供读者参考。在工程中，创建协议发送之后，appmgr 收到创建的消息，它会查询所有 space 的状态，找到一个相对空闲的 space 发起真正的创建地图协议。在 appmgr 工程中，处理协议 G2M_RequestWorld 的组件为 CreateWorldComponent，文件是 create_world_component.h，其处理函数如下：

```
void CreateWorldComponent::HandleRequestWorld(Packet* pPacket) {
    auto proto = pPacket->ParseToProto<Proto::RequestWorld>();
    auto worldId = proto.world_id();
    auto pResMgr = ResourceHelp::GetResourceManager();
    const auto mapConfig = pResMgr->Worlds->GetResource(worldId);
    if (mapConfig == nullptr) {
        LOG_ERROR("can't find map config. id:" << worldId);
        return;
    }
    if (!mapConfig->IsType(ResourceWorldType::Public)) {
        LOG_ERROR("appmgr recv create dungean map. map id:" << worldId);
        return;
    }

    // 正在创建中，等待
    const auto iter = _creating.find(worldId);
    if (iter != _creating.end())
        return;

    // 因为是异步的，有可能发送过来时已经被创建了
    const auto iter2 = _created.find(worldId);
    if (iter2 != _created.end())
        return;

    AppInfo appInfo;
    if (!GetOneApp(APP_SPACE, &appInfo)) {
        LOG_ERROR("appmgr recv create map. but no space process. map id:" <<
worldId);
        return;
    }

    Proto::CreateWorld protoCreate;
    protoCreate.set_world_id(worldId);
    protoCreate.set_request_world_sn(0);
    protoCreate.set_request_game_id(0);
    MessageSystemHelp::SendPacket(Proto::MsgId::G2S_CreateWorld, protoCreate,
APP_SPACE, appInfo.AppId);

    _creating[worldId] = appInfo.AppId;
}
```

G2S_CreateWorld 协议发送给一个指定的 space 进程，该协议真正创建一个地图，定义如下：

```
message CreateWorld {
    int32 world_id = 1;
    uint64 request_world_sn = 2;
    int32 request_game_id = 3;
}
```

变量 world_id 是我们想要创建的地图在 world.csv 中的 Id,变量 request_game_id 则是发出请求的 game 进程的 AppId,request_world_sn 是在 game 进程中发起这个请求的实体的唯一标识 SN。创建协议 G2S_CreateWorld 都是由 WorldProxy 代理类或 Lobby 发起的,这个 SN 是 WorldProxy 或 Lobby 的 SN,以方便创建成功之后将结果发送到指定的进程中。注意,request_game_id 和 request_world_sn 可能都为 0。当 request_game_id 为 0 时,该地图创建信息将广播给所有 game 进程。

在 space 工程中,WorldOperatorComponent 组件处理创建协议,定义在文件 world_operator_component.h 中。下面是它处理创建地图的方式:

```
void WorldOperatorComponent::HandleCreateWorld(Packet* pPacket) {
    auto protoWorld = pPacket->ParseToProto<Proto::CreateWorld>();
    int worldId = protoWorld.world_id();
    const int requestGameId = protoWorld.request_game_id();
    const uint64 requestWorldSn = protoWorld.request_world_sn();

    auto worldSn = Global::GetInstance()->GenerateSN();
    ThreadMgr::GetInstance()->CreateComponentWithSn<World>(worldSn,
worldId);
    // 验证数据是否正确
    const auto pResMgr = ResourceHelp::GetResourceManager();
    const auto pWorldRes = pResMgr->Worlds->GetResource(worldId);
    if (pWorldRes->IsType(ResourceWorldType::Dungeon) && requestWorldSn == 0){
        LOG_ERROR("create world error. dungeon is created. but requestWorldSn
== 0");
    }

    // 如果 requestWorldSn == 0,就广播给所有 game 和 appmgr
    // 如果 requestWorldSn != 0,就广播给指定的 game 和 appmgr
    Proto::BroadcastCreateWorld protoRs;
    protoRs.set_world_id(worldId);
    protoRs.set_world_sn(worldSn);
    protoRs.set_request_game_id(requestGameId);
    protoRs.set_request_world_sn(requestWorldSn);

    if ((Global::GetInstance()->GetCurAppType() & APP_APPMGR) == 0) {
        // 本进程中不包括 appmgr,向 appmgr 发送消息
        MessageSystemHelp::SendPacket(Proto::MsgId::MI_BroadcastCreateWorld,
protoRs, APP_APPMGR);
    }
```

```
        // 本进程中不包括 game
        if ((Global::GetInstance()->GetCurAppType() & APP_GAME) == 0) {
            if (requestWorldSn == 0) {
                // 向所有 game 进程发送数据
                MessageSystemHelp::SendPacketToAllApp(Proto::MsgId::
MI_BroadcastCreateWorld, protoRs, APP_GAME);
            } else {
                // 向指定 game 发送数据
                MessageSystemHelp::SendPacket(Proto::MsgId::
MI_BroadcastCreateWorld, pPacket, protoRs);
            }
        }

        if ((Global::GetInstance()->GetCurAppType() & APP_GAME) != 0 ||
(Global::GetInstance()->GetCurAppType() & APP_APPMGR) != 0) {
            // 本进程中包括 game 和 appmgr 其中一个，需要中转消息
            MessageSystemHelp::DispatchPacket(Proto::MsgId::
MI_BroadcastCreateWorld, protoRs, nullptr);
        }
    }
```

在上面的代码中，调用 ThreadMgr:: CreateComponentWithSn 函数生成了一个 World 实例，同时广播了 MI_BroadcastCreateWorld 协议。全局搜索一下这个协议，会发现它有两个处理函数：一个在 appmgr 进程中；另一个在 game 进程中。当 appmgr 收到创建地图的消息时，其处理函数如下：

```
void CreateWorldComponent::HandleBroadcastCreateWorld(Packet* pPacket) {
    auto proto = pPacket->ParseToProto<Proto::BroadcastCreateWorld>();
    const auto worldId = proto.world_id();
    const auto worldSn = proto.world_sn();
    const auto gameId = proto.request_game_id();

    const auto pResMgr = ResourceHelp::GetResourceManager();
    const auto pWorldRes = pResMgr->Worlds->GetResource(worldId);
    if (pWorldRes->IsType(ResourceWorldType::Public)) {
        _created[worldId] = proto.world_sn();
        _creating.erase(worldId);
    } else {
        _dungeons[worldSn] = gameId;
    }
}
```

收到创建地图成功的协议，appmgr 对创建的数据进行清理，同时保存一份地图的 Id 与 SN 的对应数据。如果后面还有 game 进程请求公共地图的信息，就可以直接将数据反馈给 game 进程。

game 进程收到创建地图的协议要做的事情更多，它必须为这个 World 创建一个 WorldProxy 代理类。创建协议的处理函数位于 WorldProxyLocator 组件中，处理代码如下：

```
void WorldProxyLocator::HandleBroadcastCreateWorld(Packet* pPacket) {
    std::lock_guard<std::mutex> guard(_lock);
    auto proto = pPacket->ParseToProto<Proto::BroadcastCreateWorld>();
    const int worldId = proto.world_id();
    const auto worldSn = proto.world_sn();
    const auto gameId = proto.request_game_id();
    const uint64 lastWorldSn = proto.request_world_sn();
    const auto worldCfg =
ResourceHelp::GetResourceManager()->Worlds->GetResource(worldId);
    if (worldCfg == nullptr) {
        LOG_ERROR("WorldProxyLocator::HandleBroadcastCreateWorld. can't find
worldId:" << worldId);
        return;
    }

    if (worldCfg->IsType(ResourceWorldType::Public)) {
        if (_publics.find(worldId) != _publics.end()) {
            LOG_ERROR(" WorldLocator. find same key. worldId:" << worldId);
        }
        ThreadMgr::GetInstance()->CreateComponentWithSn<WorldProxy>(worldSn,
worldId, lastWorldSn);
    } else {
        if (gameId != Global::GetInstance()->GetCurAppId()) {
            LOG_ERROR("gameId != cur game id");
        }
        if (lastWorldSn > 0 && _worlds.find(lastWorldSn) == _worlds.end()) {
            LOG_ERROR("can't find request world. world sn:" << lastWorldSn);
        }
        ThreadMgr::GetInstance()->CreateComponentWithSn<WorldProxy>(worldSn,
worldId, lastWorldSn);
    }
}
```

不论何时，在 game 进程中收到地图的创建成功协议，都必须为其创建一个 WorldProxy。如果是副本，就一定是 game 进程与 space 进程一对一发送的，创建结果 space 会发送到指定的 game 进程上，不需要再广播给所有 game 进程。

在启动时，如果采用的不是 allinone，而是启动的多进程，那么在登录一个玩家时可以看到在每个 game 进程上都创建了 WorldProxy。因为我们初始进入的是一个公共地图，所以公共地图的信息会广播给所有 game 进程。

11.2.2　为什么需要 WorldProxy

对于分布式服务架构来说，game 进程并不是一个最终的进程，它起着网关的作用。玩家进入的地图实际上是在 space 进程上，我们称为 World A。如果有两个玩家在不同的 game 进程中，同时进入了 World A，那么在每个 game 进程中为他们建立一个 WorldProxy 与 World A进行交互。

从客户端的角度来看，两个玩家通过不同的 IP 或端口进入两个 game 进程，但是他们在同一张地图上。如果我们要做的是 MOBA 类游戏，匹配玩家之后，就一起进入某个地图实例中战斗，采用这种分布式的方式横向扩展 game、space 服务器，可以达到最优方案，对物理机进行充分利用，所有实例几乎平均分布在所有进程上。

除了本书中的方案外，也有一部分框架是这样操作的：进入副本地图之后，客户端与 game进程的网络断开，重新创建一个与副本所在进程连接的 Socket。本书中没有采用这种方式，而是采用 WorldProxy 方式，即保持 Socket 不变而采用代理。客户端直接连接 space，操作是直接的，但是跳转地图时可能不断地更换网络连接。同时，也有一些不方便的处理。例如，Space A 上的玩家要与 Space B 上的玩家进行交互，为了达到这个需求，这时所有 space 需要两两连接成一个巨大的网状网络结构，而且逻辑的交互会变得非常耦合。

用哪种方式完全取决于我们做的游戏类型。

本书中的框架采用 WorldProxy 代理，客户端与 space 之间是不会直接通信的，space 只需要维护好自己的地图实例即可，交互是由 game 进程去完成的。客户端也不需要频繁更换网络连接，永远只有一个与 game 进程的网络通道。假设这时地图 A 上的玩家要跳转到地图 B 上，在 game 进程中存在 WorldProxy A 和 WorldProxy B 两张代理地图，在代理层面就变成了WorldProxy A 和 WorldProxy B 之间的跳转交互，至于 WorldProxy B 对应的实例在哪里，WorldProxy A 并不关心，反正最终协议会投递给真正的 World B 上的玩家。

在分布式服务器中，客户端连接的 game 进程的功能相对简单，它是一个网关，也是一个协议分发器。而玩家数据的真正操作是在某个 space 进程中的。

图 11-4 展示了 WorldProxy 的创建流程。我们以一个例子来说明这个流程：如果要做MOBA游戏，它的流程在框架中的设计为：两个客户端随机登录 game 进程，通过匹配功能模块，两个玩家建立的战场实例被放到 space N 进程上。这时，game1 和 game2 都会为这个地图创建WorldProxy，作为客户端协议的中断处。操作协议最终的处理点在 space N 进程的某个地图实例中。当有无数个客户端同时匹配的时候，这种模式会将战场平均分配在所有 space 进程上，以达到负载均衡的目的。

关于 World 的创建更多的细节可以参考源代码。下面进入 11_02_world 目录，看一下内存数据。启动 6 个进程：

```
./dbmgrd
./appmgrd
./logind -sid=101
./gamed -sid=201
```

```
./gamed -sid=202
./spaced -sid=301
```

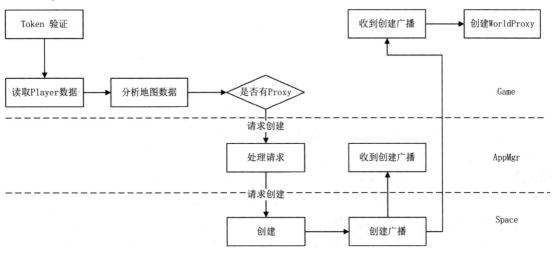

图 11-4　WorldProxy 的创建流程

随后，启动机器人./robotsd。输入"login -a test"登录 test 账号，这时可以看到两个 game 进程中打印"create world proxy. id:3"。当有玩家登录就会触发创建 Id 为 3 的 World，两个 game 进程都为这个 World 创建了 WorldProxy 代理类。

在 game 进程中输入"proxy -all"，可以看到当前服务器上全部的 WorldProxy 实例信息：

```
**** world proxy gather ****
sn:103842198881043186 proxy sn:103842198881043186 online:1 name:lobby
sn:103842214819398893 proxy sn:103842214819398893 online:0 name:jiangxia
```

其中一个 game 进程上的 online 数据必为 1。但我们可以发现，虽然地图有了，但是这个玩家依然在 Lobby 大厅中。我们创建了地图与代理地图，但真正困难的工作还没有开始，当 WorldProxy 创建成功之后，玩家是如何跳转到 WorldProxy 上的，玩家数据又是如何传递到 space 上的呢？这是 11.3 节要阐述的问题。

11.3　分布式地图跳转流程

在分布式模式中，角色的跳转是比较困难的部分，要考虑的事情比较多，先从简单的入手。验证账号初次进入地图，可以看成是一次跳转，框架中有 Lobby 类，它相当于一个大厅。每个玩家进入 game 进程，首先进入的就是这个大厅。在大厅中进行 token 验证，验证成功之后才能进入上次登录的副本地图或公共地图。如果不是一个分布式系统，那么一个单进程跳转流程图如图 11-5 所示。

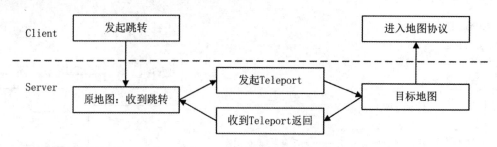

图 11-5　单进程跳转流程图

首先由客户端发起一个跳转请求，原地图收到这个请求之后，组织跳转协议，并且带上玩家数据发送到目标地图。目标地图收到协议并处理完成之后，给原地图返回一个数据，原地图删除玩家数据。如果目标地图返回失败，就维持在原地图，客户端显示跳转失败；如果跳转成功，客户端就会收到一个进入地图的协议，加载新地图资源。

图 11-6 所示为多进程跳转流程图，这个过程稍微显得有点复杂。我们以从 Lobby 大厅跳转到地图为例进行简单的说明。在异步流程中，首先需要判断目标地图的代理是否存在，如果不存在，就申请创建，创建是一个异步的过程，只有等到创建地图成功的广播，原地图才能向目标地图的代理 WorldProxy 发起跳转 Teleport 协议，收到 Teleport 协议的返回协议表示已跳转成功，原地图才能删除玩家数据。

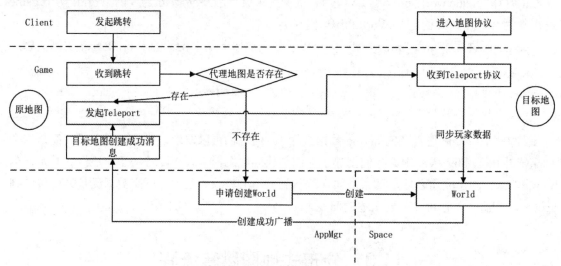

图 11-6　多进程跳转流程图

本节的源代码位于目录 11_03_teleport 中。先来看工程的执行结果。编译工程，启动 allinone。启动 robots，以 test 账号登录，登录完成之后，在 allinone 控制台输入 "proxy -all"，打印信息如下：

```
**** world proxy gather ****
sn:1038424609991488957 proxy sn:1038424609991488957 online:0 name:lobby
sn:1038424619931013936 proxy sn:1038424619931013936 online:1 name:jiangxia
```

在 allinone 控制台输入 "world -all"，打印信息如下：

```
**** world gather ****
sn:103842461931013936 online:1
```

通过与 11.2 节的示例进行比较，发现之前在 Lobby 中的玩家已经进入地图中。下面我们来分析一下角色跳转的几个重点。

11.3.1　发起跳转协议的时机

当角色 token 验证成功之后，登录大厅 Lobby，有两个时机发送跳转 Teleport 协议：

（1）第一个时机，当玩家登录进来时没有 WorldProxy 代理类，所以必须申请创建一个地图。创建完成之后，收到 WorldProxy 创建成功的广播，此时 Lobby 类中等待跳转到该地图的玩家统一发送跳转协议给目标地图。

等待 WorldProxy 的创建是一个异步过程，Lobby 为每一张地图的跳转角色做了一个等待队列。在 Lobby 类中，类型为 std::map<int, std::set<uint64>>的字典保存了地图 Id 与其对应的玩家等待列表。有时并不只有一个玩家在等待，所以是 set 数据（集合数据）。

处理 WorldProxy 创建成功的广播的函数是 Lobby::HandleBroadcastCreateWorldProxy。在这个函数中调用了 WorldProxyHelp::Teleport 函数进行地图的跳转。

（2）第二个时机，当玩家登录进来时，如果 WorldProxy 已经存在了，Lobby 就可以立即向 WorldProxy 发起跳转请求。在这个流程中不需要任何缓存数据，可以直接调用 WorldProxyHelp::Teleport 函数发起跳转。

11.3.2　跳转协议的数据定义

下面是跳转协议 Teleport 的数据定义：

```
message Teleport {
    uint64 last_world_sn = 1;
    uint64 player_sn = 2;
    string account = 3;
    Player player = 4;
}
```

在这个协议中传递了玩家数据、账号、当前地图的 SN 以及玩家 SN。服务器进程上有无数个 WorldProxy。我们是如何将跳转协议发送到正确的 WorldProxy 中去呢？

因为会被多次调用，所以代码中将跳转功能移到了一个独立的函数中。以下是它的实现：

```
void WorldProxyHelp::Teleport(Player* pPlayer, const uint64 lastWorldSn, const
uint64 targetWorldSn) {
    const uint64 playerSn = pPlayer->GetPlayerSN();
    Proto::Teleport proto;
    proto.set_last_world_sn(lastWorldSn);
```

```
    proto.set_account(pPlayer->GetAccount().c_str());
    proto.set_player_sn(playerSn);
    pPlayer->SerializeToProto(proto.mutable_player());

    NetIdentify netIdentify;
    netIdentify.GetSocketKey()->CopyFrom(pPlayer->GetSocketKey());
    netIdentify.GetTagKey()->AddTag(TagType::Entity, targetWorldSn);
    MessageSystemHelp::DispatchPacket(Proto::MsgId::MI_Teleport, proto,
&netIdentify);
    }
```

在上面的代码中组织了 Proto::Teleport 结构，将需要的数据传递进去。值得注意的是
NetIdentify 类，这个类是为了定义一个网络身份而存在的。之前的名字叫 NetworkIdentify，其
定义如下：

```
struct NetworkIdentify {
...
protected:
    SocketKey _socketKey{ INVALID_SOCKET, NetworkType::None };
    ObjectKey _objKey{ ObjectKeyType::None , {0, ""} };
};
```

现在优化一下它的数据，将 ObjectKey 替换为 TagKey：

```
struct NetIdentify {
...
protected:
    SocketKey _socketKey{ INVALID_SOCKET, NetworkType::None };
    TagKey _tagKey;
};
```

下面来看 ObjectKey 与 TagKey 的定义：

```
struct ObjectKey {
    ObjectKeyType KeyType{ ObjectKeyType::None };
    ObjectKeyValue KeyValue{ 0, "" };
    ...
}
enum class ObjectKeyType {
    None = Proto::NetworkObjectKeyType::ObjectKeyTypeNone,
    Account = Proto::NetworkObjectKeyType::ObjectKeyTypeAccount,
    App = Proto::NetworkObjectKeyType::ObjectKeyTypeApp,
};
```

在简单的网络中，使用一个 ObjectKey 就可以定义出一个关系。但随着网络变得复杂，除
了有客户端与服务端之间的连接外，还有服务端内部各个进程的连接，采用打标签的方式来定
义一个网络身份。

```
struct TagKey {
...
    std::map<TagType, TagValue> _tags;
};
enum class TagType {
    None = Proto::TagType::TagTypeNone,
    Account = Proto::TagType::TagTypeAccount,
    App = Proto::TagType::TagTypeApp,
    Entity = Proto::TagType::TagTypeEntity,
    ToWorld = Proto::TagType::TagTypeToWorld,
    Player = Proto::TagType::TagTypePlayer,
};
```

结构 TagKey 是一个升级版的 ObjectKey。在之前的 Identify 类中只有一个单一的对象识别，而现在可以打上多个标签。回到跳转的协议上，当我们发送协议时，为 Packet 打上了一个标签：

```
NetIdentify;
netIdentify.GetSocketKey()->CopyFrom(pPlayer->GetSocketKey());
netIdentify.GetTagKey()->AddTag(TagType::Entity, targetWorldSn);
MessageSystemHelp::DispatchPacket(Proto::MsgId::MI_Teleport, proto,
&netIdentify);
```

我们将目标地图的 SN 赋值保留在了 Packet 的标签中。这样做的好处是，通过这个标签可以更快找到需要的对象。

在消息处理系统中，这些 Tag 可以很方便找到实例对象，直接将 Packet 塞给它处理。以避免不必要的轮询。下面是消息系统的处理实现：

```
void MessageSystem::Update(EntitySystem* pEntities) {
    ...
    auto packetLists = _cachePackets.GetReaderCache();
    for (auto iter = packetLists->begin(); iter != packetLists->end(); ++iter){
        auto pPacket = (*iter);
        const auto finditer = _callbacks.find(pPacket->GetMsgId());
        if (finditer != _callbacks.end()) {
            auto handleList = finditer->second;
            auto pTagValue = pPacket->GetTagKey()->
GetTagValue(TagType::Entity);
            if (pTagValue != nullptr) {
                auto entitySn = pTagValue->KeyInt64;
                auto pMsgCallback = handleList[entitySn];
                if (pMsgCallback != nullptr) {
                    pMsgCallback->ProcessPacket(pPacket);
                }
            }
            ...
```

```
        }
        ...
    }
    _cachePackets.GetReaderCache()->clear();
}
```

在处理 Packet 时，如果 Packet 被打上了 Entity 的标签，那么标志着这个 Packet 是一个定向处理，可以先从数据中优先找到对应的 Entity 对象，直接丢给这个 Entity 处理。

11.3.3　目标代理地图收到跳转协议

WorldProxy 类收到跳转协议的处理函数为 WorldProxy::HandleTeleport，代码实现如下：

```
void WorldProxy::HandleTeleport(Packet* pPacket) {
    auto proto = pPacket->ParseToProto<Proto::Teleport>();
    const auto playerSn = proto.player_sn();
    auto pCollector = GetComponent<PlayerCollectorComponent>();
    auto pPlayer = pCollector->AddPlayer(pPacket, proto.account());
    if (pPlayer == nullptr) {
        LOG_ERROR("failed to teleport, account:" << proto.account().c_str());
        return;
    }

    pPlayer->ParserFromProto(playerSn, proto.player());
    pPlayer->AddComponent<PlayerComponentOnlineInGame>
(pPlayer->GetAccount());

    // 将数据转给真实的 World
    Proto::SyncPlayer protoSync;
    protoSync.set_account(proto.account().c_str());
    protoSync.mutable_player()->CopyFrom(proto.player());
    SendPacketToWorld(Proto::MsgId::G2S_SyncPlayer, protoSync, pPlayer);

    // 通知旧地图，跳转成功
    Proto::TeleportAfter protoTeleportRs;
    protoTeleportRs.set_player_sn(pPlayer->GetPlayerSN());
    NetIdentify indentify;
    indentify.GetTagKey()->AddTag(TagType::Player, pPlayer->GetPlayerSN());
    indentify.GetTagKey()->AddTag(TagType::Entity, proto.last_world_sn());
    MessageSystemHelp::DispatchPacket(Proto::MsgId::MI_TeleportAfter,
protoTeleportRs, &indentify);
}
```

在上面的代码中做了两件事：第一，通知旧地图跳转成功，删除玩家数据，使用了 MI_TeleportAfter 协议；第二，将玩家的数据传递到被代理的真实地图中，使用了

G2S_SyncPlayer 协议。在发送该协议时使用了 SendPacketToWorld 函数，为了不写冗余代码，我们将发送协议封装成一个函数：

```
void WorldProxy::SendPacketToWorld(const Proto::MsgId
msgId, ::google::protobuf::Message& proto, Player* pPlayer) const {
    TagKey tagKey;
    tagKey.AddTag(TagType::Player, pPlayer->GetPlayerSN());
    tagKey.AddTag(TagType::Entity, _sn);
    MessageSystemHelp::SendPacket(msgId, proto, &tagKey, APP_SPACE,
_spaceAppId);
}
```

从 WorldProxy 发送任何协议都需要打上两个标签：一个是 Entity；另一个是 Player。这是为了方便在 space 进程中快速找到目标。如果我们运行的是 allinone，这个 Packet 就会被 DispatchPacket 转发，不会经过网络层。如果启动的是多进程，这个 Packet 就会先被序列化为字符串并传递到 space 进程上，这就有了一个新的问题：Tag 数据是如何在网络数据中传递的呢？

11.3.4　网络标识如何在网络中传递

如果对于前面的网络格式还有印象的话，还记得自定义协议格式吗？自定义协议的格式是：总长度+PacketHead+协议体。其中，PacketHead 中包括一个 MsgId。

在本节的示例代码中，我们修改一下这个格式，对于客户端来说，"总长度+PacketHead+协议体"这样的格式是够用的，一旦需要数据在 game 到 space 进程之间进行传递，这个格式就不够用了，WorldProxy 会发送很多中转协议给 space 进程。

当我们传递一段网络数据时，在 game 进程中，一段网络数据一定是从一个特定的 Socket 中取出来的，一个特定的 Socket 对应着一个特定的玩家。当我们需要进入 3 号地图时，只需要发送 3 这个数字，就表示这个玩家要进入 3 号地图。但在服务进程内部则不能这样，从 game 进程发送到 space 进程的数据，它们之间只有一个 Socket，却对应着许多玩家。有一种解决办法是在每一个协议定义时加上 PlayerSn 和 EntitySn，以定位该协议的归属，但这种方法既不方便，处理起来又不高效，因为需要将整个包打开之后才知道具体数据。

但是没有这两个数据的话，这个协议又应该发送给谁呢？本框架中采用了打标签的方式，不修改具体协议的内容，而是给传递的 Packet 类打上标签。通过网络传输之后，这些标签内容也需要传输到对端，所以修改了整体协议的格式，变成了可变的格式：

（1）总长度+头长度+PacketHead+协议体
（2）总长度+头长度+PacketHeadS2S+协议体

在客户端采用第一种方式，而在服务端内部采用第二种方式。两个 Packet 头定义如下：

```
struct PacketHead {
    unsigned short MsgId;
};
```

```
struct PacketHeadS2S :public PacketHead {
    uint64 EntitySn;
    uint64 PlayerSn;
};
```

在 network_buffer.cpp 文件中发送数据和接收数据的两个函数需要进行相应修改。其中发送函数代码如下：

```
void SendNetworkBuffer::AddPacket(Packet* pPacket) {
    const auto pTagValue =
pPacket->GetTagKey()->GetTagValue(TagType::Entity);
    ...
    // 1.整体长度
    MemcpyToBuffer(reinterpret_cast<char*>(&totalSize),
sizeof(TotalSizeType));
    // 2.头部
    if (pTagValue == nullptr) {
        PacketHead head{};
        head.MsgId = pPacket->GetMsgId();
        TotalSizeType headSize = sizeof(PacketHead);
        MemcpyToBuffer(reinterpret_cast<char*>(&headSize),
sizeof(TotalSizeType));
        MemcpyToBuffer(reinterpret_cast<char*>(&head), sizeof(PacketHead));
    } else {
        PacketHeadS2S head{};
        head.MsgId = pPacket->GetMsgId();
        head.EntitySn = pTagValue->KeyInt64;
        const auto pTagPlayer =
pPacket->GetTagKey()->GetTagValue(TagType::Player);
        if (pTagPlayer == nullptr)
            head.PlayerSn = 0;
        else
            head.PlayerSn = pTagPlayer->KeyInt64;

        TotalSizeType headSize = sizeof(PacketHeadS2S);
        MemcpyToBuffer(reinterpret_cast<char*>(&headSize),
sizeof(TotalSizeType));
        MemcpyToBuffer(reinterpret_cast<char*>(&head),
sizeof(PacketHeadS2S));
    }
    ...
}
```

上面的代码将一个 Packet 序列化到缓冲区中，主要来看头部数据。在服务端内部，Head 结构与客户端发送到服务器的数据是不一样的，判断的标识就是 Packet 中是否有

TagType::Entity 数据，如果有，就认为是内部服务端与内部服务端之间的 S2S 协议。在 space
进程上收到网络数据时进行了解析，解析代码如下：

```
Packet* RecvNetworkBuffer::GetTcpPacket() {
    // 1.读出整体长度
    unsigned short totalSize;
    MemcpyFromBuffer(reinterpret_cast<char*>(&totalSize),
sizeof(TotalSizeType));
    ...
    // 2.头部长
    unsigned short headSize;
    MemcpyFromBuffer(reinterpret_cast<char*>(&headSize),
sizeof(TotalSizeType));
    RemoveDate(sizeof(TotalSizeType));

    // 3.读出 PacketHead
    PacketHead* pHead;
    PacketHeadS2S* pHeadS2s = nullptr;
    if (headSize == sizeof(PacketHead)) {
        PacketHead head;
        MemcpyFromBuffer(reinterpret_cast<char*>(&head),
sizeof(PacketHead));
        RemoveDate(sizeof(PacketHead));
        pHead = &head;
    } else {
        PacketHeadS2S head;
        MemcpyFromBuffer(reinterpret_cast<char*>(&head),
sizeof(PacketHeadS2S));
        RemoveDate(sizeof(PacketHeadS2S));
        pHead = &head;
        pHeadS2s = &head;
    }
    ...
    Packet* pPacket = MessageSystemHelp::CreatePacket((Proto::MsgId)pHead->
MsgId, _pConnectObj);
    ...
    if (pHeadS2s != nullptr) {
        auto pTagKey = pPacket->GetTagKey();
        pTagKey->AddTag(TagType::Entity, pHeadS2s->EntitySn);
        pTagKey->AddTag(TagType::Player, pHeadS2s->PlayerSn);
    }

    return pPacket;
}
```

在收到数据时，通过头结构的长度来判断是 PacketHeadS2S 结构还是 PacketHead 结构。如果是 PacketHeadS2S 结构，就将 Tag 重新写到 Packet 上，这个 Packet 实例随后会进入各个线程中，在消息处理系统中找到真正的 World 并处理。

在 World 中，我们定义了玩家数据同步协议 G2S_SyncPlayer 的处理函数：

```cpp
void World::HandleSyncPlayer(Packet* pPacket) {
    auto proto = pPacket->ParseToProto<Proto::SyncPlayer>();
    const auto playerSn = proto.player().sn();

    auto pPlayerMgr = GetComponent<PlayerManagerComponent>();
    auto pPlayer = pPlayerMgr->AddPlayer(playerSn, GetSN(), pPacket);
    pPlayer->ParserFromProto(playerSn, proto.player());
    pPlayer->AddComponent<PlayerComponentDetail>();

    const auto pComponentLastMap =
pPlayer->AddComponent<PlayerComponentLastMap>();
    pComponentLastMap->EnterWorld(_worldId, _sn);
    const auto pLastMap = pComponentLastMap->GetCur();

    //通知客户端进入地图
    Proto::EnterWorld protoEnterWorld;
    protoEnterWorld.set_world_id(_worldId);
    pLastMap->Position.SerializeToProto
(protoEnterWorld.mutable_position());
    MessageSystemHelp::SendPacket(Proto::MsgId::S2C_EnterWorld,
protoEnterWorld, pPlayer);
    }
```

11.3.5 space 进程发送的协议如何转发到客户端

在 11.3.4 小节的代码中，向客户端发送了一个 S2C_EnterWorld 协议，带上了地图的 Id 与玩家所处的坐标，表示该玩家已经进入某地图，但是 space 进程与客户端并没有直接的 Socket 通信。那么，这个协议是如何发送到客户端的呢？

回顾前面同步玩家数据 G2S_SyncPlayer 协议的处理代码，每个 World 类中有一个 PlayerManagerComponent 来管理玩家数据。同步玩家数据时，会将玩家加入这个管理类中。下面来看加入的代码：

```cpp
Player* PlayerManagerComponent::AddPlayer(const uint64 playerSn, uint64
worldSn, NetIdentify* pNetIdentify) {
    ...
    const auto pPlayer = GetSystemManager()->GetEntitySystem()->
AddComponent<Player>(pNetIdentify, playerSn, worldSn);
    _players[playerSn] = pPlayer;
```

```
        return pPlayer;
    }
void Player::Awake(NetIdentify* pIdentify, uint64 playerSn, uint64 worldSn) {
    _account = "";
    _playerSn = playerSn;
    _player.Clear();

    if (pIdentify != nullptr)
        _socketKey.CopyFrom(pIdentify->GetSocketKey());

    _tagKey.Clear();
    _tagKey.AddTag(TagType::Player, playerSn);
    _tagKey.AddTag(TagType::Entity, worldSn);
}
```

当 Player 实例被创建时，它的 NetIdentify 就被确定好了，SocketKey 是发送 G2S_SyncPlayer
协议的 Socket，也就是 game 与 space 之间的 Socket，同时给 Player 打上 TagType::Player 标签
和 TagType::Entity 标签。TagType::Entity 标签中的值是 WorldProxy 的 SN。当发送协议时，调
用代码如下：

```
MessageSystemHelp::SendPacket(Proto::MsgId::S2C_EnterWorld, protoEnterWorld,
pPlayer);
```

其原型如下：

```
MessageSystemHelp::SendPacket(const Proto::MsgId msgId,
google::protobuf::Message& proto, NetIdentify* pIdentify)
```

该函数发送数据时，向 game 发送了 TagType::Player 标签和 TagType::Entity 标签，究竟
这个协议内部是什么，转发时不需要关心，通过 TagType::Entity 标签可以找到 WorldProxy。
作为一个中转类，WorldProxy 不可能一个一个协议去解析再发送，所以增加一个
HandleDefaultFunction 函数，这个 WorldProxy 中默认的消息处理函数，将客户端的协议转发
到 space 进程上，同时将 space 进程上的协议转发给客户端。下面来看它的实现：

```
void WorldProxy::HandleDefaultFunction(Packet* pPacket) {
    auto pPlayerMgr = this->GetComponent<PlayerCollectorComponent>();
    Player* pPlayer = nullptr;
    const auto pTagKey = pPacket->GetTagKey();
    if (pTagKey == nullptr) {
        LOG_ERROR("world proxy recv msg. but no tag. msgId:" <<
Log4Help::GetMsgIdName(pPacket->GetMsgId()).c_str());
        return;
    }

    bool isToClient = false;
```

```
        const auto pTagPlayer = pTagKey->GetTagValue(TagType::Player);
    if (pTagPlayer != nullptr) {
        isToClient = true;
        pPlayer = pPlayerMgr->GetPlayerBySn(pTagPlayer->KeyInt64);
    } else {
        pPlayer = pPlayerMgr->GetPlayerBySocket(pPacket->GetSocketKey()->Socket);
    }

    // 可能协议传来时已经断线了
    if (pPlayer == nullptr)
        return;

    // 默认只进行中转操作
    if (isToClient) {
        auto pPacketCopy = MessageSystemHelp::CreatePacket((Proto::MsgId)
pPacket->GetMsgId(), pPlayer);
        pPacketCopy->CopyFrom(pPacket);
        MessageSystemHelp::SendPacket(pPacketCopy);

        LOG_DEBUG("transfer msg to client. msgId:" << Log4Help::GetMsgIdName
(pPacket->GetMsgId()).c_str());
    } else {
        CopyPacketToWorld(pPlayer, pPacket);
        LOG_DEBUG("transfer msg to space. msgId:" << Log4Help::GetMsgIdName
(pPacket->GetMsgId()).c_str())
    }
}
```

从 space 进程上发送的进入地图的 S2C_EnterWorld 协议最终走到了 HandleDefaultFunction 函数中。这时，协议被打上了 TagType::Player 标签，它一定是从另一个服务进程中发送来的协议，所以可以直接转发给客户端。

HandleDefaultFunction 函数是如何被调用的呢？我们修改了 MessageSystem 的流程，首先注册一个默认处理函数：

```
class MessageSystem :virtual public ISystem<MessageSystem> {
...
private:
    // 默认处理函数
    // <objsn, callback>
    std::map<uint64, IMessageCallBack*> _defaultCallbacks;
};
```

在 MessageSystem 系统中，默认处理函数对应的键（Key）为 EntitySn，也就是 WorldProxy 的 SN。当有协议到来时，调用 Update 处理协议：

```
void MessageSystem::Update(EntitySystem* pEntities) {
    ...
    auto packetLists = _cachePackets.GetReaderCache();
    for (auto iter = packetLists->begin(); iter != packetLists->end(); ++iter) {
        auto pPacket = (*iter);
        const auto finditer = _callbacks.find(pPacket->GetMsgId());
        if (finditer != _callbacks.end()) {
            ...
        } else {
            // 是否有默认处理函数
            const auto pTagValue = pPacket->GetTagKey()->GetTagValue
(TagType::Entity);
            if (pTagValue != nullptr) {
                // 如果是一个给 World 的协议,那么是不可能有默认处理函数的
                // 采用 allinone 方式启动时,地图 World 实例和它的代理地图 WorldProxy 实
例的 SN 值是相同的,需要加入一个标签 Tag 来区分 Packet 包是从 World 发出的,还是从 WorldProxy
发出的
                const auto pTagToWorld = pPacket->GetTagKey()->GetTagValue
(TagType::ToWorld);
                if (pTagToWorld == nullptr) {
                    auto entitySn = pTagValue->KeyInt64;
                    auto pMsgCallback = _defaultCallbacks[entitySn];
                    if (pMsgCallback != nullptr) {
                        pMsgCallback->ProcessPacket(pPacket);
                    }
                }
            }
        }
        ...
    }
    ...
}
```

在处理消息时,如果发现消息没有处理函数,就转向查看这个指定的 Entity 是否有默认的处理函数。在进入地图 S2C_EnterWorld 协议时,WorldProxy 没有单独处理这个协议的函数,转向 WorldProxy 之前注册的 HandleDefaultFunction 函数中,从而发送给客户端。

11.4　通过客户端进入游戏

为了测试服务器,本书提供了一个 Unity 版本的客户端工程。关于客户端工程的获取,参见前言中获取本书源代码部分。本书使用的是 Unity 2018.3.7f1 (64-bit)版本。

在客户端目录下有两个工程文件，其中 art 目录是美术工程，包括场景、角色 3D 模型和 UI，这些资源已经在工程中整理完成，可以直接使用。用 Unity 打开 art 工程，选择菜单命令 Engine→Assets→BuildAB 来打包 Windows 版本，这个菜单的功能是为美术资源打包。单击菜单之后，Unity 会自动打包所有需要的资源，稍等一会，执行完成之后会弹出完成对话框。在 Assets 目录下会生成 StreamingAssets 目录，因为打包的是 Windows 版本，所有的文件将存放在 assetbundle.win 目录中，这个目录包括已经打包好的所有 AB 文件。如果想要在远端访问，那么可以直接将打包好的目录放到 HTTP 服务器下。

关闭 art 目录，用 Unity 打开 Demo，在这个工程下有客户端的代码，包括网络层、UI 和自动加载等一系列的代码。整个客户端采用事件驱动的方式，主要可以看 EventDispatcher 类和 MessagePackDispatcher 类，UI 采用动态加载的方式，UI 的数据更新采用 UI 中间层数据来实现，UI 中间层的设计方式可以很好地将 UI 与协议之间的耦合断开。在实际开发中，我们经常会对 UI 进行修改，使用 UI 中间层数据可以很好地将注意力放在界面上，而不是放在逻辑上。

先来运行一下客户端，在 Unity 编辑器中选中 Scenes 目录，其中有 Loader 和 Start 两个场景文件，Loader 用于加载，Start 是我们的开始场景。Start 场景中只有一个 Main Camera 实例。在这个相机实例上添加了一个脚本，这个脚本指定了一些运行所必需的数据：

- ResPath：填入 art 项目中生成的 assetbundle.win 全路径，这里也可以是一个远端地址。
- ReferencePath：CSV 文件的目录，指向服务端 11_03_teleport\res\resource 目录的绝对地址。如果我们要运营一个正式的游戏，那么 CSV 文件肯定是打包成 AB 文件进行加载的，因为这里只是一个测试示例，所以直接写上本地路径。
- ServerIp：服务端的 HTTP 地址。
- ServerPort：服务端的 HTTP 端口。在 engine.yaml 文件中默认是 7070。

设置好之后，启动服务端，就可以开始游戏了。

（1）进入登录界面，输入账号，不填写密码。

（2）如果输入的账号没有角色，就会弹出角色创建界面，输入名字并选择性别，创建一个角色。

（3）账号有现成的角色或创建新角色成功之后会进入角色选择界面，选择一个角色进行游戏，随后加载场景，角色进入场景中。

简要分析客户端的协议，打开 NetworkMgr.cs 文件：

```
protected override void OnAwake() {
    ...
    RegisterPacket(Proto.MsgId.C2LAccountCheckRs,
Process<Proto.AccountCheckRs>);
    RegisterPacket(Proto.MsgId.C2LCreatePlayerRs,
Process<Proto.CreatePlayerRs>);
    RegisterPacket(Proto.MsgId.C2LSelectPlayerRs,
Process<Proto.SelectPlayerRs>);
    RegisterPacket(Proto.MsgId.S2CEnterWorld, Process<Proto.EnterWorld>);
```

```
        RegisterPacket(Proto.MsgId.L2CGameToken, Process<Proto.GameToken>);
        RegisterPacket(Proto.MsgId.C2GLoginByTokenRs,
Process<Proto.LoginByTokenRs>);
        RegisterPacket(Proto.MsgId.L2CPlayerList, Process<Proto.PlayerList>);
        RegisterPacket(Proto.MsgId.G2CSyncPlayer, Process<Proto.SyncPlayer>);
        RegisterPacket(Proto.MsgId.S2CRoleAppear, Process<Proto.RoleAppear>);
        RegisterPacket(Proto.MsgId.S2CMove, Process<Proto.Move>);
    }
```

虽然在服务端做了很多线程、进程，编写了很多跳转、转发，但是对于客户端来说，从登录到进入场景，需要处理的仅涉及上面这些协议。前 3 个是返回协议，分别处理了验证账号、创建角色和选择角色的返回信息。

这里要特别强调一点，一般来说，返回协议都是出错时的返回显示，也就是说，如果一个协议是正确的，那么它必然引发一个事件，这个事件不是一个返回协议可以描述的。在本书框架的代码设计中，协议的返回协议只是出错描述。打个比方，在背包里，我们使用道具、拆分道具或丢掉道具，这 3 个协议都涉及一个事件，那就是背包的同步事件，背包在操作中必然发生改变。

如果我们设计协议时使用道具协议返回 UseItemRs { ItemId, ItemCount}，丢弃道具协议返回 DropItemRs { ItemId, ItemCount}，每个协议都返回一个它涉及的道具 Id 与数量，那么在客户端需要处理每个协议对道具进行更新。这样编写服务端程序的程序员麻烦，编写客户端程序的程序员也麻烦。一个更为有效的方式应该是，仅在 UseItemRs 或是 DropItemRs 协议中返回一个出错码，如果没有错，可以返回 0。使用道具或是丢弃道具引发的道具的变更则是统一用道具同步协议 SyncItem 来通知客户端，这时逻辑会被大大简化。无论什么时候，操作道具只需要处理好当前这个协议要解决的事情，而 SyncItem 自然有道具的底层函数去处理它。

有些框架设计时，认为一个请求协议一定要有一个返回协议，这是对异步网络很大的误解。请求是可以没有返回的，如果要等待一个返回，那么是十分不明智的设计。因为网络的变数太多，有可能这个数据丢失了或对端有 Bug 没有发起返回，难道逻辑就要卡在这里吗？对于异步网络编码，正确的设计思路应该是，你来了，我就处理，你不来，我也不操心。任何协议最好没有前因后果的关系，不强求收发顺序，我们编写过程或调用函数时一定有一个返回，但是在网络中不一定需要返回。

回到客户端上来，验证角色之后，如果验证成功，C2LAccountCheckRs 协议就不会发送，而是会触发两个事件：

第一，查询角色的事件，这个事件在服务端发生之后会发送一个角色列表 L2C_PlayerList 的协议到客户端。

第二，通过客户端进入场景，会发送进入地图的 S2C_EnterWorld 协议。

从输入账号到进入场景中，触发了两次 S2C_EnterWorld 协议：第一次是验证成功之后，是从 Login（登录）场景进入选择 Roles（角色）场景；第二次是选择角色之后，进入 3D 世界的场景。为了让客户端的操作统一，也就是说改变场景必须由 S2C_EnterWorld 协议来决定，不由客户端代码决定。这样客户端就非常好处理跳转，只需要关注 S2C_EnterWorld 的变化就可以了。

另一个对客户端比较重要的问题是 UI 是如何加载出来的。收到 S2C_EnterWorld 协议后让客户端重新加载了场景。而 world.csv 文件中，每个场景都可能有一个默认的初始界面，场景加载成功，这些界面就会出现。例如，进入 Roles 场景时，就要求加载 Roles 界面。

下面来看 Roles 界面是如何处理的，代码在 UiRoles.cs 中：

```
class UiRoles : UiBase {
    public UiRoles() : base(UiType.Roles, 0) { }
    protected override void OnAwake() { }
    protected override bool IsLoaded() { return true; }
    protected override void OnInit() { }
    protected override void OnDestroy() { }
    protected override void OnUpdate() {
        var uiMgr = UiMgr.GetInstance();
        ToUiAccountInfo obj = uiMgr.GetUpdateData<ToUiAccountInfo>
(UiUpdateDataType.AccountInfo);
        if (obj == null)
            return;
        if (obj.Version == _lastVersion)
            return;
        _lastVersion = obj.Version;
        if (obj.Players.Count == 0) {
            uiMgr.OpenUi(UiType.RoleCreate);
        } else {
            uiMgr.OpenUi(UiType.RoleSelect);
        }
        CloseThisUi();
    }
}
```

UiRoles 是一个空界面，它没有显示任何内容，虽然实现了基类的所有虚函数，但是基本为空，唯一一个实现就是 OnUpdate，提供界面跳转的功能。UiRoles 不断向 UI 的数据层请求是否有账号数据 AccountInfo 的信息，如果有就判断是否有角色，如果有角色就显示角色选择页面，如果没有角色就显示创建角色页面。至于 AccountInfo 的信息是怎么来的，显然 UiRoles 不关心这些，只要有这个数据就行了。实际上，AccountInfo 的信息是由 L2C_PlayerList 协议生成的，当 L2C_PlayerList 协议到达之后，我们将它解析成了一个 AccountInfo 类保存到客户端。

```
class AccountInfo : IToUi<ToUiAccountInfo> {
    ...
    protected override void ToUi() {
        ToUiAccountInfo updateObj = new ToUiAccountInfo {Account = _account};
        foreach (var one in _players) {
```

```
            ToUiPlayerProperies uiOne = new ToUiPlayerProperies { Name = one.Name,
Gender = one.Gender, Id = one.Id };
            updateObj.Players.Add(uiOne);
        }
        UpdataUiData(updateObj);
    }
}
```

AccountInfo 实现了基类 IToUi 的 ToUi 函数，将数据推送到了 UI 的数据层，每个 ToUi 类都有一个 Version（版本号），每次数据发生变更 Version 值就自增。需要说明的是，UI 的数据层维护了一份类似于逻辑数据的结构，这些结构（例如 ToUiAccountInfo）和逻辑层的类（例如 AccountInfo）有一定的数据重合，但又不完全一致。这些 ToUi 的类将逻辑层与 UI 分离开来，而且灵活性非常大。逻辑层的数据发生改变时，如果是 ToUi 类不关心的数据，ToUi 类的数据就不会发生变动，这使得界面不会受到逻辑层的影响。当逻辑层结构中的数据有修改时，Version 值增加，界面也会马上收到它改变的数据，并做出相应的修改。

举例说明，假如将玩家的数据放在 ToUiPlayer 类中，有 3 个界面需要显示该类中的 Level 属性。这里要做的就是，在这 3 个界面的更新函数中都关心 ToUiPlayer 类的 Version 变化，不再需要过多的复杂更新操作，而且也不需要取得逻辑层面的 Player 数据，所有的数据都是由 UI 层自己维护的。

关于客户端更多的细节这里就不再细说了，感兴趣的读者可以查看源代码。通过客户端，现在我们登录到场景中，但是如果反复登录，就会发现登录不上去，服务端出现一个报错信息，这是因为我们的服务器没有处理断线，后面的章节会整体来看如何处理断线。但在这之前我们还需要解决一个问题，就是玩家在 WorldProxy 之间的跳转。

11.5　玩家在 WorldProxy 之间的跳转

在前面的章节中，玩家从 Lobby 创建了代理地图 WorldProxy 并成功跳转，玩家的数据也传递到了 World 地图中。本节要讲的是从 WorldProxy 跳转到 WorldProxy，它与 Lobby 跳转到 WorldProxy 是不一样的，原因在于对玩家数据的同步处理。Lobby 跳转到 WorldProxy 的流程图如图 11-7 所示。

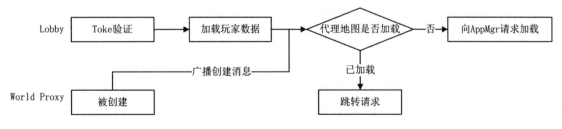

图 11-7　Lobby 跳转到 WorldProxy 的流程图

简单来说，玩家从 Lobby 到 WorldProxy 的跳转只需要关注目标代理地图是否存在，一旦存在就可以发起跳转，但是在 WorldProxy 之间却不是这么回事。图 11-8 展示了 WorldProxy 之间的跳转流程图。

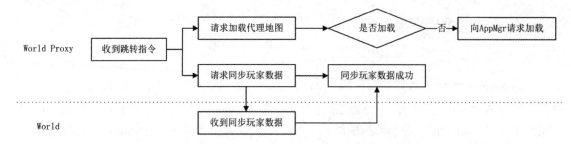

图 11-8　WorldProxy 之间的跳转流程图

从图 11-7 和图 11-8 不难看出这两个流程图的区别，WorldProxy 之间的跳转多了一步请求同步玩家数据。为什么呢？作为代理地图，WorldProxy 只是一个代理，真正的数据还是在 World 中，为了取得跳转时的真实数据，必须实时向 World 请求整个玩家数据，然后跳转到代理地图中，后面的操作就与 Lobby 跳转到 WorldProxy 一致了。在同步玩家数据的处理方式上有很多种方案。可以使用 Redis 数据来进行缓存，Redis 数据是可以跨线程读取的。但本书采用的方案是使用协议进行同步，下面来看重点代码。本节的源代码位于 11_04_teleport 目录中。

跳转部分的代码越来越庞大了，为了隔离跳转部分的代码，本例专门做了一个组件。在 game 工程中，文件 world_component_teleport.h 中定义了 WorldComponentTeleport 组件。

```
class WorldComponentTeleport :public Component<WorldComponentTeleport>,
public IAwakeFromPoolSystem<> {
    ...
private:
    // <playersn, obj>
    std::map<uint64, TeleportObject*> _objects;
};
```

在这个组件中维护了当前代理地图中正在准备跳转的玩家数据，这些跳转数据保存在 TeleportObject 结构中。

```
class TeleportObject :public Component<TeleportObject>, public
IAwakeFromPoolSystem<int, uint64> {
    public:
    TeleportFlag<uint64> FlagWorld;
    TeleportFlag<bool> FlagPlayerSync;
    ...
    private:
    int _targetWorldId{ 0 };
    uint64 _playerSn{ 0 };
};
```

在这个结构中有两个重要的数据：一个是标记 WorldProxy 加载进度的属性值 FlagWorld；另一个是标记玩家同步状态的 FlagPlayerSync。这两个变量的主要任务是标记创建代理地图和请求玩家数据同步这两个流程处于哪个阶段。因为它们的结构一致，所以采用了一个模板：

```cpp
template<typename T>
struct TeleportFlag {
public:
    TeleportFlagType Flag;
    void SetValue(T value) {
        this->Value = value;
        this->Flag = TeleportFlagType::Completed;
    }
    T GetValue() {
        return this->Value;
    }
    bool IsCompleted() {
        return this->Flag == TeleportFlagType::Completed;
    }
private:
    T Value;
};
```

标记枚举定义如下：

```cpp
enum class TeleportFlagType {
    None = 0,
    Waiting = 1,
    Completed = 2,
};
```

当有玩家发起一个跳转 C2G_EnterWorld 协议时，代理地图的处理函数如下：

```cpp
void WorldProxy::HandleC2GEnterWorld(Player* pPlayer, Packet* pPacket) {
    auto proto = pPacket->ParseToProto<Proto::EnterWorld>();
    auto worldId = proto.world_id();
    const auto pResMgr = ResourceHelp::GetResourceManager();
    const auto pWorldRes = pResMgr->Worlds->GetResource(worldId);

    if (pWorldRes == nullptr)
        return;

    auto pTeleportComponent = this->GetComponent<WorldComponentTeleport>();
    if (pTeleportComponent->IsTeleporting(pPlayer))
        return;

    // create teleport object
```

```
        GetComponent<WorldComponentTeleport>()->CreateTeleportObject(worldId,
pPlayer);
    }
```

在收到客户端指定跳转 C2G_EnterWorld 协议时，为玩家创建一个跳转对象 TeleportObject
实例。

```
void WorldComponentTeleport::CreateTeleportObject(int worldId, Player*
pPlayer) {
    const auto pObj = GetSystemManager()->GetEntitySystem()->AddComponent
<TeleportObject>(worldId, pPlayer->GetPlayerSN());
    _objects.insert(std::make_pair(pPlayer->GetPlayerSN(), pObj));
    const auto pWorldProxy = GetParent<WorldProxy>();
    // World
    CreateWorldFlag(pWorldProxy, worldId, pObj);
    // Sync
    CreateSyncFlag(pWorldProxy, pObj);
}
```

从上面的代码中可以看出，创建 TeleportObject 对象之后调用了 CreateWorldFlag 和
CreateSyncFlag 两个函数，只有这两个功能完成后，跳转地图功能才可能真正开始。先来看玩
家同步请求，代码相对简单：

```
void WorldComponentTeleport::CreateSyncFlag(WorldProxy* pWorldProxy,
TeleportObject* pObj) {
    auto pPlayerMgr = _parent->GetComponent<PlayerCollectorComponent>();
    const auto pPlayer = pPlayerMgr->GetPlayerBySn(pObj->GetPlayerSN());

    Proto::RequestSyncPlayer protoSync;
    protoSync.set_player_sn(pObj->GetPlayerSN());
    pWorldProxy->SendPacketToWorld(Proto::MsgId::G2S_RequestSyncPlayer,
protoSync, pPlayer);

    pObj->FlagPlayerSync.Flag = TeleportFlagType::Waiting;
}
```

请求玩家数据同步的协议发送到 World 地图中，同时设置标志位为等待状态，状态在同
步数据到达之后会修改为完成状态。同理，在处理代理地图时采用的是相同的方式：

```
void WorldComponentTeleport::CreateWorldFlag(WorldProxy* pWorldProxy, int
targetWorldId, TeleportObject* pObj) {
    // 创建地图
    const auto pResMgr = ResourceHelp::GetResourceManager();
    const auto pWorldRes = pResMgr->Worlds->GetResource(targetWorldId);
    if (pWorldRes->IsType(ResourceWorldType::Public)) {
```

```
        auto pWorldLocator = ComponentHelp::GetGlobalEntitySystem()->
GetComponent<WorldProxyLocator>();
        const auto worldSn = pWorldLocator->GetWorldSnById(targetWorldId);
        if (worldSn == static_cast<uint64>(INVALID_ID)) {
            // 向 appmgr 申请创建地图
            Proto::RequestWorld protoToMgr;
            protoToMgr.set_world_id(targetWorldId);
            MessageSystemHelp::SendPacket(Proto::MsgId::G2M_RequestWorld,
protoToMgr, APP_APPMGR);
            pObj->FlagWorld.Flag = TeleportFlagType::Waiting;
        } else {
            pObj->FlagWorld.SetValue(worldSn);
        }
    } else if (pWorldRes->IsType(ResourceWorldType::Dungeon)) {
        // 马上创建一个副本
        auto pSpaceSyncHandler = ComponentHelp::GetGlobalEntitySystem()->
GetComponent<SpaceSyncHandler>();
        AppInfo info;
        if (!pSpaceSyncHandler->GetSpaceApp(&info)) {
            LOG_ERROR("can't find space");
            return;
        }
        Proto::CreateWorld protoCreate;
        protoCreate.set_world_id(targetWorldId);
        protoCreate.set_last_world_sn(pWorldProxy->GetSN());
        protoCreate.set_game_app_id(Global::GetInstance()->GetCurAppId());
        MessageSystemHelp::SendPacket(Proto::MsgId::G2S_CreateWorld,
protoCreate, APP_SPACE, info.AppId);
        pObj->FlagWorld.Flag = TeleportFlagType::Waiting;
    }
}
```

对于公共地图和副本地图采用了不同的方式，公共地图信息向 appmgr 请求，而副本地图是直接向某个 space 请求创建一个地图。无论哪种方式，当地图创建成功时，game 进程的 WorldProxyLocator 会收到广播协议，这个组件会创建一个对应的 WorldProxy，而 WorldProxy 被创建成功之后，会向当前进程或某个指定目标广播，这时原地图就会收到 MI_BroadcastCreateWorldProxy 协议。WorldProxy 对于该协议的处理方式就是转交给组件处理。其代码如下：

```
    void WorldProxy::HandleBroadcastCreateWorldProxy(Packet* pPacket) {
        auto proto = pPacket->ParseToProto<Proto::BroadcastCreateWorldProxy>();
        GetComponent<WorldComponentTeleport>()->
HandleBroadcastCreateWorldProxy(proto.world_id(), proto.world_sn());
    }
```

```cpp
void WorldComponentTeleport::HandleBroadcastCreateWorldProxy(const int
worldId, const uint64 worldSn) {
    const auto pResMgr = ResourceHelp::GetResourceManager();
    const auto pWorldRes = pResMgr->Worlds->GetResource(worldId);
    if (pWorldRes->IsType(ResourceWorldType::Public)) {
        // 公共地图:所有等待中的玩家全部跳过去
        do
        {
            auto iter = std::find_if(_objects.begin(), _objects.end(),
[&worldId](auto pair) {
                    return (pair.second->GetTargetWorldId() == worldId);
                });

            if (iter == _objects.end())
                break;

            auto pObj = iter->second;
            pObj->FlagWorld.SetValue(worldSn);
            Check(pObj);
        } while (true);
    } else if (pWorldRes->IsType(ResourceWorldType::Dungeon)) {
        // 非公共地图，一次只有一个玩家跳过去
        auto iter = std::find_if(_objects.begin(), _objects.end(),
[&worldId](auto pair) {
                return (pair.second->GetTargetWorldId() == worldId);
            });

        // 副本是定向协议，如果没有找到，就一定有 Bug
        if (iter == _objects.end()) {
            LOG_ERROR("BroadcastCreateWorldProxy, can't find teleport object.
create world id:" << worldId << " cur world id:" << GetParent<WorldProxy>()->
GetWorldId());
            return;
        }

        auto pObj = iter->second;
        pObj->FlagWorld.SetValue(worldSn);
        Check(pObj);
    }
}
```

收到 WorldProxy 创建成功的消息，修改对应的 TeleportObject 的值。最后调用 Check 函
数检查整个 TeleportObject 的状态。

```
bool WorldComponentTeleport::Check(TeleportObject* pObj) {
    const auto worldId = pObj->GetTargetWorldId();
    const auto pWorldProxy = GetParent<WorldProxy>();

    if (!pObj->FlagPlayerSync.IsCompleted() || !pObj->FlagWorld.IsCompleted())
        return false;

    //所有准备工作已完成
    auto pPlayerMgr = _parent->GetComponent<PlayerCollectorComponent>();
    const auto pPlayer = pPlayerMgr->GetPlayerBySn(pObj->GetPlayerSN());

    // teleport
    WorldProxyHelp::Teleport(pPlayer, pWorldProxy->GetSN(),
pObj->FlagWorld.GetValue());

    // 清理数据
    _objects.erase(pPlayer->GetPlayerSN());
    GetSystemManager()->GetEntitySystem()->RemoveComponent(pObj);
    return true;
}
```

当所有工作都完成时，调用 WorldProxyHelp::Teleport 函数发起正式跳转。现在测试一下工作，进入 11_04_teleport 目录，启动 allinone 进程和 robots 进程，在 robots 进程中输入 "login -a test" 指令。这时，玩家登录服务器，依次收到了 S2C_EnterWorld 协议，第一次是进入 2 号地图，第二次是进入 3 号地图。2 号地图是 roles 地图，用于选择角色，3 号地图是默认的公共地图。

这时，在 robots 控制台输入 "world -enter 4"，表示想让玩家进入 4 号地图。在 world.csv 配置文件中，可以看到 4 号地图是一个副本地图。指令执行之后，robots 控制台会打印 "account:test enter world. Id:4"，表示该角色已进入 4 号地图。在 allinone 控制台输入 "world -all" 和 "proxy -all"，我们可以看到如下信息：

```
proxy -all
**** world proxy gather ****
sn:103848004384982099 proxy sn:103848004384982099 online:0 name:roles
sn:103848004720527189 proxy sn:103848004720527189 online:1 name:jiangxia
sn:103848011766958690 proxy sn:103848011766958690 online:1 name:dungeon02

world -all
**** world gather ****
sn:103848004720527189 online:1
sn:103848011766958690 online:1
```

玩家已经从公共地图转移到了副本地图。

11.6 总　　结

本章讨论了分布式中很重要的一个环节，玩家如何在多进程之间切换地图。切换地图的功能非常复杂，涉及同步数据、存储数据等操作。在切换地图时，大部分情况下是在 WorldProxy 代理类之间进行切换的。

完成地图切换之后，主要是玩家与 World 之间的交互，因为 World 地图位于 space 进程中，这时位于 game 进程上的 WorldProxy 的主要作用就是转发协议。

第**12**章
断线与动态加载系统

本章主要讨论一个异常处理——网络断线和重连。其中断线又包括两个部分：一个是玩家的断线；另一个是服务端进程之间的断线。这两种情况需要分开处理。除此之外，本章在现有框架的基础之上介绍可以动态加载 System 的功能，这样可以在不修改底层 libserver 的情况下自主加载新的系统。本章包括以下内容：

❀ 梳理各个进程对于断线的处理。

❀ 在 space 进程中加入一个新的移动系统。

12.1 玩 家 断 线

玩家断线是一种正常的网络断线。在整个游戏框架中，玩家数据会保存在 3 个进程和 4 种实体中。3 个进程分别是 login 进程、game 进程和 space 进程。当玩家断线时，要充分考虑到 3 个进程中的数据，相关数据都需要处理。

4 种实体分别如下：

（1）在 login 中，实体对象为 Account 类，该类用于玩家进行账号验证。

（2）在 game 进程中，有两个与玩家有关的实体类：

● Lobby类，该类是玩家进入game进程的第一个实体类。

● WorldProxy类，该类是地图类的代理类。

（3）在 space 进程中，玩家存在于一个特定的 World 类中，该类是真正的地图类。

在以上 4 种实体类中，我们都必须处理玩家断线的问题。当一个网络连接中断时，网络底层会发送 MI_NetworkDisconnect 协议给各个线程。也就是说，只需要在这 4 个实体类中处理好 MI_NetworkDisconnect 的后续操作就可以了。本节涉及的有关源代码位于 12_01_disconnect 目录中。

12.1.1 玩家在 login 进程中断线

当玩家还没有进入 game 进程之前，是与 login 进行通信的，其主要数据位于 Account 类中。下面的代码是 Account 类对于断线协议做出的反应：

```
void Account::HandleNetworkDisconnect(Packet* pPacket) {
    const auto socketKey = pPacket->GetSocketKey();
    if (socketKey->NetType != NetworkType::TcpListen)
        return;
    auto pPlayerCollector = GetComponent<PlayerCollectorComponent>();
    pPlayerCollector->RemovePlayerBySocket(pPacket->
GetSocketKey()->Socket);
}
```

收到断线协议后，Account 类会将玩家的数据进行销毁，附加在 Player 实体上的组件会将玩家在 Redis 中的数据也销毁。在 login 进程中，除了有 TCP 连接外，还有 HTTP 连接。HTTP 连接用于玩家向外部 Nginx 服务器请求账号验证时使用。在断线处理时，需要判断当前断线 Socket 的类型，只有 TCP 类型的断线才进行处理。

12.1.2 玩家在 game 进程中断线

当玩家进入 game 进程时，可能存在于两个实体中：一个是 Lobby；另一个是 WorldProxy。在这两个类中，框架都做了断线处理。

```
void Lobby::HandleNetworkDisconnect(Packet* pPacket) {
    auto pTagValue = pPacket->GetTagKey()->GetTagValue(TagType::Account);
    if (pTagValue == nullptr)
        return;
    GetComponent<PlayerCollectorComponent>()->RemovePlayerBySocket
(pPacket->GetSocketKey()->Socket);
}
```

在 Lobby 类中处理得比较简单，只需要移除玩家数据即可。在 WorldProxy 类中相对要多几个步骤，下面是它的实现：

```
void WorldProxy::HandleNetworkDisconnect(Packet* pPacket) {
    TagValue* pTagValue = pPacket->GetTagKey()->GetTagValue
(TagType::Account);
    if (pTagValue != nullptr) {
        const auto pPlayer = GetComponent<PlayerCollectorComponent>()->
GetPlayerBySocket(pPacket->GetSocketKey()->Socket);
        if (pPlayer == nullptr)
            return;

        auto pCollector = GetComponent<PlayerCollectorComponent>();
```

```
        pCollector->RemovePlayerBySocket(pPacket->GetSocketKey()->Socket);
        SendPacketToWorld(Proto::MsgId::MI_NetworkDisconnect, pPlayer);
    }
    ...
}
```

从上面的代码中可以看到，当一个玩家的网络中断之后，WorldProxy 代理地图类将玩家数据移除，同时需要向 space 进程中的 World 发送一个断线消息，告诉 World 类有一个玩家断线了。

12.1.3　玩家断线时 World 类的处理

以下代码展示了 space 进程收到断线消息所进行的处理：

```
void World::HandleNetworkDisconnect(Packet* pPacket) {
    auto pTags = pPacket->GetTagKey();
    const auto pTagPlayer = pTags->GetTagValue(TagType::Player);
    if (pTagPlayer != nullptr) {
        auto pPlayerMgr = GetComponent<PlayerManagerComponent>();
        const auto pPlayer = pPlayerMgr->GetPlayerBySn(pTagPlayer->KeyInt64);
        if (pPlayer == nullptr) {
            LOG_ERROR("world. net disconnect. can't find player. player sn:" <<
pTagPlayer->KeyInt64);
            return;
        }

        Proto::SavePlayer protoSave;
        protoSave.set_player_sn(pPlayer->GetPlayerSN());
        pPlayer->SerializeToProto(protoSave.mutable_player());
        MessageSystemHelp::SendPacket(Proto::MsgId::G2DB_SavePlayer,
protoSave, APP_DB_MGR);

        // 玩家掉线
        pPlayerMgr->RemovePlayerBySn(pTagPlayer->KeyInt64);
    }
    ...
}
```

当 World 收到玩家断线的消息后，它需要做两件事：第一件事是将内存中玩家的数据移除，将其从 PlayerManagerComponent 管理类中移除；第二件事是在移除之前，将玩家的数据发送到 dbmgr 进程中进行数据存储，发送的协议号为 G2DB_SavePlayer。

12.1.4　玩家数据的读取与保存

当玩家下线时，需要从 World 对象中移除玩家，并对当前数据进行存储，存储玩家数据时使用 Proto::SavePlayer 协议结构。其定义如下：

```
message SavePlayer {
    uint64 player_sn = 1;
    Player player = 2;
}
```

它的结构很简单，两个变量，一个 64 位无符号整型数据作为玩家唯一标识，另一个是结构 Proto::Player，用于存储玩家当前所有数据。从 DB 中加载一个数据时，也是使用的 Proto::Player 结构，该结构定义在 db.proto 文件。在读取与存储玩家数据时，保持了一致的代码结构。下面来看 Protobuf 中对于 Player 的定义：

```
message Player {
    uint64 sn = 1;
    string name = 2;
    PlayerBase base = 3;
    PlayerMisc misc = 4;
}
```

Proto::Player 是 DB 存储的基本单元，结构 PlayerBase 中包括一些基础数据，结构 PlayerMisc 中包括一些杂项数据，如果要增加道具数据，那么可以再增加一个 PlayerItems 结构。当玩家登录 game 进程之后，在 Lobby 类中会生成一个 Player 实例，game 进程会读取出玩家选中的角色，并从 DB 中取读 Proto::Player 传递到 Player 实体中。其读取代码如下：

```
void Player::ParserFromProto(const uint64 playerSn, const Proto::Player& proto) {
    _playerSn = playerSn;
    _player.CopyFrom(proto);
    _name = _player.name();

    // 在内存中修改数据
    for (auto pair : _components) {
        auto pPlayerComponent = dynamic_cast<PlayerComponent*>(pair.second);
        if (pPlayerComponent == nullptr)
            continue;
        pPlayerComponent->ParserFromProto(proto);
    }
}
```

对于附加在 Player 实体上的组件，如果有存储或读取数据库的需要，都是基于 PlayerComponent 接口的，要实现两个虚函数。PlayerComponent 定义如下：

```
class PlayerComponent {
public:
    virtual void ParserFromProto(const Proto::Player& proto) = 0;
    virtual void SerializeToProto(Proto::Player* pProto) = 0;
};
```

Player 类解析了 Proto::Player 的结构，并将它传递到自己所有的组件上，让组件选择自己需要的数据来填充内存数据。例如 PlayerComponentLastMap 组件，用于分析最后一次登录地图的数据。它的 ParserFromProto 函数实现如下：

```
void PlayerComponentLastMap::ParserFromProto(const Proto::Player& proto) {
    // 公共地图
    auto protoMap = proto.misc().last_world();
    int worldId = protoMap.world_id();
    auto pResMgr = ResourceHelp::GetResourceManager();
    auto pMap = pResMgr->Worlds->GetResource(worldId);
    if (pMap != nullptr) {
        _pPublic = new LastWorld(protoMap);
    } else {
        pMap = pResMgr->Worlds->GetInitMap();
        _pPublic = new LastWorld(pMap->GetId(), 0, pMap->GetInitPosition());
    }
    ...
}
```

当 Proto::Player 数据传递到 PlayerComponentLastMap 组件时，它从中挑选了自己感兴趣的 PlayerMisc 数据。又如 space 进程中的 PlayerComponentDetail 组件，这个组件存储着玩家的基础数据，诸如 level、gender 等常用数据，其 ParserFromProto 函数实现如下：

```
void PlayerComponentDetail::ParserFromProto(const Proto::Player& proto) {
    auto protoBase = proto.base();
    _gender = protoBase.gender();
}
```

从上面的代码可以看出，PlayerComponentDetail 组件没有对 PlayerMisc 进行处理，它只对 PlayerBase 感兴趣。总之，当 Proto::Player 传递到 Player 实体上时需要遍历所有组件，填充组件需要的数据。

还有另一种情况，Player 已经存在了，也解析过 Proto::Player 结构了，这时加入组件，初始化工作将由 Awake 组件来完成。以 PlayerComponentLastMap 组件为例：

```
void PlayerComponentLastMap::Awake() {
    Player* pPlayer = dynamic_cast<Player*>(_parent);
    ParserFromProto(pPlayer->GetPlayerProto());
}
```

在组件初始化时，主动调用了 ParserFromProto 函数对数据进行分析。通过以上两步将 DB 中的数据加载到内存中。除了读取之外，还需要关注玩家身上的组件是如何进行数据存储的。当玩家断线时，调用以下 4 行代码来实现保存：

```
Proto::SavePlayer protoSave;
protoSave.set_player_sn(pPlayer->GetPlayerSN());
```

```
pPlayer->SerializeToProto(protoSave.mutable_player());
MessageSystemHelp::SendPacket(Proto::MsgId::G2DB_SavePlayer, protoSave,
APP_DB_MGR);
```

看上去很简洁，其中值得注意的是 SerializeToProto。下面的代码是它的实现：

```
void Player::SerializeToProto(Proto::Player* pProto) const {
    // 基础数据
    pProto->CopyFrom(_player);
    // 在内存中修改数据
    for (auto pair : _components) {
        auto pPlayerComponent = dynamic_cast<PlayerComponent*>(pair.second);
        if (pPlayerComponent == nullptr)
            continue;
        pPlayerComponent->SerializeToProto(pProto);
    }
}
```

当需要保存数据时，也是遍历玩家的所有组件，让组件把自己的数据传递到给定的参数
Proto::Player 中。还是以 PlayerComponentLastMap 组件为例，它的 SerializeToProto 函数实现
如下：

```
void PlayerComponentLastMap::SerializeToProto(Proto::Player* pProto) {
    if (_pPublic != nullptr) {
        const auto pLastMap = pProto->mutable_misc()->mutable_last_world();
        _pPublic->SerializeToProto(pLastMap);
    }
    if (_pDungeon != nullptr) {
        const auto pLastDungeon =
pProto->mutable_misc()->mutable_last_dungeon();
        _pDungeon->SerializeToProto(pLastDungeon);
    }
}
```

PlayerComponentLastMap 组件主要是保存上一次登录的地图信息，它将自己的内存数据
（也就是最近的登录地图数据）写入了给定的 Proto::Player 中，这样该角色下次上线时取到的
数据就是下线时最后的数据。

总之，在 Player 组件的 SerializeToProto 函数中，将内存的数据重新写回到 Proto::Player
中，再将它传递到 dbmgr 进程实现存储。

分析完玩家的整个断线过程可能发生的事件，现在编译 12_01_disconnect 工程，使用 robots
进行登录。登录完成之后，在 allinone 控制台输入 "proxy -all" 和 "world -all"，会发现有一
个玩家在公共地图上。随后将 robots 进程关闭，让玩家下线。如果是通过客户端登录的，就关
闭客户端。退出客户端，服务端会打印如下两行数据：

```
[INFO] - HandleSavePlayer sn:103088522096807185
[DEBUG] -  @@ DEL. key:del engine::online::game::test
```

这两行数据对应两个事件：一个是存储；另一个是 Redis 在线标志被删除。再使用 "proxy -all" 和 "world -all" 查看地图上的数据，玩家数据已经从地图上被清除了，以上就是整个玩家断线过程的处理。

12.1.5　如何进入断线之前的地图

当一个玩家进入 game 进程时，第一个到达的地方一定是 Lobby 类中，这是一个中转站。Lobby 类从数据库中读出了玩家的数据，其处理函数为 Lobby::HandleQueryPlayerRs。在 12_01_disconnect 目录的工程中查看该函数。该函数从玩家数据中取出最近登录的副本地图，以保证玩家优先进入之前被中断的副本。如果副本在本地不存在，就向 appmgr 进行查询，查询时将玩家放在等待队列中。下面来看代码实现：

```cpp
void Lobby::HandleQueryPlayerRs(Packet* pPacket) {
    auto protoRs = pPacket->ParseToProto<Proto::QueryPlayerRs>();
    auto account = protoRs.account();
    auto pPlayer =
GetComponent<PlayerCollectorComponent>()->GetPlayerByAccount(account);
    ...
    // 分析进入地图
    auto protoPlayer = protoRs.player();
    const auto playerSn = protoPlayer.sn();
    pPlayer->ParserFromProto(playerSn, protoPlayer);
    const auto pPlayerLastMap = pPlayer->AddComponent
<PlayerComponentLastMap>();
    auto pWorldLocator = ComponentHelp::GetGlobalEntitySystem()->
GetComponent<WorldProxyLocator>();
    // 进入副本
    auto pLastMap = pPlayerLastMap->GetLastDungeon();
    if (pLastMap != nullptr) {
        if (pWorldLocator->IsExistDungeon(pLastMap->WorldSn)) {
            // 存在副本，跳转
            WorldProxyHelp::Teleport(pPlayer, GetSN(), pLastMap->WorldSn);
            return;
        }
        // 查询副本是否存在
        if (_waitingForDungeon.find(pLastMap->WorldSn) ==
_waitingForDungeon.end()) {
            _waitingForDungeon[pLastMap->WorldSn] = std::set<uint64>();
        }
        if (_waitingForDungeon[pLastMap->WorldSn].empty()) {
            // 向 appmgr 查询副本
```

```
        Proto::QueryWorld protoToMgr;
        protoToMgr.set_world_sn(pLastMap->WorldSn);
        protoToMgr.set_last_world_sn(GetSN());
        MessageSystemHelp::SendPacket(Proto::MsgId::G2M_QueryWorld,
protoToMgr, APP_APPMGR);
    }
    _waitingForDungeon[pLastMap->WorldSn].insert
(pPlayer->GetPlayerSN());
    return;
    }
    // 进入公共地图
    EnterPublicWorld(pPlayer);
}
```

　　向 appmgr 进程进行副本查询之后，如果副本在 space 中存在，就会在本地创建一个 WorldProxy 代理地图进行跳转。多进程启动时，存在多个 game 进程，有可能玩家第二次登录的 game 进程并不是之前那个 game 进程，也就不存在 WorldProxy。虽然不存在，但可以创建一个代理。这引出了另一个问题，WorldProxy 是何时被销毁的呢？

　　理论上来说，当 World 在某种条件下被销毁了，应该广播一个销毁协议，这个销毁协议会发送到所有 game 进程和 appmgr 进程上，以清除这个 World 当前的代理数据。appmgr 的数据被清除之后，玩家登录时向 appmgr 请求副本地图时会返回失败，这时就会选择最近的公共地图进行登录。在本小节的示例中，我们没有完成这一步，读者如果感兴趣，那么可以自行上手实现。

　　对于服务器来说，除了玩家断线之外，还有一种更为复杂的断线是服务进程之间的断线。

12.2　进程之间的断线

　　在服务端，大部分进程都在内网。除了宕机之外，很少会出现断线的问题。但是我们依然要处理断线重连。

　　其中一个原因是多进程启动的顺序不是固定的。如果一定要按一个固有的顺序来启动服务器的所有进程，那么显然不够灵活。既然进程的启动不是先启动 appmgr，再启动 game，对于 game 进程来说，它启动时就需要连接 appmgr，如果它启动时 appmgr 还没有启动，这里就相当于一个断线重连的情况。下面依次来梳理每个进程断线时可能发生的事情。

12.2.1　login 进程断线与重连

　　工程 login 的断线处理相对来说比较简单，打开 login 工程的 main.cpp 文件，可以看到与 login 有网络连接的是 dbmgr 进程和 appmgr 进程。每个 login 进程需要向 appmgr 进程同步自己当前的状态。一个 login 断线了，在 appmgr 中的状态就需要清除。下面的代码是网络断线的流程，在 appmgr 中的处理如下：

```
void AppSyncComponent::HandleNetworkDisconnect(Packet* pPacket) {
    if (!NetworkHelp::IsTcp(pPacket->GetSocketKey()->NetType))
        return;
    SyncComponent::HandleNetworkDisconnect(pPacket);
    ...
}
void SyncComponent::HandleNetworkDisconnect(Packet* pPacket) {
    SOCKET socket = pPacket->GetSocketKey()->Socket;
    const auto iter = std::find_if(_apps.begin(), _apps.end(), [&socket](auto
pair) {
        return pair.second.Socket == socket;
    });
    if (iter == _apps.end())
        return;
    _apps.erase(iter);
}
```

在 appmgr 中，login 的数据关系到我们登录时请求登录 IP 的功能。清除 login 的数据，这样玩家上线时就不会请求到已断线的 login 进程数据。现在来测试一下，启动 appmgr，再启动 login，先后顺序并没有关系。login 的启动命令如下：

```
[root@localhost bin]# ./logind -sid=101
```

在 appmgr 的控制台输入 "app -info"，查看当前所有进程的状态：

```
app -info
[DEBUG] - appId: 101 type:login online:0
[DEBUG] - appId: 201 type:game online:0
[DEBUG] - appId: 301 type:space online:0
```

其中，online 表示在线人数，客户端向 appmgr 发起请求登录地址时，就是根据当前所有 login 进程的 online 数据决定被分配到哪个 login 进程上去的。关闭 login 进程之后，其信息在 appmgr 进程被销毁。再次连接之后，又会重新同步状态。

12.2.2　game 进程断线与重连

如果 game 进程发生断线，那么与它有联系的所有进程都需要做出反应。在 game 工程的 main.cpp 文件中，可以看到与其有连接的进程是 dbmgr、appmgr 和 space。game 连接 dbmgr 是为了读取数据，连接 appmgr 是为了创建公共地图。因此，这两个进程都不需要对 game 进程的断线做出什么特别的操作，就剩下最后一个 space 进程。

game 是玩家与 space 的中间进程，当 game 进程发生宕机或其他事件引起的断线时，在 game 进程上的所有玩家网络全部中断。对于 space 来说，需要做的就是检查自己的每一个地图实例，与断线 game 进程有关联的玩家全部踢下线并保存。

当有网络断线时，所有 World 实例都会收到 MI_NetworkDisconnect 断线消息。本小节的源代码还是在 12_01_disconnect 目录中。下面的代码是 World 对于断线消息的处理函数：

```
void World::HandleNetworkDisconnect(Packet* pPacket) {
    auto pTags = pPacket->GetTagKey();
    const auto pTagPlayer = pTags->GetTagValue(TagType::Player);
    if (pTagPlayer != nullptr) {
        // 玩家掉线
        ...
    } else {
        // dbmgr, appmgr or game 断线
        const auto pTagApp = pTags->GetTagValue(TagType::App);
        if (pTagApp != nullptr) {
            auto pPlayerMgr = GetComponent<PlayerManagerComponent>();
            pPlayerMgr->RemoveAllPlayers(pPacket);
        }
    }
}
```

一旦发现收到的断线来自于 game 进程，与这个 game 有关的所有玩家将被从 PlayerManagerComponent 管理组件中踢出，在踢出的过程中执进行了保存数据的操作。其代码如下：

```
void PlayerManagerComponent::RemoveAllPlayers(NetIdentify* pNetIdentify) {
    auto iter = _players.begin();
    while (iter != _players.end()) {
        auto pPlayer = iter->second;
        if (pPlayer->GetSocketKey()->Socket !=
pNetIdentify->GetSocketKey()->Socket) {
            ++iter;
            continue;
        }
        iter = _players.erase(iter);
        // save
        Proto::SavePlayer protoSave;
        protoSave.set_player_sn(pPlayer->GetPlayerSN());
        pPlayer->SerializeToProto(protoSave.mutable_player());
        MessageSystemHelp::SendPacket(Proto::MsgId::G2DB_SavePlayer,
protoSave, APP_DB_MGR);
        // remove obj
        GetSystemManager()->GetEntitySystem()->RemoveComponent(pPlayer);
    }
}
```

综上所述，game 进程网络断开，space 进程上所有地图的 World 实例都会收到断线消息。在 World 处理该消息时，将断线协议中的 Socket 值与玩家身上的 Socket 值进行对比，找到这些 Socket 值相同的玩家，让这些玩家下线，同时保存玩家的数据。

12.2.3　space 进程断线与重连

space 进程断线的情况比 game 进程稍微复杂一些。space 还连接了 dbmgr 和 appmgr。space 与 dbmgr 的连接断开了不会有什么逻辑上的问题，因为很快会重新连接，也不会有存储上的问题。下面先讨论与 game 的断开。space 与 game 的连接是由 game 进程发起的。space 断线，game 进程中的 WorldProxy 必须做出反应，处理函数如下：

```
void WorldProxy::HandleNetworkDisconnect(Packet* pPacket) {
    if (!NetworkHelp::IsTcp(pPacket->GetSocketKey()->NetType))
        return;

    TagValue* pTagValue = pPacket->GetTagKey()->GetTagValue(TagType::Account);
    if (pTagValue != nullptr) {
        // 玩家掉线
        ...
    } else {
        // 可能是 space、login、appmgr、dbmgr 断线
        auto pTags = pPacket->GetTagKey();
        const auto pTagApp = pTags->GetTagValue(TagType::App);
        if (pTagApp == nullptr)
            return;
        const auto appKey = pTagApp->KeyInt64;
        const auto appType = GetTypeFromAppKey(appKey);
        const auto appId = GetIdFromAppKey(appKey);

        if (appType != APP_SPACE || _spaceAppId != appId)
            return;

        // 玩家需要全部断线
        auto pPlayerCollector = GetComponent<PlayerCollectorComponent>();
        pPlayerCollector->RemoveAllPlayerAndCloseConnect();

        // locator
        auto pWorldLocator = ComponentHelp::GetGlobalEntitySystem()->
GetComponent<WorldProxyLocator>();
        pWorldLocator->Remove(_worldId, GetSN());

        // worldproxy 需要销毁
        GetSystemManager()->GetEntitySystem()->RemoveComponent(this);
    }
}
```

在 game 进程中，WorldProxy 代理类的目标 World 可能位于各个 space 进程上，所以 WorldProxy 类收到断线消息，需要判断是否是自己代理的 space 进程断线了。如果是，当前代理地图中的玩家就全部下线，同时销毁 WorldProxy 自己。这是比较简单的一种做法。复杂一点的话，可以让所有玩家回到默认地图中去。

当 space 断线时，除了 game 进程需要处理外，在 appmgr 中保存了一些地图实例与 space 的对应数据，这些数据也必须在断线时处理掉，处理函数位于 appmgr 工程的 CreateWorldComponent 组件中，实现如下：

```cpp
void CreateWorldComponent::HandleNetworkDisconnect(Packet* pPacket) {
    ...
    auto appId = GetIdFromAppKey(pTagApp->KeyInt64);
    // 断线的 Space 上是否有正在创建的地图
    do
    {
        auto iterCreating = std::find_if(_creating.begin(), _creating.end(),
[&appId](auto pair) {
            return pair.second == appId;
        });
        if (iterCreating == _creating.end())
            break;
        // 正在创建时，Space 进程断开了，另找进程创建
        auto worldId = iterCreating->first;
        _creating.erase(iterCreating);
        ReqCreateWorld(worldId);
    } while (true);
    // 断线的 Space 上有已创建的公共地图全部删除
    do
    {
        auto iterCreated = std::find_if(_created.begin(), _created.end(),
[&appId](auto pair) {
            return Global::GetAppIdFromSN(pair.second) == appId;
        });
        if (iterCreated == _created.end())
            break;
        _created.erase(iterCreated);
    } while (true);
    // 断线的 Space 上创建的副本地图全部删除
    do
    {
        const auto iter = std::find_if(_dungeons.begin(), _dungeons.end(),
[&appId](auto pair) {
            return pair.second == appId;
        });
```

```
        if (iter == _dungeons.end())
            break;
        _dungeons.erase(iter);
    } while (true);
}
```

现在来做一个测试，以多进程启动服务端，启动 5 个进程：

```
./dbmgrd
./appmgrd
./logind -sid=101
./gamed -sid=201
./spaced -sid=301
```

启动 robots 用于登录。在 robots 上登录一个账号，完成之后，在 appmgr 上输入 "create -all" 命令，可以查看当前所有的地图以及所在 space 的信息。

在 space 进程下，按 Ctrl+C 组合键或者输入 "-exit" 退出进程。此时，在 appmgr 上输入 "create -all" 命令就会看到地图信息，会发现被销毁了，就是上面 CreateWorldComponent 类处理断线的代码让它销毁的。

同时，game 进程中的代理地图实例被销毁，在 robots 进程中的 Robot 从地图中弹了出来，它会再次申请进入 game 中，但是因为没有 space 进程为它创建真实地图，所以 Robot 停在了 game 进程的 Lobby 类中，在客户端的表现就是它停在了选择角色界面。假设这时有两个 space 进程，一个断线，另一个正常的 space 进程会马上创建一个新的公共地图实例，而玩家即使被弹出了地图，再次登录时也可以马上重新进入游戏。

以上流程充分展示了分布式框架的特点，即使遇到严重问题，产生了宕机，但是由于服务端多进程分散处理，对于玩家来说，他可能以为自己断线，重新登录之后可以重新进入游戏中，丝毫不会减少游戏体验。分布式框架比起单进程的服务框架，在容灾方面要更有利。

12.2.4　appmgr 进程断线与重连

如果 appmgr 断线了或者宕机了，会发生什么事情呢？appmgr 需要解决两个问题：一个是全局共有数据；另一个是 HTTP 请求。

重启 appmgr 后，所有连接它的进程会将自己的玩家在线情况发送过来，但 appmgr 的问题并不是重启那么简单。在前面的功能中，appmgr 不仅负责维护公共地图所在的 space 信息，还负责维护副本地图的 space 信息。这些信息在 appmgr 断线之后变成一片空白，现在需要考虑如何重建这些数据。有以下两种思考模式：

（1）space 进程发现自己和 appmgr 连接上之后，马上向它推送一个协议，这个协议中包括 space 当前所有的地图信息。但这也有一个问题，当 appmgr 被重启了，在 space 还没有向 appmgr 发送同步地图的信息之前，game 进程向 appmgr 请求某个公共地图的信息，这时 appmgr 是应该创建还是应该等待呢？

（2）如果事情变得如（1）一样复杂，我们应该考虑另一个问题，appmgr 上是否真的需要保存这些数据？如果不保存，那么 game 进程应该如何知道某个公共地图的实例在哪里呢？这个问题有很多解决方案，例如将数据推送到 Redis 中，space 中的数据就不必一定保存到 appmgr 上。同时，我们还可以省略每个进程中的采集数据的流程。

纵观整个框架的布局，除了 appmgr 和 dbmgr 之外，都有可以替代的方案，game1 关闭了还有 game2，space1 宕机了还有 space2。如果 appmgr 宕机了，就没有可以替代的方案了。

实际上，appmgr 同样可以采用集合的方式，这样即使其中一个 appmgr 关闭了，还有另一个 appmgr。如果读者感兴趣，那么可以沿着这个思路继续编码，鉴于篇幅所限，本书不再继续深入介绍。

一个分布式框架的较佳方案是，所有节点都是 N+1 个实例，这意味着每一个节点关闭时，立即有另一个节点替代继续工作。

在现在的工程中，appmgr 只有一个唯一实例，如果它宕机了，那么新来的客户端请求登录地址时肯定会出现连接不上的问题，这显然是不太好的体验。在框架中，appmgr 收集了 login 的数据，客户端通过 HTTP 请求到一个轮询的 login 进程数据用于登录。HTTP 请求返回 JSON 类型的数据，内容包括客户端可以登录的 login 地址。

在实际部署中，我们可以采取另一种方式来实现，就是充分使用 Nginx 的 upstream 功能。首先在 login 进程上实现一个 HTTP 接口，返回自己的 IP 与端口，也就是客户端登录的 IP 与端口。将 login 打开的 HTTP 端口配置到 Nginx 上，例如：

```
Upstream login_server {
    server 192.168.0.172:9000 weight=5;
    server 192.168.0.171:9000 weight=5;
}
```

当我们访问 Nginx 时，Nginx 会以轮询的方式分发客户端请求到每一个 login 进程上，如图 12-1 所示。

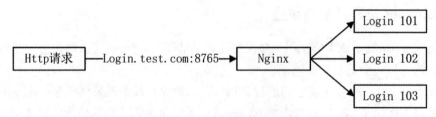

图 12-1　反向代理均衡

对于客户端来说，它访问的只是一个指向 Nginx 的域名，而 Nginx 会自行对后端服务器加权轮询。这种架构叫反向代理负载均衡，这种部署将 appmgr 的均衡工作移到了外部的 Nginx 进行处理。Nginx 有检测的机制，如果 103 服务器宕机了，就会自动从轮询中剔除。

12.3　动态新增系统

在前面的示例中，基本框架搭建完成，游戏逻辑在此之上增加新的组件即可。但考虑到一种情况，我们的 ECS 框架关于 System 系统的部分几乎固定在了底层，如果上层有需求新增一个系统，就只能修改底层。在游戏制作的过程中会不断地加入新系统，但这些系统和框架 libserver 之间是无关的。

本节是本书框架的深入应用，即如何动态新增系统。本节以直观的移动功能为例进行介绍。在本节的示例中，在 space 进程上增加一个移动的系统。

本节的源代码位于 12_02_move 目录中。首先，我们来看想要达到的最终效果是什么。打开 12_02_move 目录，编译并执行 allinone。用 Unity 打开客户端工程，注意修改相应的配置，编出一个 PC 版本。同时启动两个客户端，以两个账号登录。在任何一个客户端单击地图，都可以看到角色的移动，在另一个客户端对该角色进行了移动同步。

要实现移动功能，首先客户端需要发送一条移动协议，在处理移动协议时可以分成两种情况：一种情况是给一个目标点，让人物移动到目标点；另一种情况是给一个移动方向。本节的例子中将要讨论第一种情况。如果读者有游戏编码的经验，那么应该知道常用的处理移动的方式：当玩家收到这个移动协议之后，将这个数据保存在玩家对象中，然后每一帧对其移动位置进行计算与调整。伪代码如下：

```
class player {
private:
    std::list<Vector3> pos;
public:
    void HandleMove(Packet* pPacket){
        This->pos = ...  // 收到移动协议，初始化
    }
    void Update(){
        if (IsMove()){
            this->curpos = ... // 计算移动点
        }
    }
}
```

我们来看如何改造这个流程，要牢记新框架的基本特点——解耦。如果所有数据都堆积在 Player 类中，就有太多且杂乱数据。因此，用一个组件来存储移动数据。

12.3.1　MoveComponent 组件

新组件的名字为 MoveComponent，可以在 space 工程中找到它。收到客户端传来的 C2S_Move 移动协议时，通过 game 进程的 WorldProxy，协议将被中转到指定的 World 实例上。

在处理协议时，将移动数据全部存到 MoveComponent 组件中，Player 类就再不需要关心了。在本例中处理移动时，要求客户端发送从起始位置到终点位置的所有坐标点。客户端使用了 Unity 的寻路 NavMeshAgent 组件，当我们在屏幕上点下一个点时，NavMeshAgent 可以计算出从玩家当前位置到目标点上所有路径的关键位置，是由 Unity 的寻路算法计算出来的两点间的最短路径。将路径传给服务端，让服务端以相同的速度计算出玩家的位移情况。在 World 类中，收到移动消息的处理函数如下：

```cpp
void World::HandleMove(Player* pPlayer, Packet* pPacket) {
    auto proto = pPacket->ParseToProto<Proto::Move>();
    proto.set_player_sn(pPlayer->GetPlayerSN());
    const auto positions = proto.mutable_position();
    auto pMoveComponent = pPlayer->GetComponent<MoveComponent>();
    if (pMoveComponent == nullptr) {
        pMoveComponent = pPlayer->AddComponent<MoveComponent>();
    }
    std::queue<Vector3> pos;
    for (auto index = 0; index < proto.position_size(); index++) {
        Vector3 v3(0, 0, 0);
        v3.ParserFromProto(positions->Get(index));
        pos.push(v3);
    }
    const auto pComponentLastMap = pPlayer->GetComponent
<PlayerComponentLastMap>();
    pMoveComponent->Update(pos, pComponentLastMap->GetCur()->Position);
    BroadcastPacket(Proto::MsgId::S2C_Move, proto);
}
```

协议中的位置数据存储了从原点到终点之间路径上的所有点。相邻的两个点之间是没有阻碍的，也就是说相邻的两个点可以走直线。在本例中，没有在服务端判断客户端的路径是否正确，完全信任了客户端。当收到一个移动协议之后，做了一个全地图广播，也就是将收到的移动数据广播给本地图所有的玩家，并将数据保存到 MoveComponent 组件中，以下是组件的数据定义：

```cpp
class MoveComponent :public Component<MoveComponent>, public IAwakeSystem<> {
...
private:
    std::queue<Vector3> _targets;
    MoveVector3 _vector3;
};
```

现在组件有了，那么它是如何运行起来的呢？按照前面的例子，如果玩家要计算出每帧的位移，就需要有一个Update帧函数来实时计算。如果有 1000 个玩家在地图上，也就是需要调用 Update 函数 1000 次。现在统一处理，只需要调用 Update 一次。处理这个计算的是新系统 MoveSystem。

12.3.2　新系统 MoveSystem

先来看看 MoveSystem 的定义，定义文件位于 space 工程的 move_system.h 文件中：

```
class MoveSystem : public ISystem<MoveSystem> {
public:
    MoveSystem();
    void Update(EntitySystem* pEntities) override;
private:
    timeutil::Time _lastTime;
    ComponentCollections* _pCollections{ nullptr };
};
```

在 libserver 基础库中有很多基础系统，现在需要在 space 进程上做一个特有的新系统，从上面的代码可以看到，新系统也是继承自 ISystem，并实现在虚函数 Update 上，实现代码如下：

```
void MoveSystem::Update(EntitySystem* pEntities) {
    // 每 0.5 秒刷一次
    const auto curTime = Global::GetInstance()->TimeTick;
    const auto timeElapsed = curTime - _lastTime;
    if (timeElapsed < 500)
        return;

    if (_pCollections == nullptr) {
        _pCollections = pEntities->GetComponentCollections<MoveComponent>();
        if (_pCollections == nullptr)
            return;
    }

    _lastTime = curTime;
    const auto plists = _pCollections->GetAll();
    for (auto iter = plists->begin(); iter != plists->end(); ++iter) {
        auto pMoveComponent = dynamic_cast<MoveComponent*>(iter->second);
        auto pPlayer = pMoveComponent->GetParent<Player>();
        if (pMoveComponent->Update(timeElapsed, pPlayer->GetComponent
<PlayerComponentLastMap>(), 2)) {
            pPlayer->RemoveComponent<MoveComponent>();
        }
    }
}
```

这个函数有 3 处值得我们注意：

（1）刷新位置的间隔时间。在服务端输入 "efficiency -thread" 命令，可以看到整个框架每个线程的执行效率、每一帧花费的时间和一个最大时间。在非极端情况下，每一个线程在 1

秒钟之内至少可以执行大于 500 次 update 函数。如果按帧来计算位移，这个位移就太小了，所以我们将移动的计算时间间隔扩大到 0.5 秒。

（2）MoveComponent 组件有两个 Update 函数，其中一个用于更新移动路径，另一个用于计算路径。

```
class MoveComponent :public Component<MoveComponent>, public
IAwakeFromPoolSystem<> {
public:
    void Update(std::queue<Vector3> targets, Vector3 curPosition);
    bool Update(float timeElapsed, PlayerComponentLastMap* pLastMap, const
float speed);
    ...
};
```

具体的算法这里不多说了，感兴趣的读者可以直接查看源代码，这个函数的使用就是随着时间的流逝计算现在玩家所在的位置。玩家下线之后，再次上线进入地图会定位到上次下线时保存的位置，该位置的数据保存在 PlayerComponentLastMap 组件上，所以这里传入了 PlayerComponentLastMap 组件的指针。

（3）移除 MoveComponent 组件。当玩家走到目标点之后，有一个移除 MoveComponent 组件的操作。如果一直不停地行走，这个 MoveComponent 组件的信息就会不断更新，一旦停下来，这个组件就会被移除。这样做的目的在于减少整个 MoveSystem 的循环量。相对于循环量而言，整个框架创建对象和删除对象没有压力，用空间换取了时间。

12.3.3　加载新系统

新系统定义完成之后就需要运行它了。但是它不是 libserver 中的基类，所以需要有一个动态加载的过程。这个过程类似于跨线程创建组件。在 space.h 文件中，InitializeComponentSpace 函数初始化了 space 进程需要的所有组件，同时调用 CreateSystem 函数创建移动系统，该函数为每个线程增加了一个指定的系统。下面是实现代码：

```
inline void InitializeComponentSpace(ThreadMgr* pThreadMgr) {
    pThreadMgr->CreateComponent<WorldGather>();
    pThreadMgr->CreateComponent<WorldOperatorComponent>();
    ...
    // 新系统
    pThreadMgr->CreateSystem<MoveSystem>();
}
```

创建系统的函数实现如下：

```
template <class T, typename ... TArgs>
void ThreadMgr::CreateSystem(TArgs... args) {
    std::lock_guard<std::mutex> guard(_packet_lock);
    const std::string className = typeid(T).name();
```

```
    if (!ObjectFactory<TArgs...>::GetInstance()->IsRegisted(className)) {
        RegistObject<T, TArgs...>();
    }

    Proto::CreateSystem proto;
    proto.set_system_name(className.c_str());
    auto pCreatePacket =
MessageSystemHelp::CreatePacket(Proto::MsgId::MI_CreateSystem, 0);
        pCreatePacket->AddComponent<CreateOptionComponent>(true, false,
LogicThread);
        pCreatePacket->SerializeToBuffer(proto);
        _cPackets.GetWriterCache()->emplace_back(pCreatePacket);
    }
```

在上面的实现函数中，向每个进程发起了一个新协议 **MI_CreateSystem**，这个协议的处理函数位于 CreateComponentC 组件中，CreateComponentC 组件是每个线程中都存在的基础组件，用于创建组件，现在又多了一个创建系统的功能，参考代码如下：

```
    void CreateComponentC::Awake() {
        auto pMsgSystem = GetSystemManager()->GetMessageSystem();
        ...
        pMsgSystem->RegisterFunction(this, Proto::MsgId::MI_CreateComponent,
BindFunP1(this, &CreateComponentC::HandleCreateComponent));
        pMsgSystem->RegisterFunction(this, Proto::MsgId::MI_CreateSystem,
BindFunP1(this, &CreateComponentC::HandleCreateSystem));
    }
    void CreateComponentC::HandleCreateSystem(Packet* pPacket) {
        Proto::CreateSystem proto = pPacket->ParseToProto<Proto::CreateSystem>();
        const std::string systemName = proto.system_name();
        const auto pThread = static_cast<Thread*>(GetSystemManager());
        if (int(pThread->GetThreadType()) != proto.thread_type())
            return;
        GetSystemManager()->AddSystem(systemName);
    }
    void SystemManager::AddSystem(const std::string& name) {
        const auto pObj = ComponentFactory<>::GetInstance()->Create(nullptr,
name, 0);
        if (pObj == nullptr) {
            LOG_ERROR("failed to create system.");
            return;
        }
        System* pSystem = static_cast<System*>(pObj);
        if (pSystem == nullptr) {
            LOG_ERROR("failed to create system.");
```

```
        return;
    }
    _systems.emplace_back(pSystem);
}
```

通过以上代码可以看到，最终这个新创建的系统被放到了 SystemManager 系统管理类，而 SystemManager 是一个大容器，它并不关心自己管理的系统有什么功能，只要符合 ISystem 接口的对象都可以正常运行在这个大容器中。

12.3.4　测试移动

现在打开客户端，验证新编写的这个移动系统。测试之前确保地图上的寻路数据已经被"烘焙"好。打开美术工程，再打开地图，在 Navigation 界面重新烘焙一下地图，再重新打包。我们可以做 3 个测试：

第一个测试用来进行简单的登录测试。启动 allinone，登录客户端查看行走情况。

登录游戏，进入地图之后，单击地图，角色就会触发行走。这时我们可以看到服务端在不停地打印计算出来的数据：

```
22:01:57 -> [DEBUG] - cur position.  x:370.377 y:28.5287 z:500.987
22:01:57 -> [DEBUG] - cur position.  x:370.033 y:28.5287 z:501.925
22:01:58 -> [DEBUG] - cur position.  x:369.687 y:28.5287 z:502.866
22:01:58 -> [DEBUG] - cur position.  x:369.342 y:28.5287 z:503.804
22:01:59 -> [DEBUG] - cur position.  x:368.997 y:28.5287 z:504.743
22:01:59 -> [DEBUG] - cur position.  x:368.773 y:28.7821 z:505.353
```

差不多 0.5 秒计算一次，最终角色停在了（368.773, 28.7821, 505.353）。在客户端增加了一个定时器，每秒打印一次坐标：

```
player position:(370.3, 28.6, 501.1)
player position:(369.6, 28.6, 503.0)
player position:(369.0, 28.8, 504.9)
player position:(368.8, 28.8, 505.4)
```

因为服务端与客户端采用了不同的计算方式，所以存在一些误差，误差在可控范围之内。

第二个测试用来测试同步数据的情况。测试同步数据主要是查看一个玩家在 A 端移动，B 端是否有正常的数据。要完成同步测试，我们需要有两个客户端。使用 Unity 生成一个 PC 端的 EXE，同时运行两个客户端。

第三个测试修改 engine.yaml 文件，修改关于 game 配置的部分，启动两个 game 进程。当有两个 game 进程时，登录两个玩家，他们会分布在两个 game 进程中，这时他们的表现会一致吗？读者可以自行测试第三种情况的结果。

12.4　总　　结

本章进入了真正的游戏世界，引入了一个客户端工程用于登录查看。本章扩展了 System 系统，在不改动底层框架的前提下动态地增加新的系统，还分析了在服务端可能出现的断线问题，断线是分布式框架中非常重要的一个异常处理，当游戏发布上线时，同时有数以千计的物理机，这些物理机每天都可能发生断线重连的情况。

至此，本书关于分布式框架实战的所有示例已全部讲解完成，已经创建了一个完整的、可扩展的、高性能的游戏基础框架。从登录到进入地图，我们足足讲了整本书，所有章节并没有刻意拖沓，甚至为了简洁，在某些章节仅讲解了重点。

一个基础的框架包括的内容实在是太多了。它是整个游戏的基础，一个既可靠又高效率的框架可以让后续的所有功能开发变得高效。这里的高效是双重的，包括高效的性能和高效的编码速度。

通过本书的框架，读者可以创建自己的游戏逻辑，例如背包功能、任务功能、公会功能等。背包和任务都是玩家个人操作，相对简单，只需要建立新的背包组件和任务组件即可。公会是一个比较大的功能，它有人与人之间的交互。如果我们需要在分布式服务器上实现这个功能，该怎么做？公会本质上可以视为一个 World，这个 World 比起主城更简单一些。公会不需要有场景显示，只是一个数据的集合。沿着这个思路，读者可以自行设计下去。如果在阅读本书的过程中有不解或疑问，那么可以加入源代码库讨论群进行咨询，地址在源代码仓库中。

写在最后——如何构建自己的框架

在本书的最后主要聊聊框架。框架意味着编码思维，不过思维是没有定式的。在同一个问题上，你采取了这种方式，而其他人采取了另一种方式，在某些情况下，你的架构可能性能更优，而其他人的架构开发速度更快。

框架就好像是一个人的想法，它没有衡量标准，所以难有对错之分。纵览本书，我们提供的示例从最初的网络层演化到了多线程，又在多线程的基础上一步一步加入了 ECS 体系，实现了基本的游戏服务端需要提供的功能。

本书最终提供了一个基于 ECS 的服务器架构思路，也许读者在看这些示例的时候头脑里已经有了自己的想法。沿着这个思路，读者可以开发符合自己游戏需求的框架体系。

在本书的最后讲一个小故事。讲到编程思维，很多人都不禁要问，到底什么是编程思维？笔者的一位前策划同事在一次偶然的机会下，得到修改代码的权限，是为了方便策划而允许他修改一些固定数据，偏偏这位同事可能学过"程序设计"，或者至少学过程序设计语言的语法。问题来了，他修改了大量的代码。笔者发现仅一个函数就有整整 1000 行。是的，你没有看错，是 1000 行。笔者认真地看了这 1000 行代码，这是一个计算技能终结伤害量的函数，他是这样编写的，大量的代码都是如下模式的：

```
if (player.hasPassiveSkill(123) && !player.hasBuff(321)) {
    player.addBuff(456)
}
```

这些程序语句的大意就是，如果玩家有一个 Id 为 123 的被动技能，并且没有在 321 号 BUFF 之下，就给玩家加一个 456 号 BUFF。这类程序语句占据了整整 1000 行。当然，if 的条件不限于这一种，它是多种多样的。相关的数据点包括技能 Id、角色 Id、BUFF 的 Id 和血量值，其类型也是丰富多样的。

后来，笔者和一位程序员聊起这件事，他分析其原因，是因为这位策划没有学过程序设计，只是学习了语法，他用一种线性的思维方式考虑程序的结构。这大概是初写程序的人员的通病。线性的思维方式就是按轨迹寻求问题的解决方案，遇到问题解决问题。但问题往往是有规律性的，程序设计是分析这种规律找到较佳的解决方案。

搜索一下什么是程序设计。所谓程序设计，是给出解决特定问题程序的过程，包括分析、设计、编码、测试、调试（排错）等不同的阶段。

很多人学了程序设计语言的语法后就觉得自己可以编写程序。是的，但大概率可能是用 100 行就可以完成的工作却用了数倍之多，并且后期还难以维护。在上面的代码中，如果 321 和 456 号 BUFF 的效果发生了改变，这些代码可能就全部偏离了预期的目的。

我们都学过程序设计语言的语法,是什么原因造成一个人与另一个人编写出来的代码大相径庭?你可以说他的经验不够,再进一步讲,他累计编写的代码不够多。笔者个人觉得真正的原因在于他看的源代码不够多,这才造成了他认知的偏差,因为他没有学会其他的处理方式。如果一个人没有 3 年以上的编码经历,那么他可能难以形成一些常规的程序化思维。

那么,编程思维究竟是一种什么思维?在网上搜索一下,有很多解释。

本质上,这与接触过的代码量是相关的,你看过同一问题的处理方式越多,就会形成一种对于当前问题更优的解决方案。这里说的问题并不是服务器架构这类大的问题,可以小到"在游戏中杀死一头怪如何通知任务系统、通知周围玩家"这样的问题,你会进一步发现程序的世界中有很多类似这样的问题,它们被统称为"通知机制"的问题。通知机制有很多种处理方式,不同的人有不同的处理方式。

开始时,这种思维可以从设计模式中学到,但终究是纸上谈兵。随着我们的编码经验不断增加,再受到所看的代码的启示,或者研究过一些高质量的源代码,我们会学到一些解决问题的新方式。这些方式不断地在头脑中汇集起来,就会形成我们自己独有的编程思维。

随着看的代码越多,知道的处理方式越多,自己的编程能力也会越强,处理这些问题的方式越趋于专业的思维方式,因为根据自己的这些经验可以提供许多处理这类问题的方案,可以把它们汇总起来,找到一个想要的方式。

笔者曾经遇到过一个比较难以处理的问题。

策划需要实现一个让玩家对战并进行排名的功能,根据不同的排名每天领取不同的礼包。礼包需要在第二天任一时段领取,策划坚持要求由玩家手动领取。但是数据是按前一天 21 点的数据来结算的,玩家在第二天上线时再次进入战场,排名可能发生了变化。也就是说,不能以内存中当前排名的数据来领取礼包,必须是前一天 21 点的数据。

这个功能是几乎所有卡牌类手机游戏都有的功能,它们都用了一种方式进行处理,就是在 21 点发送邮件。服务端在 21 点整计算玩家对战的排名并生成奖励,奖励以邮件的方式发送给玩家,而且只能是前 100、前 1000 领取。为什么不能让所有玩家都按照排名去领奖励,不能让玩家以点击按钮的方式去领取呢?这是因为服务端后台不能对所有玩家进行排序,过了 21 点之后这个数据转瞬间就没有了,只能在这个时间点处理。

从程序的角度来说,固定时间发送邮件并不是一个好的处理方案,但是似乎没有更好的处理方案。由玩家去领取当然更好,不过却做不到,对所有玩家实时排序更是不可能。

如果实在要做,有一种变通的方案,就是限定前 1000 人,服务器在 21 点时计算并生成数据,保存到历史表中,由玩家上线时自行领取。这样又引发了一个新的问题,如果一个玩家 200 天前得了第一名,但 200 天没有上线,是不是需要保存 200 天的全服数据呢?这显然不是一个好的方法,带来的数据量存储也很大,而且存储数据也要在 21 点瞬间完成,这对服务器也会造成压力。

难道真的没有其他好的方案了吗?我们一直没有找到很好的处理方法。直到有一天,有一个玩家来找客服,他的一件极品装备不见了。最后问题转到笔者这里,还好有日志系统,跟踪他的装备时,发现这件极品装备被他用在另一件装备的强化上了。他的日志非常多,浏览数据时,有一个念头在脑海中一闪而过,这些数据都是历史数据,通过这些变化的数据可以得到他在 10 天或一个月前某一天的状态。笔者似乎找到了"排名问题"的处理方法，那就是记录这些数据的变化，而不是数据本身。

其实归纳起来，这就是一个"如何获取动态数据的历史数据"之类的问题，其实我们早就在使用了，诸如 GM 系统的日志追踪，只是没有把它和"排名问题"联系起来。如果不停地记录数据的变化，很快 DB 的容量就会变得庞大，我们做了一些优化，使得它的内容动态地增加或删除。

这种方案很快就体现出了优势，不需要排序，不会给服务端带来计算压力，游戏不会出现一瞬间的卡顿，也不会给邮件系统带来压力，可以在一天的任何时段随机领取。这种解决方案可以在任何指定的时间节点上计算出任何玩家处在哪个具体的排名上。

从本质上来说，我们在处理程序问题的时候还是在考量自己解决问题的能力。编码越多，遇到需要处理的问题就越多，看过的解决方案越多，对于某个问题处理方法的认知就越多，这大概就是大家说的编程思维。

本书完整地讲解了一种构建的思路，给出了一套完整的游戏前后端解决方案。还是本书开篇的那句话，学习的目的是找到答案，更是为了学到思维方式。希望本书能够为你引路，帮助你找到适合自己的高效的游戏架构思路，建立起自己的游戏编程思维。

共勉。